人工智能

科学与技术丛书

深度学习原理及实践

详解图像处理和信号识别领域的14个案例

郭业才 著

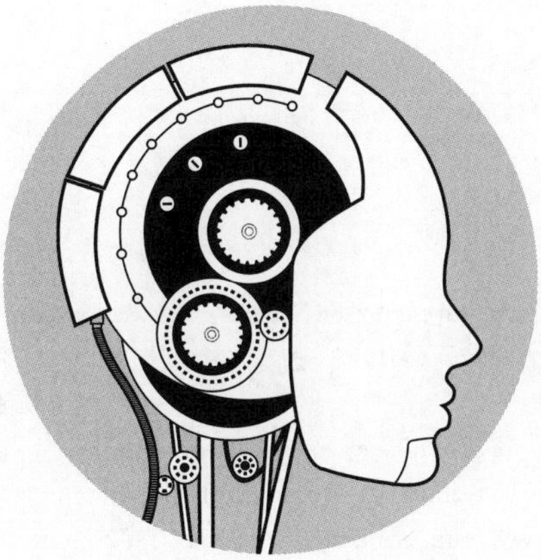

清华大学出版社
北京

内容简介

本书主要汇集了笔者及团队关于深度学习的前沿技术应用研究成果，同时也消化吸收了相关论著的最新成果，从原理、框架与应用三方面阐释内容。全书分四篇共11章。第一篇(第1、2章)为深度学习基础篇，其中第1章整体介绍了人工智能、机器学习与深度学习；第2章介绍了深度学习的数学与优化基础；第二篇(第3～5章)为神经网络篇，包括人工神经网络、Hopfield神经网络和脉冲耦合神经网络；第三篇(第6～8章)为卷积神经网络篇，阐述了深度卷积神经网络、混合空洞卷积神经网络和深度生成对抗与强化学习网络；第四篇(第9～11章)为循环递归神经网络篇，详细分析了循环神经网络、深度递归级联卷积神经网络和长短期记忆神经网络的结构、算法架构与应用。

全书按知识基础、标准模型、进阶模型和应用模型的逻辑组织内容，符合认知规律，适合人工智能、计算机、自动化、电子与通信工程、大数据科学等相关学科专业的科学研究人员和工程技术人员阅读，也可作为相关专业研究生的参考书。

图书在版编目(CIP)数据

深度学习原理及实践：详解图像处理和信号识别领域的14个案例 / 郭业才著. -- 北京：清华大学出版社，2025.2. --(人工智能科学与技术丛书). -- ISBN 978-7-302-68301-8

Ⅰ. TP181

中国国家版本馆CIP数据核字第2025J40B31号

责任编辑：曾　珊
封面设计：李召霞
责任校对：刘惠林
责任印制：杨　艳

出版发行：清华大学出版社
　网　　址：https://www.tup.com.cn，https://www.wqxuetang.com
　地　　址：北京清华大学学研大厦A座　　**邮　　编**：100084
　社 总 机：010-83470000　　**邮　　购**：010-62786544
　投稿与读者服务：010-62776969，c-service@tup.tsinghua.edu.cn
　质量反馈：010-62772015，zhiliang@tup.tsinghua.edu.cn
　课件下载：https://www.tup.com.cn，010-83470236
印 装 者：小森印刷霸州有限公司
经　　销：全国新华书店
开　　本：185mm×260mm　　**印　　张**：19　　**字　　数**：499千字
版　　次：2025年4月第1版　　**印　　次**：2025年4月第1次印刷
印　　数：1～1500
定　　价：89.00元

产品编号：089921-01

前言

PREFACE

作为机器学习的分支，深度学习是近年来人工智能领域取得的最重要的突破之一，可以简单理解为神经网络的发展。通过深度学习，系统会自动提取非常多的特征及特征组合，并找出有用的特征；深度学习在处理线性不可分问题时，通过解决一个又一个的简单问题，达到解决复杂问题的目的，也可以认为它通过一层又一层的中间层实现了复杂的功能。近年来，深度学习在语音、图像、生物识别、自然语言处理、机器人、博弈、医疗、金融、艺术、无人驾驶等诸多领域都获得了巨大成功，成为智能时代的关键技术。

本书汇集了笔者及其团队在深度学习方面多年的研究心得和成果；同时，吸收了其他作者在国内外重要期刊所发表论文中的最新成果。全书共四篇 11 章，第一篇为深度学习基础篇，内容包括深度学习形成与发展过程及其数学与优化基础；第二篇为神经网络篇，内容包括人工神经网络、Hopfield 神经网络和脉冲耦合神经网络；第三篇为卷积神经网络篇，内容包括深度卷积神经网络、混合空洞卷积神经网络和深度生成对抗与强化学习网络；第四篇为循环递归神经网络篇，内容包括循环神经网络、深度递归级联卷积神经网络和长短期记忆神经网络。

全书紧跟国内外深度学习领域的研究动态。从辩证角度，对目前受到关注的一些深度学习模型、原理及训练流程等进行了详细阐述；从系统角度，各种深度学习网络起始于原理剖析、侧重于方法论述、落脚于应用领域，体系结构完整；从应用角度，以最新应用成果为实例，搭建了深度学习网络与解决具体问题之桥梁，生动展现了解决问题之道，体现了解决问题之效，实现了从抽象到具体、从微观机制到宏观应用的转换；从进阶角度，始于深度学习基础，按标准模型、进阶模型到应用模型的逻辑延伸，拓展了深度学习网络结构，扩大了网络的应用领域与实效。

本书成果得到了安徽省一流专业建设项目（安徽信息工程学院通信工程专业）、国家自然科学基金项目（61673222）及江苏省高等学校优势学科“信息与通信工程”、芜湖市通用航空电子信息工程技术研究中心等建设项目资助。在本书编写过程中，田佳佳、许雪、尤俣良、姚文强、王庆伟、刘程等研究生参与了编校工作；对于参阅并引用的相关论著，已列在参考文献中。本书的出版还得到了清华大学出版社的大力支持，在此一并表示诚挚的谢意！

由于笔者水平有限，书中难免存在不当之处，敬请读者批评指正！

微课视频清单

视频名称	时　　长	位　　置
视频 1　全书概要	2min37s	第Ⅶ页(全书内容)
视频 2　第一篇 深度学习基础篇	15min	第 1 页(第 1、2 章)
视频 3　第二篇 神经网络篇	14min	第 57 页(第 3～5 章)
视频 4　第三篇 卷积神经网络篇	30min	第 105 页(第 6～8 章)
视频 5　第四篇 循环递归神经网络篇	20min	第 215 页(第 9～11 章)

本书导读

本书从学者的角度，用通俗易懂的方式，将基于深度学习的图像处理和信号识别的相关理论与方法呈现给读者。本书选取了神经网络、卷积神经网络、循环递归神经网络等在图像处理和信号识别方面的研究成果，并给出了实际应用案例。内容按由浅入深、循序渐进、层层递进的方式进行组织，并且从以下几方面进行阐述。

第一篇为深度学习基础篇，介绍了人工智能的发展，人工智能、机器学习、深度学习、表示学习的基本概念、相互关系及应用场景；对深度学习所依赖的数学基础（导数、线性代数、概率论）及优化基础（学习规则、性能优化、信息与熵）进行了简要阐释，让读者对深度学习有初步认识，对其所需基础有所了解，为后续各章奠定坚实基础。

第二篇为神经网络篇，阐述了人工神经网络及其在数字仪器识别中的应用案例，Hopfield 神经网络及其在三维地形路径规划中的应用案例，脉冲耦合神经网络及其在图像上各向异性扩散中的应用案例。读者通过本篇的阅读与消化，可以初步架起神经网络与需要解决的实际问题间的桥梁，这有利于进一步开展深度学习的应用研究拓展思路。

第三篇为卷积神经网络篇，是本书的核心篇章；包括深度卷积神经网络及其在调制信号识别中的应用案例，混合空洞卷积神经网络及其在遥感图像融合中的应用案例，深度生成对抗与强化学习网络及其在图像生成中的应用案例；分析了卷积神经网络与普通神经网络的异同，给出了深度学习网络的常见结构、拓展方法，以及拓展所带来的结构变化等。读者通过本篇的学习，可以进一步激发思维发散，构建解决实际问题的深度学习模型。

第四篇为循环递归神经网络篇；包括循环神经网络（RNN）及其在非侵入式负荷辨识与图像压缩中的应用案例（注：分析了案例所用原理与 DTCWT 结合方法及并联 RNN 原理），深度递归级联卷积神经网络、双线性递归卷积神经网络及三维递归卷积神经网络等循环神经网络的拓展结构，及其在图像去雨与单幅图像超分辨率方法中的应用案例，长短期记忆神经网络及其在调制信号识别和指纹室外定位中的应用案例。本篇以拓展性内容为主，深度与广度兼备，值得读者深读与品味。为了提高读者的阅读效果，本书彩图可通过扫描二维码获得。

全书彩图

视频讲解

目录

CONTENTS

第一篇　深度学习基础篇

第一篇　深度学习基础篇

第一篇
视频讲解

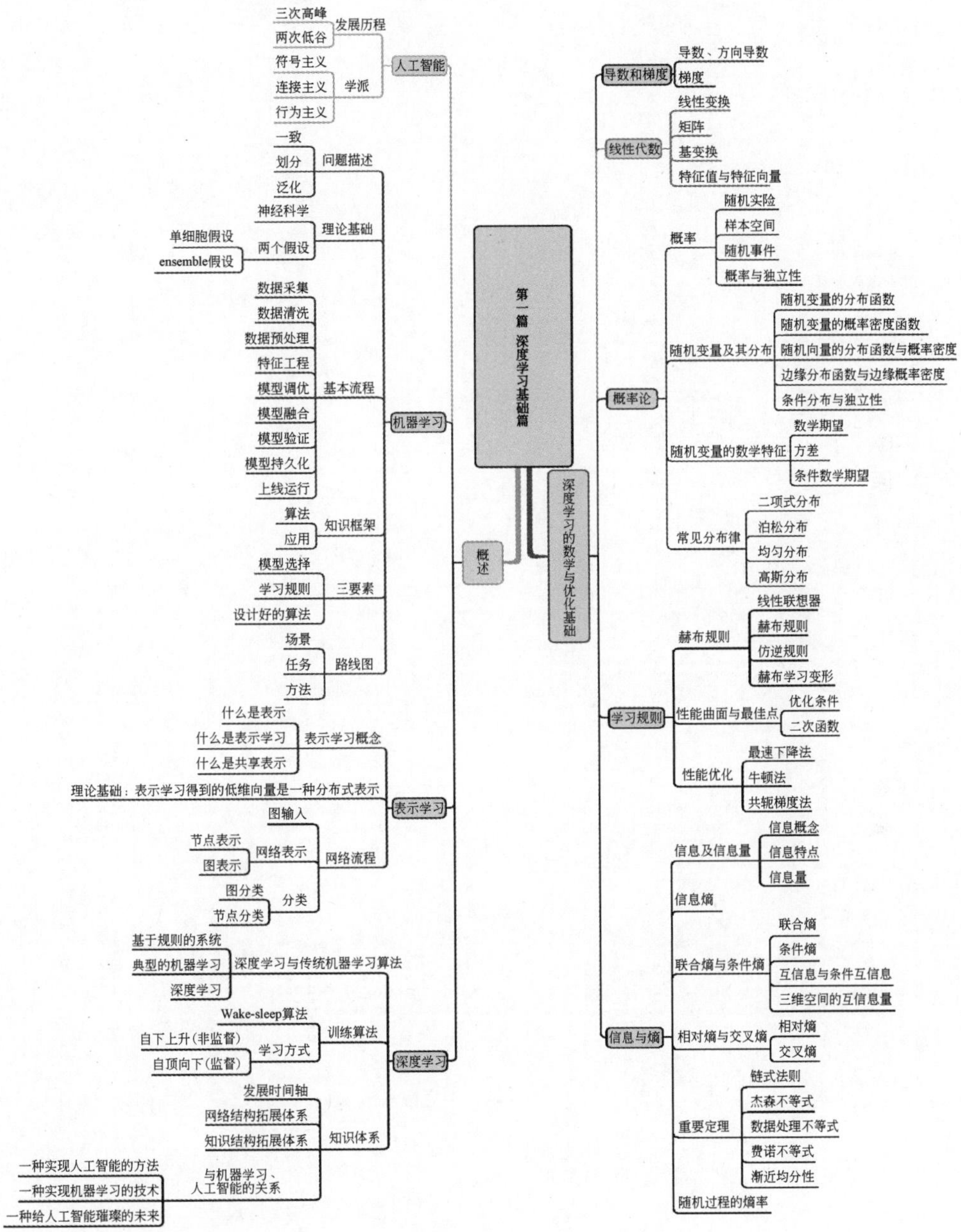

第 1 章

CHAPTER 1

深度学习概述

【导读】 从人工智能的概念入手，综合分析了人工智能的发展历程及学派；从机器学习的概念出发，讨论了机器学习的问题描述、理论基础、基本流程、知识框架、要素及路线图；从表示的概念开始，引入了表示学习的基本概念和理论基础，分析了网络表示学习流程；在理解“深度”含义的基础上，讨论了深度学习与传统机器学习的关系，分析了深度学习的训练算法、知识体系及其与机器学习、人工智能的关系。

1.1 人工智能

1.1.1 人工智能概念

人工智能(artificial intelligence，AI)是研究、开发用于模拟、延伸和扩展人的智能的理论、方法、技术及应用系统的一门新的技术科学。

人工智能领域的开创者之一，斯坦福大学尼尔斯·约翰·尼尔森(Nils John Nilsson)教授将人工智能定义为：“人工智能是关于知识的学科，即怎样表示知识以及怎样获得知识并使用知识的科学。”美国麻省理工学院的帕特里克·温斯顿(Patrick Winston)教授认为：“人工智能就是研究如何使计算机去做过去只有人才能做的智能工作。” 这些说法反映了人工智能学科的基本思想和基本内容。人工智能是研究人类智能活动的规律，构造具有一定智能的人工系统；研究如何让计算机去完成那些以往需要人的智力才能胜任的工作，也就是研究如何应用计算机的软硬件来模拟人类某些智能行为(如学习、推理、思考、规划等)的基本理论、方法和技术，包括计算机实现智能的原理、制造类似于人脑智能的计算机、利用计算机实现更高层次的应用等。人工智能与思维科学的关系是实践和理论的关系，人工智能是处于思维科学的技术应用层次，是思维科学的一个应用分支。从思维观点看，人工智能不局限于逻辑思维，而要考虑形象思维、灵感思维，以促进人工智能的突破性发展。

1.1.2 人工智能发展历程

1956 年夏季，以麦卡赛、明斯基、罗切斯特和香农等为首的一批有远见卓识的年轻科学家参加聚会，共同研究和探讨用机器模拟智能的一系列有关问题，首次提出了“人工智能”这一术语，标志着“人工智能”这门新兴学科的正式诞生。人工智能的发展历程如图 1.1 所示。相关信息请扫描二维码获取。

扩展阅读

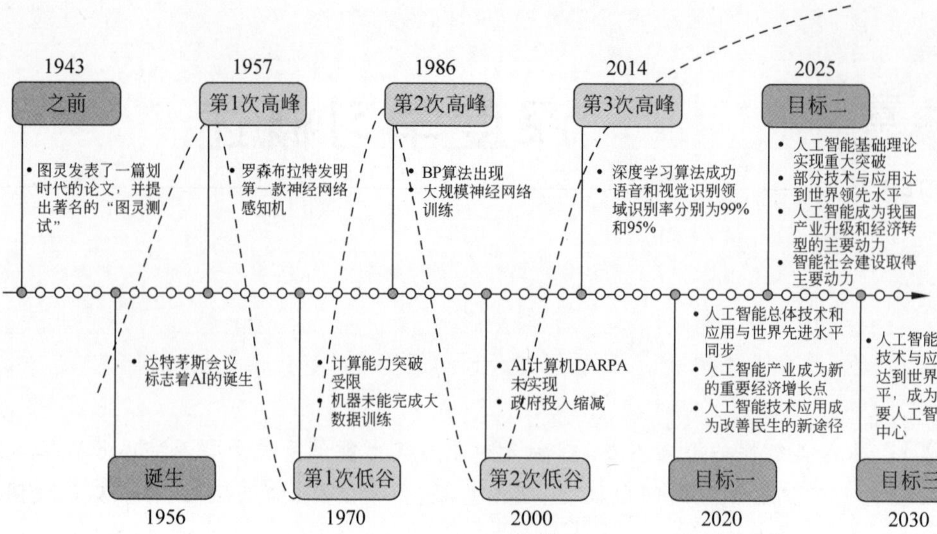

图 1.1 人工智能的发展历程

1.1.3 人工智能学派

自人工智能(AI)概念被提出以来，随着 AI 研究的深入，形成了学术界认可的三个学派。其中，专注于实现 AI 指名功能的学派，称为符号主义；专注于实现 AI 指心功能的学派，称为连接主义；专注于实现 AI 指物功能的学派，称为行为主义。

1. 符号主义

符号主义是一种基于逻辑推理的智能模拟方法，又称为逻辑主义、心理学派或计算机学派，其原理主要为物理符号系统(即符号操作系统)假设和有限合理性原理。长期以来，符号主义一直在人工智能中处于主导地位。

该学派认为：人类认知和思维的基本单元是符号，而认知过程是基于符号表示的一种运算，人和计算机均是一个物理符号系统。因此，人们用计算机来模拟人的智能行为就是用计算机的符号操作来模拟人的认知过程。按符号主义观点，知识是信息的一种形式，是构成智能的基础；知识表示、知识推理、知识运用是人工智能的核心，知识可用符号表示，认知就是符号的处理过程，推理就是采用启发式知识及启发式搜索对问题求解的过程，而推理过程又可以用某种形式化的语言来描述，因而有可能建立基于知识的人类智能和机器智能的同一理论体系。因此，可以把符号主义思想简单归结为"认知即计算"。符号主义认为人工智能的研究方法应为功能模拟方法。该方法首先通过分析人类认知系统所具备的功能和机能，然后用计算机模拟这些功能，从而实现人工智能。

符号主义的代表人物是艾伦·纽厄尔(Allen Newell)、赫伯特·A. 西蒙(Herbert Alexander Simon)和尼尔斯·约翰·尼尔森。

符号主义的代表成果是 1957 年赫伯特·A. 西蒙与艾伦·纽厄尔等研制的称为"逻辑理论家"的数学定理证明程序。符号主义走过了一条"启发式算法—专家系统—知识工程"的发展道路，尤其是专家系统的成功开发与应用，使人工智能研究取得了突破性的进展。

符号主义主张用逻辑方法来建立人工智能的统一理论体系，但遇到了"常识"问题的障碍，以及不确知事物的知识表示和问题求解等难题，因此，受到其他学派的批评与否定。

符号主义面临的客观挑战主要有三个：第一个是概念的组合爆炸问题，虽然每个人掌握的基本概念大约有5万个,但形成的组合概念是无穷的,这是因为常识难以穷尽,推理步骤可以无穷。第二个是命题的组合悖论问题,两个都是合理的命题,但它们合起来就变成了无法判断真假的句子,比如著名的柯里悖论(Curry's paradox)(1942)。第三个是最难的问题,即经典概念在实际生活当中是很难得到的,知识也难以提取。

上述三个问题成了符号主义发展的瓶颈。

2. 连接主义

连接主义又称为仿生学派或生理学派,认为人工智能源于仿生学,特别是对人脑模型的研究,主要原理为神经网络及神经网络间的连接机制与学习算法;认为大脑是一切智能的基础,主要关注大脑神经元及其连接机制,试图发现大脑的结构及其处理信息的机制,揭示人类智能的本质机理,进而在机器上实现相应的模拟。

连接主义实际上主要关注于概念的心智表示以及如何在计算机上实现其心智表示,这对应着概念的指心功能;而概念的心智表示被证明是存在的。因此,连接主义也有其坚实的物理基础。

连接主义的早期代表人物有麦卡洛克(W. McCulloch)、皮茨(W. Pitts)、布鲁克斯(Brooks)等。

连接主义的代表性成果:①麦卡洛克和皮茨创立的脑模型(M-P模型),从研究神经元开始进而研究神经网络模型和脑模型,开辟了人工智能的又一条发展道路。②霍普菲尔德(Hopfield)提出用硬件模拟神经网络、鲁梅尔哈特(Rumelhart)等提出多层网络反向传播(back propagation,BP)算法后,从模型到算法、从理论分析到工程实现,为神经网络计算机走向市场打下基础。现在,对人工神经网络(artificial neural network,ANN)的研究热情虽然较高,但是研究成果没有预期的好。尽管如此,连接主义仍是目前最为大众所知的一条人工智能实现路线。在围棋上,采用了深度学习技术的AlphaGo战胜了李世石,之后又战胜了柯洁。在机器翻译上,深度学习技术已经超过了人的翻译水平。在语音识别和图像识别上,深度学习技术也已经达到了实用水准。客观地说,深度学习的研究成就已经取得了工业级的进展。

连接主义所面临的极大挑战是人们并不清楚人脑表示概念的机制,也不清楚人脑中概念的具体表示形式、表示方式和组合方式等。当前的神经网络与深度学习实际上与人脑的真正机制距离尚远。

3. 行为主义

行为主义又称为进化主义或控制论学派,其原理为控制论及感知-动作型控制系统。行为主义假设智能取决于感知和行动,不需要知识、表示和推理,只需要将智能行为表现出来,即只要能实现指物功能就认为具有智能。

行为主义的早期代表人物有布鲁克斯、维纳(Wiener)、麦卡洛克及钱学森。

行为主义的早期代表作是布鲁克斯的六足爬行机器人。它是一个基于感知-动作模式模拟昆虫行为的控制系统,被视为新一代的"控制论动物"。近期代表作是南京大学周志华提出的深度随机森林(gcForest),它是一种决策树集成方法,性能较之深度神经网络有很强的竞争力,在一定程度上性能优于深度神经网络。

行为主义面临的最大实现困难可以用莫拉维克悖论(Moravec's paradox)来说明。所谓莫拉维克悖论,是指对计算机来说困难的问题是简单的、简单的问题是困难的,最难以复制的反而是人类技能中那些无意识的技能。目前,模拟人类的行动技能面临很大挑战。

1.2 机器学习

20 世纪 90 年代初，当时的美国副总统提出了一个重要的计划——国家信息基础设施计划(national information infrastructure，NII)。这个计划的技术含义包含了 4 方面的内容：

(1) 不分时间与地域，可以方便地获得信息。

(2) 不分时间与地域，可以有效地利用信息。

(3) 不分时间与地域，可以有效地利用软硬件资源。

(4) 保证信息安全。

解决"信息有效利用"问题的本质是：如何根据用户的特定需求从海量数据中建立模型或发现有用的知识。对计算机科学来说，这就是机器学习。人工智能的研究者一般公认赫伯特·A. 西蒙对学习的论述："如果一个系统能够通过执行某个过程改进它的性能，这就是学习。"其要点是"系统"，涵盖计算系统、控制系统以及人系统等，对这些不同系统的学习，显然属于不同的科学领域。即使计算系统，由于目标不同，也分为"从有限观察概括特定问题世界模型的机器学习""发现观测数据中暗含的各种关系的数据分析"以及"从观测数据挖掘有用知识的数据挖掘"等不同分支。由这些分支发展的各种方法的共同目标都是"从大量无序的信息到简洁有序的知识"。因此，它们都可以理解为西蒙意义下的"过程"，也就是"学习"。

1.2.1 机器学习问题描述

现将讨论限制在"从有限观察概括特定问题世界模型的机器学习"与"从有限观察发现观测数据中暗含的各种关系的数据分析"的方法上，并统称为机器学习(machine learning，ML)。现描述如下。

令 W 是给定世界的有限或无限的所有观测对象的集合，由于人们观察能力的限制，人们只能获得这个世界的一个有限的子集 Q，称为样本集。机器学习就是根据这个样本集推算这个世界的模型，使它对这个世界(尽可能地)为真。这个描述隐含了三个需要解决的问题：

(1) 一致：假设世界 W 与样本集 Q 有相同的性质。例如，如果学习过程基于统计原理，则独立同分布(independent and identically distributed，IID)就是一类一致条件。

(2) 划分：将样本集放到 N 维空间，寻找一个定义在这个空间上的决策分界面(等价关系)，使得问题决定的不同对象分布在不相交的区域。

(3) 泛化：泛化能力是这个模型对世界为真程度的指标。从有限样本集合，计算一个模型，使得这个指标最大(最小)。

这些问题对观测数据提出了相当严厉的要求，首先，需要人们根据一致假设采集数据，由此构成机器学习算法需要的样本集；其次，需要寻找一个空间，表示这个问题；最后，模型的泛化指标需要满足一致性假设，并能够指导算法设计。这些要求限制了机器学习的应用范围。

1.2.2 机器学习理论基础

1. 三个发现

机器学习的科学基础之一是神经科学。然而，对机器学习进展产生重要影响的三个发现，分别为：

(1) James 关于神经元是相互连接的发现。

(2) 麦卡洛克与皮茨关于神经元工作方式是"兴奋"和"抑制"的发现。

(3) 赫布(Hebb)关于学习律的发现(神经元相互连接强度的变化)。

其中,麦卡洛克与皮茨的发现对近代信息科学产生了巨大的影响,是近代机器学习的基本模型,加上指导改变连接神经元之间权值的赫布学习律,成为目前大多数流行的机器学习算法的基础。

2. 两个假设

1) 单细胞假设

1954 年,Barlow 倡导的单细胞学说假设从初级阶段而来的输入集中到具有专一性响应特点的单细胞上,并使用这个神经单细胞来表象视觉客体。这种假设暗示神经细胞可能具有较复杂的结构。

2) ensemble 假设

1954 年,赫布在研究视觉感知学习时提出了 ensemble 假设。赫布主张视觉客体由相互关联的神经细胞集群(ensemble)来表象,这种假设暗示每个神经细胞的结构可能较为简单。

3) 两条路线

在机器学习中一直存在着两种相互补充的不同研究路线,上述两个假设对机器学习研究有重要的启示作用。

通过"对神经细胞模型假设的差别"将机器学习领域划分为两大支系:强调模型的整体性,基于 Barlow"表征客体的单一细胞论"的 Barlow 路线;强调对世界的表征需要多个神经细胞集群,基于赫布(Hebb)"表征客体的多细胞论"的赫布路线,是一种局部模型。这一划分可以清晰地将机器学习发展历程总结为:以感知机、BP 网络与支持向量机(support vector machine,SVM)等为一类的 Barlow 路线;以样条理论、k-近邻、Madaline、符号机器学习、集群机器学习与流行机器学习等为一类的赫布路线。其中,又重点关注了目前发展良好的统计机器学习与集群学习,将弱学习算法提升为强学习算法的 Boosting 算法。

鉴于整体模型与局部模型之间在计算上有本质差别,因此,根据 Barlow 与赫布假设,可区分机器学习的方法。

1.2.3 机器学习基本流程

众所周知,机器学习是一个流程性很强的工作,包括数据采集、数据清洗、特征预处理、特征工程、模型调优、模型融合、模型验证、模型持久化等,如图 1.2 所示。

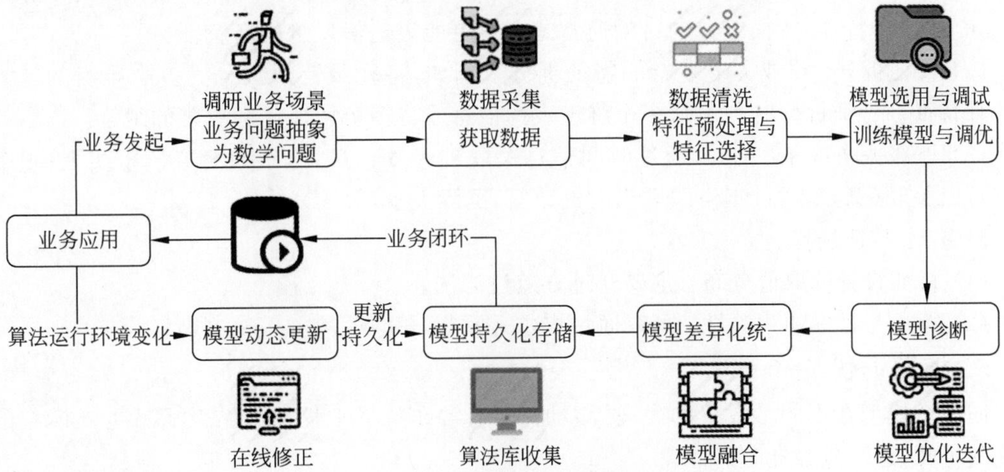

图 1.2 机器学习基本流程

1. 数据采集

虽然机器学习算法各有优劣，但是对数据都是贪婪的。也就是说，任何一个算法，都可以通过增加数据量来达到更好的结果。因此，数据采集是最基础、最重要的一步。

数据采集方式有以下几种：

(1) 爬虫方式：通常用在有用资源所提供的数据不足或需要扩展原始数据的情况下。例如，根据时间获取天气数据，一般都是通过爬虫爬来的。

(2) 应用程序界面(application programming interface，API)方式：利用已有的很多公开的数据集，或通过一些组织提供的、开放的 API 接口来获取相关数据。例如，OpenDota 提供的 Dota2 相关数据更加规范。

(3) 数据库方式：通过公司自身的数据库保存数据，更加可控、更加自由灵活。

2. 数据清洗

类似爬虫方式获取的数据，通常没有一个非常固定规范的格式，数据非常不稳定。因此，需要进行前期的数据清洗工作，工作量巨大。

数据清洗目标如下：

(1) 检查数据合理性：爬到的数据是否满足需求？

(2) 检查数据有效性：爬到的数据量是否足够大，以及是否都是相关数据？

(3) 检查工具：爬虫工具是否有缺陷？

3. 数据预处理

采集所获得的数据中往往都有异常数据。例如，在人事数据库中，性别数据的缺失、年龄数据的异常(负数或者超大的数)。而异常数据对算法与模型是有影响的，因此通常都需要进行预处理。预处理问题类型主要有：

(1) 缺失处理：包括工具缺陷导致的缺失、正常业务情况导致的缺失。

(2) 异常处理：包括绝对异常、统计异常、上下文异常等。

4. 特征工程

特征工程决定了机器学习的上限，模型只是逼近这个上限。特征工程是机器学习中最重要，也是最难的部分。特征工程实施步骤如下。

步骤 1：特征构建。

(1) 特征组合：例如，组合日期、时间两个特征，构建是否为上班时间(工作日的工作时间为 1，其他为 0)特征，特征组合的目的通常是获得更能表达信息量的新特征。

(2) 特征拆分：将业务上复杂的特征拆分。例如，将登录特征拆分为多个维度的登录次数统计特征。特征拆分有利于从多个维度表达信息或将多个特征进行更多的组合。

(3) 外部关联特征：例如，通过时间信息关联到天气信息，这很有意义。事实上，很多信息都可以关联(例如，通过年份关联当时的政策、国际大事，等等)。

步骤 2：特征选择。

(1) 特征自身的取值分布：主要通过方差过滤法。

(2) 特征与目标的相关性：可以通过皮尔逊系数、信息熵增益等来判断。

5. 模型调优

同一个模型在不同参数下的表现天差地别，通常在特征工程部分结束后就进入模型参数调优的步骤，这一步最耗时间。

调参工具上，一般先选择网格搜索；调参顺序上，先优化重要的影响大的参数，后优化影响小的参数。

6. 模型融合

一般来讲,任何一个模型在预测上都无法达到一个最好的结果,这是因为单个模型不具备对所有未知数据的泛化能力,无法拟合所有数据,因此需要对多个模型进行融合,以获得更好的效果。融合方式主要有:

(1) 简单融合:包括分类问题、回归问题、加权问题。

(2) 加权融合:基本同上,区别是考虑每个模型自身得分,得分高的权重大。

(3) 模型融合:将多个单模型的输出作为输入送入某个模型中,让模型去做融合以达到最好的效果,但在模型融合时要注意过拟合问题。

7. 模型验证

通常采用交叉验证方法进行模型检验。

注意:在时间序列数据预测上,不能直接随机划分数据,而需要考虑时间属性,因为很多特征都依赖于时间的前后关系。

模型验证和误差分析往往是分不开的。通过测试数据,验证模型的有效性;通过观察误差样本,分析误差来源(例如,是参数的问题还是算法选择的问题,是特征的问题还是数据本身的问题,等等),这是提升算法性能的突破点。

8. 模型持久化

将得到的模型持久化到磁盘中,后续使用、优化时,就不需要从头开始。

9. 模型在线更新

模型上线后将会通过源源不断的实时数据进行再清洗、再训练、比对模型、更替模型的工作。

10. 上线运行

这一部分内容主要与工程实现具有较大的相关性。工程上是结果导向,模型上线运行的效果直接决定模型的成败。不仅包括其准确程度、误差等情况,还包括其运行的速度(时间复杂度)、资源消耗的程度(空间复杂度)、稳定性的程度是否可接受。

1.2.4 机器学习知识框架

机器学习知识框架主要包括算法与应用两部分,如图1.3所示。传统算法包括聚类、分类、回归等。

1.2.5 机器学习三要素

机器学习都是由模型、策略和算法三要素构成,可以简单地表示为

机器学习=模型+策略+算法

1. 选择一个合适的模型

机器学习首要考虑的问题是学习什么样的模型。通常需要针对不同的问题和任务需求,选取恰当的模型。模型就是一组函数的集合,是非线性模型。例如,在监督学习过程中,模型就是所要学习的条件概率分布或决策函数,模型的假设空间包含所有可能的条件概率分布或决策函数。

2. 确定一个合适的策略

选择一个合适的模型后,机器学习接着需要考虑按照什么样的准则学习或选择最优的模

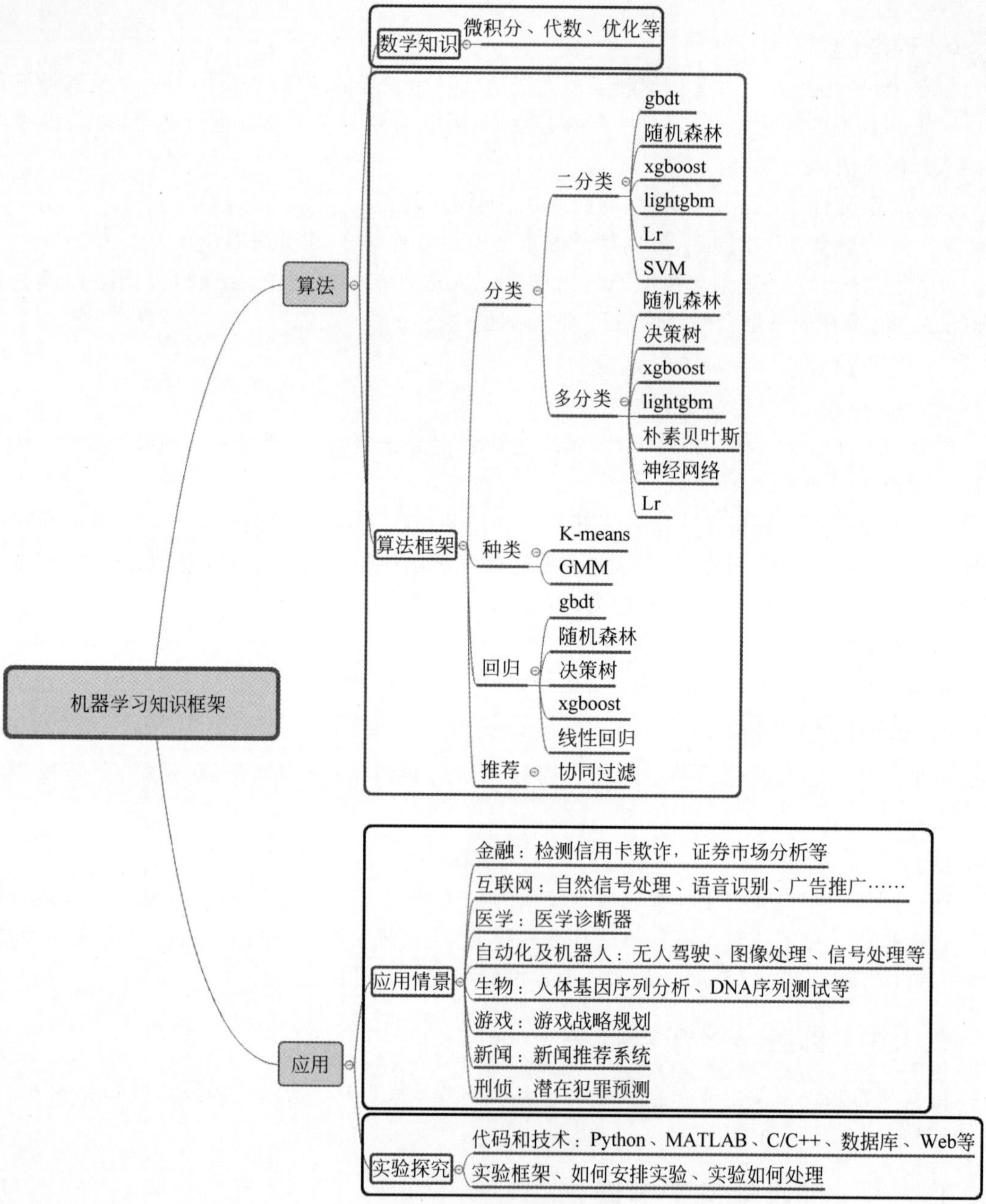

图 1.3 机器学习知识框架

型。机器学习的目标在于从模型的假设空间中选取最佳模型。判断一个函数的优劣，需要确定一个衡量标准。也就是说，需要依据具体问题确定损失函数。常用的损失函数有：0-1 损失函数（等于设定值，损失为零；不等于设定值，损失为 1）、平方损失函数（设定值与预测值之差的平方）及绝对损失函数（设定值与预测值之差的绝对值）。

然而，损失函数一般是用来度量模型对于一个样本的预测与分类的准确度。采用多个样本进行训练时，应求这些样本的平均损失作为模型的经验风险。风险函数可以度量模型对于多个样本预测的准确度。除了经验风险，还有结构化风险——结构化风险是为了防止模型过拟合，而在损失函数中加入了一个关于结构的函数的正则化项。

3. 设计一个最好的算法

算法是指学习模型的具体计算方法。机器学习基于训练数据集，根据学习策略，从假设空间中选择最佳模型，最后需要考虑用什么样的计算方法求解最佳模型。这时，机器学习问题归结为最佳化问题。常用的算法有：梯度下降算法[例如，随机梯度下降（stochastic gradient descent，SGD）、小批量随机梯度下降（mini-batach stochastic gradient descent，MB-SGD）、批量梯度下降等]，最小二乘算法[也称为最小均方误差（least mean squares，LMS）、岭回归最小二乘法估计等]和其他一些技巧。

学习得到“最佳”的函数后，需要在新样本上进行测试，只有在新样本上表现很好，才算是一个“好”的函数。

1.2.6 机器学习路线图

机器学习是一个庞大的家族体系，涉及众多算法、任务和学习理论。机器学习的学习路线如图1.4所示。图中，用不同颜色代表不同的学习理论，橙色代表任务，绿色代表方法。（注：请扫码查看彩图。）

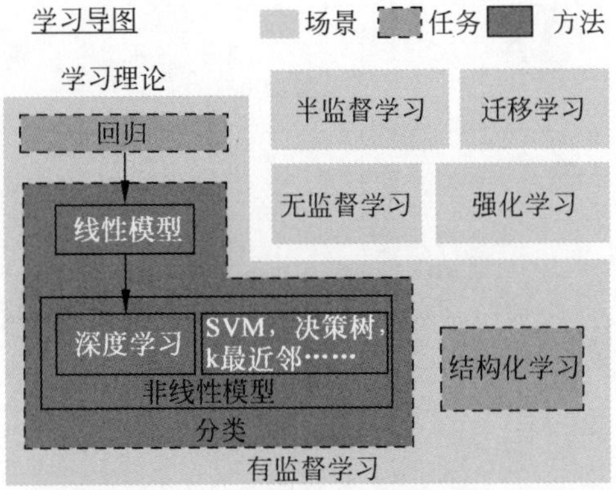

图1.4 机器学习的学习路线

扫描获取对应彩图

（1）按任务类型分，机器学习模型可以分为回归模型、分类模型和结构化学习模型。

回归模型又叫预测模型，输出是一个不能枚举的数值；分类模型又分为二分类模型和多分类模型，常见的二分类问题有垃圾邮件过滤，常见的多分类问题有文档自动归类；结构化学习模型的输出不再是一个固定长度的值，如图片语义分析的输出是图片的文字描述。

（2）从方法角度分，机器学习模型可以分为线性模型和非线性模型。

线性模型较为简单，但作用不可忽视，线性模型是非线性模型的基础，很多非线性模型都是在线性模型的基础上变换而来的。非线性模型又可以分为传统机器学习模型，如SVM、k最近邻（k-nearest neighbor，KNN）、决策树和深度学习模型。

（3）按学习理论分，机器学习模型可以分为有监督学习、半监督学习、无监督学习、迁移学习和强化学习。

当训练样本带有标签时是有监督学习；当训练样本部分有标签，部分无标签时是半监督学习；当训练样本全部无标签时是无监督学习；迁移学习就是把已经训练好的模型参数迁移到新模型上以帮助新模型训练；强化学习是学习一个最佳策略，可以让本体在特定环境中，根据当前状态，做出行动，从而获得最大回报。强化学习和有监督学习最大的不同是，每次的决定没有对与错，而是希望获得最多的累计回报。

1.3 表示学习

1.3.1 表示学习基本概念

要清楚什么是表示学习，首先需理解什么是表示。在 *deep learning with python* 中将表示定义为表示或者编码数据的一种形式。例如，一张图片可以表示为RGB形式也可以表示为HSV形式，这就是对同一数据的两种不同表示。在不同的任务中，采用合适的表示会使任务变得简单。例如，若要选取图片中的红色像素点，就可以采用RGB形式；如果想让图片更加饱和，采用HSV形式更加简单。所以，表示学习又称特征学习。如果有一种算法可以自动得到有效的特征，并提高最终机器学习模型的性能，那么这种学习就可以称为表示学习。它旨在将研究对象的特征信息表示成低维连续向量，两个对象的空间距离越近，说明它们的特征相似度越高。顾名思义，如图1.5所示，面向知识图谱的表示学习旨在将实体和关系嵌入低维连续向量空间中，即学习它们的分布式表示。这种方法不仅能够有效表示和度量实体、关系间的语义关联，还有助于提升计算效率、缓解数据稀疏、实现异质信息融合。

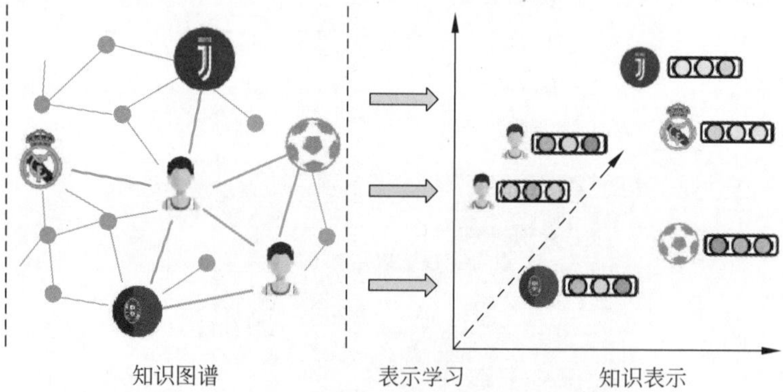

图1.5　面向知识图谱的表示学习

从原理上讲，表示学习是学习一个特征的技术的集合，即将原始数据转换成能够被机器学习有效开发的一种形式，它既允许计算机学习使用特征，也允许学习如何提取特征。然而，在现实世界中的数据(例如，图片、视频以及传感器的测量值)非常复杂、冗余且多变。这种情况下，如何有效提取特征并将其表达出来就显得非常重要，这就要求特征学习技术的整体设计非常有效。在表示学习中，最关键的问题是如何评价一个表示比另一个表示更好。表示的选择通常取决于随后的学习任务，即一个好的表示应该使随后的任务的学习变得更容易。

以无监督和有监督结合的共享表示学习为例，在机器学习任务中，通常有大量无标签的训练样本和少量有标签的训练样本。只在有限的有标签的训练样本上学习，会导致模型存在严重过拟合问题。共享表示学习就是从大量无标签的观测样本中通过无监督的方法，学习得到很好的表示，然后基于这些表示，采用少量有标签的观测样本来得到好的模型参数，缓解监督学习中的过拟合问题。

共享表示学习涉及多个任务，多个任务之间共享一定相同的因素，比如相同的分布、观测样本来自相同的领域等。共享表示学习有多种表示形式。假设共享表示学习中采用训练样本A进行无监督学习、训练样本B进行有监督学习，样本A和样本B可能来自相同的领域，也可能来自不同的领域；任务可能服从相同的分布，也可能服从不同的分布。

1.3.2 表示学习理论基础

表示学习得到的低维向量表示是一种分布式表示。之所以如此命名，是因为孤立地看向量中的每一维都没有明确对应的含义；而综合各维形成的一个向量则能够表示对象的语义信息。这种表示方案是受到人脑的工作机制启发的。人们知道，因为现实世界中的实体是离散的，不同对象之间有明显的界线。人脑通过大量神经元上的激活和抑制存储这些对象，形成内隐世界。显而易见，每个单独神经元的激活或抑制并没有明确含义，但是多个神经元的状态则能表示世间万物。受到该人脑工作机制的启发，分布式表示的向量可以看作模拟人脑的多个神经元，每一维对应一个神经元，而向量值对应神经元的激活或抑制状态。基于神经网络对离散世界的连续表示机制，人脑具备了高度的学习能力与智能水平。表示学习正是对人脑这一工作机制的模仿。值得一提的是，现实世界存在层次结构，一个对象往往由更小的对象组成。例如，一间教室作为一个对象，是由门、窗户、墙、天花板、地板、讲台、多媒体、黑板等对象有机组合而成的，多媒体则由更小的音箱、计算机、投影仪和软件等对象组成，以此类推。这种层次或嵌套结构反映在人脑中，形成了神经网络的层次结构。最近，象征人工神经网络复兴的深度学习技术所津津乐道的“深度”正是这种层次性的体现。

1.3.3 网络表示学习流程

网络表示学习有两个别称，分别为图嵌入(graph embedding，GE)和网络嵌入(network embedding，NE)。它的目的是将网络中的节点(节点级)或者整个网络(图级)表示为低维、稠密的实值向量，且原始网络中相似的两个节点在向量空间中也要尽可能相近。好的网络表示学习需要充分利用网络中隐含的丰富的信息，如节点的属性特征、边的属性特征以及网络的拓扑结构等信息，如图 1.6 所示。

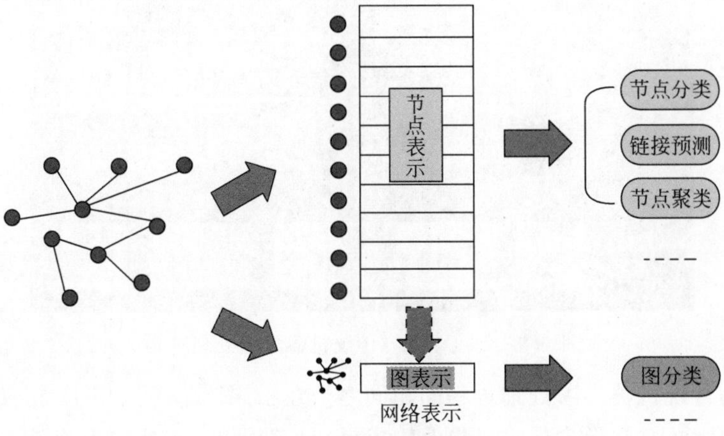

图 1.6 网络表示学习

图 1.6 中，网络表示学习是原始网络数据和网络分析应用之间的一个处理过程，表示学习算法负责从原始图结构数据中学习节点或者整个图的向量表示，然后将其作为节点或图的特征应用于节点分类、图分类等网络分析任务中。与原始邻接矩阵表示相比，向量表示维度更低，不仅可以减少任务的执行时间，而且不再需要考虑网络结构，可以对节点并行化处理，进一步提升了算法的效率；此外，通过对网络可视化，将节点间不易察觉的关系展示出来，增加了模型的可解释性；最后，通过计算向量表示之间的距离可衡量两个节点或者两个图之间的相似性。

1.4 深度学习

深度学习(deep learning,DL)是机器学习的一个分支,可以简单地理解为神经网络(neural network,NN)的发展。所谓"深度"是指对原始数据进行非线性特征转换的次数。如果把一个表示学习系统视为一个有向图结构,深度也可以视为从输入节点到输出节点所经过的最长路径长度。大量实验结果表明,深度学习网络的深度越深,学习的效果越好,网络的性能越强。神经网络规模与性能间的关系如图 1.7 所示。

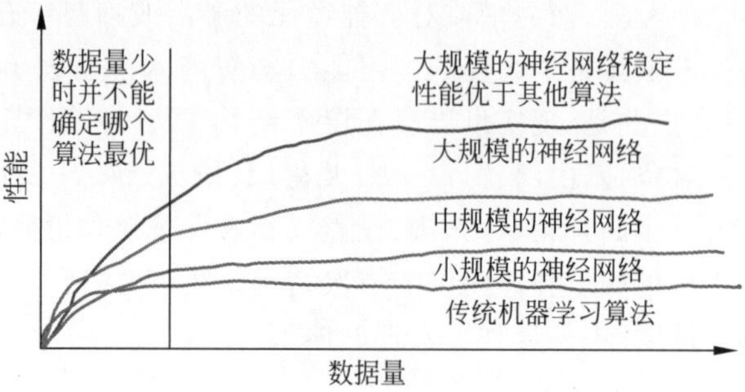

图 1.7 神经网络规模与性能间的关系

1.4.1 深度学习与传统机器学习处理过程

深度学习与传统机器学习处理过程如图 1.8 所示。

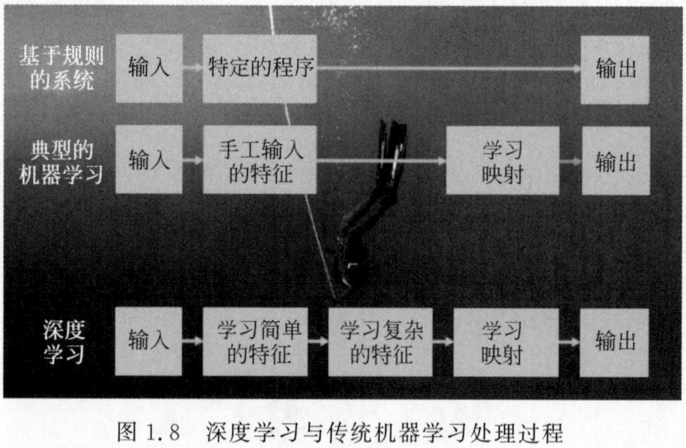

图 1.8 深度学习与传统机器学习处理过程

深度学习与传统机器学习处理过程的相同之处在于深度学习采用了与传统神经网络相似的分层结构,包括输入层、隐含层(多层)及输出层,只有相邻层节点之间有连接,同一层以及跨层节点之间无相互连接,每一层可以看作一个逻辑回归模型,这种分层结构比较接近人类大脑结构。

深度学习与传统机器学习处理过程的不同之处在于训练机制不同。传统神经网络采用反向传播(back propagation,BP)方式,也就是迭代算法训练整个网络,首先随机设定初始值、计算当前网络的输出,然后根据当前输出和标签输出之差去改变前面各层的参数,直到收敛(整体是一个梯度下降法)。而深度学习整体上是一个分层的训练机制,克服了深度网络(7 层以上)采用 BP 机制时出现的梯度爆炸问题。

1.4.2 深度学习训练算法

1. wake-sleep 算法

2006 年，Hinton 提出了在非监督数据上建立多层神经网络的一个有效方法，即逐层构建单层神经元，每层采用 wake-sleep 算法进行调优，每次仅调整一层，逐层调整，这个过程看作一个特征学习的过程，也是与传统神经网络区别最大的部分。

wake-sleep 算法分为醒(wake)和睡(sleep)两个阶段。

醒阶段：认知过程，通过下层的输入特征和向上的认知权重产生每一层的抽象表示，再通过当前的生成权重产生一个重建信息，计算输入特征和重建信息的残差，采用梯度下降法修改层间向下的生成权重。

睡阶段：生成过程，通过上层概念与向下的生成权重生成下层的状态，再利用认知权重产生一个抽象景象，利用初始上层概念和抽象景象的残差，利用梯度下降法修改层间向上的认知权重。

2. 学习方式

1) 自下上升的非监督学习

这种方式就是从底层开始，一层一层地往顶层训练。采用无标定数据(有标定数据也可)分层训练各层参数，这一步可以看作一个无监督训练过程，也是与传统神经网络区别最大的部分，是特征学习过程。具体地，先用无标定数据训练第一层，训练时先学习第一层的参数，这一层可以视为得到一个使输出和输入差别最小的三层神经网络的隐含层，由于模型容量的限制以及稀疏性约束，使得到的模型能够学习到数据本身的结构，从而得到比输入更具有表示能力的特征；在学习得到第 $n-1$ 层参数后，将第 $n-1$ 层的输出作为第 n 层的输入，训练第 n 层，由此分别得到各层的参数。

2) 自顶向下的监督学习

这种方式是由带标签的数据去训练，误差自顶向下传输，对网络进行微调。基于自下上升的非监督学习得到的各层参数进一步优化调整多层模型的参数，这一步是一个有监督训练过程。自下上升的非监督学习过程类似神经网络的随机初始化初值过程，由于它不是随机初始化，而是通过学习输入数据的结构得到的，因而这个初值更接近全局最优，从而能够取得更好的效果。所以，深度学习的良好效果在很大程度上归功于自下上升的非监督学习的特征学习过程。

1.4.3 深度学习知识体系

1. 深度学习算法发展时间轴

深度学习算法发展时间轴如图 1.9 所示。

2. 深度学习网络结构拓展体系

深度学习网络结构拓展体系如图 1.10 所示。

图 1.10 中，CNN(convolutional neural network)表示卷积神经网络，RNN(recurrent neural networks)表示递归神经网络，LSTM(long short-term memory network)表示长短期记忆网络。

3. 深度学习知识结构体系

深度学习的主要内容包括分类、回归、聚集分组、预处理(降维/白化、中心化/标准化)和模型选择(生成式模型、判别式模型)，深度学习完整的知识结构包括理论基础、学习框架和语言工具，如图 1.11 所示。

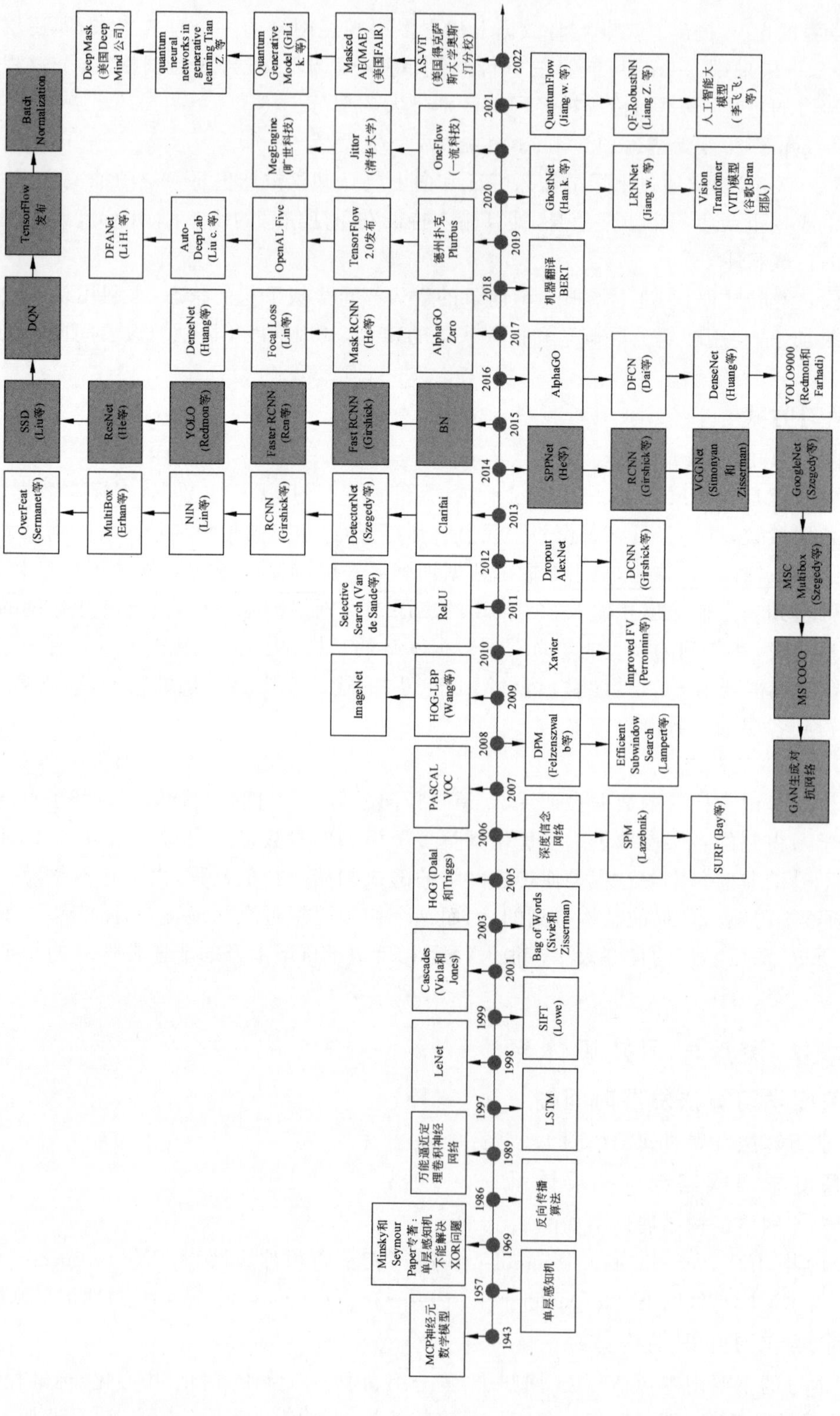

图 1.9 深度学习算法发展时间轴

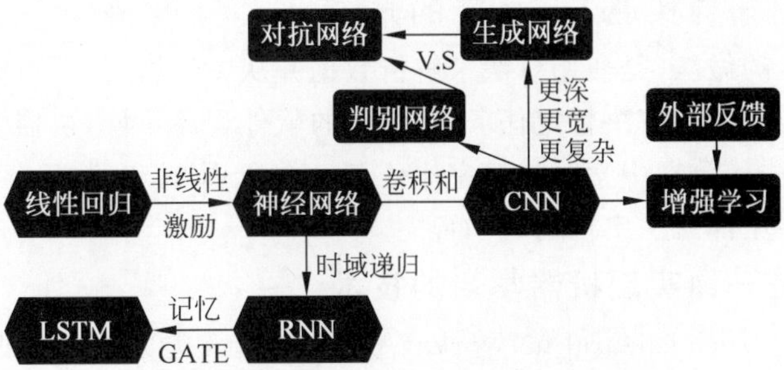

图 1.10　深度学习网络结构拓展体系

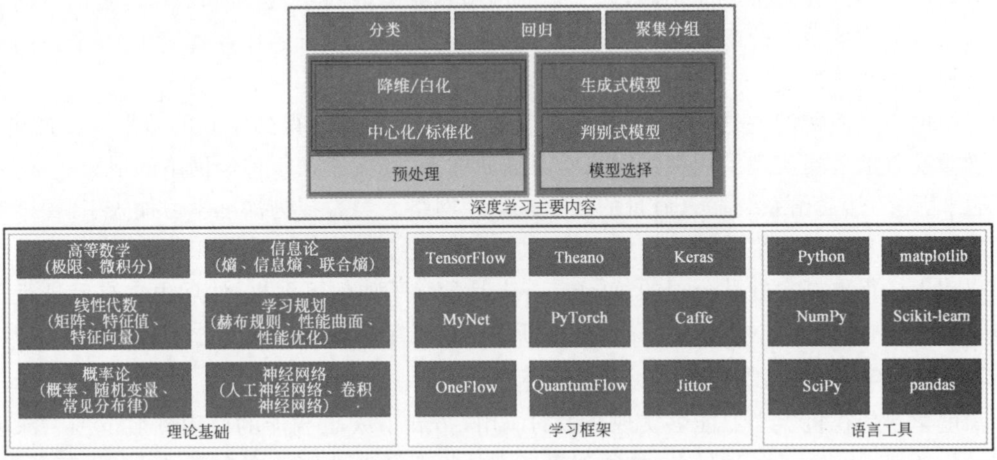

图 1.11　深度学习完整的知识结构

1.4.4　深度学习与机器学习、人工智能的关系

深度学习与机器学习、人工智能的关系如图 1.12 所示。

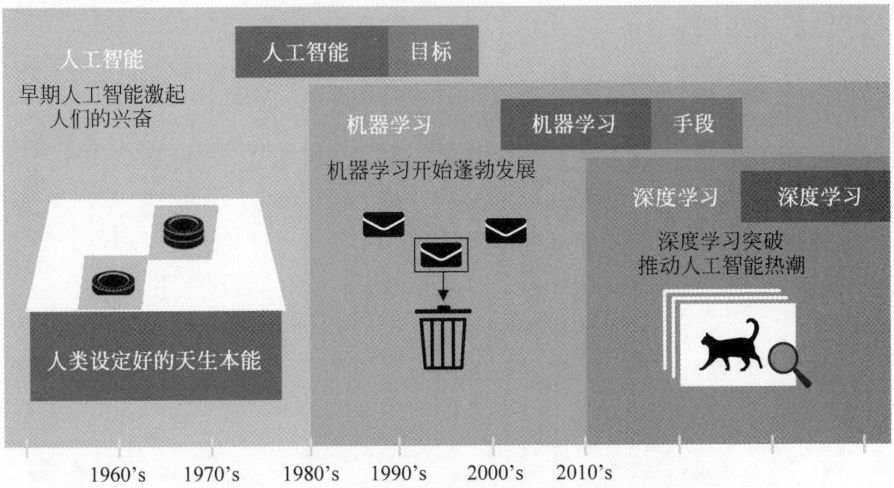

图 1.12　三者的关系

图 1.12 中，人工智能是最早出现的，也是最大、最外侧的矩形框；其次是机器学习，出现稍晚一点；最内侧，是深度学习。从集合论视角分析，机器学习是人工智能的子集，深度学习是机器学习的子集，是当今人工智能大爆炸的核心驱动。

1. 机器学习是一种实现人工智能的方法

机器学习最基本的做法,是使用算法来解析数据并从中学习,然后对真实世界中的事件做出决策和预测。与传统的为解决特定任务、硬编码的软件程序不同,机器学习是用大量数据来"训练",通过各种算法从数据中学习如何完成任务。众所周知,人类还没有实现强人工智能。早期机器学习方法甚至都无法实现弱人工智能。

2. 深度学习是一种实现机器学习的技术

人工神经网络(artificial neural networks,ANN)是受人类大脑的生理结构——互相交叉相连的神经元启发构建的,属早期机器学习中的一个重要算法。但与大脑中一个神经元可以连接一定距离内的任意神经元不同,人工神经网络具有离散的层、连接和数据传播的方向。每个神经元都为它的输入分配权重,这个权重的正确与否与它执行的任务直接相关,最终的输出由这些权重加总来决定。

神经网络最需要的就是训练,需要大量训练,直到每次都能得到正确的结果。2012 年,吴恩达教授在谷歌公司实现了用神经网络学习猫的样子,其突破在于神经网络的层数非常多、神经元也非常多,然后给系统输入海量的数据来训练网络。吴教授为深度学习加入了"深度",这里的"深度"就是神经网络中众多的层。现在,经过深度学习训练的图像识别,在一些场景中甚至可以比人做得更好。谷歌公司的 AlphaGo 先是学会了如何下围棋,然后由它自己进行下棋训练。它训练自己神经网络的方法,就是不断地与自己下棋,反复地下,永不停歇。

3. 深度学习给人工智能以璀璨的未来

深度学习使得机器学习能够实现众多的应用,拓展了人工智能的应用领域范围。深度学习摧枯拉朽般地实现了各种任务,使得似乎所有的机器辅助功能都变为可能。无人驾驶汽车、预防性医疗保健,甚至是推荐更好的电影,都近在眼前,或者即将实现。

第2章 深度学习的数学与优化基础

CHAPTER 2

【导读】 首先介绍了深度学习研究所需的数学基础，包括微积分、线性代数和概率论中相关的基本理论与方法；其次，针对学习规则，分析了线性联想器、赫布规则、仿逆规则、赫布学习变形等理论与方法；再次，从泰勒级数开始，分析了最速下降法、牛顿法和共轭梯度法等优化算法；最后，在分析信息及其度量的基础上，给出了信息熵、联合熵、条件熵、相对熵及交叉熵的定义，进一步介绍了链式法则及几个重要的不等式。本章是后续各章的研究基础。

想要学习深度学习，就离不开微积分、线性代数、概率论及信息论和优化理论等。

微积分和优化理论是深度学习的工具。在深度学习的学习过程中，用层层迭代的深度网络对非结构数据进行抽象表征，是通过优化理论实现的，即通过调整网络参数实现的。调整网络参数的基础是优化理论，而优化理论又以多元微积分理论为基础。在机器学习中，优化问题通常是有约束条件的优化，传统优化理论的最核心算法是牛顿法和拟牛顿法。由于机器学习本身的一个重要内容是正则化，优化问题立刻转化为了一个受限优化问题，且是一类需要由拉格朗日乘子法解决的问题。

在深度学习中为什么需要理解透彻线性代数呢？因为深度学习的根本思想就是把任何事物转换成高维空间的向量，强大无比的神经网络归根到底就是无数的矩阵运算和简单的非线性变换的结合。例如，图像或声音的原始数据由深度学习网络进行处理时，需要一层层转换为向量。对于线性代数，最需要掌握的是线性空间的概念和矩阵的各项基本运算、矩阵的正定性和特征值等。

概率论是整个机器学习和深度学习的语言，因为无论是深度学习还是机器学习，它们所做的工作均是预测未知。预测未知就一定会遇到不确定性的处理对象。整个人类对不确定性的描述都是基于概率论理论的。对于概率论，首先要知道概率是基于频率主义和贝叶斯主义的观点，其次要了解概率空间是描述不确定事件的工具，再次要熟练掌握由各类分布函数描述不同的不确定性。最常用的分布函数是高斯分布，它是一种理想的分布，真实世界的数据分布不一定是高斯分布，指数分布和幂函数分布等非高斯分布也很重要。不同的分布对机器学习和深度学习的过程会有重要影响。与概率论密切相关的信息论也是深度学习的必要基础，理解信息论中的熵、条件熵、交叉熵等概念，有助于帮助理解机器学习和深度学习的目标函数设计。例如，交叉熵为什么是各类分类问题的基础。

2.1 导数与梯度

2.1.1 导数

$$f'(x_0)=\lim_{\Delta x\to 0}\frac{f(x_0+\Delta x)-f(x_0)}{\Delta x}=\lim_{\Delta x\to 0}\frac{f(x)-f(x_0)}{x-x_0}$$

【注】 (1) $f'(x_0)=\left.\dfrac{\mathrm{d}f}{\mathrm{d}x}\right|_{x=x_0}$ 是指 f 对 x 在 x_0 处的(瞬时)变化率。

(2) 左导数 $f'_-(x_0)=\lim\limits_{\Delta x\to 0^-}\dfrac{f(x_0+\Delta x)-f(x_0)}{\Delta x}$;

右导数 $f'_+(x_0)=\lim\limits_{\Delta x\to 0^+}\dfrac{f(x_0+\Delta x)-f(x_0)}{\Delta x}$;

$f'(x_0)$存在$\Leftrightarrow f'_-(x_0)=f'_+(x_0)$。

(3) 高阶导数 $f^{(n)}(x_0)=\lim\limits_{\Delta x\to 0}\dfrac{f^{(n-1)}(x_0+\Delta x)-f^{(n-1)}(x_0)}{\Delta x}$。

2.1.2 方向导数

设 $\boldsymbol{l}$ 是 xOy 平面上以 $P_0(x_0,y_0)$为始点的一条有向射线,$\boldsymbol{e}_l=(\cos\alpha,\cos\beta)$是与 $\boldsymbol{l}$ 同方向的单位向量,如图 2.1 所示。射线 $\boldsymbol{l}$ 的参数方程为

$$\begin{aligned}x&=x_0+d\cos\alpha\\ y&=y_0+d\cos\beta\end{aligned}\qquad(d\geqslant 0)$$

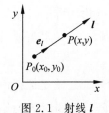

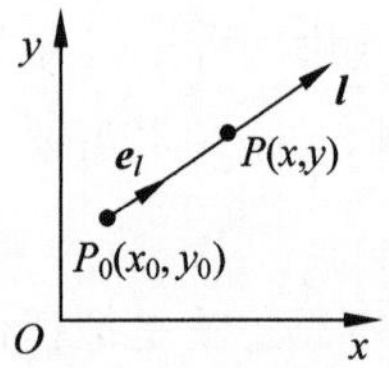

图 2.1 射线 $\boldsymbol{l}$

设函数 $z=f(x,y)$在点 $P_0(x_0,y_0)$的某个邻域 $U(P_0)$内有定义,$P(x_0+d\cos\alpha,y_0+d\cos\beta)$为 $\boldsymbol{l}$ 上另一点,且 $P\in U(P_0)$。如果函数增量 $f(x_0+d\cos\alpha,y_0+d\cos\beta)-f(x_0,y_0)$与 P 到 P_0 的距离 $|PP_0|=d$ 的比值。

$$\frac{f(x_0+d\cos\alpha,y_0+d\cos\beta)-f(x_0,y_0)}{d}$$

在 P 沿着 $\boldsymbol{l}$ 趋于 P_0(即 $d\to 0^+$)时的极限存在,则称此极限为函数 $f(x,y)$在点 P_0 沿 $\boldsymbol{l}$ 方向的方向导数,记作$\left.\dfrac{\partial f}{\partial l}\right|_{(x_0,y_0)}$,即

$$\left.\frac{\partial f}{\partial l}\right|_{(x_0,y_0)}=\lim_{t\to 0^+}\frac{f(x_0+d\cos\alpha,y_0+d\cos\beta)-f(x_0,y_0)}{d}\tag{2.1.1}$$

式(2.1.1)表明,方向导数$\left.\dfrac{\partial f}{\partial l}\right|_{(x_0,y_0)}$就是函数 $f(x,y)$在点 $P_0(x_0,y_0)$处沿 $\boldsymbol{l}$ 方向的变化率。若函数 $f(x,y)$在点 $P_0(x_0,y_0)$的偏导数存在,$\boldsymbol{e}_l=\boldsymbol{i}=(1,0)$,则

$$\left.\frac{\partial f}{\partial l}\right|_{(x_0,y_0)}=\lim_{t\to 0^+}\frac{f(x_0+d,y_0)-f(x_0,y_0)}{d}=f_x(x_0,y_0)$$

又若 $\boldsymbol{e}_l=\boldsymbol{j}=(0,1)$,则

$$\left.\frac{\partial f}{\partial l}\right|_{(x_0,y_0)}=\lim_{t\to 0^+}\frac{f(x_0,y_0+d)-f(x_0,y_0)}{d}=f_y(x_0,y_0)$$

反之,若 $e_l=i$, $\left.\frac{\partial z}{\partial l}\right|_{(x_0,y_0)}$ 存在,而 $\left.\frac{\partial z}{\partial x}\right|_{(x_0,y_0)}$ 未必存在。例如, $z=\sqrt{x^2+y^2}$ 在点 $O(0,0)$ 处沿 $l=i$ 方向的方向导数 $\left.\frac{\partial z}{\partial l}\right|_{(0,0)}=1$,而偏导数 $\left.\frac{\partial z}{\partial x}\right|_{(0,0)}$ 不存在。

方向导数是否存在的判断定理如下:

【定理 2.1】 如果函数 $f(x,y)$ 在点 $P_0(x_0,y_0)$ 处可微分,那么函数在该点沿任一 l 方向的方向导数存在,且

$$\left.\frac{\partial f}{\partial l}\right|_{(x_0,y_0)}=f_x(x_0,y_0)\cos\alpha+f_y(x_0,y_0)\cos\beta \tag{2.1.2}$$

式中, $\cos\alpha$ 与 $\cos\beta$ 是 l 方向的方向余弦。

2.1.3 梯度

与方向导数有关联的一个概念是函数的梯度。设二元函数 $f(x,y)$ 在平面区域 D 内具有一阶连续偏导数,则对于每一点 $P_0(x_0,y_0)\in D$,都可定义一个向量 $f_x(x_0,y_0)\boldsymbol{i}+f_y(x_0,y_0)\boldsymbol{j}$。称该向量为函数 $f(x,y)$ 在点 $P_0(x_0,y_0)$ 的梯度,记作 $\mathrm{grad}f(x_0,y_0)$,即

$$\mathrm{grad}f(x_0,y_0)=f_x(x_0,y_0)\boldsymbol{i}+f_y(x_0,y_0)\boldsymbol{j}$$

如果函数 $f(x,y)$ 在点 $P_0(x_0,y_0)$ 可微分, $\boldsymbol{e}_l=(\cos\alpha,\cos\beta)$ 是与射线 l 同向的单位向量,则

$$\begin{aligned}\left.\frac{\partial f}{\partial l}\right|_{(x_0,y_0)}&=f_x(x_0,y_0)\cos\alpha+f_y(x_0,y_0)\cos\beta\\&=\mathrm{grad}f(x_0,y_0)\cdot\boldsymbol{e}_l=|\mathrm{grad}f(x_0,y_0)|\cos\theta\end{aligned} \tag{2.1.3}$$

式中, $\theta=(\mathrm{grad}f(x_0,y_0),\boldsymbol{e}_l)$。

式(2.1.3)给出了函数在某点的梯度与函数在该点的方向导数间的关系。在 $\boldsymbol{e}_l$ 与 $\mathrm{grad}f(x_0,y_0)$ 的夹角 $\theta=0$,即沿梯度方向时,方向导数 $\left.\frac{\partial f}{\partial l}\right|_{(x_0,y_0)}$ 取得最大值,该最大值就是梯度的模 $|\mathrm{grad}f(x_0,y_0)|$。也就是说,函数在某点的梯度是一个向量,它的方向就是函数在该点的方向导数取最大值的方向,它的模就等于方向导数的最大值。

一般说来,二元函数 $z=f(x,y)$ 在几何上表示一个曲面,这个曲面被平面 $z=c$(c 是常数)所截得曲线 L 的方程为

$$\begin{cases}z=f(x,y)\\z=c\end{cases} \tag{2.1.4}$$

这条曲线 L 在 xOy 面上的投影是一条平面曲线 L^*,如图 2.2 所示。它在 xOy 平面直角坐标系中的方程为

$$f(x,y)=c$$

对于曲线 L^* 上的一个点,给定的函数值都是 c,所以称平面曲线 L^* 为函数 $z=f(x,y)$ 的等值线。

若 f_x、f_y 不同时为零,则等值线 $f(x,y)=c$ 上任一点 $P_0(x_0,y_0)$ 处的一个单位法向量为

$$\boldsymbol{n}=\frac{1}{\sqrt{f_x^2(x_0,y_0)+f_y^2(x_0,y_0)}}(f_x(x_0,y_0),f_y(x_0,y_0)) \tag{2.1.5}$$

这表明,梯度 $\mathrm{grad}f(x_0,y_0)$ 的方向与等值线上这点的一个法线方向相同,而这个方向的方向

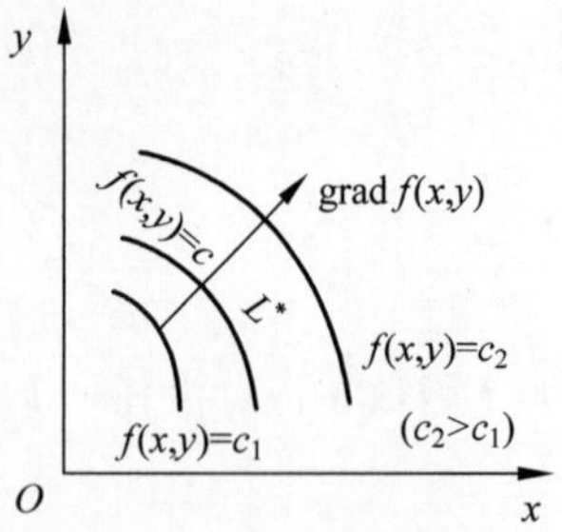

图 2.2 $z=f(x,y)$的等值线

导数$\frac{\partial f}{\partial n}$就等于 $\text{grad}f(x_0,y_0)$，于是

$$\text{grad}f(x_0,y_0)=\frac{\partial f}{\partial n}\boldsymbol{n} \tag{2.1.6}$$

式(2.1.6)表明了函数在一点的梯度与过这点的等值线、方向导数间的关系。也就是说，函数在某一点的梯度方向与等值线在该点的一个法线方向相同，它的指向为从数值较低的等值线指向数值较高的等值线。梯度的模就等于函数在这个法线方向的方向导数。

同样地，对于三元函数 $f(x,y,z)$，它在点 $P_0(x_0,y_0,z_0)$的梯度为

$$\text{grad}f(x_0,y_0,z_0)=f_x(x_0,y_0,z_0)\boldsymbol{i}+f_y(x_0,y_0,z_0)\boldsymbol{j}+f_z(x_0,y_0,z_0)\boldsymbol{k} \tag{2.1.7}$$

它的方向与方向导数取最大值的方向一致，方向导数的最大值就是梯度的模。如果引进曲面

$$f(x,y,z)=c \tag{2.1.8}$$

为函数 $f(x,y,z)$的等量面概念，则 $f(x,y,z)$在点 $P_0(x_0,y_0,z_0)$的梯度方向与过点 P_0 的等量面 $f(x,y,z)=c$ 在该点的法线的一个方向相同，它的指向为从数值较低的等量面指向数值较高的等量面，而梯度的模等于函数在该法线方向的方向导数。

2.2 线性代数

2.2.1 线性变换

1. 集合

一个集合包括以下几个含义：

(1) 一个被称为定义域的元素集合 $X=\{\boldsymbol{x}_i\}$；

(2) 一个被称为值域的元素集合 $Y=\{\boldsymbol{y}_i\}$；

(3) 一个将每个 $\boldsymbol{x}_i\in X$ 和一个元素 $\boldsymbol{y}_i\in Y$ 相联系的规则。

2. 线性变换

一个变换 T 是线性的，如果

(1) 对所有的 $\boldsymbol{x}_1,\boldsymbol{x}_2\in X$，有 $\text{T}[\boldsymbol{x}_1+\boldsymbol{x}_2]=\text{T}[\boldsymbol{x}_2]+\text{T}[\boldsymbol{x}_2]$；

(2) 对所有的 $\boldsymbol{x}\in X$ 和 $a\in\mathbb{R}$，有 $\text{T}[a\boldsymbol{x}]=a\text{T}[\boldsymbol{x}]$。

假设变换 T 是在二维空间$\mathbb{R}^2$中将一个向量旋转θ角，如图 2.3 所示。图 2.4 和图 2.5 表示该旋转变换满足线性变换(1)，即如果希望将两个向量的和向量旋转一个角度，可以首先对这两个向量分别进行旋转，然后再对其求和。图 2.6 表示旋转变换满足线性变换(2)，即如果希望将一个向量的伸缩向量进行旋转，可以先旋转该向量，再对其伸缩。可见，旋转变换是一个线性变换。

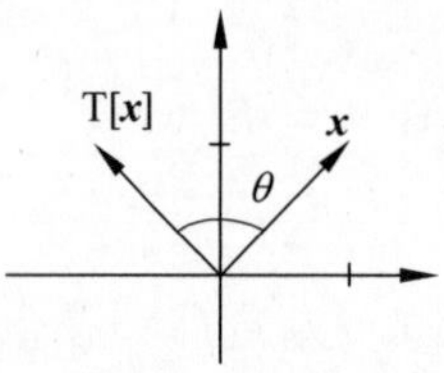

图 2.3 旋转变换

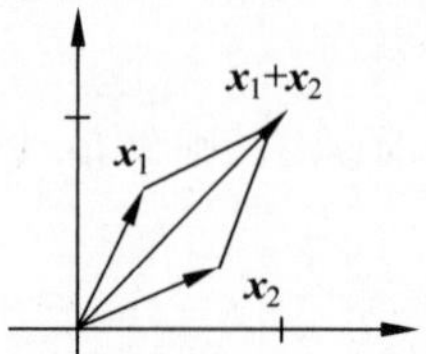

图 2.4 两个向量之和的旋转

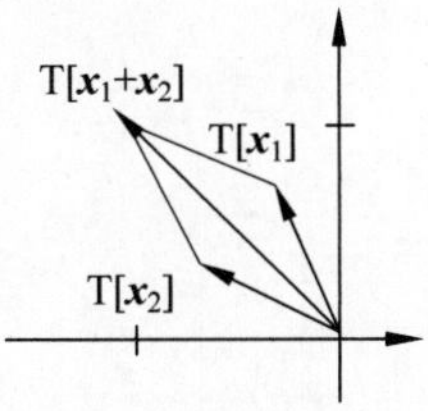

图 2.5 两个向量旋转后的和

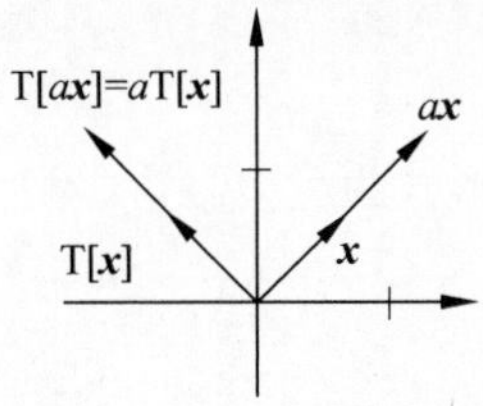

图 2.6 伸缩向量的变换

2.2.2 矩阵

在数学中,矩阵是一个按照长方阵列排列的复数或实数集合,最早来自方程组的系数及常数所构成的方阵。矩阵相乘是线性变换的一个实例。同样,两个有限维向量空间之间的任何线性变换都可以用一个矩阵来表示。

设$\{\boldsymbol{v}_1,\boldsymbol{v}_2,\cdots,\boldsymbol{v}_N\}$是向量空间 X 的一个基集,$\{\boldsymbol{u}_1,\boldsymbol{u}_2,\cdots,\boldsymbol{u}_M\}$是向量空间 Y 的一个基集。即对任意两个向量 $\boldsymbol{x}\in X$ 和 $\boldsymbol{y}\in Y$,有

$$\boldsymbol{x}=\sum_{i=1}^{N}x_i\boldsymbol{v}_i \tag{2.2.1}$$

$$\boldsymbol{y}=\sum_{i=1}^{M}y_i\boldsymbol{u}_i \tag{2.2.2}$$

设 T 是一个定义域为 X、值域为 Y 的线性变换(T: $X\to Y$),则

$$\mathrm{T}[\boldsymbol{x}]=\boldsymbol{y} \tag{2.2.3}$$

可以写为

$$\mathrm{T}\left[\sum_{i=1}^{N}x_i\,\boldsymbol{v}_i\right]=\sum_{i=1}^{M}y_i\boldsymbol{u}_i \tag{2.2.4}$$

因为 T 是一个线性算子,所以式(2.2.4)可写为

$$\sum_{j=1}^{N}x_j\,\mathrm{T}[\boldsymbol{v}_j]=\sum_{i=1}^{M}y_i\boldsymbol{u}_i \tag{2.2.5}$$

因为向量 T[$\boldsymbol{v}_i$]是值域 Y 中的一个元素,所以它可以用 Y 的基向量的线性组合表示,即

$$\mathrm{T}[\boldsymbol{v}_i]=\sum_{i=1}^{M}a_{ij}\boldsymbol{u}_i \tag{2.2.6}$$

式中,系数 a_{ij} 不能随意选取。

将式(2.2.6)代入式(2.2.5),得

$$\sum_{j=1}^{N}x_j\sum_{i=1}^{M}a_{ij}\boldsymbol{u}_i=\sum_{i=1}^{M}y_i\boldsymbol{u}_i \tag{2.2.7}$$

变换式(2.2.7)中求和的顺序,得

$$\sum_{i=1}^{M}\boldsymbol{u}_i\sum_{j=1}^{N}a_{ij}x_j=\sum_{i=1}^{M}y_i\boldsymbol{u}_i \tag{2.2.8}$$

重组式(2.2.8),得

$$\sum_{i=1}^{M}\boldsymbol{u}_i\left(\sum_{j=1}^{N}a_{ij}x_j-y_i\right)=0 \tag{2.2.9}$$

由于由所有的 $\boldsymbol{u}_i$ 构成一个基集,所以 $\boldsymbol{u}_i$ 之间相互独立。这也意味着式(2.2.9)中每个与 $\boldsymbol{u}_i$ 相乘的系数必须等于 0,所以

$$\sum_{j=1}^{N} a_{ij} x_j = y_i \tag{2.2.10}$$

式(2.2.10)的矩阵形式为

$$\begin{bmatrix} a_{11} & a_{12} & \cdots & a_{1N} \\ a_{21} & a_{22} & \cdots & a_{2N} \\ \vdots & \vdots & & \vdots \\ a_{M1} & a_{M2} & \cdots & a_{MN} \end{bmatrix} \begin{bmatrix} x_1 \\ x_2 \\ \vdots \\ x_N \end{bmatrix} = \begin{bmatrix} y_1 \\ y_2 \\ \vdots \\ y_N \end{bmatrix} \tag{2.2.11}$$

上述结果表明，对于两个有限维向量空间之间的任意线性变换都存在与其相应的矩阵表示。将该矩阵和定义域中向量 $\boldsymbol{x}$ 相乘，可以得到一个变换向量 $\boldsymbol{y}$ 的展开式。

注意：一个变换的矩阵表示也不是唯一的。如果改变定义域或值域的基集，那么变换的矩阵表示也会随之改变。

2.2.3 基变换

1. 基集

线性变换的矩阵表示依赖于变换的定义域和值域所采用的基集，由于一个线性变换的矩阵表示不是唯一的，所以需说明变换的矩阵表示是如何随基集改变而改变的。

考虑一个线性变换：T: $X \rightarrow Y$。设$\{\boldsymbol{v}_1, \boldsymbol{v}_2, \cdots, \boldsymbol{v}_N\}$是向量空间 X 的一个基集，$\{\boldsymbol{u}_1, \boldsymbol{u}_2, \cdots, \boldsymbol{u}_M\}$是向量空间 Y 的一个基集。由式(2.2.2)和式(2.2.3)，得到变换的矩阵形式为

$$\boldsymbol{Ax} = \boldsymbol{y} \tag{2.2.12}$$

式中，$\boldsymbol{A}$ 是 T 变换的变换矩阵。

假设对 X 和 Y 使用不同的基集，设$\{\boldsymbol{t}_1, \boldsymbol{t}_2, \cdots, \boldsymbol{t}_N\}$是 X 的新基集，$\{\boldsymbol{w}_1, \boldsymbol{w}_2, \cdots, \boldsymbol{w}_M\}$是 Y 的新基集，那么向量 $\boldsymbol{x} \in X$ 可以写为

$$\boldsymbol{x} = \sum_{n=1}^{N} x'_n \boldsymbol{t}_n \tag{2.2.13}$$

向量 $\boldsymbol{y} \in Y$ 可以写为

$$\boldsymbol{y} = \sum_{m=1}^{M} y'_m \boldsymbol{w}_m \tag{2.2.14}$$

基变换的矩阵形式为

$$\begin{bmatrix} a'_{11} & a'_{12} & \cdots & a'_{1N} \\ a'_{21} & a'_{22} & \cdots & a'_{2N} \\ \vdots & \vdots & & \vdots \\ a'_{M1} & a'_{M2} & \cdots & a'_{MN} \end{bmatrix} \begin{bmatrix} x'_1 \\ x'_2 \\ \vdots \\ x'_N \end{bmatrix} = \begin{bmatrix} y'_1 \\ y'_2 \\ \vdots \\ y'_N \end{bmatrix} \tag{2.2.15}$$

或

$$\boldsymbol{A}'\boldsymbol{x}' = \boldsymbol{y}' \tag{2.2.16}$$

2. 变换矩阵间的关系

为了分析变换矩阵 $\boldsymbol{A}$ 和 $\boldsymbol{A}'$之间的关系，必须找出两个变换矩阵的基集之间的关系。

首先，由于 $\boldsymbol{t}_i$ 是 X 的第 i 个元素，它按 X 的原基集展开为

$$\boldsymbol{t}_i = \sum_{n=1}^{N} t_{ni} \boldsymbol{v}_n \tag{2.2.17}$$

其次，由于$\boldsymbol{w}_i$ 是 Y 的第 i 个元素，它按 Y 的原基集展开为

$$\boldsymbol{w}_i = \sum_{m=1}^{M} w_{mi}\boldsymbol{u}_m \tag{2.2.18}$$

将基向量写成列向量的形式为

$$\boldsymbol{t}_i = \begin{bmatrix} t_{1i} \\ t_{2i} \\ \vdots \\ t_{Ni} \end{bmatrix} \tag{2.2.19}$$

$$\boldsymbol{w}_i = \begin{bmatrix} w_{1i} \\ w_{2i} \\ \vdots \\ w_{Mi} \end{bmatrix} \tag{2.2.20}$$

定义矩阵

$$\boldsymbol{B}_t = [\boldsymbol{t}_1 \quad \boldsymbol{t}_2 \quad \cdots \quad \boldsymbol{t}_N] \tag{2.2.21}$$

式中，$\boldsymbol{t}_i (i=1,2,\cdots,N)$为列矩阵。

这时，式(2.2.13)的矩阵形式为

$$\boldsymbol{x} = x'_1\boldsymbol{t}_1 + x'_2\boldsymbol{t}_2 + \cdots + x'_N\boldsymbol{t}_1 = \boldsymbol{B}_t\boldsymbol{x}' \tag{2.2.22}$$

式(2.2.22)给出了向量 $\boldsymbol{x}$ 的两种不同表示之间的关系。

定义矩阵

$$\boldsymbol{B}_w = [\boldsymbol{w}_1 \quad \boldsymbol{w}_2 \quad \cdots \quad \boldsymbol{w}_M] \tag{2.2.23}$$

式中，$\boldsymbol{w}_i$ 为列矩阵。

这时，式(2.2.14)的矩阵形式为

$$\boldsymbol{y} = \boldsymbol{B}_w\boldsymbol{y}' \tag{2.2.24}$$

式(2.2.24)给出了向量 $\boldsymbol{y}$ 的两种不同表示之间的关系。

将式(2.2.22)和式(2.2.24)代入式(2.2.12)，得

$$\boldsymbol{A}\boldsymbol{B}_t\boldsymbol{x}' = \boldsymbol{B}_w\boldsymbol{y}' \tag{2.2.25}$$

解得

$$\boldsymbol{y}' = [\boldsymbol{B}_w^{-1}\boldsymbol{A}\boldsymbol{B}_t]\boldsymbol{x}' \tag{2.2.26}$$

比较式(2.2.26)和式(2.2.16)，得基变换的操作为

$$\boldsymbol{A}' = [\boldsymbol{B}_w^{-1}\boldsymbol{A}\boldsymbol{B}_t] \tag{2.2.27}$$

3. 相似变换

式(2.2.27)描述了一个给定线性变换的任何两个矩阵表示之间的关系，该变换称为相似变换。如果选择比较合适的基向量，那么就可以获得一个充分反映线性变换特点的矩阵表示。

2.2.4 特征值和特征向量

线性变换的特征值和特征向量是讨论神经网络性能的重要工具。

1. 定义特征值与特征向量

考虑一个线性变换：T：$\boldsymbol{X}\rightarrow\boldsymbol{X}$(定义域和值域相同)。满足方程

$$\mathrm{T}[\boldsymbol{z}] = \lambda\boldsymbol{z} \tag{2.2.28}$$

的所有不等于 0 的向量 $\boldsymbol{z}\in\boldsymbol{X}$ 和标量 λ，分别称为线性变换 T 的特征向量和特征值。

注意：特征向量实际上并不是一个真正的向量，而是一个向量空间。这是因为 $\boldsymbol{z}$ 满足

式(2.2.28)，az 同样也满足式(2.2.28)。

由此可见，给定变换的一个特征向量表示一个方向，当对任何与该方向平行的向量进行变换后，仍指向该方向，只是按特征值对向量的长度进行了缩放。

2. 计算特征值和特征向量

假设选择了 N 维向量空间 X 的一个基，那么式(2.2.28)的矩阵形式为

$$\boldsymbol{A}\boldsymbol{z}=\lambda\boldsymbol{z} \tag{2.2.29}$$

或

$$[\boldsymbol{A}-\lambda\boldsymbol{I}]\boldsymbol{z}=0 \tag{2.2.30}$$

这表明，$[\boldsymbol{A}-\lambda\boldsymbol{I}]$的列之间是线性相关的。由此可知，该矩阵的行列式必为0。

$$|[\boldsymbol{A}-\lambda\boldsymbol{I}]|=0 \tag{2.2.31}$$

这个行列式是一个 N 阶多项式，所以式(2.2.31)通常有 N 个根，其中一些根可能是复数，也可能有些根是重根。

该变换矩阵是一个对角矩阵，特征值处于对角线上。一旦变换有不同的特征值，那么就能通过将特征向量作为基向量的方法将该变换的矩阵表示对角化。对角化过程归纳如下：

设

$$\boldsymbol{B}=[\boldsymbol{z}_1 \quad \boldsymbol{z}_2 \quad \cdots \quad \boldsymbol{z}_N] \tag{2.2.32}$$

式中，$\{\boldsymbol{z}_1 \quad \boldsymbol{z}_2 \quad \cdots \quad \boldsymbol{z}_N\}$是矩阵 $\boldsymbol{A}$ 的一个特征向量。然后，求

$$[\boldsymbol{B}^{-1}\boldsymbol{A}\boldsymbol{B}]=\begin{bmatrix}\lambda_1 & 0 & \cdots & 0\\ 0 & \lambda_2 & \cdots & 0\\ \vdots & \vdots & & \vdots\\ 0 & 0 & \cdots & \lambda_N\end{bmatrix} \tag{2.2.33}$$

其中，$\{\lambda_1,\lambda_2,\cdots,\lambda_N\}$是矩阵 $\boldsymbol{A}$ 的特征值。

2.3 概率论

现简要介绍概率、随机变(向)量及其分布和数字特征等。

2.3.1 概率

1. 随机实验与样本空间

如果一个实验具有以下特征：①可以在相同的条件下重复进行；②事先不能确定会出现哪一个实验结果；③每次实验的可能结果不止一个，并且可以预知实验的所有可能结果，则称该实验为随机实验，记为 E。

在个别实验中，实验结果呈现不确定性；在大量重复实验中，实验结果遵从统计规律性的现象，称为随机现象。

随机实验 E 的所有可能结果组成的集合称为 E 的样本空间，记为 S。样本空间中的元素 s 就是随机实验 E 的一个结果，称为样本点。

2. 随机事件及其概率与独立性

把随机实验 E 的样本空间 S 的子集(子集的组成规则是任意的)称为 E 的随机事件，简称事件。如果在实验中，该子集的样本点出现，则称该事件发生。

可见，事件是样本空间 S 的一个子集，但一般不将 S 的一切子集都作为事件，而是将具有

某限制而又相当广泛的一类 S 的子集称作事件域$\mathbb{S}$。事件域的性质如下：

(1) 空集$\varnothing\in\mathbb{R}$。

(2) 若对任意的 $n=1,2,\cdots,A_n\in\mathbb{S}$，则$\bigcap\limits^{\infty}A_n\in\mathbb{S}$。

(3) 若 $A,B\in\mathbb{S}$，则 $A-B\in\mathbb{S}$。

设实验 E 的样本空间 S 的一个事件域为$\mathbb{S}$，$P(A)$是$\mathbb{S}$上的实值函数，且满足：

① 若对任意 $A\in\mathbb{S}$，$P(A)\geqslant 0$；

② $P(S)=1$；

③ 若对任意的 $n=1,2,\cdots,A_n\in\mathbb{S}$及 $A_iA_j=\varnothing(i\neq j)$，且有

$$P\left(\bigcup_{n=1}^{\infty}A_n\right)=\sum_{\eta=1}^{\infty}P(A_n)$$

称 $P(A)$为事件 A 的概率。事件 A 的概率表示了事件 A 发生可能性的大小(数值)。

由样本空间 S、事件域$\mathbb{S}$和概率 P 构成的三元有序总体$(S,\mathbb{S},P)$，称为概率空间。

(1) 事件的分类。①基本事件：由一个样本点组成的单点集；②必然事件：在每次实验时必然发生的事件，样本空间 S 是自身的子集；③不可能事件：在每次实验时都不会发生的事件。空集$\varnothing$是 S 的子集，但不包含任何样本点。

(2) 事件间与相应概率间的关系。

① 包含：如果事件 A 发生必然导致事件 B 发生，则称 B 包含了 A，记为 $A\subset B$ 或 $B\supset A$，且

$$P(A)\leqslant P(B) \tag{2.3.1}$$

$$P(B-A)=P(B)-P(A) \tag{2.3.2}$$

② 交(或积)：事件 A 与事件 B 同时发生，记为 $A\cap B$(或 AB)；其概率记为 $P(A\cap B)$或 $P(AB)$。

③ 并(或和)：事件 A 与事件 B 中至少有一个发生，记为 $A\cup B$，则

$$P(A\cup B)=P(B)+P(A)-P(AB) \tag{2.3.3}$$

④ 不相容：若事件 A 与事件 B 不能同时发生，即 $AB=\varnothing$，则称事件 A 与事件 B 互不相容，且

$$P(AB)=P(\varnothing)=0 \tag{2.3.4}$$

⑤ 对立(互逆)：若 A 是一个事件，称 $\overline{A}$ 是 A 的对立事件(或逆事件)，即 $A\overline{A}=\varnothing$，$A\cup\overline{A}=S$，有

$$P(A\cup\overline{A})=P(S)=1 \tag{2.3.5}$$

$$P(\overline{A})=1-P(A) \tag{2.3.6}$$

⑥ 有限可加性：若 $A_1,A_2,\cdots,A_N$ 是两两互不相容的事件，则

$$P(A_1\cup A_2\cup\cdots\cup A_N)=P(A_1)+P(A_2)+\cdots+P(A_N) \tag{2.3.7}$$

(3) 条件概率。设 A,B 是两个事件，且 $P(A)>0$，称 $P(B|A)=P(AB)/P(A)$为在事件 A 发生的条件下事件 B 发生的条件概率。

① 条件概率乘法公式。设有事件 $A_1,A_2,\cdots,A_N$，且 $P(A_1A_2\cdots A_N)>0$，则

$$P(A_1A_2\cdots A_N)=P(A_1)P(A_2\mid A_1)P(A_3\mid A_1A_2)\cdots P(A_N\mid A_1A_2\cdots A_{N-1}) \tag{2.3.8}$$

② 全概率公式。设实验 E 的样本空间为 S，A 为 E 的事件，$B_1,B_2,\cdots,B_N$ 为 S 的一个划分，且 $P(B_n)>0(n=1,2,\cdots,N)$，则

$$P(A)=P(A\mid B_1)P(B_1)+P(A\mid B_2)P(B_2)+\cdots+P(A\mid B_N)P(B_N) \tag{2.3.9}$$

③ 贝叶斯公式。设实验 E 的样本空间为 S，A 为 E 的事件，$B_1,B_2,\cdots,B_N$ 为 S 的一个划分，且 $P(A)>0$，$P(B_n)>0(n=1,2,\cdots)$，则有

$$P(B_n\mid A)=\frac{P(AB_n)}{P(A)}=\frac{P(A\mid B_n)P(B_n)}{\sum_{n=1}^{\infty}P(A\mid B_n)P(B_n)},\quad n=1,2,\cdots \tag{2.3.10}$$

(4) 独立事件。设 $A_1,A_2,\cdots,A_N$ 是 N 个事件，如果对于任意 $k(1\leqslant k\leqslant N)$ 及 $1\leqslant i_1<i_2<\cdots<i_k\leqslant N$，都有

$$P(A_{i_1}A_{i_2}\cdots A_{i_k})=P(A_{i_1})P(A_{i_2})\cdots P(A_{i_k}) \tag{2.3.11}$$

则称 $A_1,A_2,\cdots,A_N$ 为相互独立的事件。

显然，若 $A_1,A_2,\cdots,A_N$ 独立，则 $A_1,A_2,\cdots,A_N$ 中的任意两个都是独立的(称为两两独立)；反之，若 $A_1,A_2,\cdots,A_N$ 两两独立，则未必有 $A_1,A_2,\cdots,A_N$ 独立。

2.3.2 随机变量及其分布

为了全面地研究随机实验的结果，揭示客观存在的统计规律性，现将随机实验的结果与实数对应，将随机实验的结果数量化，引入随机变量的概念。

1. 随机变量的分布函数

在概率空间$(S,\mathbb{S},P)$中，对于任意的实数 x，且$\{X\leqslant x\}\in\mathbb{S}$，则称 X 为$(S,\mathbb{S},P)$上的一个随机变量。称

$$F_X(x)=P\{X\leqslant x\}=P\{X\in(-\infty,x]\} \tag{2.3.12}$$

为随机变量 X 的概率分布函数或分布函数。

如果随机变量 X 的全部可能取值为有限多个或可列无限多个，则称 X 为离散随机变量；如果随机变量 X 的全部可能取值不可列，则称 X 为连续随机变量。

对于离散随机变量 X，有

$$F_X(x)=\sum_{n=1}^{\infty}P\{X=x_n\} \tag{2.3.13}$$

2. 随机变量的概率密度函数

对于连续随机变量 X 的分布函数 $F_X(x)$，若存在非负函数 $f_X(x)\geqslant 0$，使对于任意实数 x，有

$$F_X(x)=\int_{-\infty}^{x}f_X(t)\mathrm{d}t \tag{2.3.14}$$

则 $f_X(x)$称为随机变量 X 的概率密度函数，简称概率密度。反之，如果已知连续随机变量 X 的分布函数 $F_X(x)$，则其概率密度为

$$f_X(x)=\frac{\mathrm{d}F_X(x)}{\mathrm{d}x} \tag{2.3.15}$$

3. 随机向量的分布函数与概率密度

若 $X_1,X_2,\cdots,X_N$ 是定义在概率空间$(S,\mathbb{S},P)$中的 N 个随机变量，则称 $\boldsymbol{X}=\{X_1,X_2,\cdots,X_N\}$为概率空间$(S,\mathbb{S},P)$中的一个 N 维随机向量。

N 维随机向量取值于 N 维实数空间$\mathbb{R}^N$，对于 N 个实数 $x_1,x_2,\cdots,x_N$，由于

$$\{X_1\leqslant x_1,X_2\leqslant x_2,\cdots,X_N\leqslant x_N\}=\bigcap_{n=1}^{N}\{X_n\leqslant x_n\}\in\mathbb{S}$$

因此，N 维随机向量的概率是存在的。

设 $\boldsymbol{X}=\{X_1,X_2,\cdots,X_N\}$ 是定义在概率空间 $(S,\mathbb{S},P)$ 中的 N 维随机变量，则称

$$F_X(x_1,x_2,\cdots,x_N)=P\{X_1\leqslant x_1,X_2\leqslant x_2,\cdots,X_N\leqslant x_N\} \tag{2.3.16}$$

为 N 维随机向量 $\boldsymbol{X}$ 的分布函数，也称为 N 个随机变量 $X_1,X_2,\cdots,X_N$ 的联合分布函数。

如果随机向量 $\boldsymbol{X}$ 只取有限多个或可列无限多个不同的向量值，则称 $\boldsymbol{X}$ 为离散随机向量；如果随机向量 $\boldsymbol{X}$ 的全部可能取到的不同向量值是不可列的，则称 $\boldsymbol{X}$ 为连续随机向量。

对于连续随机向量 $\boldsymbol{X}$ 的分布函数 $F_X(x_1,x_2,\cdots,x_N)$，如果存在非负可积函数 $f_X(x_1,x_2,\cdots,x_N)$，使对于任意 N 个实数 $x_1,x_2,\cdots,x_N$，有

$$F_X(x)=\int_{-\infty}^{x_1}\int_{-\infty}^{x_2}\cdots\int_{-\infty}^{x_N}f_X(u_1,u_2,\cdots,u_N)\mathrm{d}u_1\mathrm{d}u_2\cdots\mathrm{d}u_N \tag{2.3.17}$$

则称函数 $f_X(x_1,x_2,\cdots,x_N)$ 为连续随机向量 $\boldsymbol{X}$ 的概率密度函数，简称概率密度。反之，如果连续随机向量 $\boldsymbol{X}$ 的分布函数 $F_X(x_1,x_2,\cdots,x_N)$ 是 $\mathbb{R}^N$ 上的连续函数，则其概率密度为

$$f_X(x_1,x_2,\cdots,x_N)=\frac{\partial^N F_X(x_1,x_2,\cdots,x_N)}{\partial x_1\partial x_2\cdots\partial x_N} \tag{2.3.18}$$

注意：① $f_X(x_1,x_2,\cdots,x_N)\geqslant 0$；② $\int_{-\infty}^{\infty}\int_{-\infty}^{\infty}\cdots\int_{-\infty}^{\infty}f_X(u_1,u_2,\cdots,u_N)\mathrm{d}u_1\mathrm{d}u_2\cdots\mathrm{d}u_N=1$。

4. 边缘分布函数与边缘概率密度

特别地，当 $N=2$，N 维连续随机向量 $\boldsymbol{X}$ 就是二维连续随机向量，记为 $\boldsymbol{X}=\{X_1,X_2\}$。

二维随机向量 $\boldsymbol{X}=\{X_1,X_2\}$ 的分布函数或随机变量 X_1 和 X_2 的联合分布函数为

$$F_{X_1X_2}(x_1,x_2)=P\{(X_1\leqslant x_1)\cap(X_2\leqslant x_2)\}=P\{X_1\leqslant x_1,X_2\leqslant x_2\} \tag{2.3.19}$$

二维随机向量 $\boldsymbol{X}=\{X_1,X_2\}$ 的概率密度或随机变量 X_1 和 X_2 的联合概率密度为

$$f_X(x_1,x_2)=\frac{\partial^2 F_X(x_1,x_2)}{\partial x_1\partial x_2} \tag{2.3.20}$$

二维随机向量 $\boldsymbol{X}=\{X_1,X_2\}$ 关于 X_1 和 X_2 的边缘分布函数为

$$\begin{cases}F_{X_1}(x_1)=F_X(x_1,\infty)=\int_{-\infty}^{x_1}\left[\int_{-\infty}^{\infty}f_X(x_1,x_2)\mathrm{d}x_2\right]\mathrm{d}x_1\\ F_{X_2}(x_2)=F_X(\infty,x_2)=\int_{-\infty}^{x_2}\left[\int_{-\infty}^{\infty}f_X(x_1,x_2)\mathrm{d}x_1\right]\mathrm{d}x_2\end{cases} \tag{2.3.21}$$

二维随机向量 $\boldsymbol{X}=\{X_1,X_2\}$ 关于 X_1 和 X_2 的边缘概率密度为

$$\begin{cases}f_{X_1}(x_1)=\int_{-\infty}^{\infty}f_X(x_1,x_2)\mathrm{d}x_2\\ f_{X_2}(x_2)=\int_{-\infty}^{\infty}f_X(x_1,x_2)\mathrm{d}x_1\end{cases} \tag{2.3.22}$$

5. 条件分布和独立性

设概率空间 $(S,\mathbb{S},P)$ 中的两个随机变量 X 和 Y，在 $X\leqslant x$ 的条件下，随机变量 Y 的条件概率分布和条件概率密度分别为

$$F_Y(y\mid x)=\frac{F_{XY}(x,y)}{F_X(x)} \tag{2.3.23}$$

$$f_Y(y\mid x)=\frac{f_{XY}(x,y)}{f_X(x)} \tag{2.3.24}$$

若 $f_X(x|y)=f_X(x)$，$f_Y(y|x)=f_Y(y)$，则称 X 与 Y 是相互统计独立的两个随机

变量。

两个随机变量相互统计独立的充要条件为

$$f_{XY}(x,y)=f_X(x)f_Y(y) \tag{2.3.25}$$

即随机变量 X 与 Y 的二维联合概率密度等于 X 和 Y 的边缘概率密度的乘积。

在 N 维随机向量中,N 个随机变量相互统计独立的充要条件是对所有的 $x_1,x_2,\cdots,x_N$,满足

$$f_X(x_1,x_2,\cdots,x_N)=f_{X_1}(x_1)f_{X_2}(x_2)\cdots f_{X_N}(x_N)=\prod_{n=1}^{N}f_{X_n}(x_n) \tag{2.3.26}$$

2.3.3 随机变量的数字特征

1. 数学期望

设 $F_X(x)$是随机变量 X 的分布函数,若

$$\int_{-\infty}^{\infty}|x|\,\mathrm{d}F_X(x)<+\infty$$

则称

$$m_X=\mathbb{E}[X]=\int_{-\infty}^{\infty}xf_X(x)\mathrm{d}x \tag{2.3.27}$$

为随机变量 X 的数学期望。随机变量 X 的数学期望有着明确的物理意义：如果把概率密度 $f_X(x)$看成是 X 轴的密度,那么其数学期望便是 X 轴的几何重心。

2. 方差

设 $F_X(x)$是随机变量 X 的分布函数,若

$$\int_{-\infty}^{\infty}(x-\mathbb{E}[X])^2\mathrm{d}F_X(x)<+\infty$$

则称

$$D[X]=\sigma_X^2=\int_{-\infty}^{\infty}(x-\mathbb{E}[X])^2f_X(x)\mathrm{d}x \tag{2.3.28}$$

为方差,表示随机变量 X 的取值与其均值之间的偏离程度,或者说是随机变量在数学期望附近的离散程度。

方差开方后称为标准差或均方差

$$\sigma(X)=\sqrt{D[X]} \tag{2.3.29}$$

数学期望的不同表现为概率密度曲线沿横轴的平移,而方差的不同则表现为概率密度曲线在数学期望附近的集中程度。

3. 条件数学期望

设$\{X、Y\}$为离散随机向量,在给定 $Y=y$ 和条件分布律 $f_{X|Y}(x|y)=P(X=x|Y=y)$后,若

$$\sum_{x}^{\infty}|x|P(X=x\mid Y=y)<+\infty$$

则称

$$\mathbb{E}[X\mid Y]=\sum_{x}^{\infty}xP(X=x\mid Y=y) \tag{2.3.30}$$

为 X 在 $Y=y$ 条件下的条件数学期望。同理,Y 在 $X=x$ 条件下的条件数学期望为

$$\mathbb{E}[Y \mid X]=\sum_{x}^{\infty} yP(Y=y \mid X=x) \tag{2.3.31}$$

设$\{X,Y\}$为连续随机向量，给定$Y=y$和条件概率密度$f_{X|Y}(x|y)=P(X\leqslant x|Y=y)$，若

$$\int x\mathrm{d}F_{X|Y}(x \mid y)<+\infty$$

则称

$$\mathbb{E}[X \mid Y]=\int xf_{X|Y}(x \mid y)\mathrm{d}x \tag{2.3.32}$$

为X在$Y=y$条件下的条件数学期望。同理，Y在$X=x$条件下的条件数学期望为

$$\mathbb{E}[Y \mid X]=\int_{-\infty}^{\infty} yf_{Y|X}(y \mid x)\mathrm{d}y \tag{2.3.33}$$

2.3.4 随机信号中的常见分布律

本节在讨论一些简单的分布律之后，重点讨论高斯分布及以高斯分布为基础变换的分布律。

1. 二项式分布

N次独立实验中，若每次实验事件A出现的概率为p，不出现的概率为$1-p$，称事件A在N次独立实验中出现M次的概率$p_N(M)$为二项式分布，即

$$p_N(M)=C_N^M p^M(1-p)^{N-M} \tag{2.3.34}$$

其概率分布函数为

$$F_X(x)=\begin{cases}0, & x<0\\ \sum\limits_{m=0}^{\lfloor x\rfloor} P_N(m), & 0<x<N\\ 1, & x\geqslant N\end{cases} \tag{2.3.35}$$

式中，$\lfloor x\rfloor$表示小于x的最大整数。式(2.3.34)也可以写为

$$F_X(x)=\sum_{m=0}^{N} C_N^m p^m(1-p)^{N-m}u(x-m) \tag{2.3.36}$$

式中，

$$C_N^m=\frac{N!}{m!(N-m)!}$$

图2.7示意了二项式分布的取值概率$p_N(M)$，而二项式分布函数是阶梯形式的曲线。

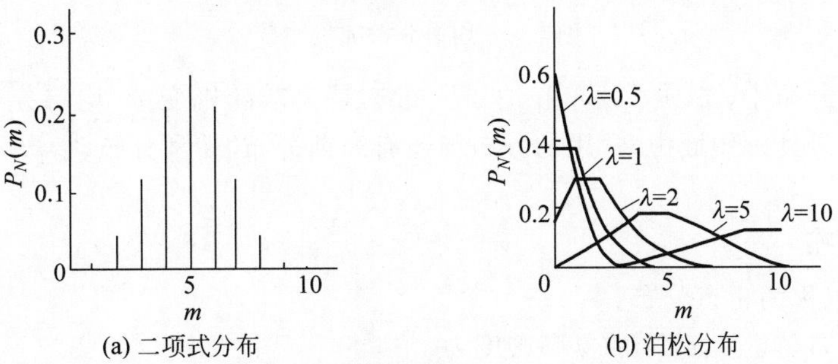

图2.7 二项式分布与泊松分布

在信号检测理论中，非参量检测时单次探测的秩值为某一值的概率服从二项式分布。

2. 泊松分布

当事件 A 在每次实验中出现的概率 p 很小，实验次数 N 很大，且 $Np=\lambda$ 为常数时，称二项式分布的近似分布

$$P_N(m)=\frac{\lambda^m}{m!}\mathrm{e}^{-\lambda} \tag{2.3.37}$$

为泊松分布。

若 λ 为整数，$P_N(m)$在 $m=\lambda$ 及 $m=\lambda-1$ 时达到最大值。以图 2.7(b)中 $\lambda=2$ 为例，当 $m=1$ 和 $m=2$ 时，$P_N(m)=0.27$。泊松分布是非对称的，但 λ 越大，非对称性越不明显。为了比较方便，图 2.7(b)给出了不同 λ 值的 $P_N(m)$随 m 变化的曲线。需注意，由于泊松分布是离散随机变量的分布律，因此，只有当 m 为整数时才有意义。

3. 均匀分布

如果随机变量 X 的概率密度为

$$f_X(x)=\begin{cases}\dfrac{1}{b-a}, & a\leqslant x\leqslant b\\ 0, & \text{其他}\end{cases} \tag{2.3.38}$$

则称 X 为在$[a,b]$区间内均匀分布的随机变量，其概率分布函数为

$$F_X(x)=\begin{cases}0, & x<a\\ \dfrac{x-a}{b-a}, & a\leqslant x<b\\ 1, & x\geqslant b\end{cases} \tag{2.3.39}$$

均匀分布的数学期望和方差分别为

$$m_X=\frac{a+b}{2} \tag{2.3.40}$$

$$\sigma_X^2=\frac{(b-a)^2}{12} \tag{2.3.41}$$

均匀分布是常用的分布律之一。图 2.8 给出了均匀分布的概率密度和概率分布函数。

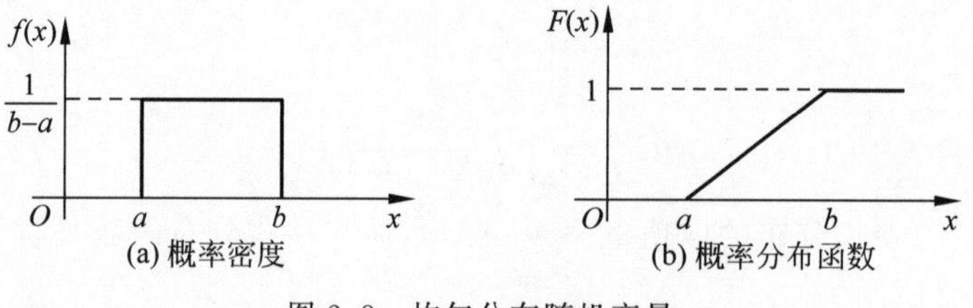

图 2.8 均匀分布随机变量

在以上三个分布中，二项式分布和泊松分布均是离散随机变量，均匀分布是连续随机变量。在通信与信号处理领域中，常用的分布律还有高斯分布、瑞利分布、指数分布、莱斯分布和 χ^2 分布等。

4. 高斯分布

高斯分布，也称为正态分布。

一维高斯分布随机变量 X 的概率密度为

$$f_X(x)=\frac{1}{\sqrt{2\pi}\sigma_X}\exp\left\{-\frac{(x-m_X)^2}{2\sigma_X^2}\right\}, \quad -\infty<x<\infty \tag{2.3.42}$$

式中，m_X、σ_X($\sigma_X>0$)为常数，记为 $X\sim N(m_X,\sigma_X^2)$；m_X 为均值；σ_X^2 为方差。

式(2.3.42)表明,高斯分布唯一地取决于均值 m_X 和方差 σ_X^2。对概率密度函数求一阶导数,得

$$f'_X(x)=\frac{1}{\sqrt{2\pi}\sigma_X^3}(m_X-x)\exp\left\{-\frac{(x-m_X)^2}{2\sigma_X^2}\right\} \tag{2.3.43}$$

$f'_X(x)$为零的点(驻点),只有 $x=m_X$ 这一个点。由于当 $x<m_X$ 时,$f'_X(x)>0$,而 $x>m_X$ 时,$f'_X(x)<0$,因此它是极大值,并且也是最大值,最大值为$(\sqrt{2\pi}\sigma_X)^{-1}$。概率密度函数的二阶导数为

$$f''_X(x)=\frac{1}{\sqrt{2\pi}\sigma_X^3}\exp\left\{-\frac{(x-m_X)^2}{2\sigma_X^2}\right\}\left[\left(\frac{x-m_X}{\sigma_X}\right)^2-1\right] \tag{2.3.44}$$

二阶导数等于零的点有两个,分别为 $x=m_X\pm\sigma_X$。由于当 x 位于区间$(-\infty,m_X-\sigma_X)$和$(m_X+\sigma_X,\infty)$时,$f''_X(x)>0$,概率密度曲线是凹的;而当 x 位于区间$(m_X-\sigma_X,m_X+\sigma_X)$时,$f''_X(x)<0$,概率密度函数曲线是凸的,所以二阶导数等于零的两个点都是概率密度 $f_X(x)$的拐点,如图 2.9 所示。

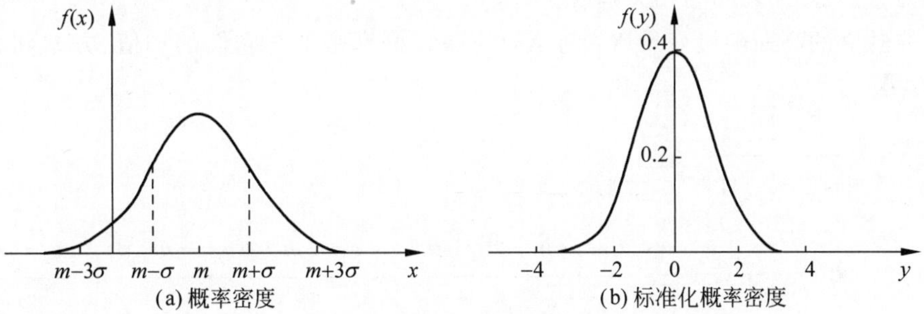

(a) 概率密度　(b) 标准化概率密度

图 2.9　高斯变量的概率密度

对高斯变量进行标准化处理后的随机变量称为标准化高斯变量。令 $Y=(X-m_X)/\sigma_X$,则 $m_Y=0$、$\sigma_Y=1$,称高斯随机变量 Y 服从标准正态分布,其概率密度为

$$f_Y(y)=\frac{1}{\sqrt{2\pi}}\exp\left\{-\frac{y^2}{2}\right\} \tag{2.3.45}$$

对概率密度 $f_X(x)$积分,得其概率分布函数为

$$F_X(x)=\int_{-\infty}^{x} f_X(y)\mathrm{d}y=\int_{-\infty}^{x}\frac{1}{\sqrt{2\pi}\sigma_X}\exp\left\{-\frac{(y-m_X)^2}{2\sigma_X^2}\right\}\mathrm{d}y \tag{2.3.46}$$

作变量代换,令 $t=(y-m_X)/\sigma_X$,则 $\mathrm{d}y=\sigma_X\mathrm{d}t$,代入式(2.3.46)得

$$F_X(x)=\frac{1}{\sqrt{2\pi}}\int_{-\infty}^{\frac{x-m_X}{\sigma_X}}\mathrm{e}^{-\frac{t^2}{2}}\mathrm{d}t=\Phi\left(\frac{x-m_X}{\sigma_X}\right) \tag{2.3.47}$$

式中,$\Phi(x)=\frac{1}{\sqrt{2\pi}}\int_{-\infty}^{x}\mathrm{e}^{-\frac{t^2}{2}}\mathrm{d}t$ 为概率积分函数,其函数值可以通过查表得到。

根据矩的定义,高斯随机变量的各阶矩为

$$m_N=\begin{cases}(N-1)!!\sigma_X^2, & N\text{ 为偶数}\\ 0, & N\text{ 为奇数}\end{cases} \tag{2.3.48}$$

这是一个比较重要的特性。例如,对于高斯噪声中信号参数估计的问题,利用高斯变量三阶累积量为零的特性,可以抑制噪声的影响。

通过分析可以发现,高斯随机变量之和仍服从高斯分布。这是因为根据中心极限定理,无

论 N 个随机变量是否服从同分布，只要每个随机变量对和的贡献相同，或者任何一个随机变量都不占优，或者任何一个随机变量对和的影响都足够小，则它们之和的分布仍趋于高斯分布。

设有 N 个相互独立的高斯随机变量 $X_n(n=1,2,\cdots,N)$，其均值和方差分别为 m_{X_n} 和 $\sigma_{X_n}^2$，则这些随机变量之和 $Y=\sum X_n$ 也服从高斯分布，且均值和方差分别为

$$m_Y=\sum_{n=1}^{N} m_{X_n} \tag{2.3.49}$$

$$\sigma_Y^2=\sum_{n=1}^{N}\sigma_{X_n}^2 \tag{2.3.50}$$

如果 X_n 不是相互独立的，则方差应该修正为

$$\sigma_Y^2=\sum_{n=1}^{N}\sigma_{X_n}^2+2\sum_{i<j} r_{ij}\sigma_{X_i}\sigma_{X_j} \tag{2.3.51}$$

式中，r_{ij} 为 X_i 与 X_j 之间的相关系数。

两个非独立的高斯随机变量 X_1 与 X_2 的联合概率密度与它们的均值、方差和相关系数都有关，有

$$f_X(x_1,x_2)=\frac{1}{2\pi\sigma_{X_1}\sigma_{X_2}\sqrt{1-r_{x_1x_2}^2}}\times$$
$$\exp\left\{-\frac{1}{2(1-r_{x_1x_2}^2)}\left[\frac{(x_1-m_{x_1})^2}{\sigma_{X_1}^2}-\frac{2r_{x_1x_2}(x_1-m_{x_1})(x_2-m_{x_2})}{\sigma_{X_1}\sigma_{X_2}}+\frac{(x_2-m_{x_2})^2}{\sigma_{X_2}^2}\right]\right\} \tag{2.3.52}$$

若 X_1 与 X_2 不相关，即 $r_{x_1x_2}$ 为零，则

$$\begin{aligned}
f_X(x_1,x_2)&=\frac{1}{2\pi\sigma_{X_1}\sigma_{X_2}}\exp\left\{-\frac{1}{2}\left[\frac{(x_1-m_{x_1})^2}{\sigma_{X_1}^2}+\frac{(x_2-m_{x_2})^2}{\sigma_{X_2}^2}\right]\right\}\\
&=\frac{1}{\sqrt{2\pi}\sigma_{X_1}}\exp\left\{-\frac{1}{2}\frac{(x_1-m_{x_1})^2}{\sigma_{X_1}^2}\right\}\frac{1}{\sqrt{2\pi}\sigma_{X_2}}\exp\left\{-\frac{1}{2}\frac{(x_2-m_{x_2})^2}{\sigma_{X_2}^2}\right\}\\
&=f_{X_1}(x_1)f_{X_2}(x_2)
\end{aligned} \tag{2.3.53}$$

式(2.3.53)表明，不相关的高斯变量一定是相互独立的，即对于高斯随机变量来说，统计独立和不相关是等价的。

2.4 学习规则

神经网络有几种不同类型的学习规则，如联想学习(赫布学习)和竞争学习。性能学习是另一类重要的学习规则，其目的在于调整网络参数以优化网络性能。优化过程分两步进行，第一步是定义“性能”的含义。换言之，需要找到一个衡量网络性能的定量标准，即性能指数。性能指数在网络性能良好时很小，反之则很大；性能指数可以是已知的，也可以通过选择方法获得。第二步是搜索减小性能指数的参数空间(调整网络权值和偏置值)，因此，可讨论研究性能曲面的特性，建立确保极小点(即所寻求的最佳点)存在的条件。

2.4.1 赫布规则

赫布规则是最早的神经网络学习规则之一。赫布学习的一个假设："当细胞 A 的轴突到细胞 B 的距离近到足够激励它，且反复地或持续地刺激细胞 B 时，这两个细胞或一个细胞将会发生某种增长过程或代谢反应，增加细胞 A 对细胞 B 的刺激效果。"该假设提出了一种细胞级学习的物质机制，而且某些细胞具有赫布学习的行为。赫布理论对当今的神经科学研究仍具有影响。

1. 线性联想器

(1) 线性联想器。一种非常简单的线性联想器如图 2.10 所示。研究赫布规则可以不专注于结构。

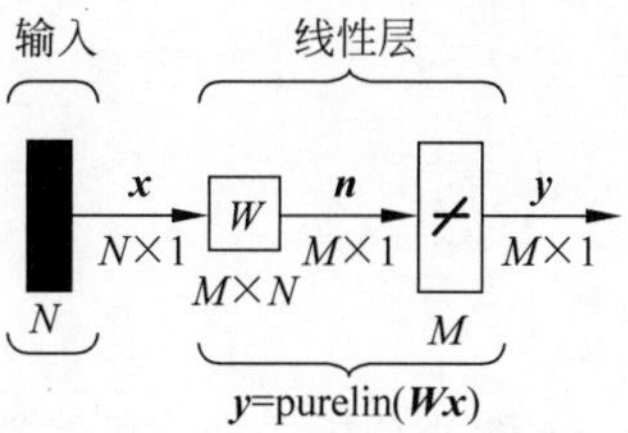

图 2.10 线性联想器

图 2.10 中，输出向量为

$$\boldsymbol{y}=\boldsymbol{W}\boldsymbol{x} \tag{2.4.1}$$

$$\boldsymbol{y}_M=\sum_{n=1}^{N} w_{Mn}\boldsymbol{x}_n \tag{2.4.2}$$

式中，w_{Mn} 为输入 $\boldsymbol{y}_M$ 和输出 $\boldsymbol{y}_n$ 之间的连接(突触)权值。

(2) 联想存储器。线性联想器是联想存储器中的一种神经网络结构，联想存储器的任务是学习 Q 对标准输入/输出向量$(\boldsymbol{x}_1,\boldsymbol{z}_1),(\boldsymbol{x}_2,\boldsymbol{z}_2),\cdots,(\boldsymbol{x}_Q,\boldsymbol{z}_Q)$ 。

如果神经网络接收一个输入 $\boldsymbol{x}=\boldsymbol{x}_q$，那么它产生一个输出 $\boldsymbol{y}=\boldsymbol{z}_q$，$q=1,2,\cdots,Q$。另外，如果输入发生了微小变化(即 $\boldsymbol{x}=\boldsymbol{x}_q+\Delta\boldsymbol{x}$)，那么网络的输出也应只发生轻微的改变($\boldsymbol{y}=\boldsymbol{z}_q+\Delta\boldsymbol{z}$)。

2. 赫布规则

现给出赫布假设的数学解释：

(1) 赫布规则内涵。赫布假设意味着：如果一个正的输入 x_n 产生一个正的输出 y_m，那么应该增加 w_{mn} 的值，即

$$w_{mn}^{\text{new}}=w_{mn}^{\text{old}}+\alpha f_m(y_{mq})g_n(x_{nq}) \tag{2.4.3}$$

式中，x_{nq} 为第 q 个输入向量 $\boldsymbol{x}_q$ 的第 n 个元素；y_{mq} 为将第 q 个输入向量提交给网络时网络输出的第 m 个元素；α 为正常数。式(2.4.3)表明，权值 w_{mn} 的变化与突触两边的活跃函数 $f_m(\cdot)$与 $g_n(\cdot)$的乘积成比例。式(2.4.3)可简化为

$$w_{mn}^{\text{new}}=w_{mn}^{\text{old}}+\alpha y_{mq}x_{nq} \tag{2.4.4}$$

注意：这里在严格解释的基础上扩展了赫布假设，权值的变化与突触每侧函数活跃值的乘积成比例。因此，权值不仅在 x_n 和 y_m 均为正时增大，而且在 x_n 和 y_m 均为负时也会增大。另外，只要 x_n 和 y_m 异号，那么赫布规则的这种实现将使权值减小。

式(2.4.4)定义的赫布规则是一种无监督的学习规则，不需要关于目标输出的任何相关信息。对于有监督学习的赫布规则，假定与每个输入向量对应的目标输出是已知的，并且用目标输出代替实际输出，则网络所处的状态应该是做什么而不是当前正在做什么。这时，式(2.4.4)可变为

$$\boldsymbol{w}_{mn}^{\text{new}}=\boldsymbol{w}_{mn}^{\text{old}}+\boldsymbol{z}_{mq}\boldsymbol{x}_{nq} \tag{2.4.5}$$

式中，$\boldsymbol{x}_{nq}$ 是第 q 个目标向量 $\boldsymbol{x}_q$ 的第 n 个元素(为了简单起见，令 $\alpha=1$)。式(2.4.5)的向量形式为

$$\boldsymbol{w}^{\text{new}}=\boldsymbol{w}^{\text{old}}+\boldsymbol{z}_q\boldsymbol{x}_q^{\mathrm{T}} \tag{2.4.6}$$

如果将权值矩阵初始化为0，然后 Q 个输入/输出对依次使用式(2.4.6)，则有

$$\boldsymbol{w}=\boldsymbol{z}_1\boldsymbol{x}_1^{\mathrm{T}}+\boldsymbol{z}_2\boldsymbol{x}_2^{\mathrm{T}}+\cdots+\boldsymbol{z}_Q\boldsymbol{x}_Q^{\mathrm{T}}=\sum_{q=1}^{Q}\boldsymbol{z}_q\boldsymbol{x}_q^{\mathrm{T}} \tag{2.4.7}$$

矩阵形式为

$$\boldsymbol{w}=[\boldsymbol{z}_1,\boldsymbol{z}_2,\cdots,\boldsymbol{z}_Q]\begin{bmatrix}\boldsymbol{x}_1^{\mathrm{T}}\\ \boldsymbol{x}_2^{\mathrm{T}}\\ \vdots\\ \boldsymbol{x}_Q^{\mathrm{T}}\end{bmatrix}=\boldsymbol{z}\boldsymbol{x}^{\mathrm{T}} \tag{2.4.8}$$

式中，

$$\boldsymbol{z}=[\boldsymbol{z}_1\boldsymbol{z}_2\cdots\boldsymbol{z}_Q]$$
$$\boldsymbol{x}=[\boldsymbol{x}_1\boldsymbol{x}_2\cdots\boldsymbol{x}_Q]$$

(2) 性能分析。现分析线性联想器的赫布学习的性能。首先设输入向量 $\boldsymbol{x}_q$ 为标准正交向量(向量之间是正交的，每个向量的长度为单位长)。如果将 $\boldsymbol{x}_k$ 输入到网络，那么网络的输出为

$$\boldsymbol{y}=\boldsymbol{w}\boldsymbol{x}_k=\left[\sum_{q=1}^{Q}\boldsymbol{z}_q\boldsymbol{x}_q^{\mathrm{T}}\right]\boldsymbol{x}_k=\sum_{q=1}^{Q}\boldsymbol{z}_q(\boldsymbol{x}_q^{\mathrm{T}}\boldsymbol{x}_k) \tag{2.4.9}$$

由于 $\boldsymbol{x}_q$ 为标准正交向量，故

$$(\boldsymbol{x}_q^{\mathrm{T}}\boldsymbol{x}_k)=\begin{cases}1, & q=k\\ 0, & q\neq k\end{cases} \tag{2.4.10}$$

因此，式(2.4.9)可重写为

$$\boldsymbol{y}=\boldsymbol{w}\boldsymbol{x}_k=\boldsymbol{z}_k \tag{2.4.11}$$

此时，网络的输出等于其相应的目标输出。这表明，如果输入向量是标准正交向量，赫布规则就能为每个输入生成正确的输出结果。当输入向量 $\boldsymbol{x}_q$ 为单位向量不正交时，那么式(2.4.9)变为

$$\boldsymbol{y}=\boldsymbol{w}\boldsymbol{x}_k=\boldsymbol{z}_k+\underbrace{\sum_{q\neq k}\boldsymbol{z}_q(\boldsymbol{x}_q^{\mathrm{T}}\boldsymbol{x}_k)}_{\text{误差}} \tag{2.4.12}$$

可见，输入向量不正交时，网络的输出有误差，误差的大小取决于输入向量之间的相关总和。

3. 仿逆规则

当样本输入向量非正交时，赫布规则会产生误差，该误差可以用多种方法减小。仿逆规则就是其中之一。

线性联想器的任务是由输入 $\boldsymbol{x}_q$ 产生输出 $\boldsymbol{z}_q$，即

$$\boldsymbol{w}\boldsymbol{x}_q=\boldsymbol{z}_q \tag{2.4.13}$$

如果无法找到使这些等式绝对成立的权值矩阵，那么希望找到使它们近似成立的权值矩阵。一种方法是：选取一个权值矩阵，使性能函数

$$J(\boldsymbol{w})=\sum_{q=1}^{Q}\|\boldsymbol{z}_q-\boldsymbol{w}\boldsymbol{x}_q\|^2 \tag{2.4.14}$$

的值最小。

如果样本输入向量 $\boldsymbol{x}_q$ 是标准正交向量，那么用赫布规则求得的权值矩阵 $\boldsymbol{w}$ 会使 $J(\boldsymbol{w})$ 为零。如果输入向量不是标准正交向量，那么用赫布规则得到的 $J(\boldsymbol{w})$ 不等于零，而且 $J(\boldsymbol{w})$

是否为最小值也不十分清楚。可以证明,如果采用仿逆规则,则所得的权值矩阵会使 $J(\boldsymbol{w})$ 最小化。

将式(2.4.13)写成矩阵形式为

$$\boldsymbol{wx}=\boldsymbol{z} \tag{2.4.15}$$

则式(2.4.14)可以写为

$$J(\boldsymbol{w})=\|\boldsymbol{z}-\boldsymbol{wx}\|^2=\|\Delta\boldsymbol{E}\|^2 \tag{2.4.16}$$

式中,

$$\Delta\boldsymbol{E}=\boldsymbol{z}-\boldsymbol{wx} \tag{2.4.17}$$

且

$$\|\Delta\boldsymbol{E}\|^2=\sum_i\sum_j \boldsymbol{e}_{ij}^2 \tag{2.4.18}$$

注意:如果式(2.4.15)有解,那么 $J(\boldsymbol{w})$ 可以为零。

若存在矩阵 $\boldsymbol{x}$ 的逆,则解为

$$\boldsymbol{w}=\boldsymbol{z}\boldsymbol{x}^{-1} \tag{2.4.19}$$

然而,这种可能性很小。通常矩阵 $\boldsymbol{x}$ 的列向量 $\boldsymbol{x}_q$ 是线性无关的,但 $\boldsymbol{x}_q$ 的维数比 $\boldsymbol{x}_q$ 的向量个数 Q 要大,所以 $\boldsymbol{x}$ 不是一个方阵,不存在确切的逆矩阵。

使式(2.4.14)最小化的权值矩阵可由仿逆规则得到

$$\boldsymbol{w}=\boldsymbol{z}\boldsymbol{x}^{+} \tag{2.4.20}$$

式中,$\boldsymbol{x}^{+}$ 为 Moore-Penrose 仿逆。实矩阵 $\boldsymbol{x}$ 的仿逆是满足条件为

$$\begin{cases}\boldsymbol{xx}^{+}\boldsymbol{x}=\boldsymbol{x}\\ \boldsymbol{x}^{+}\boldsymbol{xx}^{+}=\boldsymbol{x}^{+}\\ \boldsymbol{x}^{+}\boldsymbol{x}=(\boldsymbol{x}^{+}\boldsymbol{x})^{\mathrm{T}}\\ \boldsymbol{xx}^{+}=(\boldsymbol{xx}^{+})^{\mathrm{T}}\end{cases} \tag{2.4.21}$$

的唯一的矩阵。当矩阵 $\boldsymbol{x}$ 的行数 R 大于其列数 Q,且 $\boldsymbol{x}$ 的列向量线性无关时,其仿逆为

$$\boldsymbol{x}^{+}=(\boldsymbol{x}^{\mathrm{T}}\boldsymbol{x})^{-1}\boldsymbol{x}^{\mathrm{T}} \tag{2.4.22}$$

4. 赫布学习变形

赫布规则的问题之一:如果训练集样本输入量过大,那么赫布规则会使权值矩阵元素过多。这时可使用一个正参数 α(小于1)限制权值矩阵元素的增加,即

$$\boldsymbol{w}^{\mathrm{new}}=\boldsymbol{w}^{\mathrm{old}}+\alpha\boldsymbol{z}_q\boldsymbol{x}_q^{\mathrm{T}} \tag{2.4.23}$$

也可以再加上一个衰减项,使学习规则的行为像一个平滑过滤器,更加清晰地记忆最近提供给网络的输入,即

$$\boldsymbol{w}^{\mathrm{new}}=\boldsymbol{w}^{\mathrm{old}}+\alpha\boldsymbol{z}_q\boldsymbol{x}_q^{\mathrm{T}}-\gamma\boldsymbol{w}^{\mathrm{old}}=(1-\gamma)\boldsymbol{w}^{\mathrm{old}}+\alpha\boldsymbol{z}_q\boldsymbol{x}_q^{\mathrm{T}} \tag{2.4.24}$$

式中,γ 为小于1的正常数。如果 γ 趋近于零,那么学习规则趋近于标准规则;如果 γ 趋近于1,那么学习规则将很快忘记旧的输入,而仅记忆最近的输入。由此可知,这些项的引入可以避免权值矩阵无限增大。

如果用期望输出与实际输出之差代替式(2.4.24)中的期望输出,那么可以得到另一个重要的学习规则,即增量规则:

$$\boldsymbol{w}^{\mathrm{new}}=\boldsymbol{w}^{\mathrm{old}}+\alpha(\boldsymbol{z}_q-\boldsymbol{y}_q)\boldsymbol{x}_q^{\mathrm{T}} \tag{2.4.25}$$

由于式(2.4.25)使用了期望输出与实际输出之差,又被称为 Widrow-Hoff 算法。由增量

规则调整权值使均方误差最小，与由仿逆规则得到的结果相同，仿逆规则使误差平方和最小化(式(2.4.14))。增量规则的优点是每输入一个向量，它就能更新一次权值；而仿逆规则要等待所有输入/输出向量已知后才能计算一次权值。这种顺序的权值更新方法使增量规则能适应变化的环境。

前面仅讨论了赫布规则的一种有监督的学习形式，是已知网络的期望输出 $\boldsymbol{z}_q$，并能在学习规则中使用。对于赫布规则的无监督学习形式，由实际的网络输出代替期望的网络输出，即

$$\boldsymbol{w}^{\text{new}}=\boldsymbol{w}^{\text{old}}+\alpha \boldsymbol{y}_q \boldsymbol{x}_q^{\mathrm{T}} \tag{2.4.26}$$

式中，$\boldsymbol{y}_q$ 是给定 $\boldsymbol{x}_q$ 为输入时的网络输出。赫布规则的这种无监督学习形式由于不需要知道期望输出，实际上比有监督的赫布规则更能够直接地说明赫布原理。

2.4.2 性能曲面和最佳点

在网络性能优化过程中，缩小性能参数的搜索空间(调整网络权值和偏置值)是根据任务决定的。因此，需讨论性能曲面的特性，以建立确保极小点(即所寻求最佳点)存在的条件。

1. 泰勒级数

假设神经网络优化的性能函数为 $J(\boldsymbol{x})$ 且为解析函数，其各阶导数均存在，优化的目标是通过调整参数 $\boldsymbol{x}$ 使 $J(\boldsymbol{x})$ 最小。这时，$J(\boldsymbol{x})$ 在某些指定点 $\boldsymbol{x}_0$ 的泰勒级数为

$$\begin{aligned}J(\boldsymbol{x})=&J(\boldsymbol{x}_0)+\frac{\mathrm{d}}{\mathrm{d}x}J(\boldsymbol{x})\big|_{x=x_0}(\boldsymbol{x}-\boldsymbol{x}_0)+\\&\frac{1}{2}\frac{\mathrm{d}^2}{\mathrm{d}x^2}J(\boldsymbol{x})\big|_{x=x_0}(\boldsymbol{x}-\boldsymbol{x}_0)^2+\cdots+\\&\frac{1}{n!}\frac{\mathrm{d}^n}{\mathrm{d}x^n}J(\boldsymbol{x})\big|_{x=x_0}(\boldsymbol{x}-\boldsymbol{x}_0)^n+\cdots\end{aligned} \tag{2.4.27}$$

通过限定泰勒级数展开式的项数，就可以用泰勒级数近似估计性能指数。

运用这种性能函数的泰勒级数近似方法，可以研究可能的最佳点的邻域内性能函数特性。

(1) 向量的情况。神经网络的性能函数既是一个纯量 $\boldsymbol{x}$ 的函数，也是网络所有参数(各个权值和偏置值)的函数，而网络参数数量可能是很大的。因此，需要将泰勒级数展开式扩展为多变量形式，有 N 个变量，即

$$J(\boldsymbol{x})=J(x_1,x_2,\cdots,x_N) \tag{2.4.28}$$

这个函数在点 $\boldsymbol{x}^*$ 的泰勒级数展开式为

$$\begin{aligned}J(\boldsymbol{x})=&J(\boldsymbol{x}^*)+\frac{\partial}{\partial x_1}J(\boldsymbol{x})\big|_{x=x^*}(x_1-x_1^*)+\frac{\partial}{\partial x_2}J(\boldsymbol{x})\big|_{x=x^*}(x_2-x_2^*)+\cdots+\\&\frac{\partial}{\partial x_n}J(\boldsymbol{x})\big|_{x=x^*}(x_n-x_n^*)+\frac{1}{2}\frac{\partial^2}{\partial x_1^2}J(\boldsymbol{x})\big|_{x=x^*}(x_1-x_1^*)^2+\cdots+\\&\frac{1}{2}\frac{\partial^2}{\partial x_1\partial x_2}J(\boldsymbol{x})\big|_{x=x^*}(x_1-x_1^*)(x_2-x_2^*)+\cdots\end{aligned} \tag{2.4.29}$$

(2) 赫森矩阵。式(2.4.29)的矩阵形式为

$$\begin{aligned}J(\boldsymbol{x})=&J(\boldsymbol{x}^*)+\nabla J(\boldsymbol{x})^{\mathrm{T}}\big|_{x=x^*}(\boldsymbol{x}-\boldsymbol{x}^*)+\\&\frac{1}{2}(\boldsymbol{x}-\boldsymbol{x}^*)^{\mathrm{T}}\nabla^2 J(\boldsymbol{x})\big|_{x=x^*}(\boldsymbol{x}-\boldsymbol{x}^*)+\cdots\end{aligned} \tag{2.4.30}$$

式中，$\nabla J(\boldsymbol{x})$为梯度，且

$$\nabla J(\boldsymbol{x})=\left[\frac{\partial}{\partial x_1}J(\boldsymbol{x})\ \frac{\partial}{\partial x_2}J(\boldsymbol{x})\cdots\ \frac{\partial}{\partial x_N}J(\boldsymbol{x})\right]^{\mathrm{T}} \tag{2.4.31}$$

$\nabla^2 J(\boldsymbol{x})$为赫森矩阵，定义为

$$\nabla^2 J(\boldsymbol{x})=\begin{bmatrix}\frac{\partial^2}{\partial x_1^2}J(\boldsymbol{x}) & \frac{\partial^2}{\partial x_1\partial x_2}J(\boldsymbol{x}) & \cdots & \frac{\partial^2}{\partial x_1\partial x_N}J(\boldsymbol{x})\\ \frac{\partial^2}{\partial x_2\partial x_1}J(\boldsymbol{x}) & \frac{\partial^2}{\partial x_2^2}J(\boldsymbol{x}) & \cdots & \frac{\partial^2}{\partial x_2\partial x_N}J(\boldsymbol{x})\\ \vdots & \vdots & & \vdots\\ \frac{\partial^2}{\partial x_N\partial x_1}J(\boldsymbol{x}) & \frac{\partial^2}{\partial x_N\partial x_2}J(\boldsymbol{x}) & \cdots & \frac{\partial^2}{\partial x_N^2}J(\boldsymbol{x})\end{bmatrix} \tag{2.4.32}$$

2. 极小点

性能学习的目的是使性能函数得到优化。对于最小化问题，性能函数的极小点为最优点；对于最大化问题，性能函数的极大点为最优点。

(1) 强极小点。如果存在某个纯量 $\varepsilon>0$，使得当 $0<\|\Delta\boldsymbol{x}\|<\varepsilon$ 时，对所有 $\Delta\boldsymbol{x}$ 都有 $J(\boldsymbol{x}^*)<J(\boldsymbol{x}^*+\Delta\boldsymbol{x})$成立，则称点 $\boldsymbol{x}^*$ 为 $J(\boldsymbol{x})$的强极小点。

换句话说，从一个强极小点出发沿任意方向移动任意一个小的距离都将使 $J(\boldsymbol{x})$增大。

(2) 全局极小点。如果 $J(\boldsymbol{x}^*)<J(\boldsymbol{x}^*+\Delta\boldsymbol{x})$对所有 $\Delta\boldsymbol{x}\neq 0$ 都成立，称点 $\boldsymbol{x}^*$ 为 $J(\boldsymbol{x})$的唯一的全局极小点。

对于一个强极小点 $\boldsymbol{x}^*$，在点 $\boldsymbol{x}^*$ 较小的邻域之外可能会存在比 $J(\boldsymbol{x}^*)$更小的点，故点 $\boldsymbol{x}^*$ 又称为局部极小点。对于一个全局极小点，$J(\boldsymbol{x})$在参数空间内任何其他点的值都比 $J(\boldsymbol{x}^*)$大。

(3) 弱极小点。如果它不是一个强极小点，且存在某个纯量 $\varepsilon>0$，使得对于所有 $0<\|\Delta\boldsymbol{x}\|<\varepsilon$ 的 $\Delta\boldsymbol{x}$ 都有 $J(\boldsymbol{x}^*)\leqslant J(\boldsymbol{x}^*+\Delta\boldsymbol{x})$成立，称点 $\boldsymbol{x}^*$ 为 $J(\boldsymbol{x})$的弱极小点。

从一个弱极小点出发无论向什么方向移动，函数值不会减小，但可能沿某些方向的值不变。

3. 优化的必要条件

现用泰勒级数展开式来推导优化的必要条件。

$$\begin{aligned}J(\boldsymbol{x})=J(\boldsymbol{x}^*+\Delta\boldsymbol{x})=&J(\boldsymbol{x}^*)+\nabla J(\boldsymbol{x})^{\mathrm{T}}\big|_{x=x^*}\Delta\boldsymbol{x}+\\&\frac{1}{2}\Delta\boldsymbol{x}^{\mathrm{T}}\,\nabla^2 J(\boldsymbol{x})\big|_{x=x^*}\Delta\boldsymbol{x}+\cdots\end{aligned} \tag{2.4.33}$$

此处

$$\Delta\boldsymbol{x}=\boldsymbol{x}-\boldsymbol{x}^* \tag{2.4.34}$$

(1) 一阶条件。如果$\|\Delta\boldsymbol{x}\|$很小，则式(2.4.33)中的高阶项可以省略，$J(\boldsymbol{x})$的近似表达式为

$$J(\boldsymbol{x}^*+\Delta\boldsymbol{x})\cong J(\boldsymbol{x}^*)+\nabla J(\boldsymbol{x})^{\mathrm{T}}\big|_{x=x^*}\Delta\boldsymbol{x} \tag{2.4.35}$$

要使点 $\boldsymbol{x}^*$ 为极小点，唯一选择为

$$\nabla J(\boldsymbol{x})^{\mathrm{T}}\big|_{x=x^*}\Delta\boldsymbol{x}=0 \tag{2.4.36}$$

该式对所有的 $\Delta\boldsymbol{x}$ 都必须成立，即

$$\nabla J(\boldsymbol{x})^{\mathrm{T}}\big|_{x=x^*}=0 \tag{2.4.37}$$

所以，一个极小点处的梯度一定为零。这就是局部极小点的一阶必要条件(不是充分条件)。所有满足式(2.4.37)的点称为驻点。

(2) 二阶条件。设有一个驻点 $\boldsymbol{x}^*$。由于 $J(\boldsymbol{x})$在驻点的梯度为0,则泰勒级数展开式为

$$J(\boldsymbol{x}^*+\Delta\boldsymbol{x})=J(\boldsymbol{x}^*)+\frac{1}{2}\Delta\boldsymbol{x}^{\mathrm{T}}\nabla^2 J(\boldsymbol{x})\big|_{x=x^*}\Delta\boldsymbol{x}+\cdots \tag{2.4.38}$$

同样,这里只考虑那些在点 $\boldsymbol{x}^*$ 的很小邻域内的点,以使 $\|\Delta\boldsymbol{x}\|$ 很小且 $J(\boldsymbol{x})$能用式(2.4.38)的前两项近似。如果

$$\Delta\boldsymbol{x}^{\mathrm{T}}\nabla^2 J(\boldsymbol{x})\big|_{x=x^*}\Delta\boldsymbol{x}>0 \tag{2.4.39}$$

则在点 $\boldsymbol{x}^*$ 将存在强极小点。

① 正定矩阵与半正定矩阵。要使式(2.4.39)对任意 $\Delta\boldsymbol{x}\neq 0$ 成立,赫森矩阵必须为正定矩阵。

对任意向量 $\boldsymbol{z}\neq 0$,有

$$\boldsymbol{z}^{\mathrm{T}}\boldsymbol{A}\boldsymbol{z}>0 \tag{2.4.40}$$

则 $\boldsymbol{A}$ 为正定矩阵。

如果对任意向量 $\boldsymbol{z}\neq 0$,有

$$\boldsymbol{z}^{\mathrm{T}}\boldsymbol{A}\boldsymbol{z}\geqslant 0 \tag{2.4.41}$$

则称 $\boldsymbol{A}$ 为半正定矩阵。如果一个矩阵的所有特征值为正,则该矩阵为正定矩阵;如果一个矩阵的所有特征值为负,则该矩阵为负定矩阵。

② 充分条件。一个正定的赫森矩阵是存在一个强极小点的二阶充分条件,但不是必要条件。如果泰勒级数的二阶项为零,但三阶项为正,仍可能存在强极小点。所以,强极小点存在的二阶必要条件是赫森矩阵为半正定矩阵。

点 $\boldsymbol{x}^*$ 为 $J(\boldsymbol{x})$的强极小点的必要条件为

$$\nabla J(\boldsymbol{x})\big|_{x=x^*}=0 \text{ 和 } \nabla^2 J(\boldsymbol{x})\big|_{x=x^*} \text{ 为半正定}$$

点 $\boldsymbol{x}^*$ 为 $J(\boldsymbol{x})$的强极小点的充分条件为

$$\nabla J(\boldsymbol{x})\big|_{x=x^*}=0 \text{ 和 } \nabla^2 J(\boldsymbol{x})\big|_{x=x^*} \text{ 为正定}$$

4. 二次函数

由于在局部极小点的附近,许多函数可由二次函数来近似。因此,现考察二次函数的特性。

(1) 二次函数。二次函数的一般形式为

$$J(\boldsymbol{x})=\frac{1}{2}\boldsymbol{x}^{\mathrm{T}}\boldsymbol{A}\boldsymbol{x}+\boldsymbol{d}^{\mathrm{T}}\boldsymbol{x}+\boldsymbol{c} \tag{2.4.42}$$

式中,$\boldsymbol{A}$ 为对称矩阵。

求该函数的梯度,需用到梯度的性质为

$$\nabla(\boldsymbol{h}^{\mathrm{T}}\boldsymbol{x})=\nabla(\boldsymbol{x}^{\mathrm{T}}\boldsymbol{h})=\boldsymbol{h} \tag{2.4.43}$$

式中,$\boldsymbol{h}$ 为一常数向量,且

$$\nabla\boldsymbol{x}^{\mathrm{T}}\boldsymbol{Q}\boldsymbol{x}=\boldsymbol{Q}\boldsymbol{x}+\boldsymbol{Q}^{\mathrm{T}}\boldsymbol{x}=2\boldsymbol{Q}\boldsymbol{x}\text{（}\boldsymbol{Q}\text{ 为对称矩阵）} \tag{2.4.44}$$

所以 $J(\boldsymbol{x})$的梯度为

$$\nabla J(\boldsymbol{x})=\boldsymbol{A}\boldsymbol{x}+\boldsymbol{d} \tag{2.4.45}$$

同理,求得的赫森矩阵为

$$\nabla^2 J(\boldsymbol{x})=\boldsymbol{A} \tag{2.4.46}$$

由于二次函数的所有高阶导数为零,所以该函数的泰勒级数展开式的前三项即为该函数的精确表达。也可以说,所有的解析函数在一个很小的邻域内(当 $\|\Delta\boldsymbol{x}\|$ 很小时)都与二次函数类似。

(2) 赫森矩阵特征系统。研究赫森矩阵的特征值和特征向量,可以得到二次函数的许多性质。考虑以原点为驻点且其值为0的二次函数,即

$$J(\boldsymbol{x})=\frac{1}{2}\boldsymbol{x}^{\mathrm{T}}\boldsymbol{A}\boldsymbol{x} \tag{2.4.47}$$

如果赫森矩阵 $\boldsymbol{A}$ 的特征向量作为新的基向量,$\boldsymbol{A}$ 为对称矩阵且其特征向量两两正交,那么可用特征向量作为列向量构成一个矩阵,如式(2.2.32)所示。该矩阵的逆等于其转置矩阵

$$\boldsymbol{B}^{-1}=\boldsymbol{B}^{\mathrm{T}} \tag{2.4.48}$$

(假定特征向量已被规格化。)

对 $\boldsymbol{A}$ 作基变换,以使特征向量成为基向量。新的矩阵 $\boldsymbol{A}'$ 为

$$\boldsymbol{A}'=[\boldsymbol{B}^{\mathrm{T}}\boldsymbol{A}\boldsymbol{B}]=\begin{bmatrix}\lambda_1 & 0 & \cdots & 0\\ 0 & \lambda_2 & \cdots & 0\\ \vdots & \vdots & & \vdots\\ 0 & 0 & \cdots & \lambda_N\end{bmatrix}=\boldsymbol{\Lambda} \tag{2.4.49}$$

式中,λ_i 为 $\boldsymbol{A}$ 的特征值。

$$\boldsymbol{A}=\boldsymbol{B}\boldsymbol{\Lambda}\boldsymbol{B}^{\mathrm{T}} \tag{2.4.50}$$

现用方向导数的概念来说明 $\boldsymbol{A}$ 的特征值和特征向量的物理意义以及如何确定二次函数的曲面特性。

$J(\boldsymbol{x})$在向量 $\boldsymbol{p}$ 方向上的二阶导数为

$$\frac{\boldsymbol{p}^{\mathrm{T}}\ \nabla^2 J(\boldsymbol{x})\boldsymbol{p}}{\|\boldsymbol{p}\|^2}=\frac{\boldsymbol{p}^{\mathrm{T}}\boldsymbol{A}\boldsymbol{p}}{\|\boldsymbol{p}\|^2} \tag{2.4.51}$$

定义

$$\boldsymbol{p}=\boldsymbol{B}\boldsymbol{c} \tag{2.4.52}$$

这时,式(2.4.51)可重写为

$$\frac{\boldsymbol{p}^{\mathrm{T}}\boldsymbol{A}\boldsymbol{p}}{\|\boldsymbol{p}\|^2}=\frac{\boldsymbol{c}^{\mathrm{T}}\boldsymbol{B}^{\mathrm{T}}(\boldsymbol{B}\boldsymbol{\Lambda}\boldsymbol{B}^{\mathrm{T}})\boldsymbol{B}\boldsymbol{c}}{\boldsymbol{c}^{\mathrm{T}}\boldsymbol{B}^{\mathrm{T}}\boldsymbol{B}\boldsymbol{c}}=\frac{\boldsymbol{c}^{\mathrm{T}}\boldsymbol{\Lambda}\boldsymbol{c}}{\boldsymbol{c}^{\mathrm{T}}\boldsymbol{c}}=\frac{\sum_{i=1}^{N}\lambda_i c_i^2}{\sum_{i=1}^{N}c_i^2} \tag{2.4.53}$$

式(2.4.53)表明,该二阶导数是特征值的加权平均,所以

$$\lambda_{\min}\leqslant\frac{\boldsymbol{p}^{\mathrm{T}}\boldsymbol{A}\boldsymbol{p}}{\|\boldsymbol{p}\|^2}\leqslant\lambda_{\max} \tag{2.4.54}$$

二阶导数在什么条件下与最大特征值相等?如果选择

$$\boldsymbol{p}=\boldsymbol{z}_{\max} \tag{2.4.55}$$

$\boldsymbol{z}_{\max}$ 是与最大特征值 $\lambda_{\max}$ 对应的特征向量,那么由该特征向量得到的向量 $\boldsymbol{c}$ 为

$$\boldsymbol{c}=\boldsymbol{B}^{\mathrm{T}}\boldsymbol{p}=\boldsymbol{B}^{\mathrm{T}}\boldsymbol{z}_{\max}=[0\quad 0\quad \cdots\quad 0\quad 1\quad 0\quad \cdots\quad 0]^{\mathrm{T}} \tag{2.4.56}$$

$\boldsymbol{c}$ 仅在与最大特征值(例如,$\boldsymbol{c}_{\max}=1$)相对应的位置存在,因为特征向量是正交的。

用 $\boldsymbol{z}_{\max}$ 代替式(2.4.53)中的 $\boldsymbol{p}$,得

$$\frac{\boldsymbol{z}_{\max}^{\mathrm{T}}\boldsymbol{A}\boldsymbol{z}_{\max}}{\|\boldsymbol{z}_{\max}\|^2}=\frac{\sum_{i=1}^{N}\lambda_i c_i^2}{\sum_{i=1}^{N}c_i^2}=\lambda_{\max} \tag{2.4.57}$$

可见,在最大特征值的特征向量方向上存在最大的二阶导数。事实上,在每个特征向量方

向的二阶导数都等于相应的特征值；在其他方向上，二阶导数等于特征值的加权平均值。特征向量方向上的相应特征值即是在该方向上的二阶导数。

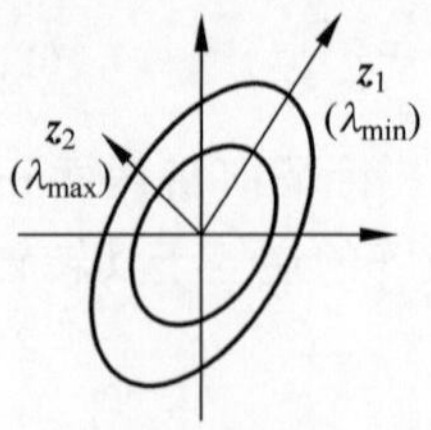

图 2.11　特征向量的二维情形

特征向量定义了二次交叉项为零的坐标系。特征向量被称为函数轮廓线的主轴。图 2.11 所示为这些概念在二维时的情形。该图表明，第一特征值小于第二特征值，所以在第一特征向量的方向上的曲率半径(二阶导数)最小。这意味着在此方向上的轮廓线之间的距离更大。在第二特征向量方向上存在最大的曲率半径，所以在此方向上轮廓线之间的距离更小。

注意：在图 2.11 中仅当两个特征值同号时才有效，以确保要么存在一个强极小点，要么存在一个强极大点。

2.5　性能优化

由前文可知，泰勒级数展开式能确定最佳点必须满足的条件。由泰勒级数展开式求最佳点的算法，包括最速下降法(steepest descent，SD)、牛顿法以及共轭梯度法(conjugate gradient，CG)。

性能优化的目的是求出使 $J(\boldsymbol{x})$ 最小化的 $\boldsymbol{x}$ 的值。这里所讨论的算法都是迭代的。首先，给定一个初始值 $\boldsymbol{x}(0)$，然后按迭代公式

$$\boldsymbol{x}(k+1)=\boldsymbol{x}(k)+\alpha(k)\boldsymbol{p}(k) \tag{2.5.1}$$

或

$$\Delta\boldsymbol{x}(k)=\boldsymbol{x}(k+1)-\boldsymbol{x}(k)=\alpha(k)\boldsymbol{p}(k) \tag{2.5.2}$$

逐步迭代。式中，向量 $\boldsymbol{p}(k)$ 代表一个搜索方向；$\alpha(k)$ 为一个大于零的纯量，可称为学习速度或学习步长。

2.5.1　最速下降法

当用式(2.5.2)进行最佳点迭代时，函数应该在每次迭代时都减小，即

$$J(\boldsymbol{x}(k+1))<J(\boldsymbol{x}(k)) \tag{2.5.3}$$

在充分小的学习速度 $\alpha(k)$ 下，如何选择向量 $\boldsymbol{p}(k)$ 使迭代快速收敛？考虑到 $J(\boldsymbol{x})$ 在 $\boldsymbol{x}(k)$ 的一阶泰勒级数展开式为

$$J(\boldsymbol{x}(k+1))=J(\boldsymbol{x}(k)+\Delta\boldsymbol{x}(k))\approx J(\boldsymbol{x}(k))+\boldsymbol{g}^{\mathrm{T}}(k)\Delta\boldsymbol{x}(k) \tag{2.5.4}$$

式中，$\boldsymbol{g}(k)$ 为 $J(\boldsymbol{x})$ 在 $\boldsymbol{x}(k)$ 的梯度，即

$$\boldsymbol{g}(k)\equiv\nabla J(\boldsymbol{x})\big|_{\boldsymbol{x}=\boldsymbol{x}(k)} \tag{2.5.5}$$

要使 $J(\boldsymbol{x}(k+1))<J(\boldsymbol{x}(k))$，式(2.5.4)右边的第二项必须为负，即

$$\boldsymbol{g}^{\mathrm{T}}(k)\Delta\boldsymbol{x}(k)=\alpha(k)\boldsymbol{g}^{\mathrm{T}}(k)\boldsymbol{p}(k)<0 \tag{2.5.6}$$

需选择较小的正数 $\alpha(k)$，这就隐含

$$\boldsymbol{g}^{\mathrm{T}}(k)\boldsymbol{p}(k)<0 \tag{2.5.7}$$

1. 下降方向

满足式(2.5.7)的任意向量称为一个下降方向。如果沿此方向取足够小的步长，函数一定递减，那么在什么方向函数递减速度最快？这种情况发生取决于梯度和方向向量之间的内积 $\boldsymbol{g}^{\mathrm{T}}(k)\boldsymbol{p}(k)$。设 $\boldsymbol{p}(k)$ 长度不变、方向改变，当方向向量与梯度反向时该内积为负，而绝对值

最大。所以，最速下降方向的向量为

$$\boldsymbol{p}(k)=-\boldsymbol{g}(k) \tag{2.5.8}$$

2. 最速下降法

将式(2.5.8)代入式(2.5.1)，得到最速下降法的迭代公式为

$$\boldsymbol{x}(k+1)=\boldsymbol{x}(k)-\alpha(k)\boldsymbol{g}(k) \tag{2.5.9}$$

3. 学习速度

对最速下降法，确定学习速度 $\alpha(k)$ 有两种方法。第一种方法是使基于 $\alpha(k)$ 的性能函数 $J(\boldsymbol{x})$ 每次迭代最小化，即按

$$J(\boldsymbol{x})=\boldsymbol{x}(k)-\alpha(k)\boldsymbol{g}(k) \tag{2.5.10}$$

实现最小化。

另一种方法是选择固定的 $\alpha(k)$ 值(例如取 $\alpha(k)=0.02$)，或使用预先确定的变量值(例如 $\alpha(k)=1/k$)。现详细讨论 $\alpha(k)$ 的取值问题。

(1) 稳定的学习速度。假定性能函数为式(2.4.42)，将式(2.4.45)代入式(2.5.9)，得

$$\begin{aligned}\boldsymbol{x}(k+1)&=\boldsymbol{x}(k)-\alpha\boldsymbol{g}(k)=\boldsymbol{x}(k)-\alpha(\boldsymbol{A}\boldsymbol{x}(k)+\boldsymbol{d})\\&=[\boldsymbol{I}-\alpha\boldsymbol{A}]\boldsymbol{x}(k)-\alpha\boldsymbol{d}\end{aligned} \tag{2.5.11}$$

这是一个线性动态系统，如果矩阵 $[\boldsymbol{I}-\alpha\boldsymbol{A}]$ 的特征值小于1，则该系统稳定，可用赫森矩阵 $\boldsymbol{A}$ 的特征值来表示该矩阵的特征值。设赫森矩阵的特征值和特征向量分别为 $[\lambda_1,\lambda_2,\cdots,\lambda_N]$ 和 $[\boldsymbol{z}_1,\boldsymbol{z}_2,\cdots,\boldsymbol{z}_N]$，这时

$$[\boldsymbol{I}-\alpha\boldsymbol{A}]\boldsymbol{z}_i=\boldsymbol{z}_i-\alpha\boldsymbol{A}\boldsymbol{z}_i=\boldsymbol{z}_i-\alpha\lambda_i\boldsymbol{z}_i=(1-\alpha\lambda_i)\boldsymbol{z}_i \tag{2.5.12}$$

可见，$[\boldsymbol{I}-\alpha\boldsymbol{A}]$ 的特征向量与 $\boldsymbol{A}$ 的特征向量相同，特征值为 $(1-\alpha\lambda_i)$。于是，最速下降法的稳定条件为

$$|(1-\alpha\lambda_i)|<1 \tag{2.5.13}$$

如果二次函数有一个强极小点，则其特征值为正数，式(2.5.13)可化简为

$$\alpha<\frac{2}{\lambda_i} \tag{2.5.14}$$

由于式(2.5.14)对赫森矩阵的所有特征值都成立，所以有

$$\alpha<\frac{2}{\lambda_{\max}} \tag{2.5.15}$$

最大的稳定学习速度与二次函数的最大曲率成反比，而曲率表明梯度变化的快慢。若梯度变化太快，则可能会导致跳过极小点，进而使新的迭代点的梯度值大于原迭代点的梯度值(但方向相反)，从而导致每次迭代的步长增大。

(2) 沿直线最小化。选择学习速度的另一种方法是 $\alpha(k)$ 使每次迭代的性能指数最小化，即选择 $\alpha(k)$ 使

$$J(\boldsymbol{x}'(k))=J(\boldsymbol{x}(k)+\alpha(k)\boldsymbol{p}(k)) \tag{2.5.16}$$

最小化。

对任意函数沿直线最小化，需要线性搜索。对二次函数线性最小化是可能的。式(2.5.16)对 $\alpha(k)$ 的导数($J(\boldsymbol{x})$ 为二次函数)为

$$\frac{\mathrm{d}}{\mathrm{d}\alpha(k)}J(\boldsymbol{x}(k)+\alpha(k)\boldsymbol{p}(k))=\nabla J(\boldsymbol{x})^{\mathrm{T}}\big|_{\boldsymbol{x}=\boldsymbol{x}(k)}\boldsymbol{p}(k)+\alpha(k)\boldsymbol{p}^{\mathrm{T}}(k)\,\nabla^2J(\boldsymbol{x})\big|_{\boldsymbol{x}=\boldsymbol{x}(k)}\boldsymbol{p}(k) \tag{2.5.17}$$

由式(2.5.17)的导数为零，得

$$\alpha(k)=-\frac{\nabla J(\boldsymbol{x})^{\mathrm{T}}|_{x=x(k)}\boldsymbol{p}(k)}{\boldsymbol{p}(k)\ \nabla^2 J(\boldsymbol{x})|_{x=x(k)}\boldsymbol{p}(k)}=-\frac{\boldsymbol{g}^{\mathrm{T}}(k)\boldsymbol{p}(k)}{\boldsymbol{p}^{\mathrm{T}}(k)\boldsymbol{A}(k)\boldsymbol{p}(k)} \tag{2.5.18}$$

式中，$\boldsymbol{A}(k)$为在点 $\boldsymbol{x}(k)$的赫森矩阵，即

$$\boldsymbol{A}(k)=\nabla^2 J(\boldsymbol{x})|_{x=x(k)} \tag{2.5.19}$$

(二次函数的赫森矩阵不是 k 的函数)

用式(2.5.18)的链规则来分析：

$$\begin{aligned}\frac{\mathrm{d}}{\mathrm{d}\alpha_k}J(\boldsymbol{x}(k)+\alpha(k)\boldsymbol{p}(k))&=\frac{\mathrm{d}}{\mathrm{d}\alpha(k)}J(\boldsymbol{x}(k+1))\\&=\nabla J^{\mathrm{T}}(\boldsymbol{x})\Big|_{x=x(k+1)}\frac{\mathrm{d}}{\mathrm{d}\alpha(k)}[\boldsymbol{x}+\alpha(k)\boldsymbol{p}(k)]\\&=\nabla J^{\mathrm{T}}(\boldsymbol{x})|_{x=x(k+1)}\boldsymbol{p}(k)=\boldsymbol{g}^{\mathrm{T}}(k+1)\boldsymbol{p}(k)\end{aligned} \tag{2.5.20}$$

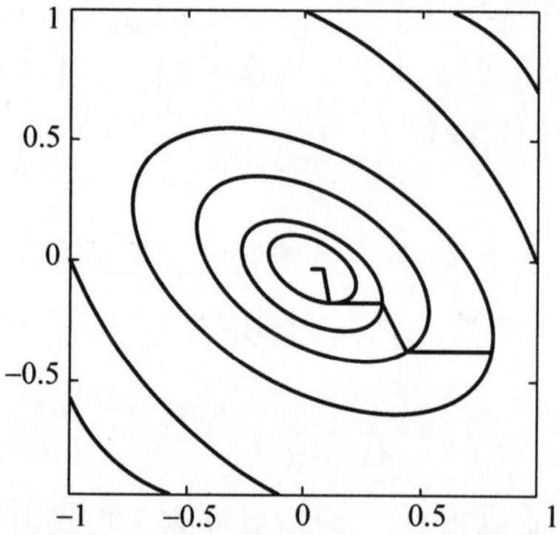

图 2.12 沿直线最小化的最速下降法

由于在极小点，该导数为零，所以梯度与前一步搜索方向正交。由于下一次搜索方向与梯度方向相反，所以后面依次进行的搜索方向都是正交的。这个结果说明在任何方向上的最小化，即使未用最速下降法，极小点的梯度都与搜索方向正交。调整搜索方向(用共轭代替正交)，可以提高性能。如果使用共轭方向，函数最多能在 N 步迭代中被最小化(N 为 $\boldsymbol{x}$ 的维数)。实际上，存在某些类型的二次函数，由最速下降法一步就能最小化。图 2.12 为沿直线最小化的最速下降法。

2.5.2 牛顿法

最速下降法的导数是以一阶泰勒级数展开式(2.5.4)为基础的，而牛顿法是基于二阶泰勒级数展开式的，即

$$J(\boldsymbol{x}(k+1))=J(\boldsymbol{x}(k)+\Delta\boldsymbol{x}(k))\approx J(\boldsymbol{x}(k))+\boldsymbol{g}^{\mathrm{T}}(k)\Delta\boldsymbol{x}(k)+\frac{1}{2}\Delta\boldsymbol{x}^{\mathrm{T}}(k)\boldsymbol{A}(k)\Delta\boldsymbol{x}(k) \tag{2.5.21}$$

牛顿法的原理是求 $J(\boldsymbol{x})$的二次近似的驻点。求式(2.5.21)对 $\Delta\boldsymbol{x}(k)$的梯度并设梯度为零，得

$$\boldsymbol{g}(k)+\boldsymbol{A}(k)\Delta\boldsymbol{x}(k)=0 \tag{2.5.22}$$

求解 $\Delta\boldsymbol{x}(k)$，得

$$\Delta\boldsymbol{x}(k)=-\boldsymbol{A}^{-1}(k)\boldsymbol{g}(k) \tag{2.5.23}$$

于是，牛顿法公式为

$$\boldsymbol{x}(k+1)=\boldsymbol{x}(k)-\boldsymbol{A}^{-1}(k)\boldsymbol{g}(k) \tag{2.5.24}$$

如果 $J(\boldsymbol{x})$不是二次函数，则牛顿法一般不能一步收敛。实际上，根本无法确定它是否收敛，因为这取决于具体的函数和初始点。

可见，尽管牛顿法的收敛速度通常比最速下降法更快，但是它表现很复杂，除了存在收敛到鞍点的问题(与最速下降法不同)外，还可能存在振荡和发散的问题。如果学习速度不太快或每步都实现线性最小化，则最速下降法能够确保收敛。

牛顿法的另一个问题是需要对赫森矩阵及其逆阵进行计算和存储。比较式(2.5.9)与式(2.5.23)，当

$$\boldsymbol{A}(k)=\boldsymbol{A}^{-1}(k)=\boldsymbol{I} \tag{2.5.25}$$

成立时，之后的搜索方向相同。

由此可以推导出称为类牛顿法或单步正割法的一类优化算法。这类算法用一个正定矩阵 $\boldsymbol{H}(k)$代替 $\boldsymbol{A}(k)$，虽然该矩阵不需转置，但是每次迭代都需要刷新。这类算法通常能使二次函数 $\boldsymbol{H}(k)$收敛于 $\boldsymbol{A}^{-1}$(二次函数的赫森矩阵为一常数矩阵)。

2.5.3 共轭梯度法

1. 二次终结法

牛顿法有一个性质称为二次终结法，即它能在有限的迭代次数内使二次函数极小化。但是，二次项结论则需要计算和存储二阶导数。当参数量 N 很大时，计算所有二阶导数是很困难的(若梯度有 N 个元素，则赫森矩阵有 N^2 个元素)。在神经网络中这个问题尤其严重，因为实际应用中往往需要几百个甚至上千个权值，所以希望找到只需要一阶导数但仍具有二次终结性质的方法，这种方法就是共轭梯度法。

2. 共轭

假定对于式(2.4.42)所示的二次函数确定极小点。当且仅当

$$\boldsymbol{p}^{\mathrm{T}}(k)\boldsymbol{A}\boldsymbol{p}(j)=0,\quad k\neq j \tag{2.5.26}$$

时，称向量集合$\{\boldsymbol{p}(k)\}$对于一个正定赫森矩阵 $\boldsymbol{A}$ 两两共轭。对于正交向量，存在无穷个能张成一个 N 维空间的两个共轭向量集。由 $\boldsymbol{A}$ 的特征向量组成的共轭向量集也是其中之一。设$[\lambda_1,\lambda_2,\cdots,\lambda_N]$和$[\boldsymbol{z}_1,\boldsymbol{z}_2,\cdots,\boldsymbol{z}_N]$分别为赫森矩阵的特征值和特征向量。为了验证特征向量是共轭的，用 $\boldsymbol{z}(k)$代替式(2.5.26)中的 $\boldsymbol{p}(k)$，得

$$\boldsymbol{z}^{\mathrm{T}}(k)\boldsymbol{A}\boldsymbol{z}(j)=\lambda(j)\boldsymbol{z}^{\mathrm{T}}(k)\boldsymbol{z}(j)=0,\quad k\neq j \tag{2.5.27}$$

式(2.5.27)成立是因为对称矩阵的特征向量两两正交。所以，特征向量是共轭的也是正交的。

沿赫森矩阵的特征向量搜索就能准确地使二次函数极小化。这是因为特征向量构成了函数轮廓线的主轴。然而，对于实际运用，要知道特征向量必须先求出赫森矩阵。采用什么方法可以不需计算赫森矩阵呢？也就是说，需要找到一种不必计算二阶导数的方法。

已经证明，如果存在沿一个共轭方向集$\{\boldsymbol{p}_1,\boldsymbol{p}_2,\cdots,\boldsymbol{p}_N\}$的准确线性搜索序列，就能在最多 N 次搜索内实现具有 N 个参数的二次函数的准确极小化。现在的问题是如何构造这些共轭搜索方向？将式(2.4.45)与式(2.4.46)组合起来，第 $k+1$ 次迭代时梯度的变化为

$$\Delta\boldsymbol{g}(k)=\boldsymbol{g}(k+1)-\boldsymbol{g}(k)=(\boldsymbol{A}\boldsymbol{x}(k+1)+\boldsymbol{d})-(\boldsymbol{A}\boldsymbol{x}(k)+\boldsymbol{d})=\boldsymbol{A}\Delta\boldsymbol{x}(k) \tag{2.5.28}$$

又根据式(2.5.3)，选择 $\alpha(k)$使函数 $J(\boldsymbol{x})$在 $\boldsymbol{p}(k)$方向上极小化。所以，式(2.5.28)的共轭条件可重写为

$$\alpha(k)\boldsymbol{p}^{\mathrm{T}}(k)\boldsymbol{A}\boldsymbol{p}(j)=\Delta\boldsymbol{x}^{\mathrm{T}}(k)\boldsymbol{A}\boldsymbol{p}(j)=\Delta\boldsymbol{g}^{\mathrm{T}}(k)\boldsymbol{p}(j)=0,\quad k\neq j \tag{2.5.29}$$

注意：(1) 这里已经把共轭条件表示成算法相继迭代的梯度变化的形式，不再需要计算赫森矩阵。如果搜索方向与梯度变化方向垂直，则它们共轭。

(2) 第一次搜索方向 $\boldsymbol{p}(0)$是任意的，而 $\boldsymbol{p}(1)$可以是与 $\Delta\boldsymbol{g}(0)$垂直的任意向量。所以，共轭向量集的数量是无限的。

通常，从最速下降法的方向开始搜索

$$\boldsymbol{p}(0)=-\boldsymbol{g}(0) \tag{2.5.30}$$

每次迭代都要构造一个与$\{\Delta\boldsymbol{g}(0),\Delta\boldsymbol{g}(1),\cdots,\Delta\boldsymbol{g}(k-1)\}$正交的向量 $\boldsymbol{p}(k)$，将迭代公式简

化为

$$\boldsymbol{p}(k) = -\boldsymbol{g}(k) + \beta(k)\boldsymbol{p}(k-1) \tag{2.5.31}$$

确定系数 $\beta(k)$ 的方法虽然有许多种，但是对二次函数产生的结果相同。这里给出 3 种 $\beta(k)$ 计算公式。

$$\beta(k) = \frac{\Delta\boldsymbol{g}^{\mathrm{T}}(k-1)\boldsymbol{g}(k)}{\Delta\boldsymbol{g}^{\mathrm{T}}(k-1)\boldsymbol{p}(k-1)} \tag{2.5.32}$$

$$\beta(k) = \frac{\Delta\boldsymbol{g}^{\mathrm{T}}(k)\boldsymbol{g}(k)}{\Delta\boldsymbol{g}^{\mathrm{T}}(k-1)\boldsymbol{g}(k-1)} \tag{2.5.33}$$

$$\beta(k) = \frac{\Delta\boldsymbol{g}^{\mathrm{T}}(k-1)\boldsymbol{g}(k)}{\Delta\boldsymbol{g}^{\mathrm{T}}(k-1)\boldsymbol{g}(k-1)} \tag{2.5.34}$$

2.6 信息与熵

2.6.1 信息及信息量

1. 信息概念

美国科学家香农(C. E. Shannon)所给出的信息定义：信息是事物运动状态或存在方式的不确定性的描述。香农所定义的信息概念以通信模型为基础，任何通信过程都符合一个基本模型，即发送者发出的消息经过传输后被接收者所接收，如图 2.13 所示。在该模型中，信源是消息之源，通常指提供消息的人或设备等，信源发出的消息可能是符号、文字、图像或者声音，传送它们需要借助于载体，通过载体的传输完成消息的传递，这个载体就是信号；信道是传递消息的通道，包括电缆、光纤以及传输电磁波的空间等；而信宿是指消息的接收者，接收者从收到的信号中检测出信源发出的原始消息。如果接收者早已知道这个消息，就失去了这次通信的意义，接收者感兴趣的是收到新消息，即收到原来不知道的内容。

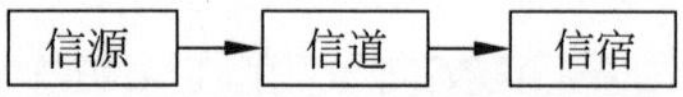

图 2.13　通信过程的基本模型

在通信中，信息的获得与事物状态(或情况)的随机性相关联，某一事物状态的不确定性的大小与该事物可能出现的不同状态数以及各状态出现的概率大小有关。获得信息后，随机性就可以减少或消除。由于随机性可以度量，因而信息也是可以测定的。

2. 信息特点

信息的特点如下：

(1) 信息是普遍的客观存在。

(2) 信息不守恒，即信息既可以消亡，也可以创生。

(3) 信息必须依赖于物质或能量而存在、而传输。换言之，不存在离开物质和能量而独立存在的信息，信息必须以物质或能量作为载体。

(4) 信息可以复制，从而可以分享。

(5) 信息的处理不会增加信息的原始内容。

信息的物理性质反映了信息的本质特征，决定了达到某种应用目标的可能性。从应用角度看，信息性质决定了信息技术的发展方向。从信息安全角度看，人们关心的是信息的安全性、完整性、有用性、时效性、保密性、可鉴别性等。

3. 信息量

香农信息可以度量，为定量地解决通信速率、效率奠定了基础。那么，这个可以度量的信息概念是怎样建立起来的呢？让我们先看一下实际的例子。

2023 年 5 月 30 日 9 时 31 分，神舟十六号载人飞船在酒泉卫星发射中心发射升空，航天员乘组状态良好，发射取得圆满成功。神舟十六号航天员乘组由景海鹏、朱杨柱、桂海潮 3 名航天员组成，如图 2.14 所示。

图 2.14 神舟十六号

要发布"神舟十六号载人飞船"发射成功与否的消息，也只需要一个符号，用符号 1 表示发射成功，用符号 0 表示发射失败。一般地说，可以用符号 1 或 0 表示一个随机事件（下雨或发射成功）是否发生。

在通信过程中，符号来源于消息的发送者，也就是来源于信源。将这种用一个符号就可以表示一条完整消息的信息源叫作单符号信源。但在多数情况下，随机事件集合中可能包含多个元素（例如，天气预报有暴雨、大雨、中雨、小雨和雷阵雨之分），这时仅用一个符号就不能反映发生了哪个具体事件，因此就需要用符号序列来代表各个具体事件，消息源则变成发出符号序列的信源。

正规地，如果信源输出是随机变量 X 所表示的随机事件，其出现概率为 $p(X)$，则它们所构成的集合称为信源的概率空间，简称信源空间，表示为

$$[X,P]:\begin{cases} X: & x_1 & x_2 & \cdots & x_N \\ p(X): & p(x_1) & p(x_2) & & p(x_N) \end{cases} \tag{2.6.1}$$

式中，$p(X)$满足 $\sum_{i=1}^{N} p(x_i)=1$，N 是自然数。

干旱地区下雨的可能性是很小的，设其概率为 0.1，而晴天的概率为 0.9。因为通常认为在干旱地区不会下雨，一旦气象台发出符号 1，就得到了较大的信息量；反之，预报天晴和人们原来的想法一致，就没有太多的信息量。这说明，信息量应该是概率的函数，而且概率越大信息量就越小，即信息量是概率的减函数。考虑到概率可以在[0,1]区间内连续取值，所以信息量是连续函数较为合理。

概率等于 1 的必然事件是一定要发生的，它的出现不会给人们带来任何新的信息，信息量应该为 0；而对于概率等于 0 的不可能事件，一旦出现将给人们带来极大的震撼，其信息量应该是无穷大。

再假设天气预报不仅预报明天是否下雨，而且公布空气污染指数，那么人们得到的信息就包含两部分互相独立的内容，这时的联合信息量应该是两个信息量之和。

根据上面描述的信息量属性，选择对数函数来度量信息量。

【定义 2.1】 事件 x_i 的出现所带来的信息

$$I(x_i)=\log\frac{1}{p(x_i)}=-\log p(x_i) \tag{2.6.2}$$

称为事件 x_i 的自信息量。为方便起见，根据对数的底来规定信息量的量纲：以 2 为底时用 lb 表示，信息量的单位是比特(bit)；以 e 为底时用 ln 表示，信息量的单位是奈特(nat)；以 10 为底时用 log 表示，信息量的单位是哈特(Hart)。如果不做特殊说明，习惯地使用以 2 为底的符号 log 来计算数值。一个事件的自信息量只取决于事件出现的概率，与它的内容或取值无关。

2.6.2 信息熵

式(2.6.2)表示信宿收到一条消息以后所得到的信息量。现在设想信宿处于尚未收到消息的等待过程中，那么将来的消息如何对信宿来说是不确定的，而信宿一旦收到消息，这个不确定量就消失了。因此，一个随机事件出现所给出的信息量就应该等于该随机事件的不确定程度。考虑到某些情况下，事件的不确定程度不会完全消失，所以一般来说，随机事件出现所给出的信息量是该事件不确定度减小的数量。

随机事件的不确定度是概率的函数。与信息量不同，它并不要求该随机事件真的发生。

式(2.6.2)中，$I(x_i)$表示信源发出某一具体符号 x_i 的自信息量。当随机事件集合中多个元素的概率不相等时，用式(2.6.2)只能计算每个元素各自的自信息量，不能作为整个随机事件集合的总体信息测度。这时，其加权平均值可以作为不确定程度的测度，这个加权的平均自信息量称为信息熵。

【定义 2.2】 若随机事件集合 X 包含 N 个元素 $x_1, x_2, \cdots, x_N$，它们的出现概率分别是 $p(x_1), p(x_2), \cdots, p(x_N)$，则随机事件 X 的熵定义为

$$H(X)=\sum_{i=1}^{N}p(x_i)I(x_i)=\sum_{i=1}^{N}-p(x_i)\log p(x_i) \tag{2.6.3}$$

考虑到当 $x\to 0$ 时，有 $x\log x\to 0$，今后约定 $0\log 0=0$。这个定义和通信过程没有直接的关联，具有一般性。

在概率论中，曾用符号$\mathbb{E}$ 表示统计平均，或叫数学期望。

$$\mathbb{E}_p=\sum_{x\in X}g(x)p(x) \tag{2.6.4}$$

与式(2.6.3)相比，也可以把随机事件的熵写成数学期望的形式，即

$$H(X)=\mathbb{E}_p\left[\log\frac{1}{p(X)}\right] \tag{2.6.5}$$

式中，$g(X)=\log\dfrac{1}{p(X)}$。这就进一步地强调了熵是统计平均意义上的概念。

熵的两条基本性质如下：

【性质 2.1】 $H(X)\geqslant 0$ (2.6.6)

【性质 2.2】 $H_b(X)=(\log_b a)H_a(X)$ (2.6.7)

性质 2.2 可以改变定义中对数的底，只要乘上适当的常数，熵就可以从一个底换成另一个底。

注意：熵是关于概率的凸函数(有的书上叫作凹函数，或者叫上凸函数，其实都在表达同

一个意思：曲线的二阶导数小于0)。

对于随机事件集合 $X=\{x_1,x_2,\cdots,x_N\}$，如果 X 服从均匀分布，则熵取得最大值 $H(X)=\log N$。考虑到可以把随机事件集合看作一个随机变量，集合中各具体事件是该随机变量的取值，所以也可以将随机事件集合 X 的熵视为随机变量 X 的熵。

2.6.3 联合熵与条件熵

1. 联合熵与条件熵

2.6.2节定义了一个随机变量 X 的熵，现在将它推广到两个随机变量的情况。

在概率中，事件 x_i 和事件 x_j 同时出现的可能性，可以用联合概率 $p(x_i,y_j)$ 来描述，因此联合事件集合的不确定性也必然和联合概率分布有关。

【定义2.3】 对于服从联合分布 $p(X,Y)$ 的一对随机变量 X,Y，其联合熵定义为

$$H(X,Y)=-\sum_{x\in X}\sum_{y\in Y}p(x,y)\log p(x,y)=-\mathbb{E}_p[\log p(X,Y)] \tag{2.6.8}$$

如果把 (X,Y) 看作随机向量，联合熵的定义和一个随机变量的情况就完全相同了，在形式上没有新的东西。

在图2.13所示模型中，尽管干扰信源发出的消息是 x_i，但是由于信道中存在干扰信号，信宿接收到的就是 y_j。

现在的问题是：如果已知信宿收到的是 y_j，那么图2.13有干扰的通信模型中信源发出 x_i 的信息量是多少？显然，这是需要用条件概率来描述的。

【定义2.4】 在已发生 y_j 的条件下，随机事件 x_i 的条件概率为 $p(x_i|y_j)$，则 x_i 的出现所带来的信息量被称为它的条件自信息量，表示为

$$I(x_i\mid y_j)=-\log p(x_i\mid y_j) \tag{2.6.9}$$

类似地

$$I(y_j\mid x_i)=-\log p(y_j\mid x_i) \tag{2.6.10}$$

由于条件概率是后验概率，式(2.6.9)反映的是收到 y_j 后所能获得的信源发出 x_i 的信息量，所以条件自信息量包含了信道的特性。如果在给定条件 y 下考虑集合 X 的总体信息测度，则

$$H(X\mid y)=\sum_X f(x\mid y)I(x\mid y)=-\sum_X f(x\mid y)\log f(x\mid y) \tag{2.6.11}$$

对于整个 Y 集合，有

$$H(X\mid Y)=\sum_Y f(y)H(X\mid y)=-\sum_{XY} f(x,y)\log f(x\mid y) \tag{2.6.12}$$

注意：在式(2.6.11)和式(2.6.12)中，把概率符号 p 换成了 f，f 表示概率密度函数。

【定义2.5】 对于随机事件集合 $\{X,Y\}$，在给定 Y 的条件下，X 的条件熵定义为条件自信息量 $I(x_i|y_j)$ 在随机事件集合中的加权平均

$$\begin{aligned}H(X\mid Y)&=-\sum_{XY} f(x,y)\log f(x\mid y)=\sum_{XY} f(x_i,y_j)I(x_i\mid y_j)\\&=-\mathbb{E}_p[\log f(X\mid Y)]\end{aligned} \tag{2.6.13}$$

注意：条件熵依然是统计平均意义上的概念，因此 $H(x_i|y_j)$ 是没有意义的。

在通信中，条件熵描述了信道的特性。例如，在存在干扰的情况下，信宿收到某一符号 y_j 后所获得的关于信源发出 x_i 的信息量与信道有关。$H(X|Y)$ 表示信宿收到 Y 后对 X 的不确定度，所以又叫疑义度，$H(Y|X)$ 表示信源发出 X 后对信宿收到的 Y 的不确定程度。而这个不确定是由信道中噪声造成的，所以又叫噪声熵。

【推论】 对于联合随机事件集合$\{X,Y,Z\}$,有

$$H(X,Y \mid Z)=H(X \mid Z)+H(Y \mid X,Z) \tag{2.6.14}$$

式中,等号左边表示在已知 Z 的条件下,对 X 和 Y 的不确定度;等号右边第一项表示在已知 Z 的条件下,对 X 的不确定度;第二项表示在已知 X 和 Z 的情况下,对 Y 的不确定度。

联合熵与条件熵之间的关系为

$$H(X,Y)=H(X)+H(Y \mid X) \tag{2.6.15}$$

$$H(X,Y)=H(Y)+H(X \mid Y) \tag{2.6.16}$$

在式(2.6.15)中,等号右边第一项表示对事件 X 的不确定度,第二项是在已知 X 的情况下对事件 Y 的不确定度,所以它们之和表示联合事件$\{X,Y\}$的不确定程度。这个定理是熵的链式法则特例。

特别地,当 X 与 Y 互相独立时,由于 $p(x,y)=p(x)p(y)$,得

$$H(X,Y)=H(X)+H(Y) \tag{2.6.17}$$

2. 互信息与条件互信息

条件自信息量是事件 y_j 已经发生的情况下,事件 x_i 再出现所带来的自信息量。如何计算事件 y_j 的出现本身带来多少关于 x_i 的信息呢?这就要讨论互信息量问题。

【定义 2.6】 对两个随机事件集合 X 和 Y,事件 y_j 的出现给出关于事件 x_i 的信息量叫作事件 x_i、y_j 的互信息量,用符号 $I(x_i;y_j)$表示。

为了导出互信息量的表达式,先考虑没有干扰的通信。这时,一定有 $y_j=x_i$,即 $I(x_i;y_j)=I(x_i)$。当信道中存在干扰时,信宿收到的 y_j 可能是 x_i 的变形,即信宿不仅收到了信源发出的信息 x_i,还收到了干扰"充当"的信息。换句话说,只收到 y_j 而没收到 x_i 所得到的关于 x_i 的信息(互信息),加上在已收到 y_j 的情况下又收到 x_i 所得到的关于 x_i 的信息(条件自信息) 应该等于 x_i 的自信息量,即

$$I(x_i;y_j)+I(x_i \mid y_j)=I(x_i)$$

或者写为

$$I(x_i;y_j)=I(x_i)-I(x_i \mid y_j)=\log\frac{p(x_i \mid y_j)}{p(x_i)} \tag{2.6.18}$$

式中,第一个等号表明,互信息量等于自信息量减去条件自信息量。

根据条件概率公式 $p(x|y)p(y)=p(xy)$,也可以把互信息量写为

$$I(x_i;y_j)=I(x_i)+I(y_j)-I(x_iy_j) \tag{2.6.19}$$

这就是说,一对随机事件 x_i,y_j 同时出现所提供的自信息量,等于 x_i 和 y_j 各自的自信息量之和减去它们之间的互信息量。

互信息的性质如下:

【性质 2.3】 对称性:x_i 带来的关于 y_j 的互信息量总是等于 y_j 带来的关于 x_i 的互信息量,即

$$I(x_i;y_j)=I(y_j;x_i) \tag{2.6.20}$$

【性质 2.4】 实值性:互信息量总是实数。

式(2.6.18)表明,由于后验概率与先验概率的比值可能大于、等于或小于1,互信息量的值就可能大于、等于或小于0,但总是一个实数。特别地,当 $p(x_i|y_j)=1$ 时,$I(x_i;y_j)=I(x_i)$,这说明,信宿收到 y_j 就可以完全消除对信源是否发出 x_i 的不确定度,这对应着无干扰通信的情况。

【性质 2.5】 有界性:互信息量不大于任一事件的自信息量,即

$$I(x_i;\ y_j)=\log\frac{p(x_i\mid y_j)}{p(x_i)}\leqslant\log\frac{1}{p(x_i)}=I(x_i) \tag{2.6.21}$$

同理，$I(y_j;x_i)\leqslant I(y_j)$。该性质表明，某一事件的自信息量是任何其他事件所能提供的关于该事件的最大信息量。

因为两个事件互相独立，从其中任一个事件都不能得到另一事件的任何信息，互信息量等于 0 是合理的。

3. 三维空间的互信息量

把互信息量的概念扩展到三维空间，可以定义条件互信息量。

设有三维空间的事件集$\{X,Y,Z\}$，联合事件 y_jz_k 发生后，能获取多少关于事件 x_i 的信息量呢？可以把 y_jz_k 看成一个事件，然后用互信息量的概念解决问题。

$$\begin{aligned}I(x_i;\ y_jz_k)&=\log\frac{p(x_i\mid y_jz_k)}{p(x_i)}=\log\frac{p(x_i\mid z_k)p(x_i\mid y_jz_k)}{p(x_i\mid z_k)p(x_i)}\\&=\log\frac{p(x_i\mid z_k)}{p(x_i)}+\log\frac{p(x_i\mid y_jz_k)}{p(x_i\mid z_k)}\\&=I(x_i;z_k)+I(x_i;y_j\mid z_k)\end{aligned} \tag{2.6.22}$$

式中，第二项是在给定 z_k 条件下，x_i 与 y_j 之间的互信息，叫作条件互信息。

条件互信息与条件自信息之间的关系为

$$I(x_i;\ y_j\mid z_k)=I(y_j\mid z_k)-I(y_j\mid x_iz_k) \tag{2.6.23}$$

2.6.4 相对熵与交叉熵

1. 相对熵

相对熵也称 KL 散度(Kullback-Leibler divergence)。

设 $p(x)$，$q(x)$是离散随机变量 x 中取值的两个概率分布，则 $p(x)$对 $q(x)$的相对熵定义为

$$D_{\mathrm{KL}}(p\parallel q)=\sum_x p(x)\log\frac{p(x)}{q(x)}=\mathbb{E}_{p(x)}\left[\log\frac{p(X)}{q(X)}\right] \tag{2.6.24}$$

其性质如下：

【性质 2.6】 如果 $p(x)$和 $q(x)$分布相同，那么相对熵等于 0。

【性质 2.7】 $D_{\mathrm{KL}}(p\parallel q)\neq D_{\mathrm{KL}}(q\parallel p)$，相对熵具有不对称性。

【性质 2.8】 $D_{\mathrm{KL}}(p||q)\geqslant 0$。

相对熵可以用来衡量两个概率分布之间的差异，式(2.6.24)的意义就是求 $p(x)$与 $q(x)$之间的对数差在 $p(x)$上的期望值。

2. 交叉熵

设有两个概率分布 $p(x)$和 $q(x)$，其中 $p(x)$为真实分布，$q(x)$为预测分布。现用真实分布 $p(x)$表示一个样本所需要编码长度的平均编码长度，即

$$H(p)=\sum_x p(x)\log\frac{1}{p(x)} \tag{2.6.25}$$

如果采用预测分布 $q(x)$表示来自真实分布 $p(x)$的平均编码长度，那么

$$H(p,q)=\sum_x p(x)\log\frac{1}{q(x)} \tag{2.6.26}$$

因为用 $q(x)$来编码的样本来自分布 $p(x)$，所以 $H(p,q)$中的概率是 $p(x)$。此时就将 $H(p,$

q)称为**交叉熵**。

根据预测分布 $q(x)$得到的平均编码长度大于根据真实分布 $p(x)$得到的平均编码长度，将式(2.6.24)改写为

$$\begin{aligned} D_{\mathrm{KL}}(p \parallel q) &= \sum_x p(x)\log\frac{p(x)}{q(x)} = \sum_x p(x)\log p(x) - \sum_x p(x)\log q(x) \\ &= H(p,q) - H(p) \end{aligned} \tag{2.6.27}$$

可见，当用预测分布 $q(x)$得到的平均编码长度比真实分布 $p(x)$得到的平均编码长度多出的比特数就是相对熵。

又因为 $D_{\mathrm{KL}}(p \parallel q) \geqslant 0$，所以 $H(p,q) \geqslant H(p)$。

当 $p(x)=q(x)$时，取等号，此时交叉熵等于信息熵。当 $H(p)$为常量时(**注意**：在机器学习中，训练数据分布是固定的)，最小化相对熵 $D_{\mathrm{KL}}(p \parallel q)$等价于最小化交叉熵 $H(p,q)$，也等价于最大化似然估计。

2.6.5 重要定理

1. 链式法则

世界上有很多事情取决于多种因素，这时就可以视为由多个随机变量共同决定了事情的不确定性。

【定理 2.2】 (熵的链式法则)设随机变量 $X_1, X_2, \cdots, X_N$ 服从联合分布 $p(x_1, x_2, \cdots, x_N)$，则

$$H(X_1, X_2, \cdots, X_N) = \sum_{i=1}^{N} H(X_i \mid X_{i-1}, \cdots, X_1) \tag{2.6.28}$$

可以从物理概念上对上述定理加以解释：多随机变量的联合熵是多个事件同时发生的不确定性，它应该等于事件 X_1 的不确定性与 X_1 已出现的情况下其他事件同时发生的不确定性之和，而后者是 X_1 已出现的前提下事件 X_2 的不确定性，与 X_1、X_2 已出现的情况下其他事件同时发生的不确定性之和，以此类推。

由定理 2.2 知：多随机变量的联合熵等于条件熵之和。

【定理 2.3】 (平均互信息的链式法则)

$$I(X_1, X_2, \cdots X_N; Y) = \sum_{i=1}^{N} I(X_i; Y \mid X_{i-1}, \cdots, X_1) \tag{2.6.29}$$

该式的左边是多个事件 $X_1, X_2, \cdots, X_N$ 能给另一事件 Y 提供的互信息(或者相反)，右边是 Y 与各个 X_i 事件在一定条件下的互信息之和(即已知一些 X_i 的条件下，下一个 X_i 带给 Y 的互信息)。

【定理 2.4】 (相对熵的链式法则)

$$D_{\mathrm{KL}}(p(x,y) \parallel q(x,y)) = D_{\mathrm{KL}}(p(x) \parallel q(x)) + D_{\mathrm{KL}}(p(y \mid x) \parallel q(y \mid x)) \tag{2.6.30}$$

相对熵的链式法则定义了两个随机变量的两种不同分布间的距离。

以上链式法则适用于多个随机变量。它们之间存在着某种“层次”上的关系。

2. 杰森(Jensen) 不等式

【定理 2.5】 对于凹函数 g 和随机变量 X，总有

$$\mathbb{E}[g(X)] \geqslant g(\mathbb{E}[X]) \tag{2.6.31}$$

注意：杰森不等式对连续分布也是正确的。

【定理 2.6】 (熵的界)设 $X_1, X_2, \cdots, X_N$ 服从分布 $p(x_1, x_2, \cdots, x_N)$，有

$$H(X_1, X_2, \cdots, X_N) \leqslant \sum_{i=1}^{N} H(X_i) \tag{2.6.32}$$

而且当且仅当 $X_1, X_2, \cdots, X_N$ 互相独立时，等号成立。这个结果叫作熵的界。

【定理 2.7】 设随机事件集合 X 共有 N 个元素，则

$$H(X) \leqslant \log N \tag{2.6.33}$$

当且仅当集合中各随机事件均匀分布时，等号成立。

3. 数据处理不等式

有时人们希望，通过某种数据处理的方式更多地了解某一事物、获得更多的信息，但是采用数据处理不等式是不可能的。也就是说，不可能找到一种最优的数据处理方式，得到比原来更多的信息。

为了证明这个不等式，需要用到马尔可夫链的概念。

【定义 2.7】 如果 X, Y, Z 的联合概率分布密度函数满足条件

$$f(x, y, z) = f(x) f(y \mid x) f(z \mid y) \tag{2.6.34}$$

则 X, Y, Z 构成马尔可夫链，简记为 $X \to Y \to Z$。$X \to Y \to Z$ 蕴含着 $Z \to Y \to X$，因此有时记作 $X \leftrightarrow Y \leftrightarrow Z$。

【定理 2.8】 如果 $X \to Y \to Z$，则

$$I(X; Y) \geqslant I(X; Z) \tag{2.6.35}$$

$$I(Y; Z) \geqslant I(X; Z) \tag{2.6.36}$$

如果 Z 是对 Y 进行数据处理的结果，即 Z 是 Y 的函数 $Z = g(Y)$，则由于 $X \to Y \to g(Y)$ 构成马尔可夫链，可以得到 $I(X; Y) \geqslant I(X; g(Y))$，说明对数据 Y 处理后所得到的 $Z = g(Y)$ 不会增加关于 X 的信息。

4. 费诺(Fano)不等式

在给定条件下，关心的是随机变量估值问题。例如，若想知道某种产品的长度 X，就用尺子去测量，得到读数 Y。不同产品的长度是在一定范围内的随机变量，由于测量误差存在，也测不出被测产品的真实长度。所以，这是根据 Y 来估计 X 的问题。

当且仅当 X 是 Y 的单值函数时，随机变量 X 的条件熵 $H(X|Y) = 0$，推而广之，就是希望条件熵 $H(X|Y)$ 较小时，能以较低的误差概率估计 X。这个希望可由费诺不等式实现。

设待估计的随机变量 $X = \{x_1, x_2, \cdots, x_N\}$ 具有分布 $p(x)$，现观察与 X 相关联的随机变量 Y，它关于 X 的条件分布为 $p(y|x)$。由 Y 计算函数 $g(Y)$ 作为 X 的估值 $\hat{X} = g(Y)$，现在要对 $\hat{X} \neq X$ 的概率进行限定。

定义误差概率为

$$p_e = P\{\hat{X} \neq X\} \tag{2.6.37}$$

注意：$X \to Y \to \hat{X}$ 构成马尔可夫链。

费诺不等式表述如下：

【定理 2.9】

$$H(p_e) + p_e \log(N - 1) \geqslant H(X \mid Y) \tag{2.6.38}$$

式中，N 是随机变量个数。式(2.6.38)可以减弱为

$$1 + p_e \log N \geqslant H(X \mid Y) \tag{2.6.39}$$

如果没有任何关于 Y 的知识，只能在毫无信息的情况下估计 X，对 X 的最佳估计 $\hat{X}=x_i$，其中 $p(x_i)\geqslant p(x_j)$，$j,i=1,2,\cdots,N$，此时的误差概率 $p_e=1-p(x_i)$，而费诺不等式变为 $H(p_e)+p_e\log(N-1)\geqslant H(X)$。

5. 渐近均分性

在概率论中，大数定律指出，对于独立同分布的随机变量序列，当 N 很大时，$\frac{1}{N}\sum_{i=1}^{N}X_i$ 近似等于期望值$\mathbb{E}[X]$。渐近均分性与此类似。

【定理 2.10】 (渐近均分性)如果 $X_1,X_2,\cdots,X_N$ 为 IID 序列，而且服从 $p(x)$，则依概率有

$$-\frac{1}{N}\log p(X_1,X_2,\cdots,X_N)\rightarrow H(X) \tag{2.6.40}$$

所谓依概率趋近 $H(X)$，即对任意 $\varepsilon>0$，有

$$\lim_{N\to\infty}P\left(\left|-\frac{1}{N}\log p(X_1,X_2,\cdots,X_N)-H(X)\right|<\varepsilon\right)=1 \tag{2.6.41}$$

渐近均分定理又叫序列分组定理，因为利用它可以把随机变量序列的集合分为两个子集：典型集和非典型集。

【定义 2.8】 满足如下性质的序列$(x_1,x_2,\cdots,x_N)\in\Omega$ 的集合叫作 $p(x)$的典型集 $A_E^{(N)}$：

$$2^{-N(H(X)+\varepsilon)}\leqslant p(x_1,x_2,\cdots,x_N)\leqslant 2^{-N(H(X)-\varepsilon)} \tag{2.6.42}$$

典型集的性质如下：

【性质 2.9】 如果$(x_1,x_2,\cdots,x_N)\in A_E^{(N)}$，则

$$H(X)-\varepsilon\leqslant-\frac{1}{N}\log p(x_1,x_2,\cdots,x_N)\leqslant H(X)+\varepsilon$$

【性质 2.10】 当 N 充分大时，有 $P\{A_E^{(N)}\}>1-\varepsilon$。

【性质 2.11】 $|A_E^{(N)}|\leqslant 2^{N(H(X)+\varepsilon)}$，其中，$|A|$表示集合 A 中的元素个数。

【性质 2.12】 当 N 充分大时，有$|A_E^{(N)}|\geqslant(1-\varepsilon)2^{N(H(X)-\varepsilon)}$。

性质 2.9 与性质 2.10 说明，对任意小的 ε，只要 N 足够大，随机变量序列都属于典型集。性质 2.11 与性质 2.12 说明了典型集包含的随机变量序列的个数，由于 ε 非常小，所以

$$|A_E^{(N)}|\rightarrow 2^{NH(X)} \tag{2.6.43}$$

这就是说，从平均意义上讲，典型集中元素有 $2^{NH(X)}$ 个。

2.6.6 随机过程的熵率

渐近均分性表明，在平均意义下使用 $NH(X)$ 比特足以描述 N 个独立同分布的随机变量序列，如果随机变量不独立，尤其是平稳随机过程，情况将会怎样？现在引出随机过程熵率的概念。

【定义 2.9】 随机过程的熵率定义为

$$H(\boldsymbol{X})=\lim_{N\to\infty}\frac{1}{N}H(X_1,X_2,\cdots,X_N) \tag{2.6.44}$$

熵率反映随机变量序列的熵随 N 增长的变化情况。

对于独立但非同分布随机变量序列，情况变得复杂起来，因为 $H(X_1,X_2,\cdots,X_N)=$

$\sum_{i=1}^{N} H(X_i)$ 中的 $H(X_i)$ 不全相等，有可能出现 $\frac{1}{N}\sum H(X_i)$ 的极限不存在的情况，这样式(2.6.44)就失去意义。因此，重新定义一个与式(2.6.44)相关的量，即

$$H'(\boldsymbol{X}) = \lim_{N\to\infty} H(X_N \mid X_{N-1}, X_{N-2}, \cdots, X_1) \tag{2.6.45}$$

这个极限一定存在吗？

【定理 2.11】 对于平稳随机过程，$H(X_N|X_{N-1}, X_{N-2}, \cdots, X_1)$随 N 递减且存在极限。

那么式(2.6.44)和式(2.6.45)两个极限有什么关系呢？

【定理 2.12】 对于平稳随机过程，有

$$H(\boldsymbol{X}) = H'(\boldsymbol{X}) \tag{2.6.46}$$

注意：$H'(\boldsymbol{X})$与 $H(\boldsymbol{X})$的物理意义已经不同，前者表示在已知过去情况下最新出现随机变量的条件熵，后者是 N 个随机变量的每字符的熵，但它们的单位都是(熵/字符)。

考虑到随机过程含有时间跨度的概念，每个字符的出现将占有一个时间段 τ，如果把上述熵率除以 τ，就得到了单位时间的熵(也叫时间熵)，这就是它称为熵率的原因。平稳马尔可夫链的熵率简单地等于条件熵，使得计算起来十分方便，下面的定理就叙述了这个结果。

【定理 2.13】 设$\{\boldsymbol{X}\}$为平稳马尔可夫链，其分布为 μ，转移矩阵为 P，则熵率为

$$H(\boldsymbol{X}) = -\sum_{i,j} \mu_i P_{i,j} \log P_{i,j} \tag{2.6.47}$$

第二篇　神经网络篇

第二篇
视频讲解

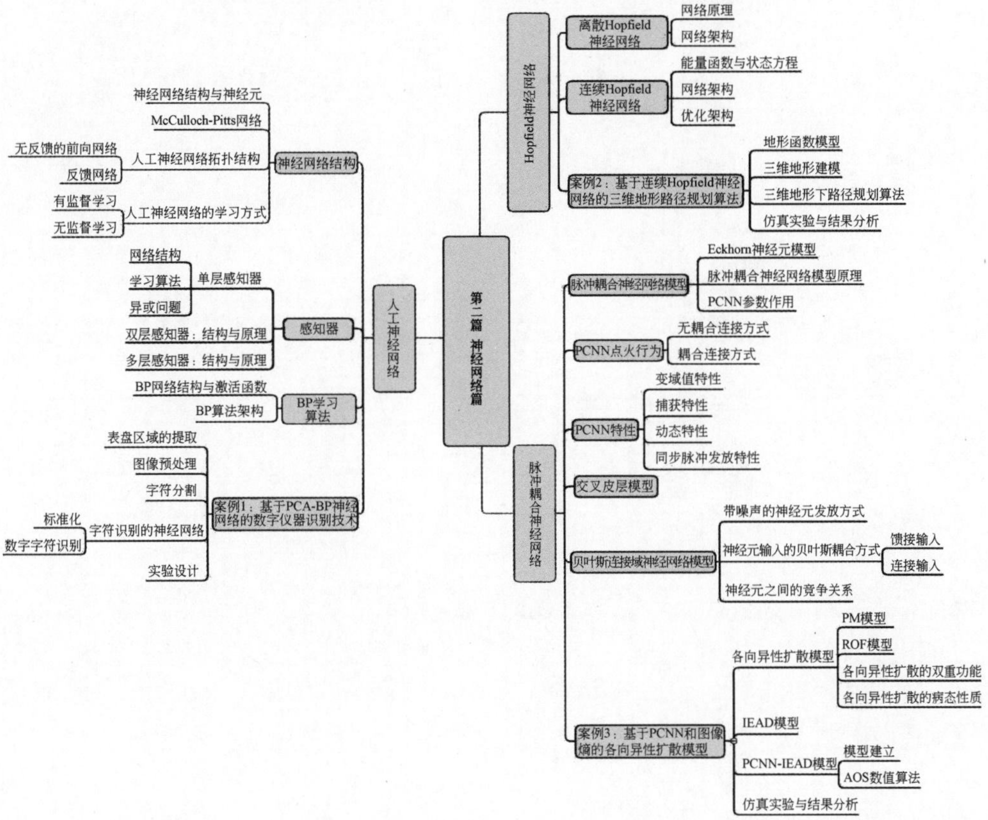

第3章 人工神经网络

CHAPTER 3

【导读】 根据生物神经元结构，分析了 McCulloch-Pitts 网络，讨论了无反馈前向网络和有反馈网络的结构特点及人工神经网络的学习方式；分析了感知器(单层、双层和多层)、异或问题、反向传播(BP)算法原理及架构；给出了结合 BP 神经网络与主成分分析法(PCA)的数字仪器识别技术案例。

人工神经网络(artificial neural networks，ANNs)，也简称为神经网络(neural networks，NNs)或连接模型(connectionist model，CM)，是对人脑或自然神经网络(natural neural network，NNN)若干基本特性的抽象和模拟。人工神经网络以对大脑的生理研究成果为基础，模拟大脑的某些机理与机制，实现某个方面的功能。所以说，人工神经网络是由人工建立的以有向图为拓扑结构的动态系统，它通过对连续或断续的输入做出状态响应而进行信息处理，是根据人的认知过程而开发出的一种算法。假设现在只有一些输入和相应的输出，而对如何由输入得到输出的机理并不清楚，那么就可以将输入与输出之间的未知过程看成是一个"网络"，通过不断地对该网络进行"训练"，该网络就会根据输入和输出不断调节自己各节点之间的权值。这样，当训练结束后，给定一个输入，该网络便会根据自己已调节好的权值计算一个输出，这就是神经网络的简单原理，神经网络在许多领域已得到有效应用。

3.1 神经网络

3.1.1 神经网络结构与神经元

神经网络的基本结构如图 3.1 所示。

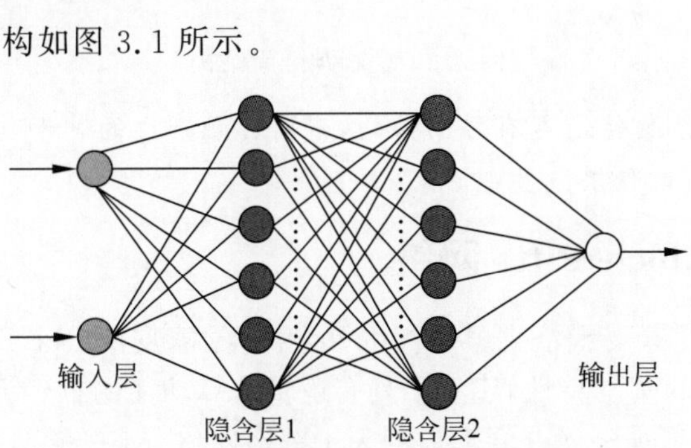

图 3.1 神经网络的基本结构

神经网络一般都有多层，分为输入层、隐含层和输出层，隐含层数越多，计算结果越精确，但所需计算时间就越长。实际应用中，研究者需根据要求设计网络层数。神经网络中每一个节点叫作一个人工神经元,对应于人脑中的一个神经元即神经元细胞,它是神经系统最基本的结构和功能单位,人脑由 $10^{11}\sim10^{12}$ 个神经元组成,每个神经元又与 $10^{4}\sim10^{5}$ 个神经元通过突触连接,形成极为错综复杂又灵活多变的神经网络。神经元由细胞体和突起两部分构成。细胞体由细胞核、细胞膜、细胞质组成,具有联络和整合输入信息并输出信息的作用。突起有树突和轴突两种。树突短且分枝多,直接由细胞体扩张突出,形成树枝状,其作用是接收其他神经元轴突传来的冲动并传给细胞体。轴突长且分枝少,为粗细均匀的细长突起,常起于轴丘,其作用是接收外来刺激,再由细胞体传出。一个神经细胞的轴突和另一个神经细胞树突的结合点称为突触(synapse,又称神经键),其功能是将从轴突末梢输出的电脉冲信号转换成化学信号,再将化学信号转换成电信号,完成神经元之间电信号的传送。一般神经元轴突末梢有众多突触,通过这些突触,神经元轴突接收其他神经元传递的信息,一个神经元可以影响多个神经元活动;同时,一个神经元有许多树突,形成众多分枝,接收多个神经元轴突末梢突触传递的神经冲动。当这些神经冲动对此神经元的影响形成的电位超过其阈值电位时,此神经元被激发处于兴奋状态,又称点火,产生神经冲动。于是它产生的动作电位形成神经元兴奋状态的电脉冲便在该神经元轴突上传输,同时又去影响其他神经元的状态。神经元的排列和突触的强度(由复杂的化学过程决定)确立了神经网络的功能。轴突除分出侧枝外,其末端形成树枝样的神经末梢。神经末梢分布于某些组织器官内,形成各种神经末梢装置。感觉神经末梢形成各种感受器;运动神经末梢分布于骨骼肌肉,形成运动终板。神经元是一种根须状蔓延物,结构如图 3.2 所示。

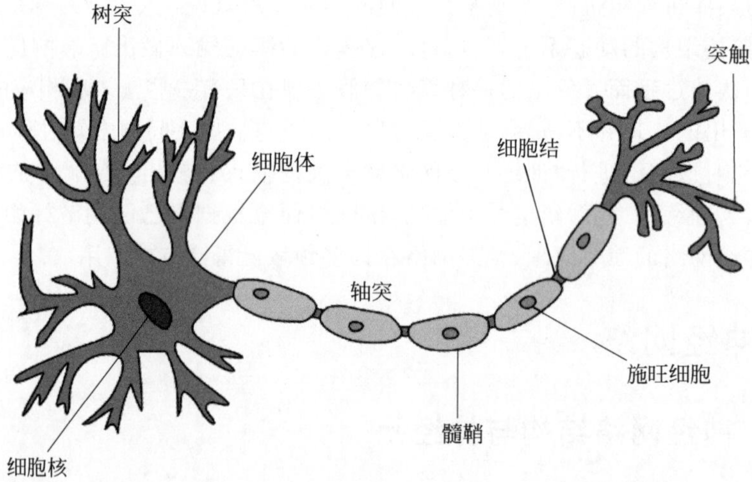

图 3.2 生物神经元结构

注意:经过突触的信息传递是有方向性的,不同突触产生的冲动传递效果不一样,有的使后一神经元发生兴奋,有的使其发生抑制。

3.1.2 McCulloch-Pitts 网络

1943 年,神经生理学家麦卡洛克(McCulloch)和数学家皮茨(Pitts)基于早期神经元学说,归纳总结了生物神经元的基本特性,建立了具有逻辑演算功能的神经元 McCulloch-Pitts 模型(M-P 模型)以及这些人工神经元互联形成的人工神经网络,M-P 模型是世界上第一个神经计算模型,是对人脑的模拟和简化模型。M-P 模型为一个有多个输入和一个输出的人工神经元,如图 3.3 所示。

图 3.3 中,w_{jn} 为神经元 n 与神经元 j 突触的连接强度,表示对信息 x_n 的感知能力,称为

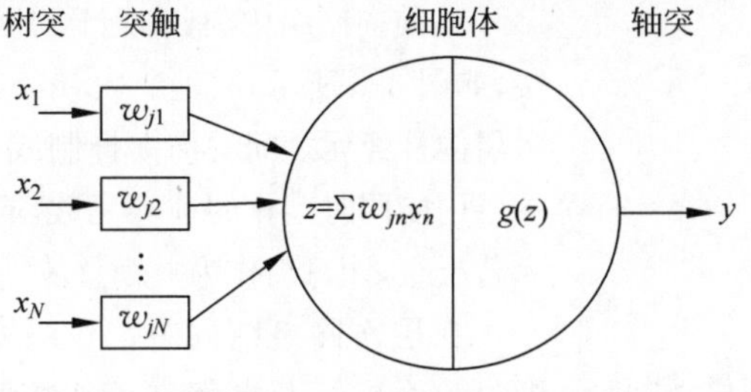

图 3.3 M-P 模型

关联权或权系数，$w_{jn}>0$ 表示兴奋型突触，$w_{jn}<0$ 表示抑制型突触，$w_{jn}=0$ 表示静息型突触；z 为神经元的求和输出，常称为神经元的激活水平；$g(z)$为输出函数或激活函数，采用激活函数的人工神经网络也称阈网络。M-P 模型输出函数定义为

$$y=g(z)=g\left(\sum_{n=1}^{N} w_{jn}x_n+b_j\right) \tag{3.1.1}$$

式中，$g(\cdot)$为激活函数或转移函数，其控制输入对输出的激活作用、对输入输出进行函数转换、将可能无限域的输入变换成指定的有限范围内的输出，不同的激活函数对应不同的网络，也决定了网络的用途；b_j 称为阈值或偏置。对一个人工神经元而言，其工作原理是对给定的输入，通过调整权系数 w_{jn} 使由式(3.1.1)计算得到的输出尽可能与实际输出吻合，这就是学习过程，也称为训练过程。

3.1.3 人工神经网络的拓扑结构

人工神经网络模型有：前馈神经网络(feed forward neural network，FNN)、反向传播(back propagation，BP)神经网络、Hopfield 网络、小脑模型神经网络(cerebellar model articulation controller，CMAC)、自适应共振理论(adaptive resonance theory，ART)和 Blotzman 机网络等。众所周知，神经网络强大的计算功能是通过神经元的互联而达到的。根据神经元的拓扑结构形式不同，神经网络可分无反馈前向网络和反馈网络两大类。

1. 无反馈前向网络

无反馈前向网络是指神经元分层排列，顺序连接，如图 3.4 所示。由输入层施加输入信息，通过中间各层，加权后传递到输出层后输出。每一层的神经元只接收前一层神经元的输入，各神经元之间不存在反馈。感知器、BP 神经网络和径向基函数(redial basis function，RBF)神经网络都属于这种类型。

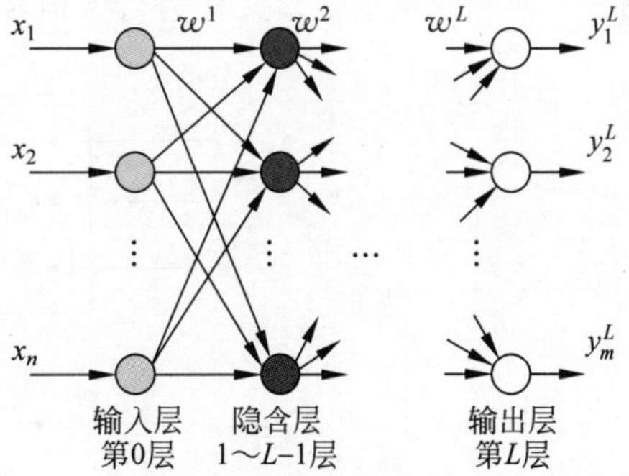

图 3.4 多层前向网络

2. 反馈网络

反馈网络是指在神经网络中，任意两个神经元之间都可能有相互连接的关系，如图 3.5 所示。其中，有的神经元之间是双向的，有的是单向的。Hopfield 网络、Boltzman 机网络属于这一类型。

在无反馈前向网络中，信号一旦通过某个神经元，过程就结束了。而在互联网络中，信号要在神经元之间反复往返传递，神经网络处在一种不断改变状态的动态之中。

从某个初始状态开始，经过若干次的变化，才会到达某种平衡状态；根据神经网络的结构和神经元的特性，还有可能进入周期振荡或其他(如混沌等)平衡状态。

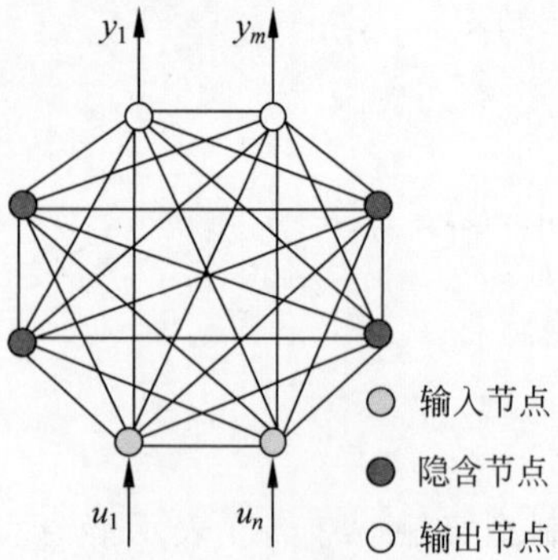

图 3.5 全互联网络

在前向网络中，有的处于同一层的各神经元间有相互连接，如图 3.6 所示，通过层内神经元的相互连接，可以实现同一层内神经元之间的横向抑制或兴奋机制，这样可以限制每一层内能同时动作的神经元数，或者把每一层内的神经元分为若干组，让每组作为一个整体(层内有互联的前向网络)。

在层次网络结构中，只在输出层到输入层存在反馈，即每一个输入节点都有可能接收来自外部的输入和来自输出神经元的反馈，如图 3.7 所示。这种模式可用来存储某种模式序列，如神经认知机即属于此类，也可以用于动态时间序列过程的神经网络建模(有反馈的前向神经网络)。

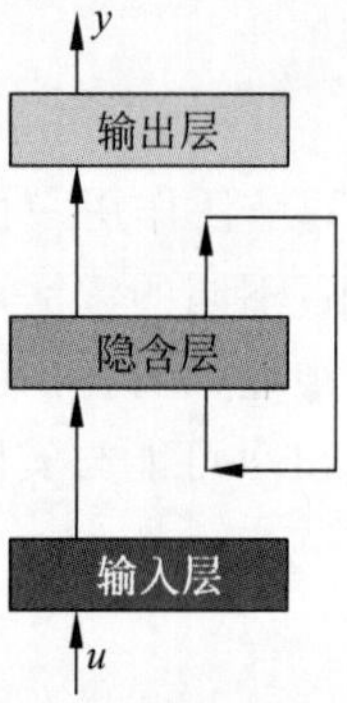

图 3.6 状态反馈网络

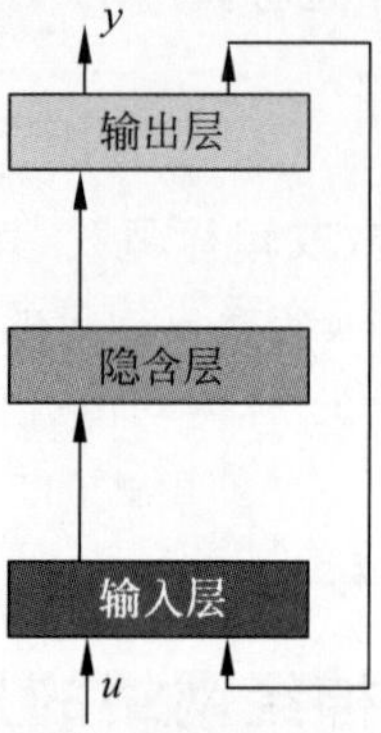

图 3.7 输出反馈网络

3.1.4 人工神经网络的学习方式

1. 有监督学习

神经网络根据实际输出与期望输出的偏差，按照一定的准则调整各神经元连接的权系数，如图 3.8 所示。期望输出又称为监督信号，是评价学习的标准，这种学习又称为有监督学习。

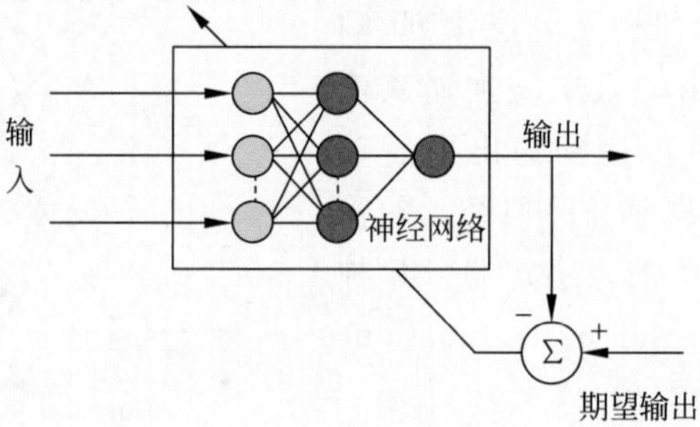

图 3.8 有监督学习

特点：不能保证得到全局最优解；需要大量训练样本，收敛速度慢；对样本的表示次序变化比较敏感。

2. 无监督学习

将无监督信号提供给神经网络，神经网络仅仅根据其输入调整连接权系数和阈值，此时，网络的学习评价标准隐含于内部。无监督学习网络结构如图 3.9 所示。这种学习方式主要完成聚类操作。

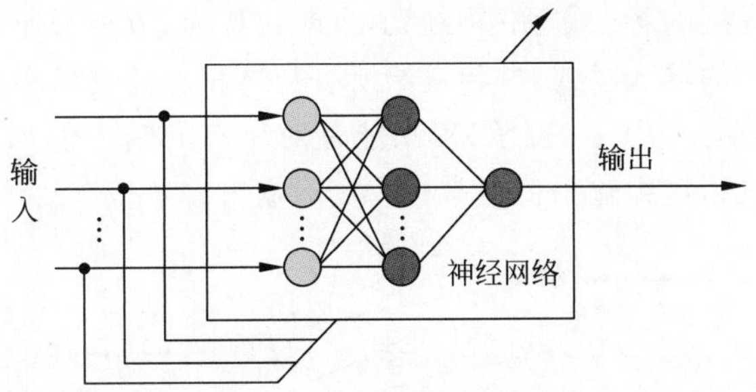

图 3.9　无监督学习

3.2　感知器

感知器，也称感知机，是一种最简单形式的前馈神经网络，是一种二元线性分类器。感知器有罗森布拉特(Rosenblatt)模型和麦卡洛克(McCulloch)模型，这里介绍罗森布拉特模型。

为了模拟生物的记忆和学习行为，基于赫布(Hebb)突触修饰理论将感知器的记忆和学习功能的神经生理学基础归纳为以下5点假设。

(1) 不同生物体学习和识别的神经系统的物理连接是不同的。生物体出生时最重要的神经系统结构的形成是极为随机的，并遵循遗传约束最小数原则。

(2) 神经细胞互联形成的原始神经系统具有可塑性，这种可塑性源于赫布突触的可装饰特性。神经系统在其自身的活动过程中可能会发生结构上的改变，导致一群神经细胞受到刺激而引发另一群神经细胞反应的概率发生变化，进而形成某种"刺激-反应"的输入/输出关系。

(3) 神经细胞间的突触联系模式是可塑的。在大量刺激的作用下，神经系统传入神经和传出神经之间可能形成某种特定的通道，而这些通道的形成依赖于神经细胞之间突触联系效率的修饰或改变。对于神经系统，相似的刺激倾向于形成相似的通道和相似的反应；而相异的刺激则倾向于形成相异的通道和相异的反应。

(4) 正强化可以促进神经系统正在发展中的神经细胞间的突触联系的形成，而负强化则可能阻碍神经系统正在发展中的神经细胞间的突触联系的形成。

(5) 神经系统中的相似性代表了神经系统由刺激激活同一群神经细胞的倾向性水平，即引发相似的"刺激-反应"水平。神经系统中的相似性依赖于认知系统的组织，这一组织通过与其环境的交互而发展和进化。这里的"组织"是神经细胞间突触联系的状况或突触联系的模式。神经系统结构及其"刺激-环境"均衡体系将影响并决定知觉世界对事物的划分。

根据罗森布拉特的假设，神经系统结构或结构的演化决定了或表现了神经系统的记忆和学习行为，而神经系统结构的演化依赖于神经细胞间突触联系效率的修饰或改变。

与麦卡洛克模型相比，罗森布拉特感知器具有如下重要特征：

(1) 突触赋权连接。感知器中神经元具有突触联系效率，是赋权神经元，其连接是赋权连接，形成赋权网络拓扑结构。

(2) 自组织机制。基于赫布学习率，感知器中神经元的突触联系效率是可调节的，因而感知器具有学习的功能和行为。

3.2.1　单层感知器

1. 单层感知器结构

单层感知器由输入层和输出层组成前向网络，每层可由多个处理单元构成，其拓扑结构如

图3.10所示。图中输入层的各个单元(神经元,有时也称为"节点")通常称为输入单元,用x_n表示,其功能是接收外部的输入模式,并传送给所有与之相连的输出层的各个单元。输出层的各个单元通常称为输出单元,用y_q表示,其功能是对所有的输入值加权求和,并通过阈值型作用函数产生一组输出值,这组输出值通常称为实际输出。

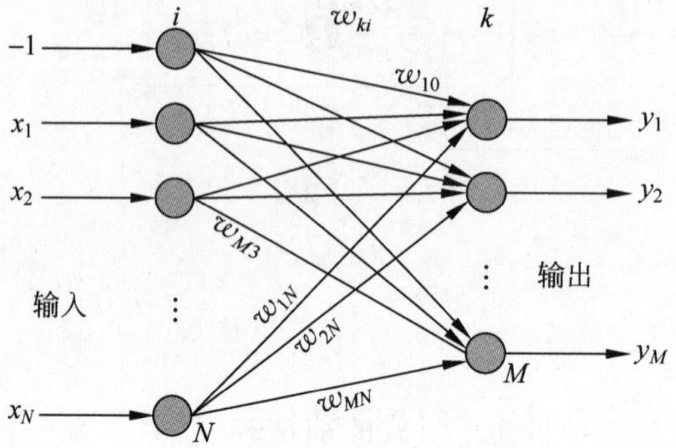

图3.10 单层感知器

设输入向量$\boldsymbol{X}=\{x_0,x_1,\cdots,x_N\}^{\mathrm{T}}$,$x_0=-1$;权向量$\boldsymbol{w}_j=\{w_{j0},w_{j1},\cdots,w_{jN}\}^{\mathrm{T}}$,$w_{j0}=b_j$为神经元$j$的阈值或偏置,神经元$j$的求和输出为

$$z_j=\sum_{n=1}^{N}w_{jn}x_n+b_j=\sum_{n=0}^{N}w_{jn}x_n=\boldsymbol{w}_j^{\mathrm{T}}\cdot\boldsymbol{x} \tag{3.2.1}$$

$$y_j=g_j(z_j)=g_j(\boldsymbol{w}_j^{\mathrm{T}}\cdot\boldsymbol{x}) \tag{3.2.2}$$

令$\boldsymbol{y}=\{y_1,y_2,\cdots,y_M\}^{\mathrm{T}}$,$\boldsymbol{g}=\{g_1(\cdot),g_2(\cdot),\cdots,g_M(\cdot)\}^{\mathrm{T}}$,则

$$\boldsymbol{y}=\boldsymbol{g}(\boldsymbol{w}^{\mathrm{T}}\cdot\boldsymbol{x}) \tag{3.2.3}$$

式中,

$$\boldsymbol{w}=\{\boldsymbol{w}_1,\boldsymbol{w}_2,\cdots,\boldsymbol{w}_M\}^{\mathrm{T}}=\begin{bmatrix} w_{10} & w_{20} & \cdots & w_{M0} \\ w_{11} & w_{21} & \cdots & w_{M1} \\ \vdots & \vdots & & \vdots \\ w_{1N} & w_{2N} & \cdots & w_{MN} \end{bmatrix}^{\mathrm{T}} \tag{3.2.4}$$

所有的输出模式也可以放在一起,用矩阵$\boldsymbol{y}=\{\boldsymbol{y}_m,m=1,2,\cdots,M\}$表示。通常,输入模式、输出模式可以合并起来,用向量$(\boldsymbol{x}_m,\boldsymbol{y}_m)$表示,称为第$m$组模式对。矩阵$(\boldsymbol{x},\boldsymbol{y})$表示一个完整的模式空间,也称为样本空间。两层单元之间的连接为全互联方式,输入层的所有单元与输出层的所有单元之间均有连接。第j个输出单元与第n个输入单元之间的连接权用w_{jn}表示,所有的连接权构成了一个权矩阵$\boldsymbol{w}$。第j个输出单元的阈值用b_j表示,所有的阈值构成了一个阈值向量。同时,两层间的权值和输出层的阈值都是可调的,而且权值和阈值都是可以连续变化的。

最简单的情况是单输出,即感知器只有一个输出单元。这在原理上相当于一个M-P模型神经元具有二进制输入输出状态0或1。实际上,罗森布拉特提出的最早的感知器就是这样的一个M-P模型神经元。

2. 单层感知器的学习算法

感知器的学习算法原理来源于著名的赫布(Hebb)学习律,其基本思想是:逐步地将样本集中的样本输入网络中,根据输出结果和理想输出之间的误差调整网络中的权值矩阵。

当输入样本为线性可分类时,网络的连接权值和阈值可通过神经网络学习(训练)来确定。

有监督学习算法的基本思想是：给网络提供一组训练样本$(\boldsymbol{x},\boldsymbol{y}_j)$，其中，$\boldsymbol{x}$ 为输入向量样本，$\boldsymbol{y}_j$ 为对应的输出目标值(即监督信号)，将输入样本 $\boldsymbol{x}$ 作用在网络上，计算相应的网络输出值 $\hat{\boldsymbol{y}}_j$，若 $\hat{\boldsymbol{y}}_j=\boldsymbol{y}_j$ 则保持原连接权值(包括阈值)不变；若 $\hat{\boldsymbol{y}}_j\neq\boldsymbol{y}_j$，则按赫布规则调整各连接权值，调整量 Δw_{jn} 与该连接权所对应的输入和输出量的乘积成正比例，即该算法的调整关系式为

$$w_{jn}(k+1)=w_{jn}(k)+\Delta w_{jn} \tag{3.2.5a}$$

$$\Delta w_{jn}=\begin{cases}2\eta\boldsymbol{y}_j\boldsymbol{x}_j, & \hat{\boldsymbol{y}}_j\neq\boldsymbol{y}_j\\ 0, & \hat{\boldsymbol{y}}_j=\boldsymbol{y}_j\end{cases} \tag{3.2.5b}$$

$$\hat{y}_j=g(z_j)=g\left(\sum_{n=0}^{N}w_{jn}x_n\right),\quad x_0\equiv-1,\quad w_{j0}=b_j \tag{3.2.5c}$$

若将式(3.2.5)中的系数 2 和 0 用 $1-\hat{\boldsymbol{y}}_j\boldsymbol{y}_j$ 表示，当 $\hat{\boldsymbol{y}}_j\neq\boldsymbol{y}_j$ 时，$\hat{\boldsymbol{y}}_j$ 与 $\boldsymbol{y}_j$ 异号；$\hat{\boldsymbol{y}}_j$ 与 $\boldsymbol{y}_j$ 同号时，$\hat{\boldsymbol{y}}_j\boldsymbol{y}_j=1$，则 $1-\hat{\boldsymbol{y}}_j\boldsymbol{y}_j=0$，这样，式(3.2.5)可改写为

$$\begin{aligned}\Delta w_{jn}&=\eta(1-\hat{\boldsymbol{y}}_j^p\boldsymbol{y}_j^p)\boldsymbol{y}_j^p\boldsymbol{x}_j^p=\eta(\boldsymbol{y}_j-\hat{\boldsymbol{y}}_j\boldsymbol{y}_j\boldsymbol{y}_j)\boldsymbol{x}_j\\&=\eta(\boldsymbol{y}_j-\hat{\boldsymbol{y}}_j)\boldsymbol{x}_j=\eta e_j\boldsymbol{x}_j\end{aligned} \tag{3.2.6a}$$

$$e_j=\boldsymbol{y}_j-\hat{\boldsymbol{y}}_j \tag{3.2.6b}$$

式中，e_j 表示网络第 j 个输出的误差；η 表示学习速率函数，$0<\eta<1$；$\boldsymbol{y}_j$ 为离散值$\{+1,-1\}$；$\boldsymbol{x}$ 为离散或连续值，归一化为$(-1,1)$范围内。

为此，网络的学习率为

$$w_{jn}(k+1)=w_{jn}(k)+\eta e_j x_j \tag{3.2.7}$$

感知器学习算法架构如下：

步骤 1：设置初始连接权值(包括阈值)，赋给 $w_i(0)$各一个较小的随机非零值。

步骤 2：在训练样本中，任选一对 $\boldsymbol{x}$ 和 $\boldsymbol{y}_j$，输入向量 $\boldsymbol{x}=[x_1,x_2,\cdots,x_N]^{\mathrm{T}}$，神经网络的输出为

$$\hat{\boldsymbol{y}}_j=g(\boldsymbol{z}_j)=g\left(\sum_{n=0}^{N}w_{jn}\boldsymbol{x}_n\right)=\mathrm{sgn}(\boldsymbol{z}_j)=\begin{cases}1, & z_j\geqslant 0\\ -1, & z_j<0\end{cases} \tag{3.2.8}$$

步骤 3：计算对应的输出误差值

$$e_j=y_j-\hat{y}_j \tag{3.2.9}$$

步骤 4：调整连接权值

$$w_{jn}(k_0+1)=w_{jn}(k_0)+\eta e_j x_j \tag{3.2.10}$$

步骤 5：重复步骤 2～4，直到所有误差均为零为止。

3. 异或问题

根据罗森布拉特假设，感知器的学习能力很强，可以学会“它所能表达”的任何东西。“表达”是指感知器模拟特殊功能的能力，而学习要求由一个用于调整连接权来产生具体表达的一个过程存在。显然，如果感知器不能够表达相应的问题，就无从考虑它是否能够学会该问题。所以，这里的“它所能表达”成为问题的关键。也就是说，是否存在一些问题，它们不能被感知器表达呢？

确实有不能被感知器表达的东西。例如，感知器甚至无法解决像“异或”这样简单的问题。而“异或”运算是电子计算机最基本的运算之一，这就预示着人工神经网络将无法解决电子计算机可以解决的大量的问题。因此，它的功能是极为有限的，使应用前景受限。那么感知器为什么无法解决“异或”问题呢？首先看“异或”运算的定义为

$$f(x,y)=\begin{cases}0, & x=y\\ 1, & \text{其他}\end{cases} \tag{3.2.11}$$

相应的真值表如表 3.1 所示。

表 3.1 异或运算的真值表

运算对象 x	运算对象 y	$g(x,y)$	运算对象 x	运算对象 y	$g(x,y)$
0	0	0	1	0	1
0	1	1	1	1	0

式(3.2.11)所描述的问题是一个双输入、单输出问题。也就是说,如果感知器能够表达它,则此感知器输入应该是一个二维向量、输出为标量。因此,该感知器可以只含有一个神经元。为方便起见,设输入向量为(x,y),输出为O,神经元的阈值为θ。感知器如图 3.11 所示,网络函数的图像如图 3.12 所示。显然,无论怎么选择 a、b、θ 的值,都无法用直线将点(0,0)和点(1,1)(它们对应的函数值为 0)与点(0,1)和点(1,0)(它们对应的函数值为 1)分开。这种用单神经元感知器不能表达的一类问题被称为线性不可分问题。

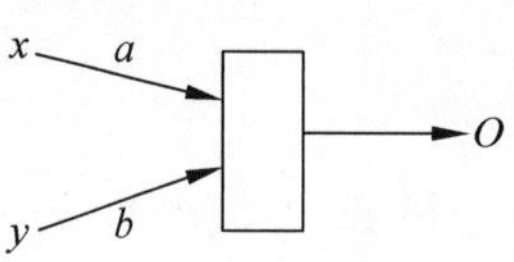

图 3.11 单神经元感知器

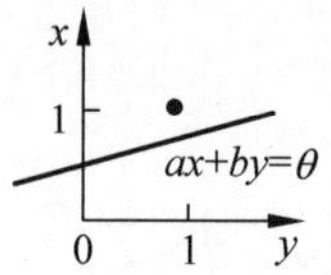

图 3.12 平面划分

依据上述思路,现考虑只有两个自变量且自变量只取 0 或 1 的函数。表 3.2 给出了所有这种函数的定义。其中,g_7、g_{10} 为线性不可分,其他均为线性可分的。不过,当变量的个数较多时,难以找到一种较简单的方法去确定一个函数是否为线性可分。事实上,这种线性不可分的函数随着变量个数的增加而快速增加,甚至远远超过了线性可分函数的个数。现在,仍然只考虑二值函数。设函数有 N 个自变量,由于每个自变量的值只可取 0 或 1,从而使函数共有 2^N 个输入模式。在不同的函数中,每个模式的值可以为 0 或者 1。这样,总共可以得到 2^{2^N} 种不同的函数。表 3.3 给出了 N 为 1～6 时二值函数的个数以及其中线性可分函数的个数。表 3.3 表明,当 N 大于或等于 4 时,线性不可分函数的个数远大于线性可分函数的个数,而且随着 N 的增大,这种差距在数量级上会越来越大。这表明,感知器不能表达的问题的数量远远超过了它所能表达的问题的数量。正是由于感知器存在这一致命缺陷,使人工神经网络的研究跌入漫长的黑暗期。

表 3.2 含两个自变量的所有二值函数

自变量		函数及其值															
x	y	g_1	g_2	g_3	g_4	g_5	g_6	g_7	g_8	g_9	g_{10}	g_{11}	g_{12}	g_{13}	g_{14}	g_{15}	g_{16}
0	0	0	0	0	0	0	0	0	0	1	1	1	1	1	1	1	1
0	1	0	0	0	0	1	1	1	1	0	0	0	0	1	1	1	1
1	0	0	0	1	1	0	0	1	1	0	0	1	1	0	0	1	1
1	1	0	1	0	1	0	1	0	1	0	1	0	1	0	1	0	1

表 3.3 二值函数与线性可分函数的个数

自变量个数	函数的个数	线性可分函数的个数	自变量个数	函数的个数	线性可分函数的个数
1	4	4	4	65 536	1882
2	16	14	5	4.3×10^{9}	94 572
3	256	104	6	1.8×10^{19}	5 028 134

3.2.2 双层感知器

单层感知器最大的缺点是只能解决线性可分的分类模式问题,增强网络分类能力的唯一方法是采用多层感知器,即在输入层与输出层之间增加至少一个隐含层,从而构成多层感知器(multilayer perceptron,MLP)。这种由输入层、隐含层(可以是一层或者多层)和输出层构成的神经网络称为多层前向神经网络。新增加的各层称为隐含层或中间层,其中各个单元称为隐含层单元,也称为中间层单元。隐含层单元的功能是对所有的输入值加权求和,并通过阈值型作用函数产生一组输出值,然后再将它们传送给所有与之相连输出层的各个单元。多层感知器是对单层感知器的推广,它能够成功解决单层感知器所不能解决的非线性可分问题。图 3.13 为一个典型的双层感知器的结构。

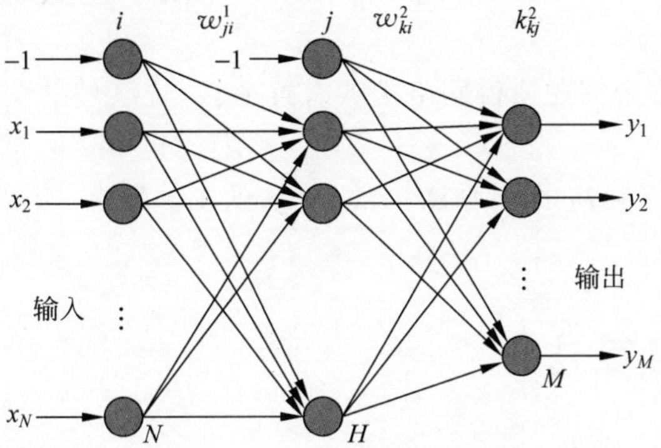

图 3.13 双层感知器结构

输出为

$$
\begin{aligned}
y_j^1 &= g_j^1(z_j^1) = g_j^1\left(\sum_{i=0}^{N} w_{ji}^1 x_i\right) \\
&= g_j^1(\boldsymbol{w}_j^{1\mathrm{T}} \cdot \boldsymbol{x})
\end{aligned} \tag{3.2.12}
$$

$$
g_0^1(z) = z \tag{3.2.13}
$$

$$
\boldsymbol{y}^1 = \boldsymbol{g}^1(\boldsymbol{S}^1) = \boldsymbol{g}^1(\boldsymbol{w}^1 \cdot \boldsymbol{x}) \tag{3.2.14}
$$

$$
\begin{aligned}
y_k^2 &= g_k^2(z_k^2) = g_k^2\left(\sum_{j=0}^{H} w_{kj}^2 y_j^1\right) \\
&= g_k^2(\boldsymbol{w}_k^{2\mathrm{T}} \cdot \boldsymbol{y}^1)
\end{aligned} \tag{3.2.15}
$$

$$
\begin{aligned}
\boldsymbol{y}^2 &= \boldsymbol{g}^2(\boldsymbol{S}^2) = \boldsymbol{g}^2(\boldsymbol{w}^2 \cdot \boldsymbol{y}^1) \\
&= \boldsymbol{g}^2(\boldsymbol{w}^2 \cdot \boldsymbol{g}^1(\boldsymbol{w}^1 \cdot \boldsymbol{x}))
\end{aligned} \tag{3.2.16}
$$

3.2.3 多层感知器

多层感知器输出为

$$
\begin{aligned}
\boldsymbol{y}^L &= \boldsymbol{g}^L(\boldsymbol{S}^L) = \boldsymbol{g}^L(\boldsymbol{w}^L \cdot \boldsymbol{g}^{L-1}(\boldsymbol{S}^{L-1})) \\
&= \boldsymbol{g}^L(\boldsymbol{w}^L \cdot \boldsymbol{g}^{L-1}(\boldsymbol{w}^{L-1} \cdot \boldsymbol{g}^{L-2}(\cdots \boldsymbol{g}^2(\boldsymbol{w}^2 \cdot \boldsymbol{g}^1(\boldsymbol{w}^1 \cdot \boldsymbol{x})))))
\end{aligned} \tag{3.2.17}
$$

式中,

$$
\boldsymbol{w}^l = (\boldsymbol{w}_0^l, \boldsymbol{w}_1^l, \cdots, \boldsymbol{w}_{H_l}^l)^{\mathrm{T}} = \begin{pmatrix} 1 & w_{10}^l & w_{20}^l & \cdots & w_{H_l 0}^l \\ 0 & w_{11}^l & w_{21}^l & \cdots & w_{H_l 1}^l \\ \vdots & \vdots & \vdots & & \vdots \\ 0 & w_{1H_{l-1}}^l & w_{2H_{l-1}}^l & \cdots & w_{H_l H_{l-1}}^l \end{pmatrix}^{\mathrm{T}} \tag{3.2.18}
$$

$$\boldsymbol{w}^L=(\boldsymbol{w}_1^L,\boldsymbol{w}_2^L,\cdots,\boldsymbol{w}_M^L)^{\mathrm{T}}=\begin{pmatrix} w_{10}^L & w_{20}^L & \cdots & w_{M0}^L \\ w_{11}^L & w_{21}^L & \cdots & w_{M1}^L \\ \vdots & \vdots & & \vdots \\ w_{1H_{L-1}}^L & w_{2H_{L-1}}^L & \cdots & w_{MH_{L-1}}^L \end{pmatrix}^{\mathrm{T}} \tag{3.2.19}$$

式中，H_{l-1} 表示第 $l-1$ 层的隐节点数，$H_0=N$。

多层感知器特点如下：

(1) 网络输出仅与输入及网络权矩阵有关，输出为输入的显式表达，由输入计算得到输出；

(2) 多层网络所有神经元的激活函数不能全部为线性函数，否则，多层网络等效于单层网络；

(3) 多层感知器的多个突触使得网络更具有连通性，连续域的变化或连接权值的变化都会引起连通性的变化；

(4) 多层感知器具有独特的学习算法，即著名的 BP 算法，所以多层感知器也称为 BP 网络。

3.3 BP 学习算法

BP 网络是应用得最为广泛，最为重要的一种神经网络。这种网络一般有多层，即含有输入层、输出层和隐含层（或中间层），上一层的输出即是下一层的输入，输出层所在的层数就是神经网络的层数。一般的多层前向神经网络结构如图 3.4 所示。

在实际应用中，BP 网络的激活函数一般采用 S 型函数，即

$$g(z)=\frac{1}{1+\mathrm{e}^{-z}} \tag{3.3.1}$$

S 型函数有很好的函数特性，其效果又近似于符号函数，现讨论基于 S 型函数的多层前向神经网络训练方法。

假设有一个 L 层的神经网络，从第 0 层到第 1 层的原始输入向量、权矩阵、第 1 层神经元接收向量和第 1 层输出向量以及它们之间的关系为

$$\boldsymbol{x}=[x_1,x_2,\cdots,x_{N_0}]^{\mathrm{T}} \tag{3.3.2}$$

$$\boldsymbol{w}^1=(w_{ij}^1)_{N_0\times N_1} \tag{3.3.3}$$

$$\boldsymbol{z}^1=[z_1^1,z_2^1,\cdots,z_{N1}^1]^{\mathrm{T}}=\boldsymbol{w}^{1\mathrm{T}}\boldsymbol{x} \tag{3.3.4}$$

$$\boldsymbol{y}^1=[y_1^1,y_2^1,\cdots,y_{N1}^1]^{\mathrm{T}}=g(\boldsymbol{z}^1) \tag{3.3.5}$$

第 $l-1$ 层到第 l 层的权系数矩阵、神经元输入向量和输出向量以及它们之间的关系分别为

$$\boldsymbol{w}^l=\{w_{ij}^l\}_{N_{l-1}\times N_l} \tag{3.3.6}$$

$$\boldsymbol{z}^l=[z_1^l,z_2^l,\cdots,z_{N_l}^l]^{\mathrm{T}}=\boldsymbol{w}^{l\mathrm{T}}\boldsymbol{y}^{l-1} \tag{3.3.7}$$

$$\boldsymbol{y}^l=[y_1^l,y_2^l,\cdots,y_{N_l}^l]^{\mathrm{T}}=g(\boldsymbol{z}^l) \tag{3.3.8}$$

式中，$y_i^l=g(z_i^l)$。

对单样本，训练规则为：确定 $\boldsymbol{w}$，使

$$J(\boldsymbol{w})=(\boldsymbol{D}-\boldsymbol{y}_L)^{\mathrm{T}}(\boldsymbol{D}-\boldsymbol{y}_L) \tag{3.3.9}$$

最小，其中 $\boldsymbol{D}=[d_1,d_2,\cdots,d_{N_L}]^{\mathrm{T}}$ 为理想输出。

采用S型函数的前向多层神经网络的BP算法架构如下：

步骤1：选定学习的数组$\{x(k),D(k)\}$，$k=1,2,\cdots$，随机确定初始权矩阵$\boldsymbol{w}(0)$；

步骤2：用学习数据$x(k)$计算$y_1(k),y_2(k),\cdots,y_k(k)$；

步骤3：计算

① $$\left(\frac{\partial J(\boldsymbol{w})}{\partial w_{ij}^L}\right)_{N_{L-1}\times N_L}=-2\begin{bmatrix}y_1^{L-1}\\y_2^{L-1}\\\vdots\\y_{N_{L-1}}^{L-1}\end{bmatrix}(\boldsymbol{B}^L)^{\mathrm{T}},\boldsymbol{B}^L=\mathrm{diag}\left[\frac{\mathrm{d}y_1^L}{\mathrm{d}z_1^L},\frac{\mathrm{d}y_2^L}{\mathrm{d}z_2^L},\cdots,\frac{\mathrm{d}y_{N_L}^L}{\mathrm{d}z_{N_L}^L}\right]\boldsymbol{w}^{L+1}\boldsymbol{B}^{L+1}$$

式中，$\boldsymbol{B}^{L+1}=[d_1-y_1^L,d_2-y_2^L,\cdots,d_{N_L}-y_{N_L}^L]^{\mathrm{T}}$，$\boldsymbol{w}^{L+1}=\boldsymbol{I}$。

② $$\left(\frac{\partial J(\boldsymbol{w})}{\partial w_{ij}^{L-1}}\right)_{N_{L-2}\times N_{L-1}}=-2\begin{bmatrix}y_1^{L-2}\\y_2^{L-2}\\\vdots\\y_{N_{L-1}}^{L-2}\end{bmatrix}(\boldsymbol{B}^{L-2})^{\mathrm{T}},$$

$$\boldsymbol{B}^{L-1}=\mathrm{diag}\left[\frac{\mathrm{d}y_1^{L-1}}{\mathrm{d}z_1^{L-1}},\frac{\mathrm{d}y_2^{L-1}}{\mathrm{d}z_2^{L-1}},\cdots,\frac{\mathrm{d}y_{N_L}^{L-1}}{\mathrm{d}z_{N_{L-1}}^{L-1}}\right]\boldsymbol{w}^L\boldsymbol{B}^L$$

③ $l\leqslant L-2$时，$$\left(\frac{\partial J(\boldsymbol{w})}{\partial w_{ij}^l}\right)_{N_{l-1}\times N_l}=-2\begin{bmatrix}y_1^{l-1}\\y_2^{l-1}\\\vdots\\y_{N_{l-1}}^{l-1}\end{bmatrix}(\boldsymbol{B}^l)^{\mathrm{T}}$$

式中，$\boldsymbol{B}^l=\mathrm{diag}\left[\frac{\mathrm{d}y_1^l}{\mathrm{d}z_1^l},\frac{\mathrm{d}y_2^l}{\mathrm{d}z_2^l},\cdots,\frac{\mathrm{d}y_{N_l}^l}{\mathrm{d}z_{N_l}^l}\right]\boldsymbol{w}^{l+1}\boldsymbol{B}^{l+1}$。

步骤4：反向修正$\boldsymbol{w}(k)$，修正公式为

$$\boldsymbol{w}^l(k+1)=\boldsymbol{w}^l(k)+\Delta\boldsymbol{w}^l(k),\quad l=L,L-1,\cdots,1,$$

式中，$$\Delta\boldsymbol{w}^l(k)=-\frac{1}{2}\varepsilon_t\left(\frac{\partial J(\boldsymbol{w}(k))}{\partial w_{ij}^l}\right)_{N_{l-1}\times N_l}=\varepsilon_t\begin{bmatrix}y_1^{l-1}(k)\\y_2^{l-1}(k)\\\vdots\\y_{N_{l-1}}^{l-1}(k)\end{bmatrix}(\boldsymbol{B}^l(k))^{\mathrm{T}}。$$

步骤5：循环利用T个学习样本，重复步骤2～4，对网络权值进行调整，直到整个训练集误差最小（网络达到稳定状态）。

当激活函数$g(x)=\dfrac{1}{1+\mathrm{e}^{-x}}$时，有

$$\frac{\mathrm{d}y_j^l}{\mathrm{d}z_j^l}=g(z_j^l)(1-g(z_j^l)),\quad i=1,2,\cdots,N_{l-1},j=1,2,\cdots,N_l$$

代入①、②、③使计算可以得以简化。

BP网络的用途十分广泛，可用于如下多个领域：

(1) 函数逼近：用输入向量和相应的输出向量训练一个网络逼近一个函数；

(2) 模式识别：用一个特定的输出向量将它与输入向量联系起来；

(3) 分类：把输入向量以所定义的合适方式进行分类；

(4) 数据压缩：减少输出向量维数以便于传输或存储。

3.4 案例 1：基于 PCA-BP 神经网络的数字仪器识别技术

数字万用表是一种应用广泛的多功能测量仪表。如果利用图像识别方法对万用表读数进行自动识别，有助于降低劳动成本、提高工作效率、减少测量误差。一般来说，万用表的自动识别过程主要分为三个阶段：表盘区域提取、图像预处理和字符识别。

现介绍一种基于 PCA-BP 神经网络的数字仪器识别算法。该算法将主成分分析(principal components analysis，PCA)法与 BP 网络相结合，避免了测试隐含层神经元数目的耗时过程，同时又不影响数字字符识别的准确性，其识别流程如图 3.14 所示。

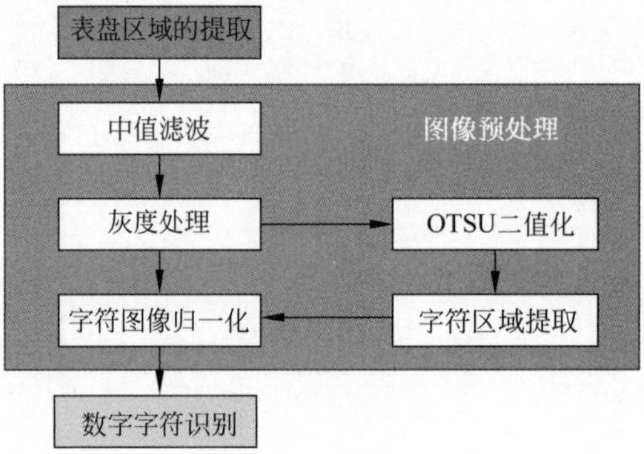

图 3.14 自动识别系统流程图

3.4.1 表盘区域提取

在读取数字万用表之前，需要找到包含图片中有用数据的感兴趣区域。采用相似度匹配方法可以有效避免光照对分割的影响。

相似度匹配是将已知模板与原始图像进行比较。设置模板 T 的大小为 $M\times N$，搜索图像 S 的大小为 $W\times H$。模板 T 的中心沿着图像像素滑动，将模板覆盖的图像面积记为局部图像 $S^{i,j}$，(i,j)为图像 S 中 $S^{i,j}$ 左上顶点的位置，且 $1\leqslant i\leqslant W-M+1$，$1\leqslant j\leqslant H-N+1$。通过比较 T 和 $S^{i,j}$ 之间的相似性，可以选择所需的区域。T 与 $S^{i,j}$ 之间的相似性定义为

$$R(i,j)=\frac{\sum_{m=1}^{M}\sum_{n=1}^{N}[S^{i,j}(m,n)\times T(m,n)]}{\sum_{m=1}^{M}\sum_{n=1}^{N}[S^{i,j}(m,n)]^2} \tag{3.4.1}$$

其矩阵形式为

$$R(i,j)=\frac{\boldsymbol{t}^{\mathrm{T}}\boldsymbol{S}_1(i,j)}{(\boldsymbol{t}^{\mathrm{T}}\boldsymbol{t})^{1/2}\,[\boldsymbol{S}_1^{\mathrm{T}}(i,j)\boldsymbol{S}_1(i,j)]^{1/2}} \tag{3.4.2}$$

当向量 $\boldsymbol{t}$ 和 $\boldsymbol{S}_1$ 的夹角为 0 时，$\boldsymbol{S}_1(i,j)=K\boldsymbol{t}$，可以得到 $R(i,j)=1$；否则，$R(i,j)<1$。$R(i,j)$越大，模板 T 和 $S^{i,j}$ 越接近，点(i,j)是要标识的匹配点。根据上述方法，提取的感兴

趣区域显示在白色框内，如图 3.15 所示。

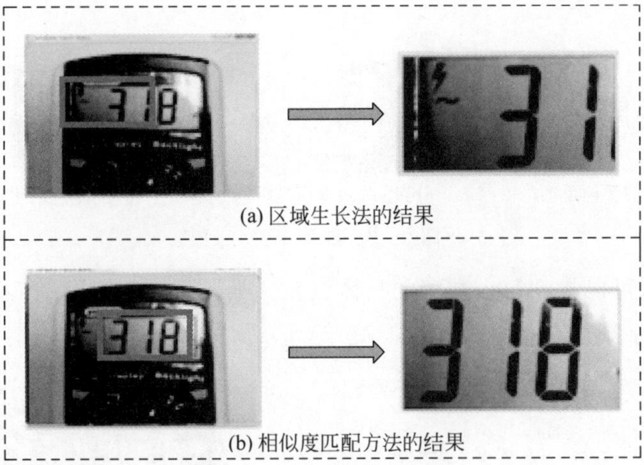

(a) 区域生长法的结果

(b) 相似度匹配方法的结果

图 3.15 两种算法比较

与区域生长法相比，相似度匹配方法的结果更加理想。相似度匹配方法可以避免表盘右上角光照的影响，而区域生长法不能有效避免表盘右上角光照的影响。因此，采用相似度匹配方法能对数字字符区域进行精确分割，提取出的区域可用于后续的阅读识别。

3.4.2 图像预处理

由于数字万用表使用时间较长，显示屏上通常会有很多随机分布的污垢，这对图像识别有很大影响。中值滤波器可以在不损害图像细节的情况下去除随机噪声和孤立噪声。采用中值滤波器进行图像去噪，采用水平和垂直投影法确定每个数字字符的位置，采用加权平均法对图像灰度化以及采用 OTSU 算法实现表盘图像的二值化。执行这些算法后的结果，如图 3.16 所示。

(a) 灰度图像　(b) 中值滤波后的图像　(c) 执行膨胀和二值化后的图像

图 3.16 图像预处理

3.4.3 字符分割

水平和垂直投影法是通过分析投影值的数值来计算图像的水平投影和垂直投影，以及数字字符在图像中的具体位置。

将上述方法得到的二值图像设为 B，图像 B 的行数为 H，列数为 W。根据投影的定义，水平方向上的投影值为

$$f(i)=\sum_{j=0}^{W}s(i,j) \tag{3.4.3}$$

垂直方向的投影值为

$$g(j)=\sum_{i=0}^{H}s(i,j) \tag{3.4.4}$$

垂直投影值沿横坐标从 0 到非 0 变化的位置，表示一个字符的左边界；以同样的方式，可

以发现字符的其他边界；由此可以检测每个字符的长度和宽度。水平和垂直投影如图 3.17 所示。

(a) 图像颜色反演　　(b) 图像的垂直投影积分　　(c) 图像的水平投影积分

图 3.17　数字字符分割

根据这些边界，可以找到每个数字的具体位置。所识别的字符用白色框标记，并与图像区域分开。分割后的字符如图 3.18 所示。

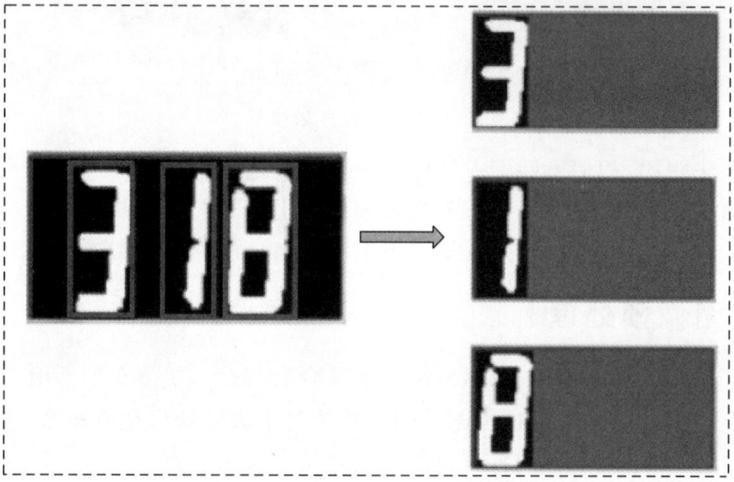

图 3.18　单个数字字符标记和分割

3.4.4　字符识别的神经网络

利用 BP 网络对仪器读数进行识别时，需要对分割后的单个字符进行归一化处理，处理后的字符图像可以加快网络训练的收敛速度。传统的 BP 网络需依靠大量训练来获得隐含层中合适的神经元数目，为了减少计算量，可采用主成分分析(PCA)法进行降维处理，将其与 BP 网络相结合，构建识别字符的神经网络。

1. 标准化

如果没有对分割的单个特征进行归一化，学习速度会非常慢。为了加快网络的学习过程，需要对输入进行归一化，使所有样本输入的均值都接近于 0 或者与它们的均方误差相比非常小。

根据图像缩放的一般经验，将分割后的单个字符缩放到 32×14 像素，有利于图像处理和识别。在 BP 网络识别过程中，缩放图像可以有效地防止输入绝对值过大造成的神经元输出饱和。

根据该原理，将标度比定义为

$$\text{scale}=\min\left(\frac{32}{H},\frac{14}{W}\right) \tag{3.4.5}$$

利用该方法对分割后的字符进行缩放的结果，如图 3.19 所示。

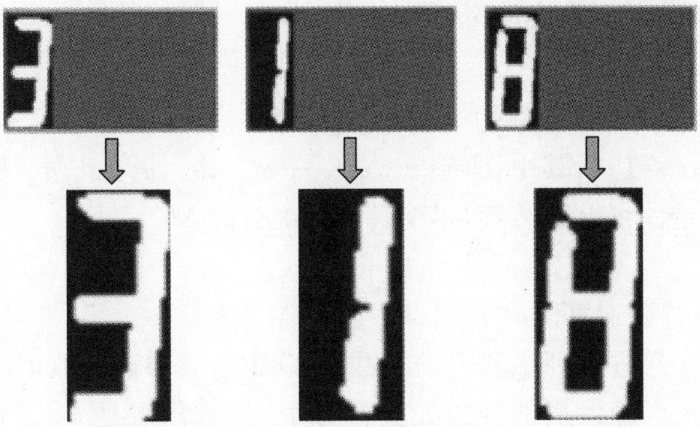

图 3.19 数字字符图像的归一化

2. 数字字符识别

1）数字仪器字符识别算法

为了避免测试隐含层神经元数目的烦琐过程，将 PCA 与 BP 网络相结合，构建了数字仪器字符识别算法。利用 PCA 优化隐含层神经元的数量。

网络输入层节点定义为 x_i，隐含层节点定义为 y_j。隐含层节点的输出为

$$y_j = g\left(\sum_i w_{ji} x_i + b_j\right) \tag{3.4.6}$$

式中，w_{ji} 为输入层节点 i 与隐含层节点 j 之间的网络权值；b_j 表示阈值；所有的 w_{ji} 构成了权值矩阵$\boldsymbol{w}$ 。

通过一个确定的完全正交向量系统 $\boldsymbol{u}_j$，将矩阵$\boldsymbol{w}$ 展开为

$$\boldsymbol{w} = \sum_{j=1}^{\infty} m_j \cdot \boldsymbol{u}_j \tag{3.4.7}$$

$$\boldsymbol{u}_i \cdot \boldsymbol{u}_j = \begin{cases} 1, & i = j \\ 0, & i \neq j \end{cases} \tag{3.4.8}$$

$$m_j = m_j \cdot \boldsymbol{u}_j^{\mathrm{T}} \cdot \boldsymbol{u}_j = \boldsymbol{u}_j^{\mathrm{T}} \cdot \left(\sum_{j=1}^{\infty} m_j \cdot \boldsymbol{u}_j\right) = \boldsymbol{u}_j^{T} \cdot \boldsymbol{w} \tag{3.4.9}$$

分解正交向量基后，用 d 个有限项估计向量$\boldsymbol{w}$ ，$\hat{\boldsymbol{w}}$ 表示向量$\boldsymbol{w}$ 的估计，有

$$\hat{\boldsymbol{w}} = \sum_{j=1}^{d} m_j \boldsymbol{u}_j \tag{3.4.10}$$

均方误差为

$$e = \sum_{d+1}^{\infty} [\boldsymbol{u}_j^{\mathrm{T}} \boldsymbol{R} \boldsymbol{u}_j] \tag{3.4.11}$$

$$\boldsymbol{R} = \mathbb{E}[\boldsymbol{w} \cdot \boldsymbol{w}^{\mathrm{T}}] \tag{3.4.12}$$

采用拉格朗日乘子法使均方误差最小，可以表示为

$$g_l(\boldsymbol{u}_j) = \sum_{d+1}^{\infty} [\boldsymbol{u}_j^{\mathrm{T}} \boldsymbol{R} \boldsymbol{u}_j] - \sum_{d+1}^{\infty} \lambda_j (\boldsymbol{u}_j^{\mathrm{T}} \boldsymbol{u}_j - 1) \tag{3.4.13}$$

式中，$j = d+1, d+2, \cdots, \infty$。计算 $g_l(\boldsymbol{u}_j)$的导数。

$$\boldsymbol{R} \boldsymbol{u}_j = \lambda_j \boldsymbol{u}_j \tag{3.4.14}$$

当向量估计公式满足式(3.4.14)时，最小均方误差为

$$\varepsilon = \sum_{d+1}^{\infty} [\boldsymbol{u}_j^{\mathrm{T}} \boldsymbol{R} \boldsymbol{u}_j] = \sum_{d+1}^{\infty} \lambda_j \tag{3.4.15}$$

根据上述推导,均方误差最小的$\boldsymbol{w}$近似为

$$\boldsymbol{w}=\sum_{j=1}^{d} m_j \boldsymbol{u}_j \tag{3.4.16}$$

它的矩阵形式是$\boldsymbol{w}=\boldsymbol{U}m$,其中,$\boldsymbol{U}=\{\boldsymbol{u}_1,\boldsymbol{u}_2,\cdots,\boldsymbol{u}_d\}$,$\boldsymbol{u}_1,\boldsymbol{u}_2,\cdots,\boldsymbol{u}_d$是矩阵$\boldsymbol{x}\cdot\boldsymbol{x}^{\mathrm{T}}$的$d$维最大特征值的特征向量。将上式转置,得到最终降维后的M。

$$\boldsymbol{M}=\boldsymbol{U}^{\mathrm{T}}\boldsymbol{w} \tag{3.4.17}$$

2) 数字仪器的字符识别算法

对分割后的数字字符进行训练和识别。首先,确定输入和输出数据的数量,使用归一化图像的数据信息作为输入。输入层的神经元数目为448。输出层是0～9的10位,因此输出层有10个神经元。利用PCA确定隐含层神经元的值,使BP网络的训练更加准确和快速。PCA-BP算法流程如图3.20所示。

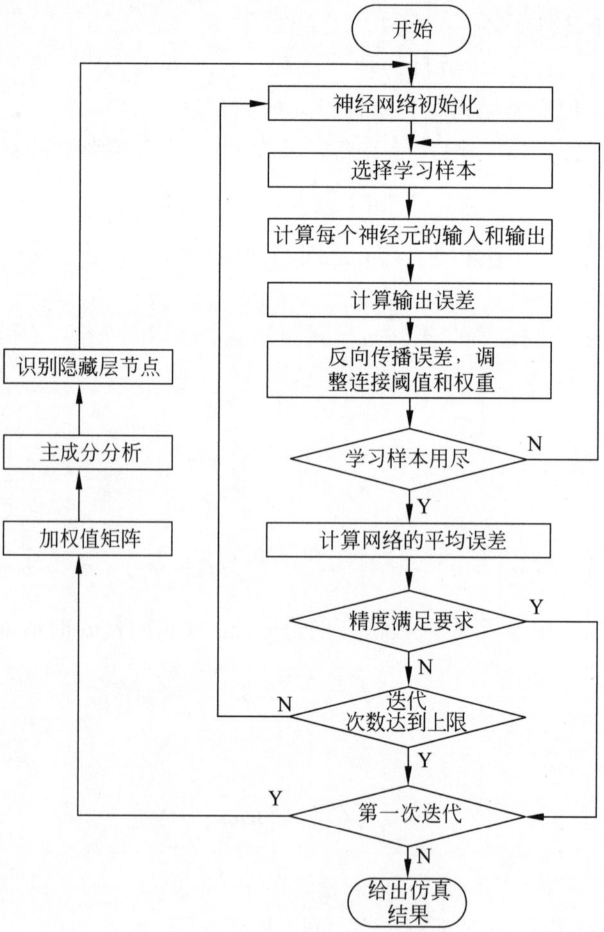

图3.20 PCA-BP算法流程

3) 数字仪器字符识别的结果

根据PCA-BP算法,隐含层的最优神经元数为18个。BP网络在仪器字符识别过程中的训练曲线如图3.21所示。

为了验证PCA-BP网络在识别隐含层神经元数目方面的性能,将其与一般的BP网络进行了比较,其中隐含层分别有25个和16个神经元,这两个神经元数是由工程师的经验决定的。识别曲线的准确性如图3.22所示。

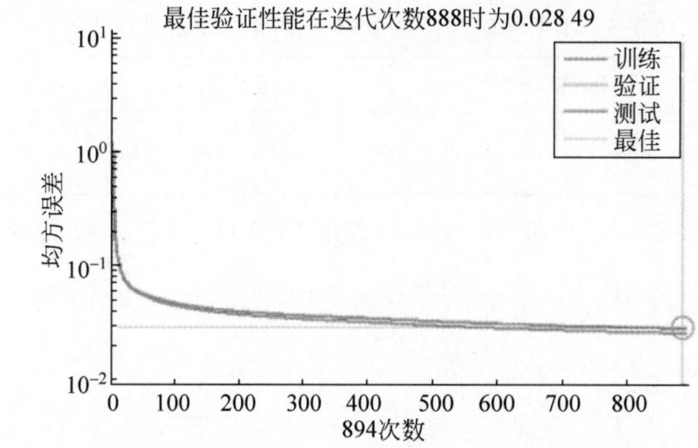

图 3.21 隐含层为 18 的 BP 神经网络训练曲线

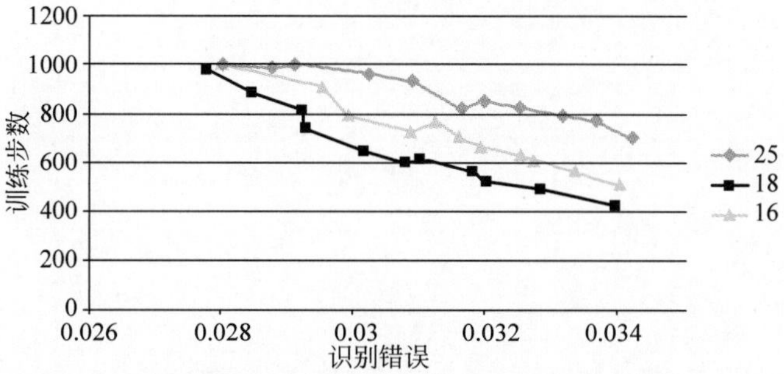

图 3.22 三种隐含层数不同的网络的误差和训练过程的比较

经过 888 次迭代后，PCA-BP 算法的误差降低到 0.028 49，而其他网络以相同的迭代步骤运行，其精度均低于隐含层 18 个神经元的网络。结果表明，利用 PCA 对 BP 网络识别隐含层中合适数目的神经元是有效的。

3.4.5 实验设计

根据上述算法和处理流程，设计了一种数字仪器读数识别的计算机程序。智能识别系统界面如图 3.23 所示。

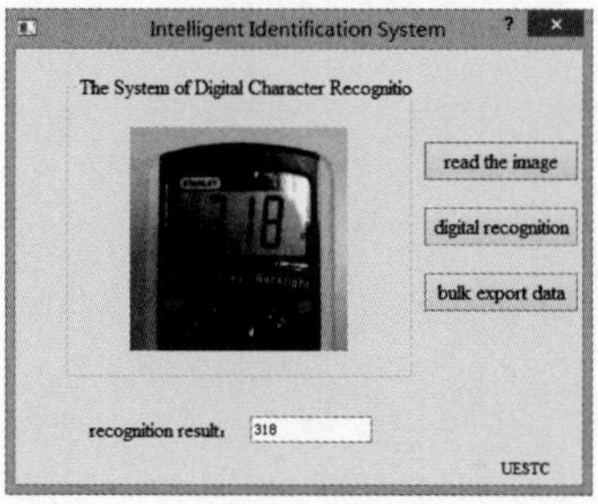

图 3.23 智能识别系统界面

利用该程序分批导入 100 幅和 1000 幅数字仪器图像，不同算法的识别结果如表 3.4 和表 3.5 所示。

表 3.4 用不同算法对任意 100 幅图像的识别性能进行比较

识别算法	准确率/%	误差/%	时间/ms
BP 神经网络	97.0	3.0	587
PCA-BP 神经网络	99.0	1.0	369

表 3.5 不同算法对任意 1000 幅图像的识别性能比较

识别算法	准确率/%	误差/%	时间/ms
BP 神经网络	97.5	2.5	1673
PCA-BP 神经网络	98.6	1.4	951

表 3.4 和表 3.5 表明,PCA 和 BP 神经网络相结合,可以提高仪器读数识别的准确性和速度。

第 4 章

CHAPTER 4

Hopfield 神经网络

【导读】 在介绍 Hopfield 神经网络起源基础上,分析了离散与连续 Hopfield 神经网络的原理、架构及优化方法。以基于连续 Hopfield 网络的三维地形路径规划算法为例,从三维地形建模入手,着重设计了三维地形路径规划算法及实验条件,给出了实验结果。该案例详尽说明了在 Hopfield 神经网络与实际应用问题之间架起联系之桥的过程,为 Hopfield 神经网络的有效应用提供了一种思路。

Hopfield 神经网络是神经网络发展历史上的一个重要的里程碑。由美国加州理工学院物理学家 J. J. Hopfield 于 1982 年提出,是一种单层反馈神经网络。1984 年,Hopfield 设计并研制了网络模型的电路,并成功地解决了旅行商(traveling saleman problem,TSP)问题(快速寻优问题)。Hopfield 神经网络是反馈网络中最简单且应用广泛的模型,有联想记忆功能。

Hopfield 神经网络从输出到输入均有反馈连接,如图 4.1 所示。在输入的激励下,会产生不断的状态变化。图 4.1 中,第 0 层是输入,不是神经元;第 1 层是神经元。

反馈网络有稳定的,也有不稳定的,如何判别反馈网络的稳定性是需要确定的。对于一个 Hopfield 神经网络来说,关键是在于确定它在稳定条件下的权系数。

根据神经网络输出是离散量还是连续量,可将 Hopfield 神经网络分为离散 Hopfield 神经网络(dispersed hopfield neural network,DHNN)和连续 Hopfield 神经网络(continuous hopfield neural network,CHNN)。

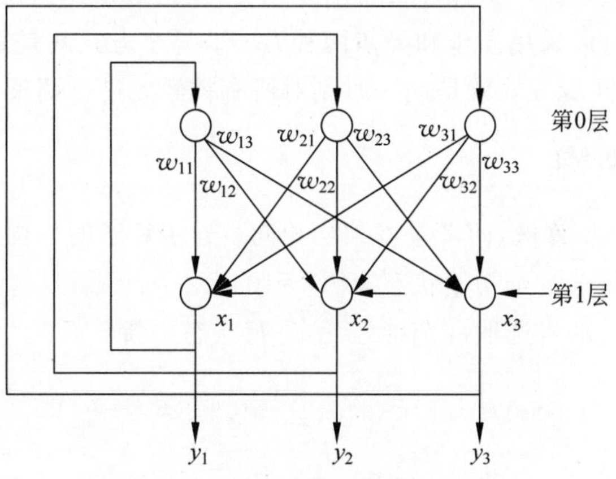

图 4.1 Hopfield 神经网络示意图

4.1 离散 Hopfield 神经网络

4.1.1 网络原理

DHNN 的神经元输出为离散值 0 和 1，分别代表神经元抑制和激活状态，若神经元的输出信息小于阈值，神经元输出值为 0；反之，输出值为 1。对于有 N 个神经元的 DHNN，其权向量为 $N\times N$ 维对称阵，每个神经元都有一个阈值，故有一个 N 维阈值向量，权向量和阈值向量就定义了唯一一个 N 个神经元的 DHNN。

DHNN 中神经元计算公式为

$$y_i(0)=x_i \tag{4.1.1}$$

$$h_i(k)=\sum_{n=1}^{N}w_{ni}y_i(k) \tag{4.1.2}$$

$$y_i(k+1)=g(h_i(k)+b_i) \tag{4.1.3}$$

式中，$y_i(0)$表示神经元 i 的初始状态；$y_i(k+1)$表示神经元 i 在 $k+1$ 时刻的状态，同时也是神经元 i 在 $k+1$ 时刻的输出；b_i 表示神经元 i 的阈值。有 N 个神经元的 DHNN 在 k 时刻的状态用一个 N 维向量表示为

$$\boldsymbol{y}(k)=[y_1(k),y_2(k),\cdots,y_N(k)]^{\mathrm{T}} \tag{4.1.4}$$

若采用符号激活函数时，将 DHNN 的能量函数定义为

$$E=-\frac{1}{2}\sum_{i=1}^{N}\sum_{n=1}^{N}w_{in}y_iy_n-\sum_{i=1}^{N}b_iy_i \tag{4.1.5}$$

任意神经元的能量函数为

$$E_i=-\frac{1}{2}\sum_{n=1}^{N}w_{in}y_iy_n-\sum_{i=1}^{N}b_iy_i \tag{4.1.6}$$

从 k 时刻到 $k+1$ 时刻的能量变化量为

$$\Delta E_i=\left(-\sum_{n=1}^{N}w_{in}y_n-b_i\right)\Delta y_i \tag{4.1.7}$$

由于采用了符号激活函数，所以无论神经元 i 的状态如何变化，均有 $\Delta E_i\leqslant 0$，其中，等号仅在神经元 i 的状态不变时成立。又由于神经元 i 的任意性，所以当网络按某一规则进行状态更新后，网络的总能量减少。这样经过不断地迭代，网络最终达到稳定状态。

在算法的构造上，可以采用同步和异步两种方式。异步方式就是每次只调节一个神经元，其他神经元保持不变；同步方式就是同一时刻对所有神经元进行调整。

4.1.2 网络架构

DHNN 有同步与异步算法，两者基本架构相同。异步算法的架构如下：

步骤 1：初始化。任选一个初始状态 $\boldsymbol{y}(0)=\{0,1\}^N$。

步骤 2：更新状态。随机选取一个神经元，进行状态更新：

$$\begin{cases}y_i(k+1)=\mathrm{sgn}\left(\sum_{n=1}^{N}w_{in}y_n(k)+b_i\right)\\ y_n(k+1)=y_n(k), \quad n\neq i\end{cases}$$

步骤 3：检验。检验 $y(k)$是否为网络的平衡点。若是，转步骤 4；否则，转步骤 2。

步骤 4：输出。输出 $y(k)$。

一个 DHNN 的状态是输出神经元信息的集合。对于一个输出层是 N 个神经元的网络，其 k 时刻的状态为式(4.1.4)所示的 N 维向量。由于 $y_1(k)$可以取值为 1 或 0，故 N 维向量 $\boldsymbol{y}(k)$有 2^N 种状态，即网络有 2^N 种状态。

如果 DHNN 是稳定网络，如有 3 个神经元，则有 8 种状态，立方体模型见图 4.2。图 4.2 表明，若在网络的输入端加入一个输入向量，则网络状态会产生变化，即从超立方体的一个顶点转向另一个顶点，并且最终稳定于一个特定的顶角。

对于 DHNN，在任何 Δk 情况下，当网络在 $k=0$ 时，有初始状态 $y(0)$。经过有限时刻 k 后，若 $y(k+\Delta k)=y(k)$，则网络稳定。Hopfield 神经网络稳定的充分条件是：权向量$\boldsymbol{w}$ 为对称矩阵，且对角线元素为 0。因无自反馈的权向量是对称的，所以 DHNN 是稳定的，如图 4.3 所示。

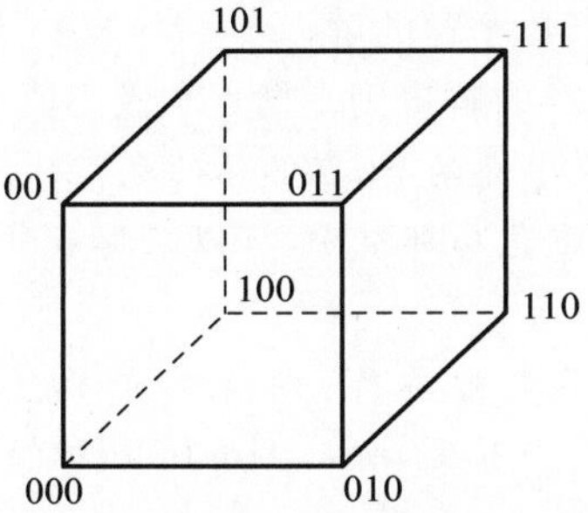

图 4.2 3 个神经元 8 种状态的立方体模型

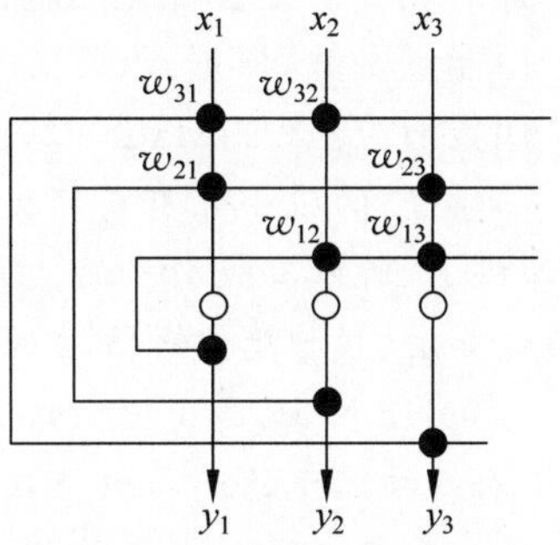

图 4.3 稳定的 DHNN

DHNN 的一个功能是可用于联想记忆，也即联想存储器，这是人类的智能特点之一。人类的所谓“触景生情”就是当见到一些类同过去接触的景物时，容易产生对过去情景的回味和思忆。对于 DHNN，用它作联想记忆时，首先通过一个学习训练过程来确定网络的权系数，使所记忆的信息在网络的 N 维超立方体的某一个顶角的能量最小。当网络的权系数确定之后，只要网络有输入向量激励，即使输入向量是局部数据，即不完全或部分不正确的数据，网络仍然能输出所记忆完整信息。

4.2 连续 Hopfield 神经网络

4.2.1 能量函数与状态方程

Hopfield 利用模拟电子线路功能，构造了反馈神经网络的电路模型。网络的能量函数为

$$E(y)=-\frac{1}{2}\sum_{i=1}^{N}\sum_{n=1}^{N}w_{in}y_iy_n-\sum_{i=1}^{N}I_iy_i+\sum_{i=1}^{N}\frac{1}{R_i}\int_0^{y_i}g_i^{-1}(x)\mathrm{d}x \tag{4.2.1}$$

式中，$y_i=g_i(z_i)$，g_i 为 Sigmoid 函数；w_{in} 为神经元 i 和神经元 n 之间的连接权值，$w_{in}=w_{ni}$；R_i 对应电路中的电阻；z_i 为神经元 i 的接收值；I_i 为输入的外部偏置电流；$\sum_{i=1}^{N}\frac{1}{R_i}\int_0^{y_i}g_i^{-1}(x)\mathrm{d}x$ 为增益项。

CHNN 的状态变化微分方程为

$$\begin{cases}\dfrac{\mathrm{d}z_i}{\mathrm{d}t}=-Az_i+\sum\limits_{n=1}^{N}w_{in}y_n+I_i\\ y_i=g_i(z_i),\quad i=1,2,\cdots,N\end{cases} \tag{4.2.2}$$

式中，A 是与 R_i 有关的常数，当 $R_i=R>0$ 时，$A=1/R$。式(4.2.1)和式(4.2.2)的关系为

$$-\frac{\mathrm{d}z_i}{\mathrm{d}t}=\frac{\partial E}{\partial y_i} \tag{4.2.3}$$

容易证明，若 g 为单调增函数，则 $\frac{\mathrm{d}E}{\mathrm{d}t}\leqslant 0$，且当且仅当 $\frac{\mathrm{d}z_i}{\mathrm{d}t}=0(i=1,2,\cdots,N)$ 时，$\frac{\mathrm{d}E}{\mathrm{d}t}=0$。所以，CHNN 的状态总是向着能量 E 减少的方向运动，因此网络总能收敛到稳定状态，网络的稳定点同时也是能量 E 的极小点。

4.2.2 网络架构

CHNN 架构如下：

步骤 1：针对实际的组合优化问题构造能量函数，使能量函数有好的稳定性；

步骤 2：由能量函数，根据式(4.2.3)的关系求式(4.2.2)的解；

步骤 3：用数值方法(如 Matlab 软件)求式(4.2.2)的解得到平衡点和极小值。

注意：①能量 E 的极小点有局部极小点和全局极小点两类，在具体的数值计算过程中，难免会陷入局部极小，所以有吸引子的热点研究。为了避免局部极小，可以采用多种方法组合的方式，如与遗传算法、模拟退火等方法的结合。

② 无论对 DHNN 还是 CHNN，只要权值矩阵是对称阵，网络就是稳定的，但由于 Hopfield 神经网络神经元的连接权值在整个计算过程中不变，所以 Hopfield 神经网络不具有学习能力。

CHNN 是由一些简单的电子线路连接起来实现的，如图 4.4 所示。每个神经元均具有连续时间变化的输出值。采用具有饱和非线性的运算放大器来模拟神经元的 S 型单调输入/输出关系，即

$$v_i=g_i(u_i) \tag{4.2.4}$$

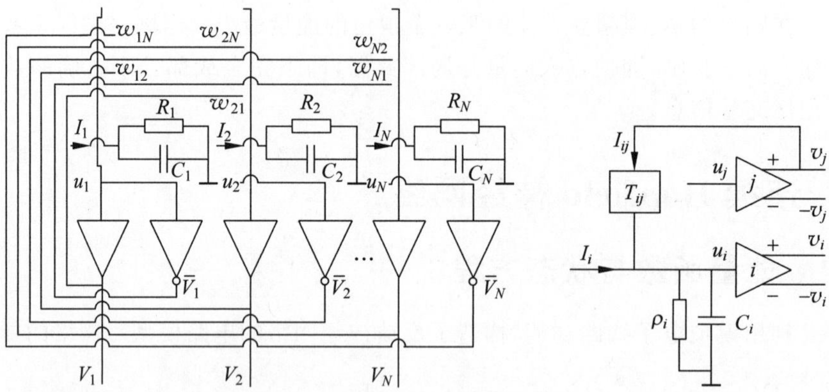

图 4.4 电子线路连接的 CHNN

对一个 N 节点的 CHNN 模型，其神经元状态变量的动态变化可由非线性微分方程组来描述，即

$$\begin{cases}C_i\dfrac{\mathrm{d}u_i}{\mathrm{d}t}=\displaystyle\sum_{n=1}^{N}T_{in}v_n-\frac{u_i}{R_i}+I_i\\ v_i=g_i(u_i)\end{cases} \tag{4.2.5}$$

能量函数定义为

$$E=-\frac{1}{2}\sum_{i=1}^{N}\sum_{\substack{j=1\\n\neq i}}^{N}T_{in}v_iv_n-\sum_{i=1}^{N}v_iI_i+\sum_{i=1}^{N}\frac{1}{R_i}\int_0^{v_i}g^{-1}(v)\mathrm{d}v \tag{4.2.6}$$

CHNN 的能量函数不是物理意义上的能量函数，而是在表达形式上与物理意义的能量函数一致，用于表征网络状态的变化趋势。

4.2.3 优化架构

应用 CHNN 来解决优化计算问题的一般步骤如下。

步骤 1：分析问题，网络输出与问题的解相对应；

步骤 2：构造网络能量函数，使其最小值对应问题最佳解；

步骤 3：设计网络结构，由能量函数和网络稳定条件设计网络参数，得到动力学方程；

步骤 4：硬件实现或软件模拟。

4.3 案例 2：基于连续 Hopfield 神经网络的三维地形路径规划算法

路径规划问题，即按一项或多项优化规则，寻找一条从起始状态到达目标状态的最短路径或最佳路径。复杂地形下的路径规划是近几年研究的热点问题。目前，研究路径规划的主要算法有：Dijkstra 算法、遗传算法、蚁群算法等，这些算法适合于简单地形，而无法适用于复杂的三维地形。虽然神经网络可以用于解决复杂的地形输入问题和最短路径规划问题，但是没有考虑起伏地势及障碍物对路径规划的影响。也就是说，诸多的路径规划算法与具体的真实复杂地形存在脱节的现象。

为了充分考虑复杂的三维地形环境中地形以及障碍物等问题，采用将神经网络与地形函数模型相结合的三维地形路径规划算法。

4.3.1 地形函数模型

1. 地形预处理

在复杂的三维地形中，导航车只有避开障碍物以及起伏变化较大的地势，才能获得最佳路径。由于地势的复杂性，直接对其计算十分困难，故需先对地形建模。在建模时，将高低起伏的地势视为规则的圆柱体，将障碍物视为球体，以便导航车在行进过程中能避开这些障碍物，寻找到一条最佳路径。规则几何体的函数形式为

$$\Phi(x,y,z)=\left(\frac{x-x_0}{a}\right)^{2p}+\left(\frac{y-y_0}{b}\right)^{2q}+\left(\frac{z-z_0}{c}\right)^{2r}=1 \tag{4.3.1}$$

式中，x_0、y_0 和 z_0 表示地势起伏以及障碍物的中心点坐标；a、b 和 c 是常数，以控制障碍物的大小；x、y 和 z 是地形的三维坐标值；由不同的 p、q 和 r 值来描述不同的几何图形；当 $p=q=r=1$ 时，表示一个球体，即此时的路径需要避开的是障碍物；当 $p=q=1$ 且 $r>1$ 时，表示一个圆柱体，即此时的路径需要避开的是高低起伏的地势。

2. 地形函数

为使导航车在行进过程中避开高低起伏的地势以及障碍物，需要建立一种易于处理的地形函数模型。不同的地势一定有不同的函数模型。如果利用流函数的基本思想来分析障碍物周围的流动现象，则视地形为边界条件，由流体力学计算规划区域中的流场分布。流动控制方程为

$$\nabla^2\Phi=0 \tag{4.3.2}$$

式中，∇^2 是微分符号；Φ 为规则几何体的函数形式。式(4.3.2)为拉普拉斯方程。流动控制方

程的一个边界条件是在障碍物表面，即

$$\frac{\partial \Phi}{\partial \boldsymbol{n}}=0 \tag{4.3.3}$$

式中，$\boldsymbol{n}$ 表示障碍物表面向外的单位法向量。另一个边界条件是在无限远处，即

$$\nabla \Phi = v_{\infty} \tag{4.3.4}$$

式中，v_{∞} 表示导航车行进速度。将式(4.3.1)的规则几何体的函数形式分别代入式(4.3.2)和式(4.3.4)中求解，会得到一个适用于避开障碍物和起伏地势的地形函数模型。

4.3.2 三维地形建模

为有效地建立三维地形模型，将高度图作为输入数据。高度图是创建三维地形的标准方法，它是一个二维数组值。数组中的每个值表示该值位置处的地形高度。例如，图 4.5 显示了高度图的单元格和每个单元格的值，而图 4.6 显示了该高度图生成的地形线框视图。

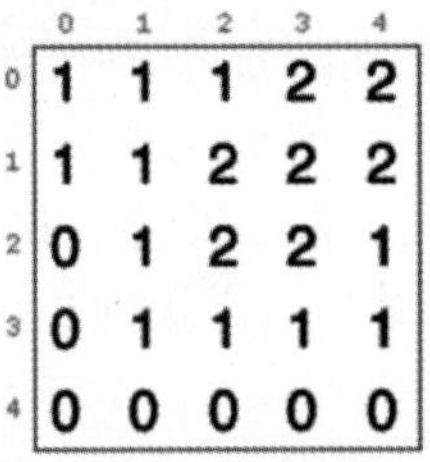

图 4.5 高度图的单元格和值

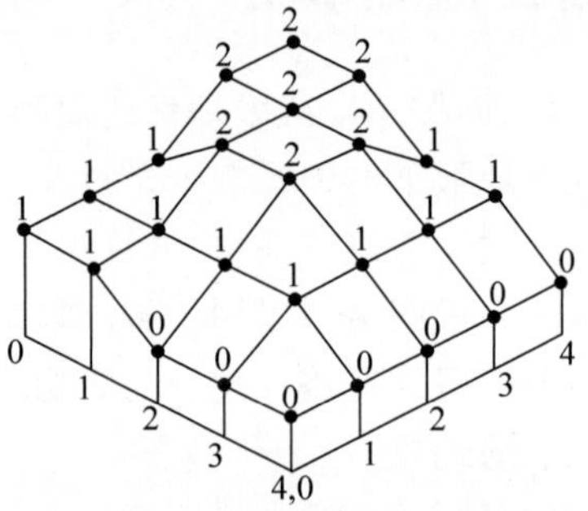

图 4.6 生成的地形线框视图

三维地形的建立需要基于高度图并且迭代地使用不同的算法。现选择山丘算法，构建三维地形模型。算法步骤如下：

步骤 1：将所有高度值初始化为零；

步骤 2：在地形上或附近选择随机点，以及在某个预定的最小值和最大值之间的随机半径，选择的最小值和最大值将使地形变得粗糙或者光滑；

步骤 3：在具有给定半径的点的中心上升起山丘；

步骤 4：返回步骤 2，根据需要重复迭代多次。选择的迭代次数会影响地形的外观；

步骤 5：规范地形。

至此，三维地形模型建立完成。利用此三维地形模型，设计路径规划算法。

4.3.3 三维地形下路径规划算法

CHNN 在处理数据时是同步进行的。若将一个路径规划问题的目标函数转换成 CHNN 的能量函数，把问题的变量对应于网络中神经元的状态，那么，CHNN 就能够很好地应用于路径规划问题。并且，将地形函数模型纳入能量函数内，那么，CHNN 就能更好地处理三维地形的障碍物以及起伏地势问题。当网络的神经元状态趋于平衡点时，网络的能量函数也趋于最小值，网络由初始状态向稳定状态收敛的过程就是寻找最佳路径的过程。

若设计的 CHNN 能量函数与目标函数相对应，则网络的能量函数包含目标项及约束项两部分。因此，网络的能量函数定义为

$$E=\frac{A}{2}\sum_{x}\sum_{i}\sum_{j\neq i}V_{xi}V_{xj}+\frac{B}{2}\sum_{i}\sum_{x}\sum_{x\neq y}V_{xi}V_{yj}+\frac{C}{2}\left(\sum_{x}\sum_{i}V_{xi}-N\right) \tag{4.3.5}$$

式中,V 表示神经元的输出;N 表示神经元数量;A、B 和 C 为权值。

此外,为了能够更好地处理三维地形障碍物以及起伏地势问题,必须加入地形函数模型信息。由式(4.3.5)得路径规划问题的网络能量函数为

$$E=\frac{A}{2}\sum_{x}\sum_{i}\sum_{j\neq i}V_{xi}V_{xj}+\frac{B}{2}\sum_{i}\sum_{x}\sum_{x\neq y}V_{xi}V_{yj}+\frac{C}{2}\left(\sum_{x}\sum_{i}V_{xi}-N\right)+\frac{D}{2}\sum_{x}\sum_{y\neq x}\sum_{i}\Phi(V_{y,i+1}+V_{y,i-1}) \tag{4.3.6}$$

式中,D 为权值。

算法的步骤如下:

步骤 1:创建三维地形图。

步骤 2:初始化网络。

步骤 3:由网络动态方程计算$\frac{\mathrm{d}u_{xi}}{\mathrm{d}t}$,由一阶欧拉法计算 $U_{xi}(t+1)=U_{xi}(t)+\frac{\mathrm{d}u_{xi}}{\mathrm{d}t}\Delta T$。

步骤 4:计算。

$$V_{xi}(t)=g(U_{xi}(t))=\frac{1}{2}\left[1+\mathrm{tansig}\left(\frac{U_{xi}(t)}{U_0}\right)\right]$$

步骤 5:计算网络能量函数 E。

步骤 6:若迭代次数 $p>10\ 000$,则结束程序,否则,$p=p+1$,返回步骤 3。

4.3.4 仿真实验与结果分析

首先使用山丘算法建立三维地形图,如图 4.7 所示。其中,规则几何形状代表行进路径中的障碍物,其余部分是起伏地形。未对起伏的地形和障碍物进行处理之前,采用 CHNN 时,规划的路径如图 4.8 所示,可以看出此路径不能避开起伏的地形和障碍物。然后,利用地形函数模型对起伏的地形和障碍物进行处理,且并入 CHNN 中,规划的路径如图 4.9 所示,可以看出该路径有效地避开了起伏的地形和障碍物。

图 4.7 三维地形图

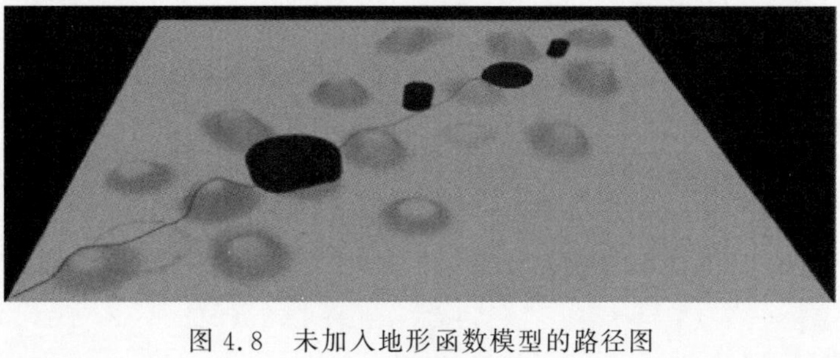

图 4.8 未加入地形函数模型的路径图

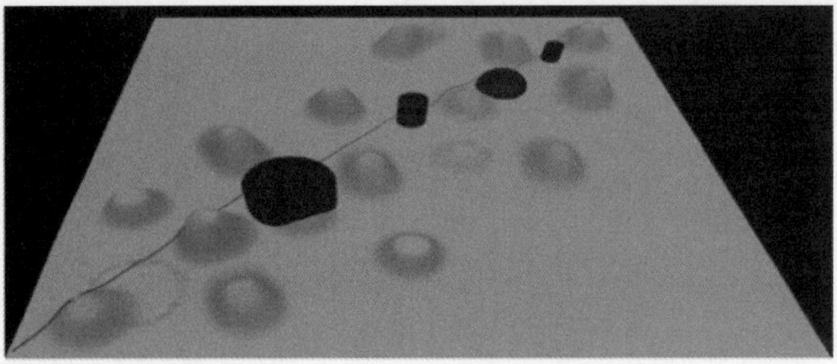

图 4.9 加入地形函数模型的路径图

综上，以 CHNN 为背景，研究了三维地形下的一种有效路径规划问题。利用山丘算法建立三维地形模型，对起伏的地形以及障碍物进行处理，得到了地形函数模型，然后在 CHNN 中集成此地形函数模型。实验表明，在复杂的三维地形中，该算法可以避开起伏的地形和障碍物，能寻找到一条最佳路径，这为无人驾驶的自主导航奠定了基础。

第5章 脉冲耦合神经网络

CHAPTER 5

【导读】 从 Eckhorn 数学模型结构出发,给出了脉冲耦合神经网络(PCNN)的演进过程,分析了其工作原理、参数作用及点火行为;阐述了交叉皮层模型、贝叶斯连接域神经网络模型的结构与原理及神经元之间的竞争关系;研究了结合 PCNN 和图像熵的 PCNN-IEAD 模型,并进行了仿真实验与结果分析。

脉冲耦合神经网络(pulse coupled neural networks,PCNN)是埃克霍恩(Eckhorn)在解释猫、猴等动物大脑视觉皮层上的同步脉冲发放现象时提出的。哺乳动物视觉通路示意图如图5.1所示。根据猫、猴等哺乳动物的大脑视觉系统产生的同步脉冲现象,埃克霍恩建立了视觉系统的 Eckhorn 数学模型。Johnson 等对 Eckhorn 数学模型进行了改进与简化,产生了 PCNN,它在国际上被称为第三代人工神经网络。

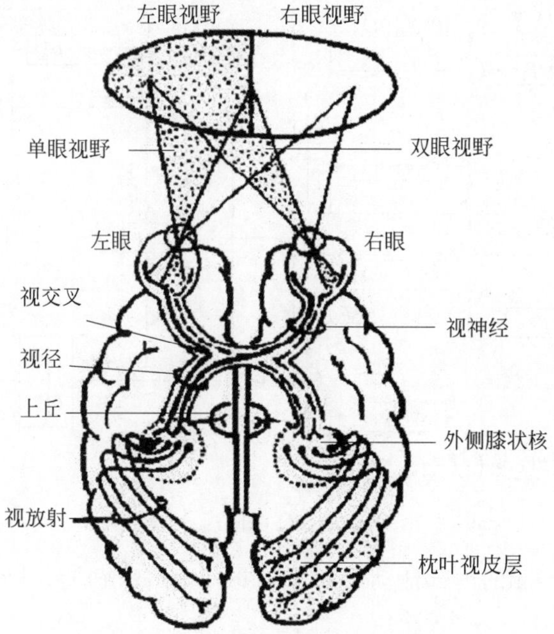

图5.1 哺乳动物视觉通路示意图

5.1 脉冲耦合神经网络模型

5.1.1 Eckhorn 神经元模型

埃克霍恩提出的神经元模型如图5.2所示。该神经元由三个功能单元构成:反馈输入域、耦合连接输入域和脉冲发生器。

图 5.2 表明，埃克霍恩将神经元电信号活动近似为漏电积分器机制，漏电积分器是一个线性时不变系统，若漏电积分器的放大系数和衰减时间系数分别为 V_x 和 τ_x，则漏电积分器的单位脉冲响应为

$$I_x(t) = V_x\exp(-t/\tau_x), \quad t \geqslant 0 \tag{5.1.1}$$

神经元的输入是输入域各漏电积分器输出的加权和，其幅值系数和衰减时间系数分别为 V_F 和 α_F，即

$$F_{ij}[k] = F_{ij}[k-1]\exp(-\alpha_F) + V_F S_i[k]M_{ij} \tag{5.1.2}$$

$$F_j[k] = \sum_{i=1}^{f} F_{ij}[k] \tag{5.1.3}$$

耦合连接输入域和反馈输入域相似，也由多个漏电积分器组成，其放大系数和衰减时间系数分别为 V_L 和 α_L，各漏电积分器的输入只与它相连的不同神经元的输出有关，所以本神经元的连接输入为

$$L_{ij}[k] = L_{ij}[k-1]\exp(-\alpha_L) + V_L Y_i[k]W_{ij} \tag{5.1.4}$$

$$L_j[k] = \sum_{i=1}^{l} L_{ij}[k] \tag{5.1.5}$$

神经元利用连接输入对反馈输入进行非线性调制产生内部活动项，其大小决定本神经元是否输出脉冲，所以本神经元的内部活动项为

$$U_j[k] = F_j[k](1 + \beta L_j[k]) \tag{5.1.6}$$

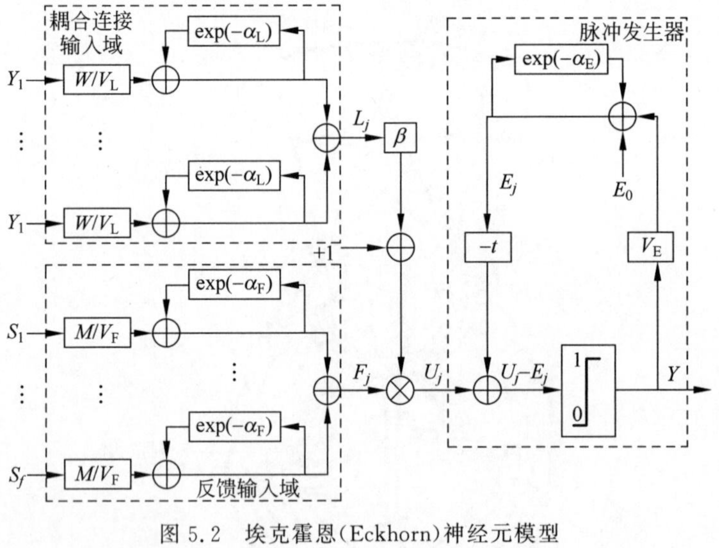

图 5.2　埃克霍恩(Eckhorn)神经元模型

图 5.2 表明，当神经元的内部活动项大于动态门限(阈值)时，神经元点火产生的脉冲输出为

$$Y_j[k] = \begin{cases} 1, & U_j[k] > E_j[k-1] + E_0 \\ 0, & \text{其他} \end{cases} \tag{5.1.7}$$

动态门限主要由阈值漏电积分器决定，该漏电积分器的幅值系数和衰减时间系数分别为 V_E 和 α_E，神经元点火产生脉冲和动态门限衰减的过程均由脉冲发生器完成。

$$E_j[k] = E_j[k-1]\exp(-\alpha_E) + V_E Y_j[k] + E_0 \tag{5.1.8}$$

注意：图 5.2 和式(5.1.2)～式(5.1.8)中描述的 k 是迭代次数；j 为神经元的计数；i 为

第 i 个连接输入神经元；S_j 为第 j 个神经元的输入激励；Y_i 为第 i 个神经元的输出。

继 Gray 和埃克霍恩之后，Johnson、Ranganath 和 Kuntimad 等深入分析了 Eckhorn 神经元模型机理及周期特性，当神经元的连接输入 L_j 为零且输入保持不变时，内部活动项 U_j 将是一个常数 C，此时，把式(5.1.8)代入式(5.1.7)，得

$$Y_j[k]=\begin{cases}1, & C > E_j[k-2]\exp(-\alpha_E)+V_E Y_j[k-1]+E_0 \\ 0, & 其他\end{cases} \tag{5.1.9}$$

Eckhorn 神经元周期性地输出脉冲，输出脉冲的时间为

$$t(m)=t_1+mt_2=\tau_E \ln\frac{V_E}{C}+m\tau_E\ln\frac{V_E+C}{C}, \quad m=0,1,\cdots,N \tag{5.1.10}$$

式中，τ_E 为衰减时间系数。Eckhorn 神经元点火周期为

$$T=t(m)-t(m-1)=\tau_E\ln\frac{V_E+C}{C} \tag{5.1.11}$$

式中，点火周期 T 称为 Eckhorn 神经元的自然周期，其值取决于内部活动项 C 的强弱和漏电积分器参数(V_E)设置。也就是说，动态门限 E 的阈值漏电积分器首先从 V_E 开始按指数规律衰减，此后，都是从(V_E+C)开始按指数规律衰减，每次衰减至 C 时输出脉冲。这样周而复始的循环，遵循的规律为

$$E_j(t)=\begin{cases}V_E, & t=0 \\ V_E\exp(-\alpha_E t), & t<t_1 \\ V_E+C, & t=t_1+kT \\ (V_E+C)\exp\{-[t-t_1-(k-1)T]/\tau_E\}, & t_1+kT<t<t_1+(k+1)T \\ V_E+C, & t=t_1+(k+1)T\end{cases} \tag{5.1.12}$$

概括起来，与传统神经元模型相比，Eckhorn 神经元模型的显著特点如下：

(1) Eckhorn 神经元模型的内部活动项是所有它收到的输入信号和周围神经元对其影响的综合，进一步由式(5.1.6)可知，内部活动项是输入信号和连接输入的一种非线性调制；而传统神经元的输入是周围相连神经元各自加权输入的代数和。

(2) Eckhorn 神经元模型的输出为二值脉冲时间序列，不受输入信号幅度的影响，但该脉冲序列的频率同时受控于内部活动项和阈值漏电积分器的状态。

(3) Eckhorn 神经元模型体现了神经元特有的非线性特性，其反馈输入域、耦合连接输入域、阈值控制机制都有指数衰减的漏电积分器，而一般传统神经元的结构远远没有这样的复杂结构。

5.1.2 脉冲耦合神经网络模型原理

在 Eckhorn 模型基础上，去掉输入域中的漏电积分器，同时增加连接强度系数 β，这些神经元称为脉冲耦合神经元，这时的 Eckhorn 神经元模型就是 PCNN 模型。

与 BP 神经网络相比，PCNN 不需要学习或者训练，能从复杂背景下提取有效信息，具有同步脉冲发放和全局耦合等特性，其信号形式和处理机制更符合人类视觉神经系统的生理学基础。PCNN 模型结构如图 5.3 所示。

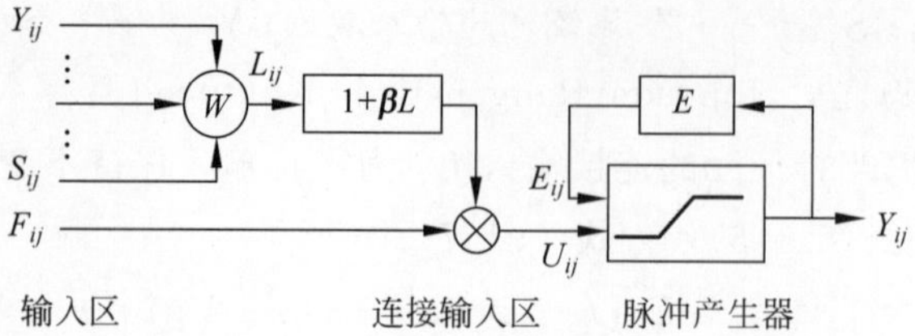

图 5.3　PCNN 模型结构

该 PCNN 模型离散型方程如下：

$$F_{ij}[k]=\exp(-\alpha_{\mathrm{F}})F_{ij}[k-1]+V_{\mathrm{F}}\sum m_{ijnl}Y_{nl}[k-1]+S_{ij} \tag{5.1.13}$$

$$L_{ij}[k]=\exp(-\alpha_{\mathrm{L}})L_{ij}[k-1]+V_{\mathrm{L}}\sum w_{ijnl}Y_{nl}[k-1] \tag{5.1.14}$$

$$U_{ij}[k]=F_{ij}[k](1+\beta L_{ij}[k]) \tag{5.1.15}$$

$$Y_{ij}[k]=\begin{cases}1, & U_{ij}[k]>E_{ij}[k-1]\\0, & \text{其他}\end{cases} \tag{5.1.16}$$

$$E_{ij}[k]=\exp(-\alpha_{\mathrm{E}})E_{ij}[k-1]+V_{\mathrm{E}}Y_{ij}[k-1] \tag{5.1.17}$$

式中，k 为迭代次数；$F_{ij}[k]$和 $L_{ij}[k]$分别为第(i,j)个神经元第 k 次迭代时的反馈输入和连接输入；S_{ij} 为外部输入刺激信号；β 为突触之间连接强度系数；$U_{ij}[k]$为内部活动项；$E_{ij}[k]$为动态阈值；$Y_{ij}[k]$为 PCNN 脉冲输出；内部连接矩阵$\boldsymbol{w}_{ijnl}$ 为 $L_{ij}[k]$中 $Y_{nl}[k-1]$(n 表示行，l 表示列)的加权系数；V_{E} 为 $E_{ij}[k]$的幅值系数；α_{E} 为衰减时间系数。

5.1.3　PCNN 参数的作用

在 PCNN 模型中有许多网络参数，这些网络参数可分为一般参数和应用参数两类。一般参数包括连接权矩阵和连接幅值系数；应用参数包括连接强度系数 β、阈值幅值系数 V_{E} 和阈值衰减时间系数 α_{E}。这些网络参数会直接影响 PCNN 的运行行为。现分别进行说明。

(1) m_{ijnl} 为反馈输入域 $F_{ij}[k]$中 $Y_{nl}[k-1]$的加权系数，$\boldsymbol{w}_{ijnl}$ 为耦合连接输入域 $L_{ij}[k]$中 $Y_{nl}[k-1]$的加权系数。m_{ijnl} 和$\boldsymbol{w}_{ijnl}$ 表示中心神经元受周围神经元影响的大小，或者说，表示邻近神经元对中心神经元传递信息的强弱。m_{ijnl} 和$\boldsymbol{w}_{ijnl}$ 有多种取值方式，可以根据实际需要选择合适的取值方式。

(2) V_{F} 和 V_{L} 为连接幅值系数，用来调整连接幅值，即利用邻域内的点火神经元对中心神经元传递的能量按照一定的比例进行缩放，同样对邻域神经元也具有提升作用。

(3) α_{F} 和 α_{L} 为衰减时间系数，用来决定来自 $F_{ij}[k]$、$L_{ij}[k]$通道神经元的衰减速度。α_{F}、α_{L} 越大，$F_{ij}[k]$、$L_{ij}[k]$通道的衰减速度就越快；反之，衰减速度就越慢。

(4) β 为连接强度系数，用来调节周围神经元之间相互作用的强弱，并对中心神经元的点火周期有着重要影响。较大的连接强度系数，能引起较大范围的同步脉冲。

(5) α_{E} 为阈值衰减时间系数，控制着阈值的下降速度。α_{E} 越大，阈值下降得越快，运行次数越少，同一时间内产生的脉冲数目越多。反之，α_{E} 越小，阈值下降得越慢，模型运行次数越多，同一时间内产生的脉冲数目越少。

(6) V_{E} 为阈值幅值系数，在神经元被点火之后，该幅值系数决定了阈值被提升的高度，对神经元的点火周期起着重要的调节作用。

5.2 PCNN点火行为

5.2.1 无耦合连接

在无耦合连接的情况下，即$\beta=0$，PCNN的运行行为是各神经元相互独立运行的组合，且每一个神经元的运行机理是：在外部刺激S_{ij}的作用下，将以一定的频率——自然频率发射脉冲，即为自然点火。神经元自然点火的周期为

$$T(N_{ij})=\frac{1}{\alpha_E}\ln\left(\frac{V_E}{S_{ij}}\right) \tag{5.2.1}$$

式(5.2.1)表明，外部刺激越强，即像素亮度的强度越强，对应神经元的点火频率越高。这就意味着，不同亮度强度输入的神经元将在不同的时刻点火，而相同亮度强度输入的神经元则在同一时刻点火。因此，这时的PCNN是将图像像素的亮度强度映射为含有时间特性的点火图，即每一时刻的点火图对应于同一亮度强度的像素图，而不同时刻的点火图对应于不同亮度强度的像素图。

5.2.2 耦合连接

在耦合连接的情况下，即$\beta\neq 0$，由于PCNN中各神经元间的耦合连接，那么当外部刺激输入强度大的神经元S_{ij}在时刻k点火时，导致与它邻近的神经元N_{ij}提升为$S_{ij}(1+\beta L_{ij})$，这就意味着，该神经元对应像素的亮度强度从N_{ij}提升到$S_{ij}(1+\beta L_{ij})$。因此，当

$$S_{ij}(1+\beta L_{ij})\geqslant E_{ij}(k) \tag{5.2.2}$$

时，神经元N_{ij}在时刻k提前点火，称神经元N_{ij}被神经元S_{ij}捕获。式(5.2.2)表明，当β越大、耦合连接域$(1+\beta L_{ij})$越大，同步点火的神经元就越多，且在确定的β和L_{ij}下，各神经元间对应的亮度强度差越小就越容易被捕获。所以，存在耦合连接的PCNN运行机理是：以相似性集群发射同步脉冲。这意味着，具有空间邻近、亮度值相似的神经元能够在同一时刻点火。因此，在耦合连接情况下，PCNN行为是将空间邻近和亮度强度相似集群的特征映射变为含有时间特性的点火图。

综上所述，PCNN的运行机理所表现出的是一个从给网络施加输入到神经元个体发放脉冲，到最终神经元集群发放同步脉冲的动态过程。

5.3 PCNN的特性

与传统神经网络相比，PCNN具有十分鲜明的特点。

5.3.1 变阈值特性

PCNN的变阈值函数使得各神经元能够动态发射脉冲。式(5.1.17)表明，变阈值函数随时间按指数规律衰减。根据式(5.1.16)，只有当神经元的内部行为U大于当前的阈值输出值时神经元才会点火。

5.3.2 捕获特性

式(5.1.16)表明，PCNN的捕获过程就是使低亮度强度的神经元提升至先点火的神经元所对应输入的亮度强度，与先点火的神经元同步点火，这样，先点火神经元通过捕获特性带动

其邻近神经元提前点火，以此实现神经元的同步发放。

5.3.3 动态特性

不是输入信号的加权和与阈值比较，而是输入信号与突触通道脉冲响应函数的卷积和与阈值比较；神经元的阈值是随时间动态变化的，其变化既与当前阈值有关，也与前一次神经元阈值的输出有关。

5.3.4 同步脉冲发放特性

在耦合连接的情况下，PCNN 每个神经元都与邻近神经元连接，当某个神经元点火时，其信号的一部分将会被送至其相邻的神经元上，从而导致相邻神经元灰度幅值上升，如果相邻神经元达到点火条件，就会提前点火，即产生相似性集群同步脉冲发放现象，这一性质对于图像平滑、分割、自动目标识别、融合等具有非常重要的应用意义。

总之，PCNN 较真实地模拟了哺乳动物视觉系统的工作原理，具有比传统的神经网络更优越的特性，并且运行时间相对较短，有利于实时显像。目前，其理论还处于发展阶段，是新一代神经网络的研究热点。

5.4 交叉皮层模型

PCNN 模型是在单一生物学模型的基础上演化而来的。在图像处理中，为了减小计算量，一般不必严格按照生物系统模型模拟处理。对于 PCNN 模型，计算量大多数来自神经元互连，为了减小计算量，一种方法是设 $M=K$（M 代表神经元之间的距离，K 代表像素两点间的欧氏距离），使计算量减半；另一种方法是减少神经元连接数，如果在神经元之间能够形成自动波通信，那么就建立了这样的最小系统。在图像处理中，发展起来的交叉皮层模型(intersecting cortical model，ICM)能使计算复杂度尽可能简化，同时保留脑皮层模型的有效性。ICM 是基于多种生物学模型的共有机理建立的数学模型。

ICM 包括两个耦合振荡器、少量的连接和一个非线性函数。该系统的描述方程为

$$F_{ij}[k+1]=fF_{ij}[k]+S_{ij}+W\mid Y\mid_{ij} \tag{5.4.1}$$

$$Y_{ij}[k+1]=\begin{cases}1, & F_{ij}[k+1]>E_{ij}[k]\\0, & \text{其他}\end{cases} \tag{5.4.2}$$

$$E_{ij}[k+1]=gE_{ij}[k]+hY_{ij}[k+1] \tag{5.4.3}$$

式中，参数 f 和 g 都小于 1.0，且为确保阈值最终能够小于神经元状态而产生脉冲发放，需要 $g<f$，h 的值很大，当神经元激发兴奋时阈值将突增，神经元之间的连接用 $\|\boldsymbol{W}\|$ 描述。

ICM 神经元在无耦合作用的情况下，即式(5.4.1)中没有起神经相互连接作用的卷积项，有

$$F_{ij}[k]=\left(F_{ij}[0]-\frac{S_{ij}}{1-f}\right)f^k+\frac{S_{ij}}{1-f} \tag{5.4.4}$$

神经元点火往往发生在反馈输入略大于动态门限时刻，即

$$F_{ij}[k]=F_{ij}[0]g^k \tag{5.4.5}$$

根据式(5.4.4)和式(5.4.5)，得到无耦合作用情况下 ICM 神经元变化曲线，如图 5.4 所示。

可见，ICM 神经元第 k 次点火时的迭代次数为

$$k_n = \log_g \frac{F[0]}{F[k_1]} + \sum_n \log_g \left(\frac{F[k_{n-1}] + h}{F[k_n]} \right) \tag{5.4.6}$$

当反馈输入项等于输入激励时，可由式(5.4.6)推导出 ICM 神经元近似点火周期为

$$T = \log_g (1 + h / S_{ij}) \tag{5.4.7}$$

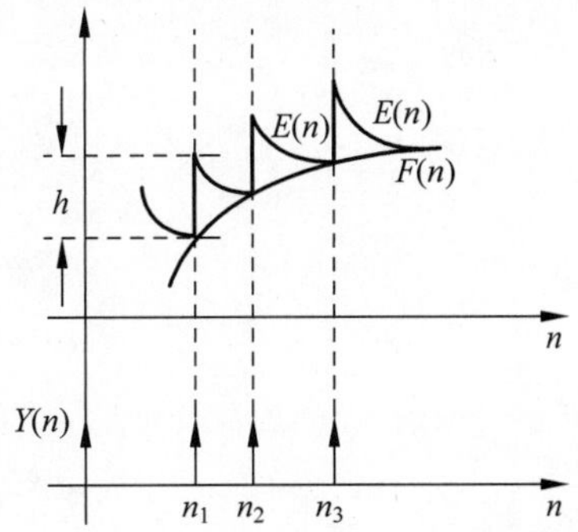

图 5.4　ICM 神经元的变化曲线

可见，ICM 神经元点火周期与输入激励的大小有关，输入激励越大，神经元越早点火。ICM 神经元的反馈输入 F 中的卷积项捕获该领域内的神经元同步发放脉冲。卷积核的调制可使具有相似性质的神经元相互影响而使其反馈输入项瞬间同步提高，从而同步发放脉冲会向四周传播。在一定的条件下，自动波传播到具有相同性质且位置邻近的区域。各神经元点火周期不同，在一段时期内，各神经元的动态门限按各自的周期衰减，在不同时刻发放脉冲，呈现出动态脉冲发放现象。同一时刻输出的脉冲簇反映了局部空间特性，不同时刻输出的脉冲簇和顺序反映了输入激励大小的整体时间特性，这就是 ICM 的综合时空特性。

5.5　贝叶斯连接域神经网络模型

与 Eckhorn 模型类似，贝叶斯连接域神经网络模型含有众多神经元，而神经元有两类输入：一类是馈接输入，另一类是连接输入，两类输入之间通过相乘进行耦合。与 Eckhorn 模型相比，贝叶斯模型在解决特征捆绑问题时，引入了噪声神经元模型的思想、贝叶斯方法和竞争机制。

5.5.1　带噪声的神经元发放方式

神经元的膜电位变化具有阈值特征，即当输入刺激超过某个阈值时，神经元会产生动作电位，发放输出脉冲。常见的 SRM(spike response model)模型、I&F(integrate-and-fire model)模型和 Eckhorn 连接域网络模型，都采用这种神经元的发放模式。

然而，在真实的神经系统中，存在的大量噪声增加了神经元建模的复杂度，同时也提高了神经元的编码能力。因此，研究人员将逃逸噪声模型引至神经元的计算模型中。在逃逸噪声模型中，神经元发放的不是线性阈值而是一个概率，不同的输入将改变神经元发放概率，这样就扩大了神经元的编码范围，即使神经元的输入没有达到原来确定(无噪声)模型中的阈值，由于噪声的作用，它仍然有一定的发放概率；通过对单个神经元的长时间统计或者对同构神经元群的(比如同一功能柱中的多个神经元)短时统计，可以确定神经元的输入刺激，从而用不同的输入可以改变神经元的发放概率。

5.5.2　神经元输入的贝叶斯耦合方式

图 5.5 显示了模型中一个神经元输入耦合方式。由于模型中神经元的输出是发放概率，所以输入的耦合实际上是各个传入神经元发放概率的耦合。现分析馈接输入的耦合方式与连接输入的耦合方式。

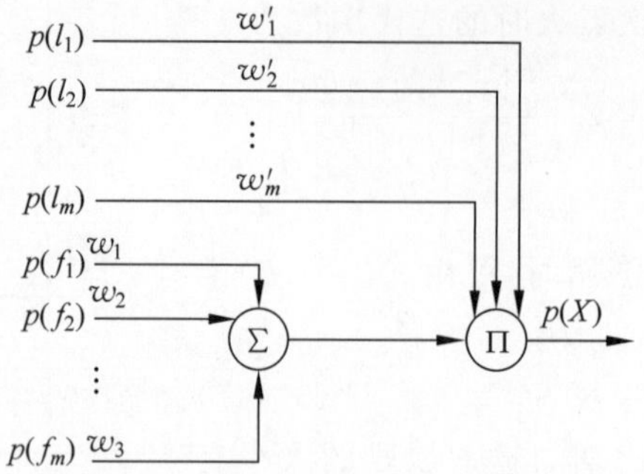

图 5.5 神经元输入耦合方式

1. 馈接输入的耦合方式

如果用一个神经元表征一个感知的对象,那么它的快捷输入就对应于它的具体特征或者各个组成部分,而连接输入则来自与它相关的其他对象。这样,当不考虑连接输入影响时,根据部分与整体的关系,得

$$p(X)=\sum_i w_i p(f_i) \tag{5.5.1}$$

式中,X 是需考查的目标神经元; f_i 是目标神经元的馈接突触前神经元; $p(\cdot)$是神经元的发放概率; w_i 为突触连接权。

这种馈接输入的耦合方式虽然来自从感知角度对馈接输入与当前神经元关系的理解和相应的概率规则,但是它恰好也与 Eckhorn 模型中的处理方式一致,因此也可以把这种处理方式理解为:所有的馈接输入都连接到细胞体房室;而单个房室中,分流机制被表现为输入之间的加性耦合。

2. 连接输入的耦合方式

假设各个连接输入相互独立,并且各个连接输入在 X 已知条件下也相互独立,即

$$p(l_n \mid l_1,\cdots,l_{n-1},l_{n+1},\cdots,l_N)=p(l_1),\quad n=1,2,\cdots,N \tag{5.5.2}$$

$$p(l_n \mid X,l_1,\cdots,l_{n-1},l_{n+1},\cdots,l_N)=p(l_n \mid X),\quad n=1,2,\cdots,N \tag{5.5.3}$$

式中,X 是需考查的目标神经元; l_i 是目标神经元的连接突触前神经元; $p(\cdot)$是神经元的发放概率。

根据贝叶斯定理和式(5.5.2)及式(5.5.3),得

$$p(X \mid l_1,l_2,\cdots)=p(X)\cdot\prod_f \frac{p(l_j \mid X)}{p(l_j)}=p(X)\cdot\prod_f w_j \tag{5.5.4}$$

令 $w'_i=p(l_j \mid X)/p(l_j)$代表连接突触的连接权重,由式(5.5.2)和式(5.5.4),得

$$\hat{p}(X)=p(X \mid l_1,l_2,\cdots,l_N)p(l_1,l_2,\cdots,l_N)=p(X)\cdot\prod_j w'_j p(l_j) \tag{5.5.5}$$

式中,$p(X)$是 X 根据馈接信息得到的先验概率; $\hat{p}(X)$是 X 收到信息 l_j 后的后验概率。

式(5.5.1)与式(5.5.5)表明,在模型中馈接输入之间的耦合是加性的,馈接输入与连接输入之间的耦合是乘性的;而连接输入之间的耦合也是乘性的,这是由独立性和贝叶斯定理所决定的。实际上,也可以把模型中的神经元视为包含多个空间紧邻的树突的房室模型(如图 5.6 所示),胞体房室接收馈接输入,每个树突房室接收各自的连接输入。空间紧邻的树突收到突触前神经元输入的耦合十分复杂,包含大量各种输入组合的乘性耦合成分,在这里利用式(5.5.2)和式(5.5.3)进行简化就相当于省略了输入耦合中的常数项、线性项和低阶乘性耦合成分,只保留了最高阶的输入乘性耦合。

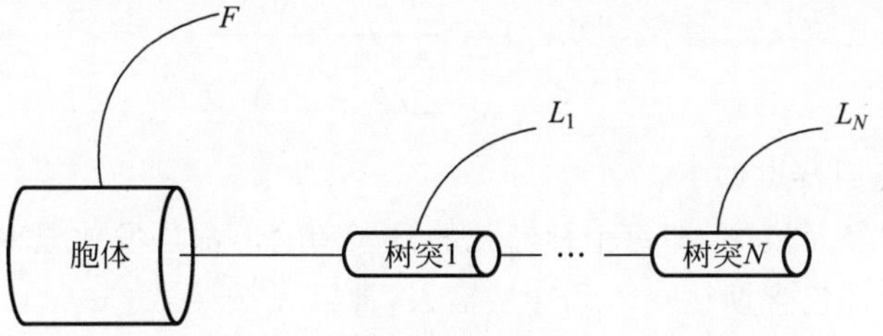

图 5.6 贝叶斯连接域网络模型中神经元房室模型示意图
（模型中包含 1 个胞体房室和 N 个空间紧邻的树突房室）

此外，模型的突触连接权（式(5.5.1)、式(5.5.5)中的 w_i 和 w_j'）不再是人工设定，而是由突触前后神经元的统计相关性所确定，这与赫布(Hebb)学习理论相一致。它既有良好的神经生理基础，又使模型具有可学习性，它虽然可以通过增加训练实例改善性能，但是它不像 PCNN 模型那样不需要训练就可以直接使用。

5.5.3 神经元之间的竞争关系

很多证据表明，大脑的神经活动中存在大量的竞争机制。例如，在视网膜细胞之间存在竞争，在大脑皮层的各个区域之间也存在广泛的竞争关系。所谓竞争关系是指当两个神经元 X_1，X_2 的馈接突触前神经元分别为 F_1，F_2 时，则当且仅当至少满足下列两条之一时，X_1 与 X_2 之间存在竞争关系：

(1) $F_1 \cap F_1 \neq \varnothing$；

(2) 存在 $f_1 \in F_1$，$f_2 \in F_2$，f_1 和 f_2 存在竞争关系。

例如，在图 5.7 中 X_1 的突触前神经元为 N_1 和 N_2，X_2 的突触前神经元为 N_2 和 N_3，由于 X_1 和 X_2 有共同的突触前神经元 N_2，所以 X_1 和 X_2 之间存在竞争关系；对神经元 A_1 和 A_2，虽然它们没有共同的突触前神经元，但是由于 X_1 和 X_2 之间存在竞争关系，因而 A_1 和 A_2 之间也存在着竞争关系。

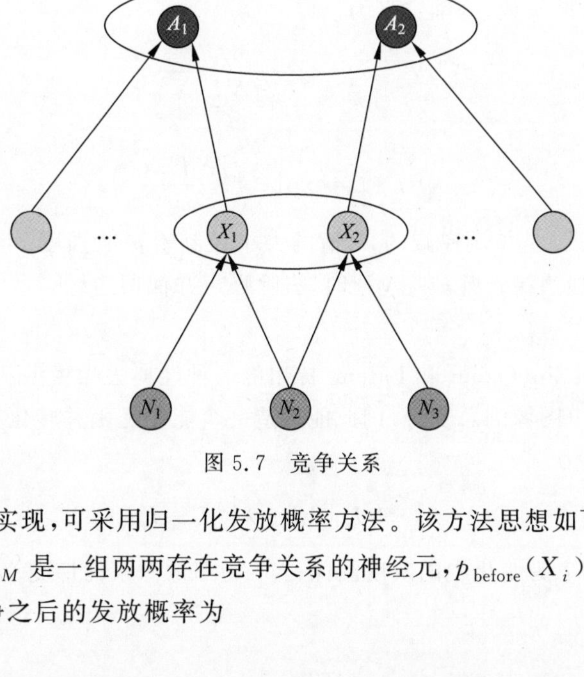

图 5.7 竞争关系

对于竞争关系的实现，可采用归一化发放概率方法。该方法思想如下：

设 $X_1, X_2, \cdots, X_M$ 是一组两两存在竞争关系的神经元，$p_{\text{before}}(X_i)$是它们竞争前的发放概率，则它们经过竞争之后的发放概率为

$$p_{\text{after}}(X_i)=\frac{p_{\text{before}}(X_i)}{\sum_{j=1}^{m}p_{\text{before}}(X_j)} \tag{5.5.6}$$

贝叶斯连接域网络模型特点如下：

(1) 采用噪声神经元模型，即每个神经元的输入和输出都是发放概率，而不是脉冲值。

(2) 每个神经元都包含馈接输入和连接输入，神经元按照式(5.5.1)和式(5.5.3)对输入进行非线性处理。

(3) 神经元之间的连接权值通过学习得到，且反映了它们之间的统计相关性。

(4) 神经元的输出除了受输入的影响，还受到竞争的制约，由式(5.5.6)实现。

5.6 案例3：基于PCNN和图像熵的各向异性扩散模型

为了能更好地兼顾图像噪声的去除和图像边缘、纹理等重要信息的保护，本节提出了一种基于PCNN和图像熵的各向异性扩散模型。与传统的各种去噪模型相比，该模型能在去除噪声的同时保持图像的清晰边缘等重要信息。

5.6.1 各向异性扩散模型

1. PM模型

Perona和Malik提出了各向异性扩散模型Perona-Malik(PM)模型。PM模型将图像边缘检测与图像滤波相结合，即

$$\begin{aligned}&\frac{\partial I(x,y,t)}{\partial t}=\mathrm{div}[g(|\nabla I(x,y,t)|)\nabla I(x,y,t)]\\&I(x,y,0)=I_0(x,y)\end{aligned} \tag{5.6.1}$$

式中，div与∇分别为散度算子和梯度算子；$I(x,y,0)$为原始图像；$I(x,y,t)$为t时刻的平滑图像；$g(\cdot)$是依赖于图像梯度模值的单调递减的扩散函数。

由PM模型梯度$\|\nabla I\|$的大小来检测图像的某一区域是均匀区域还是边缘。在PM模型中，有两个有效的扩散函数，分别定义为

$$g(|\nabla I|)=\frac{1}{1+\left(\frac{|\nabla I|}{k}\right)^2} \tag{5.6.2}$$

$$g(|\nabla I|)=\exp\left(-\left(\frac{|\nabla I|}{k}\right)^2\right) \tag{5.6.3}$$

式中，扩散函数$g(|\nabla I|)$是单调递减的，k值的大小控制着扩散强度。当$k<|\nabla I|$时，PM模型能够去除噪声并增强边缘；当$k\geqslant|\nabla I|$时，去除噪声并保留边缘。

2. ROF模型

ROF模型是由Rudin、Osuer和Fatemi提出的一种经典去噪模型。该模型认为含噪声图像的总变分大于无噪声图像的总变分，因此能构造一个能量泛函并转化为偏微分方程来求解。ROF模型的能量泛函为

$$E(I)=\int|\nabla I|\,\mathrm{d}\Omega+\lambda\int|I-I_0|^2\,\mathrm{d}\Omega \tag{5.6.4}$$

式中，I_0为原始图像；I为变化中的灰度图像；∇I为图像像素的梯度；λ为拉格朗日算子，其欧拉-拉格朗日方程为

$$\lambda(I-I_0)-\mathrm{div}\left(\frac{\nabla I}{|\nabla I|}\right)=0 \tag{5.6.5}$$

用梯度下降法解式(5.6.5)，得 ROF 模型为

$$\frac{\partial I}{\partial t}=\mathrm{div}\left(\frac{\nabla I}{|\nabla I|}\right)-\lambda(I-I_0) \tag{5.6.6}$$

ROF 模型实质是各向异性扩散，它能在去噪的同时保持图像的边缘。但该模型有时会将噪声当成边缘，从而使恢复的图像产生假边缘。

3. 各向异性扩散的双重功能

在 PM 模型中，可根据各向异性扩散的行为对各向异性扩散具体分析。在一维情况下时，PM 模型的简化方程为

$$\begin{aligned}\frac{\partial I}{\partial t}&=\frac{\partial}{\partial x}[g(|I_x|)I_x]=g'\frac{I_xI_{xx}}{\sqrt{I_x^2}}I_x+g(|I_x|)I_{xx}\\&=g'|I_x|+g(|I_x|)I_{xx}=\phi'(|I_x|)I_{xx}\end{aligned} \tag{5.6.7}$$

式中，

$$\phi(r)=rg(r) \tag{5.6.8}$$

称为影响函数。当 g 的选取形式为

$$g(r)=\frac{1}{1+\left(\frac{r}{K}\right)^p} \tag{5.6.9}$$

则

$$\phi(r)=\frac{r}{1+\left(\frac{r}{K}\right)^p},\quad \phi'(r)=\frac{1-(p-1)\left(\frac{r}{K}\right)^p}{\left[1+\left(\frac{r}{K}\right)^p\right]^2} \tag{5.6.10}$$

式中，$p=1,2$。$p=1$ 和 $p=2$ 的曲线图分别如图 5.8(a)与图 5.8(b)所示。

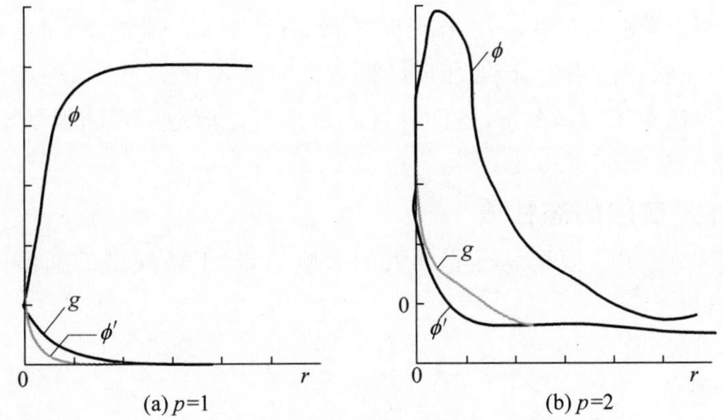

图 5.8 边缘函数

图 5.8 中，当 $p=1$ 时，ϕ'是正值且单调递减，即从最大值 1 变为 0，因此，式(5.6.7)是正向扩散。当 $p=2$ 时，有

$$\begin{cases}\phi'\geqslant 0, & 0\leqslant r\leqslant K\\ \phi'<0, & r>K\end{cases} \tag{5.6.11}$$

在图像的平坦区域，有$|\nabla I|<K$，则式(5.6.7)为正向扩散；在图像的边缘区域，有$|\nabla I|>K$，则

式(5.6.7)为反向扩散,图像边缘会发生锐化。可见,在PM模型中,各向异性扩散与所采用的边缘函数有密切关系。

在二维情况时,设局部坐标为(η,ξ),其中$\boldsymbol{\eta}$为平行于图像梯度∇I的单位向量,则

$$\boldsymbol{\eta}=\frac{\nabla I}{|\nabla I|}=(\cos\theta,\sin\theta) \tag{5.6.12}$$

令$\boldsymbol{\xi}$也是单位向量,表示关于图像水平集的切向量,即

$$\boldsymbol{\xi}=(-\sin\theta,\cos\theta) \tag{5.6.13}$$

在局部坐标系中,有

$$\frac{\partial I}{\partial \boldsymbol{\xi}}=0,\quad \frac{\partial I}{\partial \boldsymbol{\eta}}\geqslant 0 \tag{5.6.14}$$

故

$$|\nabla I|=\sqrt{\left(\frac{\partial I}{\partial \boldsymbol{\eta}}\right)^2}=\frac{\partial I}{\partial \boldsymbol{\eta}} \tag{5.6.15}$$

则

$$\frac{\partial |\nabla I|}{\partial \boldsymbol{\eta}}=\frac{\partial^2 I}{\partial \boldsymbol{\eta}^2} \tag{5.6.16}$$

因此,PM模型可化简为

$$\begin{aligned}\frac{\partial I}{\partial t}&=\frac{\partial}{\partial \boldsymbol{\xi}}\left[g(|\nabla I|)\frac{\partial I}{\partial \boldsymbol{\xi}}\right]+\frac{\partial}{\partial \boldsymbol{\eta}}\left[g(|\nabla I|)\frac{\partial I}{\partial \boldsymbol{\eta}}\right]\\&=g(|\nabla I|)\frac{\partial^2 I}{\partial \boldsymbol{\xi}^2}+g'(|\nabla I|)\frac{\partial |\nabla I|}{\partial \boldsymbol{\eta}}\frac{\partial I}{\partial \boldsymbol{\eta}}+\\&\quad g(|\nabla I|)\frac{\partial^2 I}{\partial \boldsymbol{\eta}^2}+g'(|\nabla I|)\frac{\partial |\nabla I|}{\partial \boldsymbol{\eta}}\frac{\partial I}{\partial \boldsymbol{\eta}}\\&=g(|\nabla I|)I_{\xi\xi}+[g(|\nabla I|)+g'(|\nabla I|)|\nabla I|]I_{\eta\eta}\\&=g(|\nabla I|)I_{\xi\xi}+\phi'|\nabla I|I_{\eta\eta}\end{aligned} \tag{5.6.17}$$

式(5.6.17)表明,当沿着$\boldsymbol{\xi}$方向时,$g>0$,正向扩散;而当$|\nabla I|$非常大时,$g(|\nabla I|)$基本趋于0,扩散基本处于停止状态。当沿着$\boldsymbol{\eta}$方向时,扩散方向由$\phi'|\nabla I|$决定,可正可负。

综上所述,适当选取边缘函数g,各向异性扩散能自适应地实现图像平滑和图像锐化的双重功能。

4. 各向异性扩散的病态性质

在各向异性扩散中,PM模型具有非常大的影响力,但PM模型的初值问题是病态的,现定义一个能量泛函为

$$E(I)=\int_{\Omega}\rho(|\nabla I|)\mathrm{d}\Omega \tag{5.6.18}$$

式中,$\rho(\cdot)$是一个非负函数,且$\rho(0)=0$,通过变分方法最小化式(5.6.18),得梯度下降法求解方程为

$$\frac{\partial I}{\partial t}=\mathrm{div}\left[\rho'(|\nabla I|)\frac{\nabla I}{|\nabla I|}\right] \tag{5.6.19}$$

设

$$g(|\nabla I|)=\frac{\rho'\nabla I}{|\nabla I|} \tag{5.6.20}$$

则式(5.6.19)与PM模型基本一致，故PM模型也可视为能量泛函式(5.6.18)是用梯度下降法求得的，其边缘函数按照式(5.6.20)由式(5.6.18)中的 ρ 确定。与式(5.6.10)比较，函数 $\rho(\cdot)$ 的导数为

$$\rho' = \phi(r) \tag{5.6.21}$$

假定图像 $I(x,y)$ 是一张分片图像和常数图像，那么在图像的每个分片内式(5.6.18)的积分为零。而在每个分片的边界上，由于图像的灰度值发生了阶跃变化，它对 $E(I)$ 的贡献为 $\rho'(\infty)|J|$，其中，J 为阶跃幅度。由此可见，如果 $\rho'(\infty)=0$，那么这类边界积分也为零。所以，任何一张分片常数图像都使 $E(I)$ 达到全局最小值零。然而，在图像空间中，分片常数图像处处稠密，如果 $\rho'(\infty)=0$，则两幅在初始时刻非常相似的图像经过PM模型处理后，也许会得到非常不同的结果，即在 $\rho'(\infty)=0$ 时，初始条件不会使PM模型的稳态解产生连续依赖性。在此种情况下，PM模型不稳定。所以，PM模型给出的初始值是病态的。若 $\rho'(\infty)\neq 0$ 时，则

$$\lim_{r\to\infty}\phi(r) = \lim_{r\to\infty} g(r) r \neq 0 \tag{5.6.22}$$

这时 $E(I)$ 具有唯一的全局极小值，此时

$$I(x,y) = \text{常数}, \quad E(I) = 0 \tag{5.6.23}$$

综上所述，若扩散过程满足边界条件且整个扩散的"杂质"总量是恒定的，则式(5.6.23)中 $I(x,y)$ 为常数，即为初始图像的平均灰度。这时，PM模型的初边界问题是设定的。因此，PM模型有适应性的必要条件。

综上，采用各向异性扩散模型进行图像去噪，符合的两个条件如下：

(1) 平滑量强度的控制。在图像边缘纹理区域时，平滑量强度应该尽可能小甚至不平滑；当在图像平坦区域时，平滑量强度应尽可能大甚至最大；

(2) 平滑量方向的控制。当沿着图像特征方向时，扩散量要大甚至最大；当穿越图像特征时，扩散量要小甚至不平滑。

5.6.2 IEAD模型

各向异性扩散模型(image entropy anisotropic diffusion model，IEAD)是将图像熵作为边缘检测算子引入PM模型中，提出的一种基于图像熵的各向异性扩散滤波模型，避免了由于均值和方差等统计量估计带来的误差，其本质上是对PM模型的边缘检测算子做改进，基于图像熵得到的。IEAD为

$$\begin{cases} \dfrac{\partial I}{\partial t} = \operatorname{div}(c(q_s)\nabla I) \\ I(t=0) = I_0 \end{cases} \tag{5.6.24}$$

式中，I_0 为原始图像；I 为变化中的灰度图像；$c(q_s)$ 为扩散系数；q_s 为边缘检测算子，且

$$c(q_s) = \frac{1}{\sqrt{1+(q_s-q_0)^2}} \tag{5.6.25}$$

$$q_s = -\sum_{t\in\eta_s} p_{s,t}\log p_{s,t} \tag{5.6.26}$$

$$q_0 = \operatorname{mean}(H) \tag{5.6.27}$$

$$H = -p_i \log p_i \tag{5.6.28}$$

式中，s 表示当前像素点的位置；q_s 表示位于点 s 的邻居像素点；$p_{s,t}$ 表示像素点 t 的灰度值在整个平滑窗口中的比例；q_0 是阈值；H 为图像熵；$i(i=0,1,2,\cdots,L-1)$ 是图像的灰度级；

$p(i)$是灰度级 i 出现的频率,即归一化直方图。

5.6.3 PCNN-IEAD 模型

大部分基于偏微分方程的 IEAD 均使用梯度信息进行边缘检测时,如果图像的边缘部分被噪声严重污染,该模型不一定能很好地检测出图像边缘。为了较完整地保留图像的区域信息,利用 PCNN 能使具有相似输入的神经元同时产生脉冲的性质对噪声图像进行处理,得到图像熵序列并将此作为边缘检测算子引入扩散方程中,不仅能克服仅由梯度作为边缘检测算子时易受噪声影响的弊端,而且能有效保护图像的重要信息。然后,用最小交叉熵准则搜索使去噪前后图像信息量之间的差异最小的阈值,设计最佳阈值控制扩散强度,建立基于 PCNN 与图像熵的 IEAD(PCNN-IEAD)。

1. 建立模型的过程

针对乘性噪声设计的 IEAD,抑制加性噪声效果一般,甚至会得到相反效果。将图像熵作为边缘检测算子虽然可以克服在不同灰度值水平的同质区域内相同的噪声起伏引起梯度值差异较大的缺点,也可以更好地反映图像的灰度值变化,但是在强噪声的情况下,该模型仍不能完整保留图像区域的信息。

由于 PCNN 能使具有相似输入的神经元同时产生脉冲,所以 PCNN 能有效克服幅度微小变化造成的影响和保护图像的重要信息。因此,用 PCNN 对噪声图像进行处理,首先,对加噪图像进行读取并对该图像像素矩阵并行逐行扫描。然后,用连接矩阵和加权系数相互之间的关系式进行计算,得到每个像素的内部活动项 $U_{ij}(k)$;当 $U_{ij}(k)$大于动态门限 $E_{ij}(k)$时,PCNN 产生时序脉冲系列 $Y_{ij}(k)$(标记矩阵中的值为 1);每遍扫描结束后,计算 $Y_{ij}(k)$的信息熵,经过若干次扫描后,对应的输出为熵序列 E_k。由 PCNN 对噪声图像进行处理,所有的操作仅仅是对受噪声污染的像素点进行处理,并没有考虑其他像素点,所以能较完整地保留图像区域的信息,故将熵序列 E_k 作为另一个检测算子与图像梯度∇I 共同进行边缘检测。这时,扩散系数修改为

$$g(\nabla I,E_k)=\frac{1}{1+|G_\sigma \nabla I+E_k|b} \tag{5.6.29}$$

此时,PCNN-IEAD 为

$$\begin{cases}\dfrac{\partial I}{\partial t}=\operatorname{div}(g(\nabla I,E_k)\nabla I)\\ I(x,y,0)=I_0\end{cases} \tag{5.6.30}$$

式中,$G_\sigma(x,y)=\frac{1}{2\pi\sigma^2}\exp\left(-\frac{x^2+y^2}{2\sigma^2}\right)$为高斯核函数;$\sigma$ 为尺度函数;b 为阈值。阈值 b 通常情况下为常数,可以控制整个扩散过程中的扩散强度。交叉熵是度量两个概率分布之间信息量差异的凸函数,按交叉熵最小准则,是去搜索去噪前后图像信息量差异最小的阈值。

已知概率分布 $\boldsymbol{P}=\{p_1,p_2,\cdots,p_N\}$和 $\boldsymbol{Q}=\{q_1,q_2,\cdots,q_N\}$,现用交叉熵来度量它们之间信息量的差异,其对称形式为

$$D(\boldsymbol{P}:\boldsymbol{Q})=\sum_{i=1}^{N}p_i\ln\frac{p_i}{q_i}+\sum_{i=1}^{N}q_i\ln\frac{q_i}{p_i} \tag{5.6.31}$$

为了计算扩散去噪阈值 T_w,先分别用 $\boldsymbol{P}$ 和 $\boldsymbol{Q}$ 表示噪声图像和去噪图像,再分别计算目标之间的交叉熵和背景之间的交叉熵,把它们之和定义为噪声图像和去噪图像之间的交叉熵,即

$$D(\boldsymbol{P},\boldsymbol{Q}:T_{\mathrm{w}})=\sum_{f=0}^{\lfloor T_{\mathrm{w}}\rfloor}\left[f\times h(f)\times\ln\frac{f}{m_1(T_{\mathrm{w}})}+m_1(T_{\mathrm{w}})\times h(f)\times\ln\frac{m_1(T_{\mathrm{w}})}{f+\varepsilon}\right]+$$
$$\sum_{f=\lfloor T_{\mathrm{w}}\rfloor+1}^{z}\left[f\times h(f)\times\ln\frac{f}{m_2(T_{\mathrm{w}})}+m_2(T_{\mathrm{w}})\times h(f)\times\ln\frac{m_2(T_{\mathrm{w}})}{f+\varepsilon}\right] \tag{5.6.32}$$

式中,$\varepsilon>0$ 是一个非常小的正数;T_{w} 为最初阈值,$\lfloor T_{\mathrm{w}}\rfloor$表示不大于 T_{w} 的最大整数;f 是图像灰度值;$h(f)$为图像的灰度统计直方图;z 为灰度上界;$m_1(T_{\mathrm{w}})$和 $m_2(T_{\mathrm{w}})$均为类内均值,分别代表该阈值下目标和背景的平均灰度。

$$m_1(T_{\mathrm{w}})=\frac{1}{\sum_{f=0}^{\lfloor T_{\mathrm{w}}\rfloor}h(f)}\sum_{f=0}^{\lfloor T_{\mathrm{w}}\rfloor}f\times h(f) \tag{5.6.33}$$

$$m_2(T_{\mathrm{w}})=\frac{1}{\sum_{f=\lfloor T_{\mathrm{w}}\rfloor+1}^{z}h(f)}\sum_{f=\lfloor T_{\mathrm{w}}\rfloor+1}^{\lfloor T_{\mathrm{w}}\rfloor}f\times h(f) \tag{5.6.34}$$

在计算中,z 对式(5.6.33)进行归一化处理,则式(5.6.33)是基于某一阈值 n 的噪声图像和去噪后图像之间的信息量差异度量结果,在图像灰度范围内搜索 T_{w} 值,则式(5.6.33)可以得到最小值 n,即所需要的最佳去噪阈值。

基于 PCNN 和图像熵改进的各向异性扩散滤波架构如下:

步骤 1:用 PCNN 模型处理加噪图像,并计算边缘检测算子 E_k。

步骤 2:阈值寻优,计算最佳去噪阈值 $T_{\mathrm{w-opt}}$。

① 初始化阈值 $T_{\mathrm{w}}(k+1)=\mathrm{e}^{-t}T_{\mathrm{w}}(k)$,$t$ 为阈值衰减时间,设为 0.1,k 为迭代次数;

② 按式(5.6.33)和式(5.6.34)计算目标的平均灰度和背景的平均灰度:

计算 $D_1=\sum_{f=0}^{\lfloor T_{\mathrm{w}}\rfloor}\left[f\times h(f)\times\ln\frac{f}{m_1(T_{\mathrm{w}})}+m_1(T_{\mathrm{w}})\times h(f)\times\ln\frac{m_1(T_{\mathrm{w}})}{f+\varepsilon}\right]$,得到目标交叉熵;

计算 $D_2=\sum_{f=\lfloor T_{\mathrm{w}}\rfloor+1}^{z}\left[f\times h(f)\times\ln\frac{f}{m_2(T_{\mathrm{w}})}+m_2(T_{\mathrm{w}})\times h(f)\times\ln\frac{m_2(T_{\mathrm{w}})}{f+\varepsilon}\right]$,得到背景交叉熵;

③ 将步骤②中的 D_1 和 D_2 代入式(5.6.32)中,得到整幅图的交叉熵,即 $D(\boldsymbol{P},\boldsymbol{Q}:T_{\mathrm{w}})=D_1+D_2$;

④ 计算最小交叉熵 $D_{\min}=\min(D(\boldsymbol{P},\boldsymbol{Q}:T_{\mathrm{w}}))$,$\min(\cdot)$为取最小值运算,此时将 $D_{\min}$ 对应的迭代次数代入步骤①中,得到最佳阈值 $T_{\mathrm{w-opt}}$。

步骤 3:按照上面两个步骤计算出的边缘检测算子 E_k 和最佳去噪阈值 $T_{\mathrm{w-opt}}$,由式(5.6.31)进行处理,得到去噪图像。

2. 模型的 AOS 数值算法

用加性算子分裂算法(AOS 算法)求式(5.6.30)的解,其简化过程如下:

用一维矩阵向量表示时,其迭代公式为

$$I(k+1)=[I-2\Delta tA(I(k))]^{-1}I(k) \tag{5.6.35}$$

式中,Δt 是时间步长;$A(I(k))=a_{ij}(I(k))$,且

$$a_{ij}(I(k))=\begin{cases}\dfrac{\gamma_i(k)+\gamma_j(k)}{2h^2}, & j\in\mathbb{N}\\ -\sum\limits_{k\in N_i}\dfrac{\gamma_i(k)+\gamma_j(k)}{2h^2}, & j=i\\ 0, & \text{其他}\end{cases}\tag{5.6.36}$$

式中，$\gamma_i=g_i(\nabla I,E_k)$；$\mathbb{N}$ 是自然数集；h 是离散化步长。以此类推，当用 k 维向量表示时，其迭代公式为

$$I(k+1)=\left[I-2\Delta t\sum_{l=1}^{k}A_i(I(k))\right]^{-1}I(k)\tag{5.6.37}$$

式中，矩阵 $\mathbf{A}_l=(a_{ijl})_{ij}$ 对应 l 方向的坐标轴。

(1) 当 $i=1,2,\cdots,N$ 时，计算 $(I-2\Delta tA_{x,i}(k))$ 的三个对角线上元素：$(\alpha_n^{(i)},n=1,2,\cdots,N)$，$(\beta_n^{(i)},n=1,2,\cdots,N-1)$，$(\gamma_n^{(i)},n=2,3,\cdots,N)$，并采用追赶法求解 $(I-2\Delta tA_{x,i}(k))I_{1i}(k+1)=I_{1i}(k)$，得 $I_1(k+1)$。

(2) 当 $j=1,2,\cdots,M$ 时，同样计算 $(I-2\Delta tA_{y,j}(k))$ 的三个对角线上元素，并采用追赶法求解 $(I-2\Delta tA_{y,j}(k))I_{2j}(k+1)=I_{2j}(k)$，得 $I_2(k+1)$。

(3) 计算 $I(k+1)=\frac{1}{2}(I_1(k+1)+I_2(k+1))$，这样便完成了一次迭代，按照上述过程计算，便得到较理想图像。

5.6.4 仿真实验与结果分析

为了比较不同模型的去噪效果，以均方差(mean square error，MSE)、峰值信噪比(peak signal-to-noise ratio，PSNR)和清晰度作为质量评价指标，它们的定义分别为

$$\text{MSE}=\frac{\sum\limits_{i=1}^{W}\sum\limits_{j=1}^{H}[\hat{I}(i,j)-I_0(i,j)]^2}{W\times H}\tag{5.6.38}$$

$$\text{PSNR}=10\lg\left(\frac{255^2}{\text{MSE}}\right)\tag{5.6.39}$$

$$\begin{aligned}\text{Definition}=\frac{1}{W\times H}\sum_{i=1}^{W}\sum_{j=1}^{H}[(\hat{I}(i,j)-\hat{I}(i-1,j))^2+\\(\hat{I}(i,j)-\hat{I}(i,j-1))^2]^{1/2}\end{aligned}\tag{5.6.40}$$

图像的分辨率为 $W\times H$，用于加噪图像时，$\hat{I}$ 为加噪图像；用于各模型处理后图像时，$\hat{I}$ 为各模型处理后的图像；$\hat{I}_0$ 均为原始图像，即 $\hat{I}$ 和 $\hat{I}_0$ 为用于比较的两幅图像，$\hat{I}(i,j)-\hat{I}(i-1,j)$ 与 $\hat{I}(i,j)-\hat{I}(i,j-1)$ 分别为 $\hat{I}$ 沿 x 和 y 方向的差分，MSE 越小越好、PSNR 越大越好，清晰度反映图像的细节反差和纹理特征，其值越大越好。

现分别对自然图像 Barbara(600×600)和真实图像 Buddha(600×600)加方差为 20 的加性高斯随机噪声进行实验，如图 5.9 所示。并与正则化 PM 模型、ROF 模型和 IEAD 模型进行比较。对 Barbara 图像分别采用 PM 模型、ROF 模型和 IEAD 模型进行平滑。其中，时间步长(Δt)均为 5、迭代次数均为 7、PM 模型的扩散系数取式(5.6.17)，阈值取 10；ROF 模型 $\lambda=0.02$；IEAD 模型窗口大小为 5×5。PCNN-IEAD 模型中，$\boldsymbol{w}=[0.51\ 0.5;\ 101;\ 0.51\ 0.5]$，

$\boldsymbol{M}=\boldsymbol{w}$ ，$F=Y$，$L=Y$，$U=Y$，$E=Y$，$\alpha_{\mathrm{L}}=1.0$，$\alpha_{\mathrm{E}}=1.0$，$\alpha_{\mathrm{F}}=0.1$，$V_{\mathrm{F}}=0.5$，$V_{\mathrm{L}}=0.2$，$V_{\mathrm{E}}=20$，$\beta=0.1$。平滑结果如图 5.10 所示；评价指标如表 5.1 所示。图 5.11 是 Barbara 图像局部放大效果。为了更好地显示滤波前后图像边缘纹理等细节信息情况，采用 Canny 算子对各种模型滤波结果进行边缘检测，如图 5.12 所示。

(a) Barbara图像　　(b) Buddha图像

图 5.9　用于数值实验的加噪图像

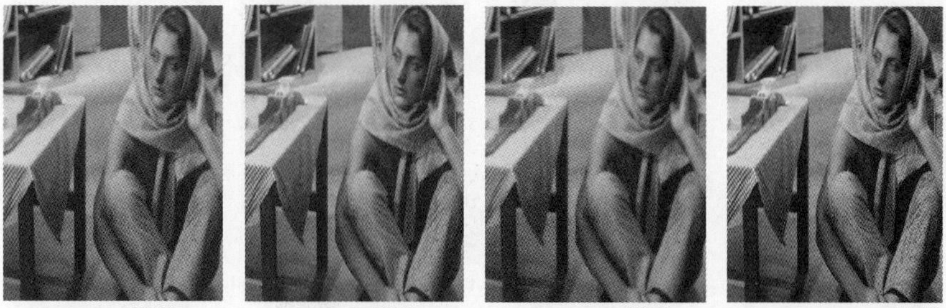

(a) PM模型　　(b) ROF模型　　(c) IEAD模型　　(d) PCNN-IEAD模型

图 5.10　各模型平滑后的 Barbara 图像

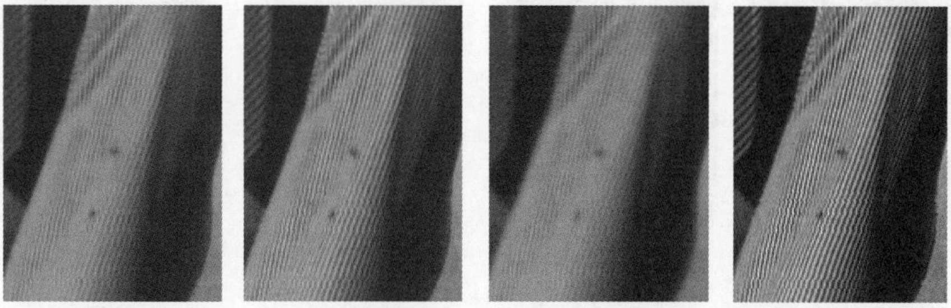

(a) PM模型　　(b) ROF模型　　(c) IEAD模型　　(d) PCNN-IEAD模型

图 5.11　各模型平滑后局部放大的 Barbara 图像

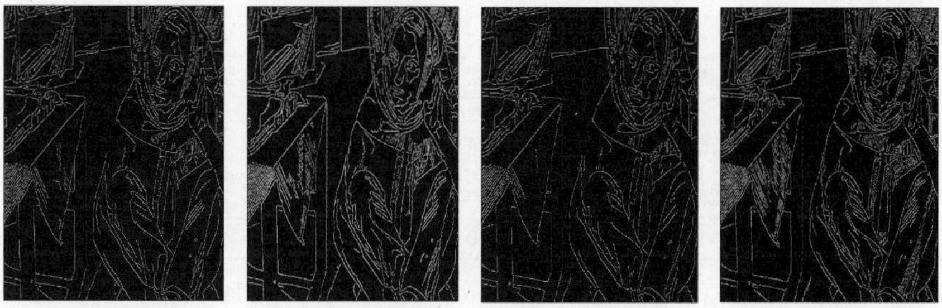

(a) PM模型　　(b) ROF模型　　(c) IEAD模型　　(d) PCNN-IEAD模型

图 5.12　各模型平滑后边缘提取图像的 Barbara 图像

现开展真实图像 Buddha 4 个模型滤波实验，以进一步观察各模型对图像的处理效果。参数设置与 Barbara 图像的参数设置相同。滤波结果如图 5.13 所示；评价指标如表 5.1 所示。

为了更好地显示各模型的滤波效果，对图像的脸部进行局部放大，结果如图 5.14 所示。采用 Canny 算子对各种模型滤波结果进行边缘检测的结果如图 5.15 所示。

(a) PM模型　(b) ROF模型　(c) IEAD模型　(d) PCNN-IEAD模型

图 5.13　各模型平滑后的 Buddha 图像

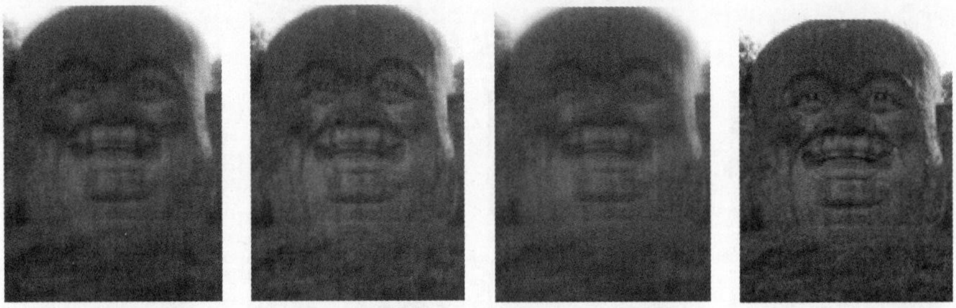

(a) PM模型　(b) ROF模型　(c) IEAD模型　(d) PCNN-IEAD模型

图 5.14　各模型平滑后局部放大的 Buddha 图像

(a) PM模型　(b) ROF模型　(c) IEAD模型　(d) PCNN-IEAD模型

图 5.15　各模型平滑后边缘提取图像的 Buddha 图像

表 5.1　各图像使用不同去噪模型的 MSE、PSNR 与清晰度比较

图像	项目	加噪图像	PM 模型	ROF 模型	IEAD 模型	PCNN-IEAD 模型
Barbara	MSE	396.8103	74.7408	29.0986	112.9350	3.0556×10^{-5}
	PSNR	22.1450	29.3952	33.4921	27.6025	93.2799
	清晰度	2.3802	87.6246	106.2456	76.7356	132.2020
Buddha	MSE	352.4852	62.8808	28.6591	94.6936	8.333×10^{-6}
	PSNR	22.6594	30.1456	33.5582	28.3676	98.9226
	清晰度	2.3129	84.1590	102.2251	74.8052	132.3889

图 5.10(a)和图 5.10(b)显示的整体可视效果，图 5.11(a)和图 5.11(b)显示的局部放大可视效果表明，PM 模型和 ROF 模型均具有一定的去噪性能，但图像较模糊；图 5.12(a)和图 5.12(b)表明，角点、尖峰、窄边缘和纹理等重要信息被去除，这是因为 PM 模型和 ROF 模型都是用梯度作为边缘检测算子来进行边缘检测的，容易受噪声的影响，所以图像细节被磨光。图 5.10(c)、图 5.13(c)和图 5.11(c)、图 5.14(c)表明，由于 IEAD 模型是针对乘性噪声设

计的，因此对加性噪声去噪效果一般，而且在强噪声情况下，也不能完整地保留图像区域的边缘信息。图 5.12(c)、图 5.15(c)表明，Barbara 图像中头巾、桌布和裤子和 Buddha 图像中树木、石碑等丢失了很多重要信息。图 5.11(d)、图 5.14(d)和图 5.12(d)、图 5.15(d)表明，PCNN-IEAD 模型处理后的图像可视效果最好。表 5.1 表明，PCNN-IEAD 模型的 MSE 最小，PSNR 和清晰度最高，与滤波图像的可视性保持一致。

此外，为了进一步验证 PCNN-IEAD 模型性能，以图像 PSNR 和结构相似度为评价指标，用不同方差的噪声进行实验，结果见图 5.16。图 5.16 表明，随着噪声方差的增大，PCNN-IEAD 模型处理后的图像清晰度一直在增强，并且清晰度最高，较完整地保留了图像区域的信息，这是因为 PCNN 能使具有相似输入的神经元同时产生脉冲，不仅能克服幅度上微小变化造成的影响，而且能较完整地保留图像的区域信息；使用图像熵作为边缘检测算子，克服了仅用梯度作为边缘检测算子的弊端，提高了边缘检测能力；采用最小交叉熵设计的最佳阈值来控制扩散强度，能有效去除图像的噪声和保护图像的边缘纹理等细节信息。

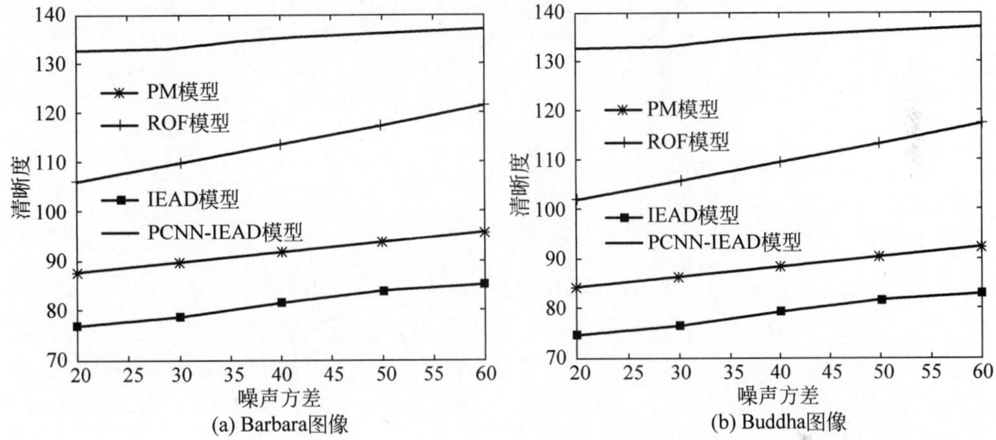

图 5.16 模型不同方差下的清晰度

各模型平滑图像的运行时间见图 5.17。图 5.17 表明，PCNN-IEAD 模型的运行时间虽然较经典的 PM 模型和 ROF 模型的运行时间慢，但较 IEAD 模型的运行时间快。一方面，是由于该模型充分利用 PCNN 计算图像熵序列，所有的操作仅对受噪声污染的像素点进行处理，而对其他的像素点不处理，大幅减少了运行时间；另一方面，由于采用 AOS 算法进行数值化分解，并用追赶法进行求解，进一步减少了运行时间。

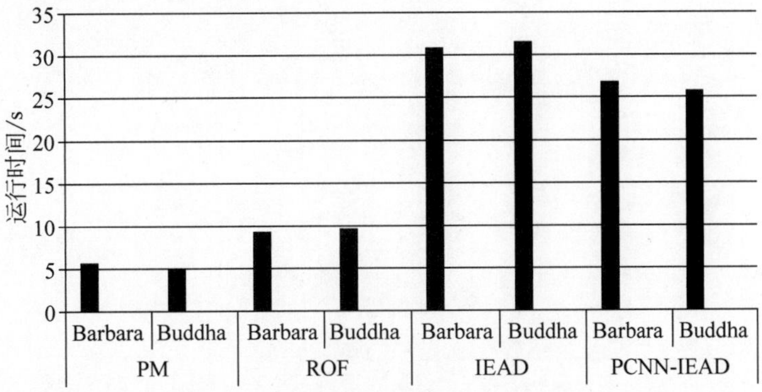

图 5.17 各模型平滑图像的运行时间

第三篇　卷积神经网络篇

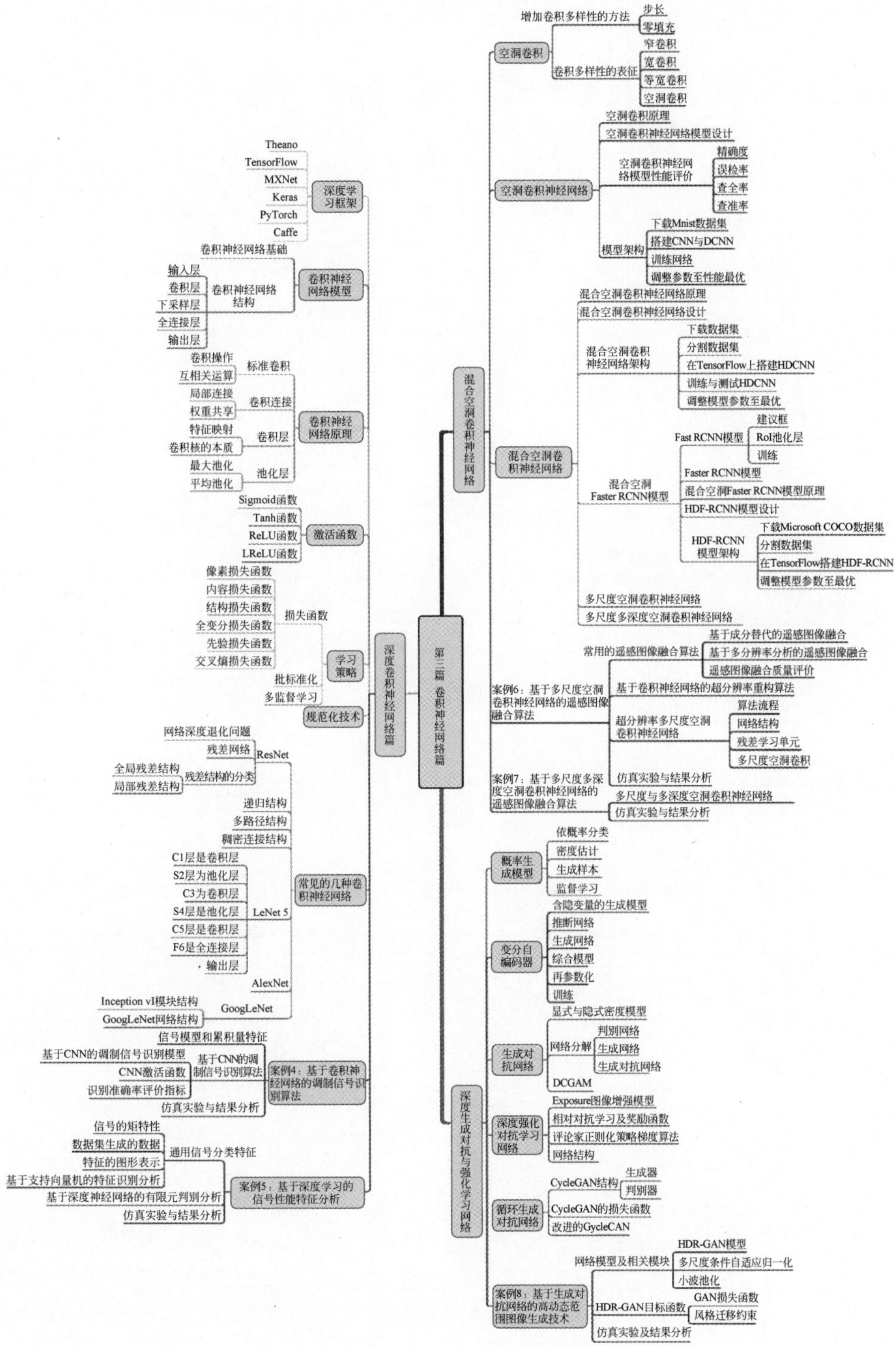

第三篇
视频讲解

第6章 深度卷积神经网络

CHAPTER 6

【导语】 从卷积神经网络基础出发，引出了卷积神经网络整体结构和简单组成架构；从卷积运算入手，着重分析了卷积神经网络原理、学习策略和规范化技术；在阐述几种常见的卷积神经网络之后，通过调制识别的两个实例，详细给出了如何将卷积神经网络应用于解决实际问题的方法、过程与效果，架起了卷积神经网络和需要解决问题方法之间的桥梁。

卷积神经网络(convolutional neural network，CNN)是一种著名的深度学习模型，其名称的由来是因为卷积运算被引入其中。CNN可以归类为多层前馈神经网络，但与传统的多层前馈神经网络不同，CNN的输入是二维模式(如图像)，其连接权是二维权矩阵(也称为卷积核)，基本操作是二维离散卷积和池化。由于CNN可以直接处理二维模式，所以它在计算机视觉、图像分类、目标检测和目标跟踪等许多领域得到了非常广泛的应用。

本章主要介绍深度学习框架，CNN的结构、原理及应用研究成果。

6.1 深度学习框架

近几年，深度学习技术大爆炸式发展，除了理论方面的突破，还有基础架构的突破，这些都奠定了深度学习繁荣发展的基础。著名的深度学习平台，包括Theano、TensorFlow、MXNet、Keras、PyTorch和Caffe等有关框架，如表6.1所示。

表6.1 主流深度学习框架

框 架	发 布 方	开 发 语 言	适合模型	特 性
Caffe 1.0	加利福尼亚大学伯克利分校	C++/CUDA	CNN	适合前馈网络和图像处理、微调已有的网络；定型模型，无须编写任何代码
TensorFlow	谷歌公司	C++/CUDA/Python	CNN/RNN/RL	计算图抽象化，易于理解；编译时间快于Theano；用TensorBoard进行可视化；支持数据并行和模型并行
Torch	纽约大学	Lua/C/CUDA	CNN/RNN	大量模块化组件，易于组合，易于编写定义层；预定型的模型很多
Theano	蒙特利尔大学	Python C++/CUDA	CNN/RNN	Python+NumPy实现，接口简单，计算图抽象化，易于理解；RNN与计算图配合好；有很多高级包派生
MXNet	亚马逊公司	C++/CUDA	CNN	适合前馈网络和图像处理、微调已有的网络；定型模型，无须编写任何代码；有更多学界用户对接模型；支持GPU、CPU分布式计算

续表

框　架	发　布　方	开发语言	适合模型	特　性
OneFlow	一流科技公司	C++/Python	GLM′ YOLOv5	OneFlow 率先提出了静态调度和流式执行的核心理念，解决了大数据、大模型、大计算带来的异构集群分布式扩展挑战，具有并行模式全、运行效率高、分布式易用、资源节省、稳定性强等优势
MindSpore	华为公司	Python	DNN′ GNN′ GCN′ GAT′	全场景支持、开发友好、动静态图一致性、自动并行，与昇腾处理器配合使用
Jittor	清华大学	Python/CUDA/ C++	NeRF′ Model′ GAN′	完全基于动态编译，使用了创新的统一计算图模式，融合了静态图与动态图的优点。计图框架偏向学术研究，具有很好的探索性
MegEngine	旷世科技公司	C++/P/CUDA	YOLOX′ RepVGG′ ShuffleNet	开源框架，同时支持动态图和静态图，具有训练、推理一体的特点，适用于大规模算法训练
QuantumFlow	乔治梅森大学	Python	QGL (quantum generative learning)/ QFNN	该框架第一次展示了通过协同优化神经网络结构与量子线路设计，可以较传统计算机获得指数级加速，能够在多核计算机上模拟相对较大的量子电路

6.2　卷积神经网络模型

6.2.1　卷积神经网络基础

CNN 是神经网络的扩展，神经元依然是最基本的构成单元。神经元模型图 3.3 可改画为图 6.1。图中，x_n 为神经元的输入，w_n 为对应的权重，b 为偏置，y 为输出。神经元的输出为

$$y_{w,b}(\boldsymbol{x})=g(\boldsymbol{w}^{\mathrm{T}}\boldsymbol{x}+b)=g\left(\sum_{i=1}^{3}w_n x_n+b\right) \tag{6.2.1}$$

若干神经元构成了神经网络，其隐含层由所有中间节点组成，如图 6.2 所示。输入数据通过隐含层处理，抽象到另一个维度空间，实现对特征的线性划分。具有隐含层的神经网络输出为

$$y_{w,b}(\boldsymbol{x})=f(w_{11}^2 a_1^2+w_{12}^2 a_2^2+w_{13}^2 a_3^2+b_1^2) \tag{6.2.2}$$

式中，a_n^l 表示第 l 层第 n 个单元的输出值，且

$$a_1^2=g(w_{11}^1 x_1+w_{12}^1 x_2+w_{13}^1 x_3+b_1^1) \tag{6.2.3}$$

$$a_2^2=g(w_{21}^1 x_1+w_{22}^1 x_2+w_{23}^1 x_3+b_2^1) \tag{6.2.4}$$

$$a_3^2=g(w_{31}^1 x_1+w_{32}^1 x_2+w_{33}^1 x_3+b_3^1) \tag{6.2.5}$$

式中，w_{kj}^l 表示第 l 层的第 k 个节点与第 $l-1$ 层的第 j 个节点间的连接权，$l=1,2$；$k,j=1,2$。

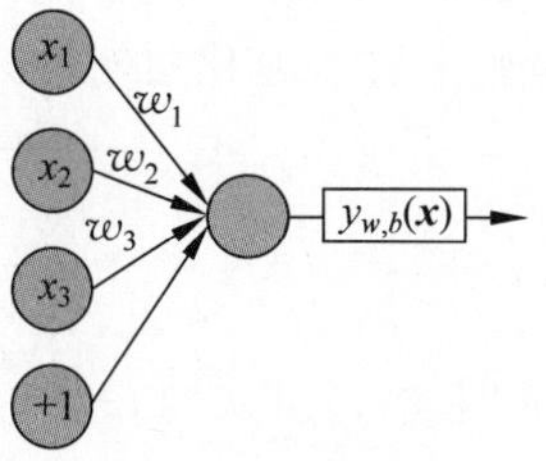

图 6.1 神经元

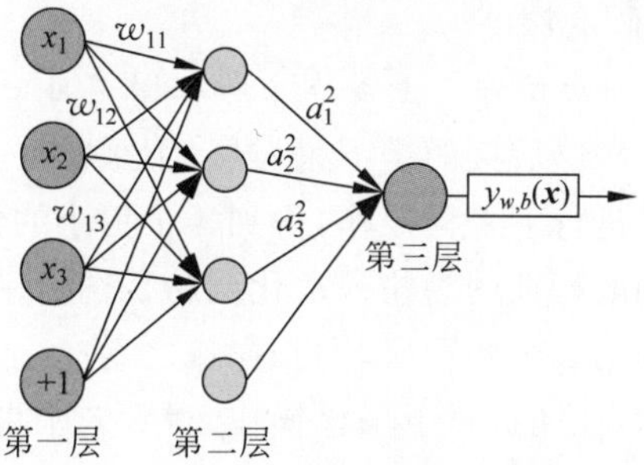

图 6.2 神经网络

6.2.2 卷积神经网络结构

CNN 通常由卷积层、池化层、全连接层交叉堆叠而成，其中卷积层为网络的核心层，如图 6.3 所示。

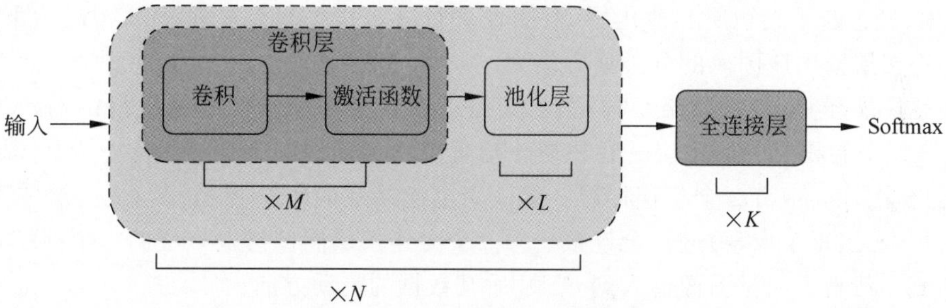

图 6.3 卷积神经网络的整体结构

一个卷积块通常有连续 M 个卷积层和 L 个池化层（M 通常设置为 2～5，L 为 0 或 1），一个卷积网络中可以堆叠 N 个连续的卷积块，然后在后面接着 K 个全连接层（N 的取值区间比较大，如 1～100 或者更大；K 一般为 0～2）。

目前，CNN 的整体结构趋向于采用更小的卷积核（如 1×1 和 3×3）以及更深的结构（如层数大于 50）。此外，由于操作性越来越灵活，池化层（汇聚层或下采样层）的作用变得越来越小，因此，目前比较流行的 CNN 中，池化层的比例正在逐渐降低，趋向于全卷积神经网络。

为了更好地理解 CNN，现以图 6.4 所示的 CNN 为例，简单介绍 CNN 的组成架构。这里暂时不考虑卷积层和下采样层的具体操作，同时假设图像经过卷积层后的输出特征图大小与输入时一致，把研究重心放在 CNN 结构的组织上。

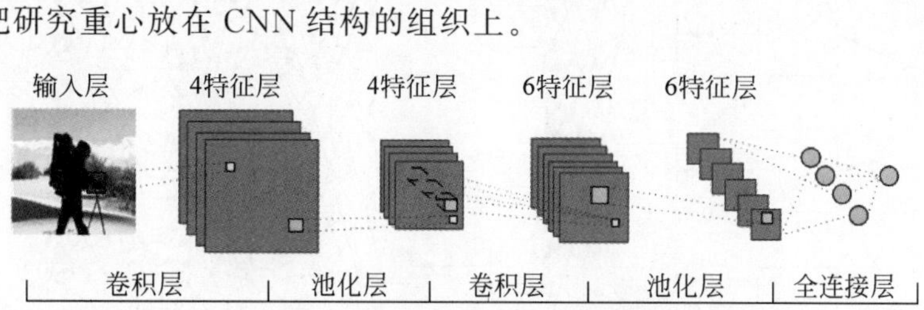

图 6.4 卷积神经网络的组成架构

假设图 6.4 中的输入图像为灰度图 **A**，对应图像矩阵为$(1,w,h)$，1 为单通道，w 和 h 分别对应输入图像的宽和高。首先把灰度图 **A** 作为输入层，然后接一个卷积层。第一个卷积层对输入的图像进行卷积操作后，得到 4 个特征图，每个特征图对应一个卷积核，此时网络模型中的数据存储结构变成$(4,w,h)$。因此，4 个特征图组成的矩阵也被称为“特征矩阵”，这里的

4 代表特征矩阵的深度。

注意：卷积层操作产生多少个特征图是自由设定的，也被称为超参数。

第一个卷积层后接的是下采样层(下采样层一般称为池化层)，池化层对输入的 4 个特征图(特征矩阵)进行下采样操作，得到 4 个更小的特征矩阵($4,w/2,h/2$)。一般来说，对图像进行下采样得到的特征图为输入池化层特征图的一半。

接下来到第二个卷积层，卷积操作之后产生 6 个特征图($6,w/2,h/2$)。之后再接一个池化层，对 6 个特征图进行下采样操作，得到 6 个更小的特征图($6,w/4,h/4$)。

在第二个池化层后面接全连接层。全连接层的每个神经元与上一层的 6 个特征图中每个神经元(每个像素)进行全连接。

整个网络的最后一层是输出层(Softmax 层)，它对全连接后的特征向量进行计算，得到分类评分值。与普通神经网络类似，CNN 中的卷积核都是通过对输入数据集进行梯度下降法训练得到的。

通过上述例子，可以了解 CNN 最简单的架构方式及其数据的传递方式。输入一张图像到 CNN 中，经过若干卷积层和池化层，对图像进行计算操作得到特征图后传递给下一层，最后经过全连接层输出该图像的分类评分结果。

下面逐层展开 CNN 的网络结构，图 6.5 是以图 6.4 为基础的网络模型由输入到输出的过程：输入层→卷积层→池化层→卷积层→池化层→全连接层→全连接层→Softmax 层。与图 6.4 相比，图 6.5 中有 2 个全连接层。第一个全连接层的每个神经元与上一层的 6 个特征图中每个神经元(每个像素)进行全连接。第二个全连接层同样与上一层的每个神经元进行全连接。图 6.5 清晰表明了图像输入到 CNN 后其数据的流动方向。

1. 输入层

输入图像，假设输入图像为[1,32,32]的灰度图，当然也可以输入彩色图。

2. 卷积层

对输入卷积层的图像或者特征图进行卷积操作，输出卷积后的特征图。图 6.5 中定义了第一个卷积层有 4 个卷积核，因此卷积操作后得到的特征矩阵为[4,32,32]；定义第二个卷积层有 6 个卷积核，同理卷积操作后得到的特征矩阵为[6,16,16]。

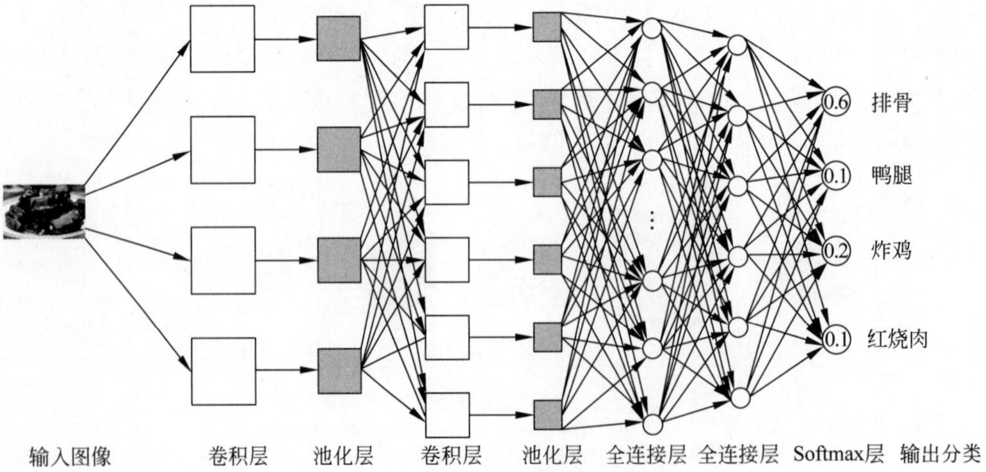

图 6.5 卷积神经网络的结构模型

图 6.5 中，输入一张图片，经过 CNN 后输出分类的结果，其中方框代表图像矩阵，圆形代表神经元，箭头代表数据的流动方向。

3. 池化层

池化层对传入的图像在空间维度上进行下采样操作,使得输入特征图的高和宽均变为原来的一半,本例中将第一次卷积层后得到[4,32,32]大小的特征矩阵作为池化层的输入,输出[4,16,16]大小的特征矩阵,再经过第二个池化层后输出则变成[6,8,8]大小的特征矩阵。

4. 全连接层

全连接层与普通神经网络一样,每个神经元都与输入的所有神经元相互连接,然后经过激活函数进行计算。图6.5中最后一个池化层得到[6,8,8]大小的特征向量,即一共有$6\times8\times8=384$个神经元,假设全连接层的神经元为100,那么全连接产生$384\times100=38\,400$条连接线,后面的全连接层与人工神经网络类似。

5. 输出层

输出层有时也被称为分类层,因为在最后输出时,将会计算每一类别的分类评分值。假设输出的图像分类选项为(排骨、鸭腿、炸鸡、红烧肉),那么输出层的输出为[1,4]大小的矩阵,最终的输出结果为[0.6,0.1,0.2,0.1],输出层选择概率最高的"排骨"作为本次CNN的图像分类任务的预测结果(对应类别的预测概率)。

从上述网络结构可知,CNN逐层对图像的每一个像素值进行计算,最后输出分类评分值。

6.3 卷积神经网络原理

6.3.1 标准卷积

1. 卷积操作

卷积,也叫褶积,是分析数学中一种重要的运算。在信号处理或图像处理中,经常使用一维或二维卷积。

1) 一维卷积

一维卷积常用于计算信号的延迟累积。假设一个信号发生器每个时刻t产生一个信号$x(t)$,其信息的衰减率为$w(t)$,即$t-1$个时间步长后,信息为原来的$w(t)$倍。假设$w(0)=1,w(1)=1/2,w(2)=1/4$,那么在时刻t接收到的信号$y(t)$为当前时刻产生的信息和以前时刻延迟信息的叠加,即

$$\begin{aligned}y(t)&=1\times x(t)+1/2\times x(t-1)+1/4\times x(t-2)\\&=w(0)\times x(t)+w(1)\times x(t-1)+w(2)\times x(t-2)\\&=\sum_{l=0}^{2}w(t)x(t-l)\end{aligned} \tag{6.3.1}$$

式中,$\{w(0),w(1),\cdots\}$为滤波器或卷积核。假设滤波器长度为L,它与一个信号序列$\{x(t),x(t-1),\cdots\}$的卷积为

$$y(t)=\sum_{l=0}^{L-1}w(t)x(t-l) \tag{6.3.2}$$

为了简单起见,假设卷积输出$y(t)$中的t从L开始。

信号序列$\boldsymbol{x}$和滤波器$\boldsymbol{w}$的卷积定义为

$$y=\boldsymbol{w}\otimes\boldsymbol{x} \tag{6.3.3}$$

式中,$\otimes$表示卷积运算,下同。一般情况下,滤波器的长度K远小于信号序列$\boldsymbol{x}$的长度。

通常,可以设计不同的滤波器提取信号序列的不同特征。例如,当滤波器$\boldsymbol{w}=[1/K,1/K,\cdots,$

$1/K$]时,卷积相当于信号序列的简单移动平均(窗口大小为 K);当滤波器 $\boldsymbol{w}=[1,-2,1]$ 时,可以近似实现对信号序列的二阶微分,即

$$x''(t)=x(t+1)+x(t-1)-2x(t) \tag{6.3.4}$$

图 6.6 给出了两个滤波器的一维卷积示例。该图表明,两个滤波器分别提取了输入序列的不同特征。滤波器 $\boldsymbol{w}=[1/3,1/3,1/3]$ 可以检测信号序列中的低频信息,而滤波器 $\boldsymbol{w}=[1,-2,1]$ 可以检测信号序列中的高频信息。

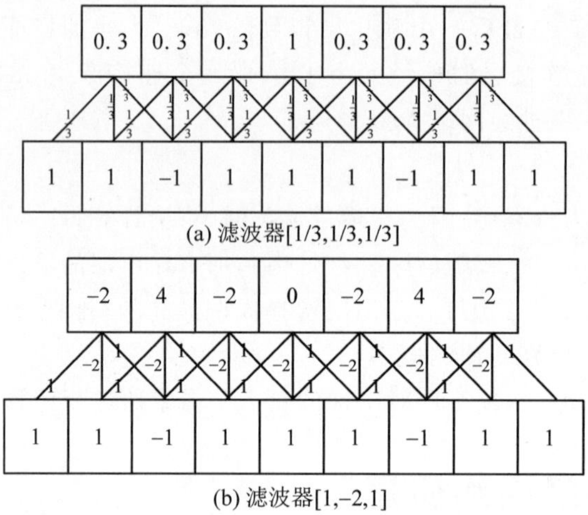

图 6.6 一维卷积

2)二维卷积

在图像处理中,由于图像是一个二维结构,所以需要将一维卷积扩展为二维卷积。对于给定的一幅图像 $\boldsymbol{X}\in\mathbb{R}^{W\times H}$ 和一个滤波器 $\boldsymbol{w}\in\mathbb{R}^{U\times V}$,一般 $U\ll W, V\ll H$,其卷积为

$$y_{ij}=\sum_{u=1}^{U}\sum_{v=1}^{V}w(u,v)x(i-u+1,j-v+1) \tag{6.3.5}$$

为了简单起见,假设卷积的输出 y_{ij} 的下标 (i,j) 从 (U,V) 开始。

输入信息 $\boldsymbol{X}$ 和滤波器 $\boldsymbol{w}$ 的二维卷积定义为

$$Y=\boldsymbol{w}\otimes\boldsymbol{X} \tag{6.3.6}$$

图 6.7 给出了二维卷积示例。

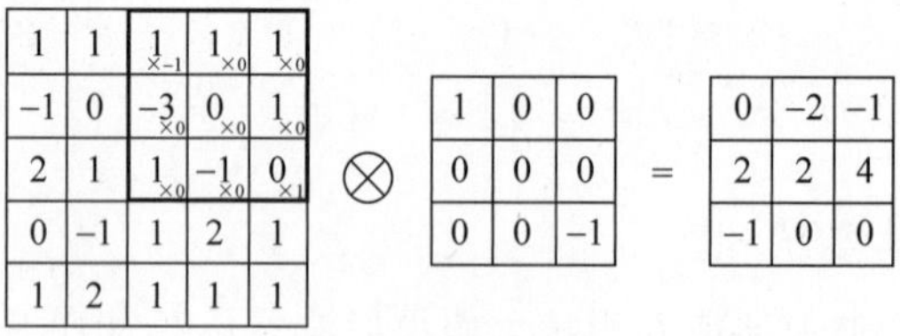

图 6.7 二维卷积

在图像处理中,常用的均值滤波就是一种二维卷积,将当前位置的像素值设为滤波器窗口中所有像素的平均值,即

$$\boldsymbol{w}(u,v)=\frac{1}{UV} \tag{6.3.7}$$

在图像处理中,卷积经常作为特征提取的有效方法。一幅图像在经过卷积操作后得到的结果称为特征映射。图 6.8 给出了图像处理中几种常用的滤波器及其对应的特征映射,图中最上面的滤波器是常用的高斯滤波器,可以对图像平滑去噪;中间和最下面的滤波器可以提

取边缘特征。

2. 互相关运算

在机器学习和图像处理领域,卷积的主要功能是在一个图像(或某种特征)上滑动一个卷积核(即滤波器),通过卷积操作得到一组新的特征。在卷积计算过程中,需要进行卷积核翻转。在具体实现上,一般会以互相关操作来代替卷积,从而会减少一些不必要的操作或开销。互相关是一个衡量两个序列相关性的函数,通常采用滑动窗口的点积计算来实现。给定一个图像 $\boldsymbol{X} \in \mathbb{R}^{W \times H}$ 和卷积核 $\boldsymbol{w} \in \mathbb{R}^{U \times V}$,它们的互相关为

$$y_{ij} = \sum_{u=1}^{U} \sum_{v=1}^{V} \boldsymbol{w}(u,v) x(i+u-1, j+v-1) \tag{6.3.8}$$

图 6.8 图像处理中几种常用的滤波器

与式(6.3.5)比较可知,互相关和卷积的区别仅仅在于卷积核是否进行翻转。因此,互相关也可以称为不翻转卷积。式(6.3.8)可以写为

$$\boldsymbol{Y} = \boldsymbol{w} \odot \boldsymbol{X} = \text{rot180}(\boldsymbol{w}) \otimes \boldsymbol{X} \tag{6.3.9}$$

式中,$\odot$表示互相关运算;rot180(·)表示旋转 180°;$\boldsymbol{Y} \in \mathbb{R}^{D-U+1, H-V+1}$为输出矩阵。

在卷积神经网络中,使用卷积是为了进行特征抽取,卷积核是否进行翻转和其特征抽取的能力无关。特别是当卷积核为可学习的参数时,卷积核互相关在能力上是等价的。因此,为了实现上(或描述上)的方便,用互相关来代替卷积。事实上,很多深度学习工具中的卷积操作其实都是互相关操作。

6.3.2 卷积连接

在深度网络中,用卷积代替全连接是非常必要的。在全连接前馈神经网络中,如果第 l 层有 M_l 个神经元,第 $l-1$ 层有 M_{l-1} 个神经元,则连接权重矩阵有 $M_l \times M_{l-1}$ 个元素。当 M_l 和 M_{l-1} 都很大时,权重矩阵的元素非常多或维数非常大,训练效率会非常低。

如果采用卷积来代替全连接,第 l 层的净输入 z^l 为第 $l-1$ 层活性值 a^{l-1} 和卷积核$\boldsymbol{w}^l \in \mathbb{R}^K$的卷积,即

$$z^l = \boldsymbol{w}^l \otimes a^{l-1} + b^l \tag{6.3.10}$$

式中，卷积核$\boldsymbol{w}^l \in \mathbb{R}^K$为可学习的权重向量；$b^l \in \mathbb{R}$为可学习的偏置。

1. 局部连接

在卷积层第l层中的每一个神经元都只和下一层（第$l-1$层）中某个局部窗口内的神经元相连，构成一个局部连接网络。当前卷积层和下一个卷积层之间的连接数大幅减少，由原来的$M_l \times M_{l-1}$个连接变为$M_l \times K$个连接，K为卷积核大小。局部连接或稀疏连接与全连接的图形化解释，如图6.9和图6.10所示。

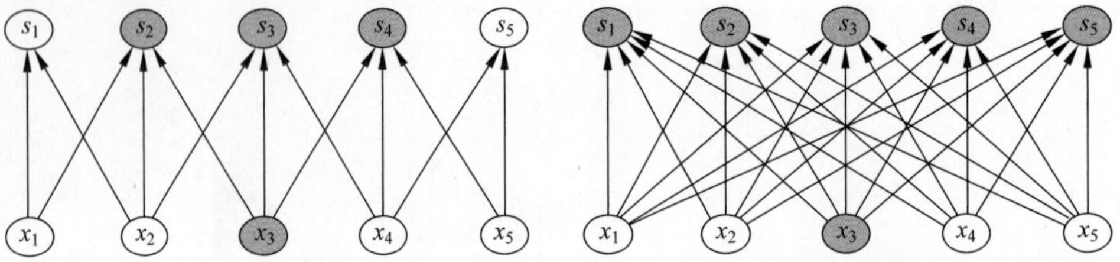

(a) 局部连接　　(b) 全连接

图 6.9　输入单元x_3以及在s中受该单元影响的输出单元

图6.9(a)中，当s是由核宽度为3的卷积产生时，只有3个输出受x_3的影响。图6.9(b)中，当s是由矩阵乘法产生时，连接不再是稀疏的，所以，所有的输出都会受x_3的影响。

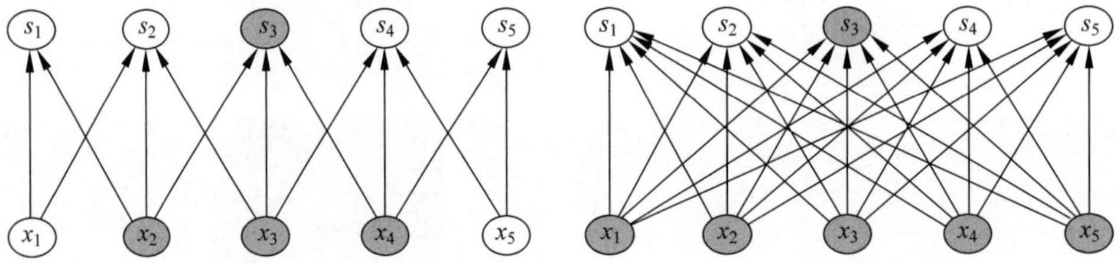

(a) 稀疏连接　　(b) 全连接

图 6.10　输出单元s_3以及在x中受该单元影响的输入单元

图6.10中，强调了一个输出单元s_3以及在x中受该单元影响的输入单元。这些单元被称为s_3的接收域。图6.10(a)中，当s是由核宽度为3的卷积产生时，只有3个输入影响s_3。图6.10(b)中，当s是由矩阵乘法产生时，连接不再是稀疏的，所以，所有的输入都会影响s_3。

在深度卷积神经网络中，处在网络深层的单元可能与绝大部分输入是间接交互的，如图6.11所示。这里，允许网络可以通过只描述稀疏交互的基石来高效地描述多个变量的复杂交互。

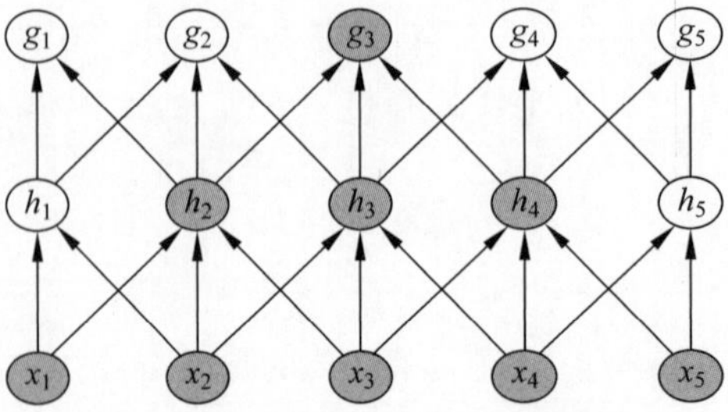

图 6.11　卷积网络更深层中的单元

图6.11中，处于卷积网络更深层中的单元的接收域要比处在浅层的单元的接收域更大。如果网络还包含类似步幅卷积或者池化之类的结构特征，这种效应会加强。这意味着，在卷积网络中尽管直接连接很稀疏，但是处在更深层中的单元可以间接地连接到全部或者大部分输入图像。

2. 权重共享

由式(6.3.10)可知,作为参数的卷积核$\boldsymbol{w}^l$对于第l层的所有神经元都是相同的,如图6.12所示,所有相同颜色连接上的权重是相同的。

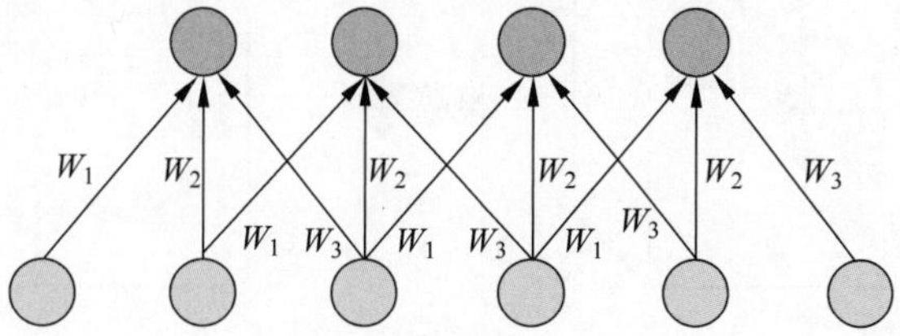

图6.12　权重共享

权重共享可以理解为一个卷积核只捕捉输入数据中的一种特定的局部特征。因此,如果要提取多种特征就需要使用多个不同的卷积核。

由于局部连接和权重共享,卷积层的参数只有一个K维的权重$\boldsymbol{w}^l$和l维的偏置b^l,共$K+l$个参数。参数个数和神经元的数量无关。此外,第l层的神经元个数不是任意选择的,而需满足$M_l=M_{l-1}-K+l$。

6.3.3 卷积层

卷积层的作用是提取一个局部区域的特征,不同的卷积核相当于不同的特征提取器。由于卷积神经网络主要应用于图像处理,而图像为二维结构,因此为了更充分地利用图像的局部信息,通常将神经元组织为三维结构的神经层,其大小为高度$H\times$宽度$W\times$深度C,由C个$H\times W$大小的特征映射构成。

1. 特征映射

特征映射为一幅图像(或其他特征映射)经过卷积提取到的特征,每个特征映射可以作为一类抽取的图像特征。为了提高卷积神经网络的表示能力,可以在每一层使用多个不同的特征映射,以更好地表示图像的特征。

在输入层,特征映射就是图像本身。如果是灰度图像,只有一个特征映射,输入层的深度$C=1$;如果是彩色图像,分别有RGB三个颜色通道的特征映射,输入层的深度$C=3$。不失一般性,假设一个卷积层结构如下:

(1) 输入特征映射组:$\boldsymbol{x}\in\mathbb{R}^{H\times W\times C}$为三维张量,其中每个切片矩阵$\boldsymbol{x}^c\in\mathbb{R}^{H\times W}$为一个输入特征映射,$1\leqslant c\leqslant C$;

(2) 输出特征映射组:$\boldsymbol{y}\in\mathbb{R}^{H'\times W'\times Q}$为三维张量,其中每个切片矩阵$\boldsymbol{y}^q\in\mathbb{R}^{H'\times W'}$为一个输出特征映射,$1\leqslant q\leqslant Q$;

(3) 卷积核:$\boldsymbol{w}\in\mathbb{R}^{U\times V\times Q\times C}$为四维张量,其中每个切片矩阵$\boldsymbol{w}^{q,c}\in\mathbb{R}^{U\times V}$为一个二维卷积核,$1\leqslant q\leqslant Q$,$1\leqslant c\leqslant C$。

图6.13给出了卷积层的三维结构表示。

为了计算输出特征映射$\boldsymbol{y}^q$,用卷积核$\boldsymbol{w}^{q,1},\boldsymbol{w}^{q,2},\cdots,\boldsymbol{w}^{q,C}$分别对输入特征映射$\boldsymbol{x}^1,\boldsymbol{x}^2,\cdots,\boldsymbol{x}^C$进行卷积,然后将卷积结果相加,并加上一个标量偏置$b$得到卷积层的净输入$\boldsymbol{z}^q$,再经过非线性激活函数得到输出特征映射$\boldsymbol{y}^q$。

$$z^q=\boldsymbol{w}^q\otimes\boldsymbol{x}+b^q=\sum_{c=1}^{C}\boldsymbol{w}^{q,c}\otimes\boldsymbol{x}^c+b^q \tag{6.3.11}$$

$$y^q=g(z^q) \tag{6.3.12}$$

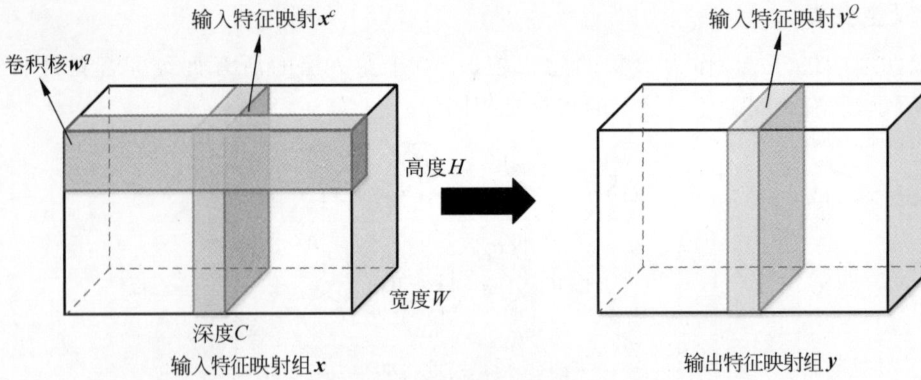

图 6.13 卷积层的三维结构表示

式中，$w^q \in \mathbb{R}^{U\times V\times C}$ 为三维卷积核；$g(\cdot)$为非线性激活函数，一般用 ReLU 函数。

整个计算过程如图 6.14 所示，如果希望卷积层输出 Q 个特征映射，可以将上述计算过程重复 Q 次，得到 Q 个输出特征映射 $y^1, y^2, \cdots, y^Q$。

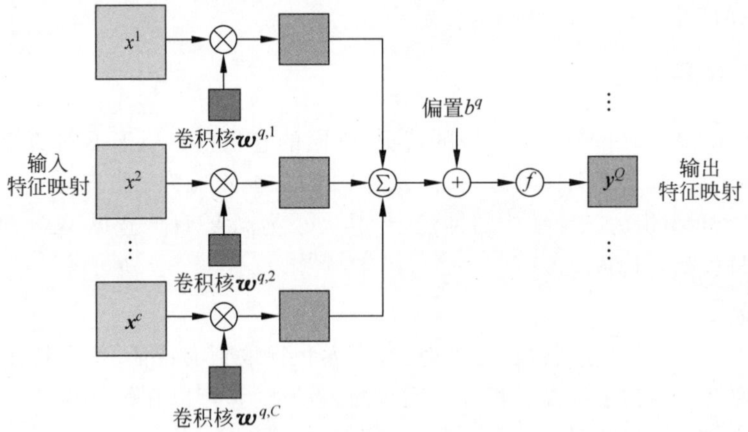

图 6.14 卷积层映射关系

在输入 $x \in \mathbb{R}^{H\times W\times C}$、输出 $y \in \mathbb{R}^{H'\times W'\times Q}$ 的卷积层中，每个输出特征映射都需要 C 个卷积核以及一个偏置。假设每个卷积核的大小为 $U\times V$，那么共需要 $Q\times C\times(U\times V)+Q$ 个参数。

2. 卷积核的本质

卷积核本质上是一个滤波器，以一定的步长通过滑窗方式在输入图像上滑动来遍历整幅图像像素点，每次滑动只处理和卷积核大小相同的局部区域。当输入为多维图像或者特征图时，卷积核需设计为多通道，且通道数要与输入一致以满足多通道同时卷积，而输出特征图的通道数目与卷积核的个数相等。假设输入图像大小为 $H_1\times W_1\times C_1$，首先对边界进行 P 个像素填充，再通过 K 个 $F\times F$ 大小的卷积核以一定步长 S 滤波得到的特征图大小为 $H_2\times W_2\times C_2$，其中

$$W_2=\frac{W_1-F+2P}{S}+1 \tag{6.3.13}$$

$$H_2=\frac{H_1-F+2P}{S}+1 \tag{6.3.14}$$

$$C_2=K \tag{6.3.15}$$

式中，H_i、W_i 和 C_i 分别代表图像的高、宽和通道数。图 6.15 显示三通道 6×6 大小的输入图像，与两个三通道 3×3 卷积核的卷积运算过程，输出为二通道 4×4 的特征图。现以单通道输入图像卷积运算为例，输入图像局部区域的像素值与卷积核中的权重对应做内积输出特征图中的像素值，如图 6.16 所示。

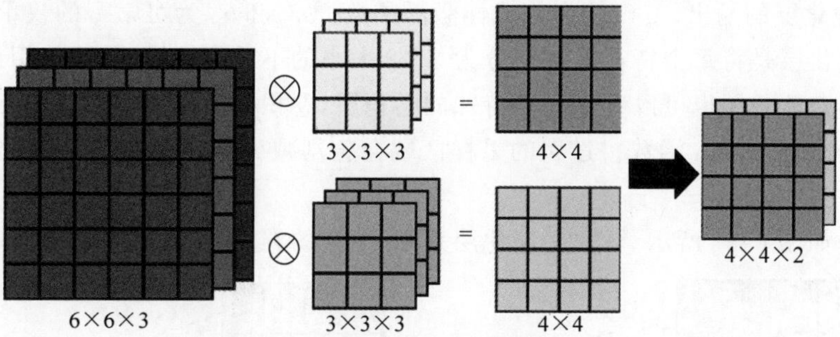

图 6.15　多通道卷积过程

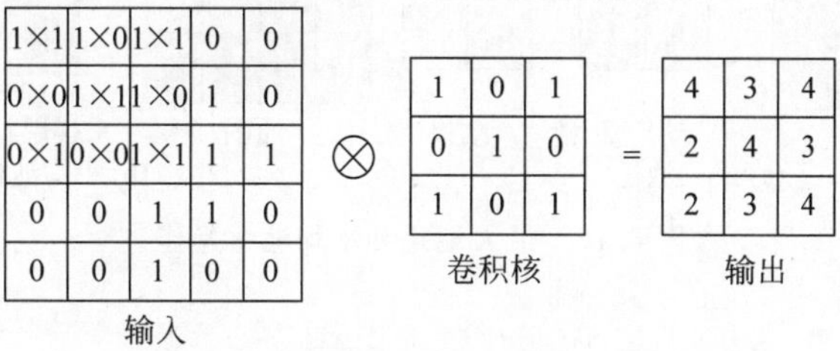

图 6.16　单通道卷积运算过程

6.3.4 池化层

池化层(或下采样层)的作用是进行特征选择，降低特征数量，从而减少参数数量。

卷积层虽然可以显著减少网络中的连接数量，但是特征映射组中的神经元个数并没有显著减少。如果后面接一个分类器，而分类器的输入维数依然很高，那么很容易出现过拟合。为了解决这个问题，可以在卷积层之后加上一个池化层，从而降低特征维数、避免过拟合。

假设池化层的输入特征映射组为 $\boldsymbol{x}\in\mathbb{R}^{H\times W\times C}$，对于其中每一个特征映射 $\boldsymbol{x}^c\in\mathbb{R}^{H\times W}$，$1\leqslant c\leqslant C$，将其划分为很多区域 $R^c_{h,w}$，$1\leqslant h\leqslant H$，$1\leqslant w\leqslant W$，这些区域可以重叠，也可以不重叠。池化是指对每个区域进行下采样得到一个值，作为这个区域的概括。

常用的池化函数有两种：

1. 最大池化

对于一个区域 $R^c_{h,w}$，选择这个区域内所有神经元的最大活性值作为这个区域的表示，即

$$y^c_{h,w}=\max_{i\in R^c_{h,w}} x_i \tag{6.3.16}$$

式中，x_i 为区域 $R^c_{h,w}$ 内每个神经元的活性值。

2. 平均池化

一般是取区域内所有神经元活性值的平均值，即

$$y^c_{h,w}=\frac{1}{|R^c_{h,w}|}\sum_{i\in R^c_{h,w}} x_i \tag{6.3.17}$$

对每个输入特征映射 X^c 的 $H'\times W'$ 个区域进行子采样，得到汇聚层的输出特征映射

$Y^c=\{y^c_{h,w}\}, 1\leqslant h\leqslant H', 1\leqslant w\leqslant W'$。

目前，主流的卷积神经网络中池化层仅包含下采样操作。而在早期的一些卷积网络（如LeNet-5）中，有时也会在池化层使用非线性激活函数，例如

$$y'^c=g(\boldsymbol{w}^c\boldsymbol{y}^c+b^c) \tag{6.3.18}$$

式中，y'^c 为池化层的输出；$g(\cdot)$为非线性激活函数；$\boldsymbol{w}^c$ 和 b^c 为可学习的权重和偏置。

典型的池化层是将每个特征映射划分为 2×2 大小的不重叠区域，然后使用最大池化的方式进行下采样。池化层也可以看作一个特殊的卷积层，卷积核大小为 $F\times F$，步长为 $S\times S$，卷积核为 max 函数或 mean 函数。过大的采样区域会急剧减少神经元的数量，也会造成过多的信息损失。

池化操作如图 6.17 所示。图中，池化层采用 2×2 的卷积核，以 2 为步长滑动。

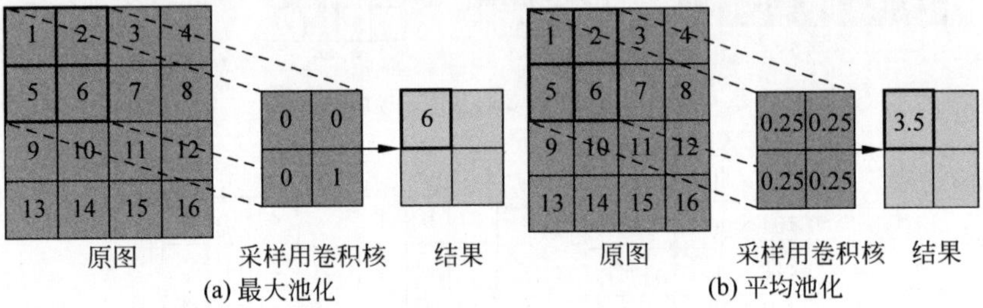

图 6.17 最大池化和平均池化操作

6.4 激活函数

通过激活函数引入非线性因素，提升深层神经网络拟合任意函数的能力，协助卷积层表达复杂特征。激活函数经常被作用在输入数据加权之后。常见的激活函数包括 Sigmoid、Tanh、修正线性单元(rectified linear unit，ReLU)和泄漏修正线性单元(leaky rectified linear unit，LReLU)函数。

Sigmoid：

$$\mathrm{Sigmoid}(x)=\frac{1}{1+\mathrm{e}^{-x}} \tag{6.4.1}$$

Tanh：

$$\mathrm{Tanh}(x)=\frac{\mathrm{e}^{x}-\mathrm{e}^{-x}}{\mathrm{e}^{x}+\mathrm{e}^{-x}} \tag{6.4.2}$$

ReLU：

$$\mathrm{ReLU}(x)=\begin{cases}x, & \text{如果 } x\geqslant 0\\ 0, & \text{如果 } x\leqslant 0\end{cases} \tag{6.4.3}$$

LReLU：

$$\mathrm{LReLU}(x)=\begin{cases}x, & \text{如果 } x\geqslant 0\\ \alpha x, & \text{如果 } x\leqslant 0\end{cases} \tag{6.4.4}$$

式中，α 为较小的非零常数，表示非零斜率。函数的曲线分别如图 6.18～图 6.21 所示。双端饱和的 Sigmoid 函数与 Tanh 函数着重于增益中央区域的信号，在信号特征空间映射上，具有较好的效果；在递推式反向传播过程中，随着层数的增加会导致训练梯度逐渐消失，即存在梯度为 0 的可能。与它们相比，ReLU 函数虽然不是全区间可导，但是在正区间能够更有效地完

成梯度下降以及反向传播，其输入超出特定阈值时神经元才得以激活。ReLU 函数训练时将特征图中所有的负值都设置为 0，以此引入可动态变化的稀疏性，由于其斜率为 1，且单端饱和，梯度在反向传播过程中能够较好地进行传递。同时，ReLU 函数避免了复杂的幂运算，因此在深层神经网络中可加速求解。为解决输入值为负而产生无法学习的静默神经元，LReLU 函数在 ReLU 函数的负半区间引入泄漏值 α，即非零斜率。由于全区间内导数不为零，LReLU 函数能够有效减少静默神经元的出现，改善基于梯度的学习过程。

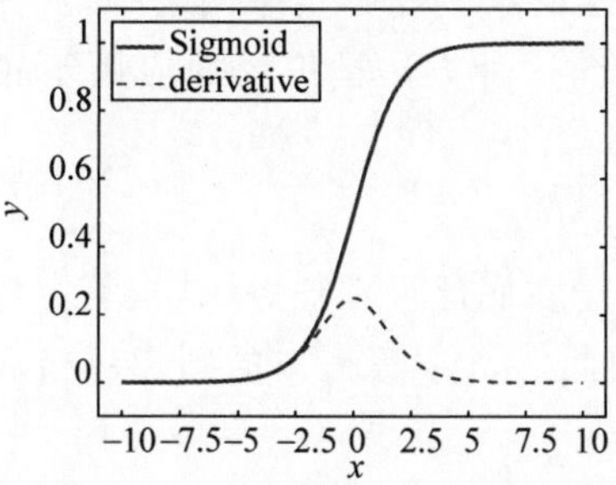

图 6.18　Sigmoid 原函数及导函数曲线

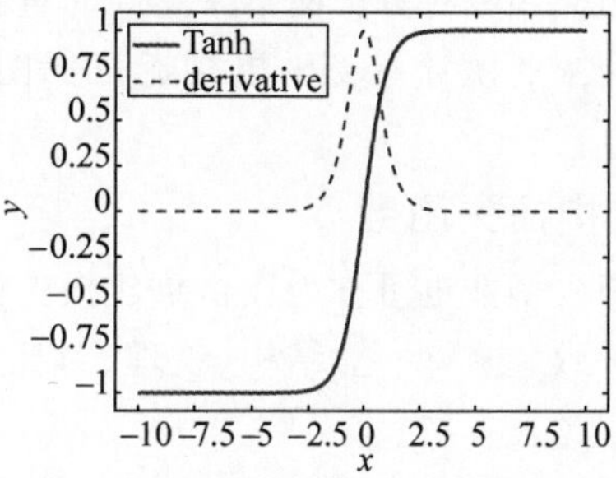

图 6.19　Tanh 原函数及导函数曲线

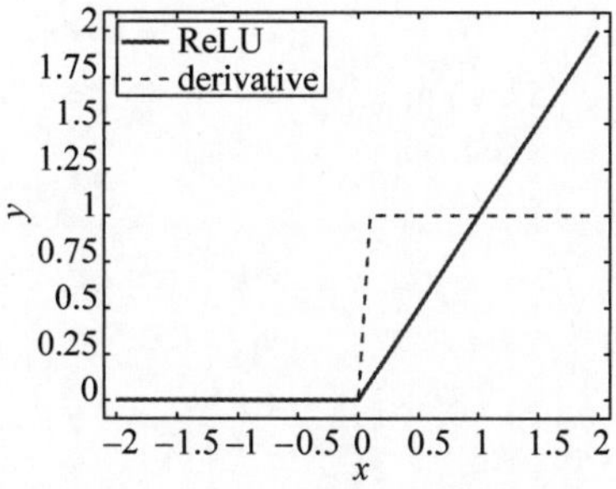

图 6.20　ReLU 原函数及导函数曲线

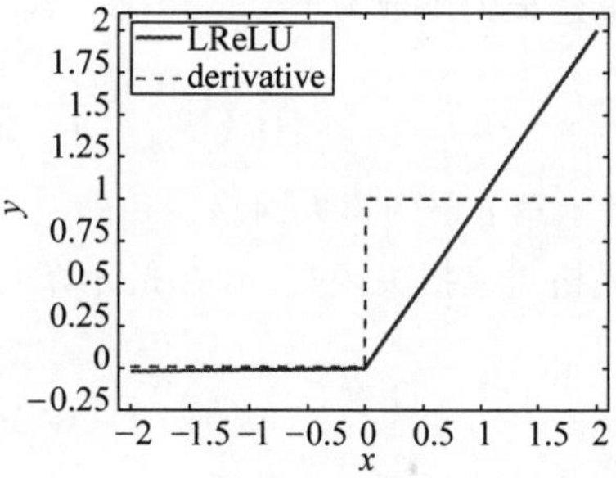

图 6.21　LReLU 原函数及导函数曲线

6.5　学习策略

6.5.1　损失函数

对卷积神经网络而言，损失函数是衡量模型输出和标签之间误差的标准，从而引导模型的优化过程。损失函数可分为像素损失函数、内容损失函数、结构损失函数、全变分损失函数和先验损失函数等。

1. 像素损失函数

像素损失函数，顾名思义，即作用于图像像素的损失函数，主要分为 L1 损失函数和 L2 损失函数。L1 损失函数的本质是平均绝对误差（mean absolute error，MAE），L2 损失函数的本质是均方误差（mean square error，MSE），即

$$L_1(x,y)=\frac{1}{HWC}\sum_{i,j,k}\left|y_{i,j,k}-x_{i,j,k}\right| \tag{6.5.1}$$

$$L_2(x,y)=\frac{1}{HWC}\sum_{i,j,k}\left(y_{i,j,k}-x_{i,j,k}\right)^2 \tag{6.5.2}$$

式中，x 和 y 分别是真实图像和恢复图像；H、W 和 C 分别是图像的高度、宽度和通道数。

2. 内容损失函数

内容损失函数是使恢复图像更好地满足人的感知效果，以更好地满足人眼的视觉感受，而不仅仅是对像素值误差的约束。对内容损失误差，首先采用训练完备的分类网络对语义误差进行衡量。假设训练好的网络是 ϕ，内容损失函数为

$$L_{\text{content}}(x,y;\phi)=\frac{1}{HWC}\sqrt{\sum_{i,j,k}(\phi_{i,j,k}(y)-j_{i,j,k}(x))^2} \tag{6.5.3}$$

内容损失函数将分类网络采集到的重要图像特征转换到超分辨率网络中，从而使恢复出的图像在人眼的视觉感受中更接近目标图像。因此，这种方法被广泛地应用于底层视觉任务中。

3. 结构损失函数

结构损失函数也可称为风格重建损失函数。由于在底层视觉任务中，恢复图像须与真实图像风格一致(包括颜色、结构、纹理、对比度等)，因此，Gatys 等提出的图像风格表示方法被引入底层视觉任务中。

风格重建损失函数采用的感知损失函数，包括特征重建和风格重建两部分，它们都基于 VGG-16 预训练模型，也就是说，这两个函数本身都是深度卷积神经网络。

特征重建损失函数为

$$L_{\text{feat}}^{j,\phi}(\hat{y},y)=\frac{1}{H_jW_jC_j}\|\phi^j(\hat{y})-\phi^j(y)\|_2^2 \tag{6.5.4}$$

式中，ϕ^j 表示第 j 层的损失网络。

计算风格重建损失函数，需首先计算 Gram 矩阵，即

$$G^{j,\phi}(x)_{c,c'}=\frac{1}{H_jW_jC_j}\sum_{h=1}^{H_j}\sum_{w=1}^{W_j}\phi_{h,w,c}^j(x)\phi_{h,w,c'}^j(x) \tag{6.5.5}$$

风格重建损失函数定义为

$$L_{\text{style}}^{j,\phi}(\hat{y},y)=\|G^{j,\phi}(\hat{y})-G^{j,\phi}(y)\|_{\text{F}}^2 \tag{6.5.6}$$

4. 全变分损失函数

为了抑制恢复图像中的噪声，将全变分损失函数定义为

$$L_{\text{TV}}(y)=\frac{1}{HWC}\sum_{i,j,k}\sqrt{(y_{i,j+1,k}-y_{i,j,k})^2+(y_{i+1,j,k}-y_{i,j,k})^2} \tag{6.5.7}$$

全变分损失函数虽然在一定程度上抑制了噪声，但是易造成过平滑，因此应用场景并不广泛。

5. 先验损失函数

先验损失函数利用图像的先验知识(例如图像的稀疏先验)对模型的学习过程进行约束。实际上，内容损失函数和结构损失函数用分类网络去转化网络的特征映射，已经结合了图像的先验信息。图像的先验信息是最有效的约束图像生成过程的方式，然而先验信息的建模难度较大，如何合理运用先验信息也是底层视觉任务中的重点和难点。

6. 交叉熵损失函数

对于多类(二类以上)分类问题，就有了交叉熵损失函数，其定义为

$$L_{\text{cross-entropy}}(y,\hat{y})=-\sum_{i=1}^{H}\sum_{j=1}^{W}y_{ij}\cdot\log\hat{y}_{ij} \tag{6.5.8}$$

式中，$\hat{y}$ 为网络输出的预测量；y 为真实值。

以上损失函数是卷积神经网络常用的损失函数，很多学者尝试着将多种损失函数以加权的形式相结合，然而不同损失函数的权重往往是由经验决定的，如何有效合理地确定权重仍是未解难题。

6.5.2 批标准化

批标准化或批归一化（batch normalization，BN）是为了解决在训练过程中的内部协变量转移（internal covariate shift，ICS）问题。批归一化通过对网络中的任意小批量神经元的激活值归一化，使其服从标准正态分布，从而解决内部协变量转移问题，避免梯度消失、加快网络的收敛速度。

6.5.3 多监督学习

多监督学习（multi-supervision learning，MSL）是在模型中增加多个监督信号，以增强梯度的传播，抑制梯度消失和梯度爆炸。深度递归卷积网络（deeply-recursive convolutional network，DRCN）将各个递归单元的输出相结合并输入重建模块，然后通过对高分辨率特征进行重建得到最终的高分辨率图像，其中，权重通过自适应学习而得到。实际上，多监督学习通常可结合多种损失函数，以增强模型训练效果。

6.6 规范化技术

规范化技术已成为现代深度网络中的重要组成部分，是一种自适应优化参数方法，包括AlexNet中的局部响应标准化（local response normalization，LRN）、inception-v2网络中的BN和用于快速风格转化的实例标准化（instance normalization，IN）。

在机器学习领域中，为保障通过训练获得的模型在测试数据集中有较好的效果，需要假设训练集和测试集满足独立同分布（independent and identically distributed，IID）条件。然而，深度神经网络在训练过程中，随着层数增加，输入数据分布经过多次非线性变换，导致每层神经元输入分布改变而无法满足IID假设，因此网络隐含层需要不断适应新的分布，这种现象被称为内部协变量偏移。

BN层的作用便是将隐含层的输入分布标准化，使非线性变换函数的输入值脱离导数极限饱和区，进入对输入值敏感的区间，避免梯度消失、增强反向传播信息流动性，从而加速分类网络训练收敛过程。后来，BN层被证实在图像生成模型中同样有效。给定一个批次的输入$\boldsymbol{x}\in\mathbb{R}^{N\times C\times H\times W}$，BN层计算每个特征通道的均值和标准差并进行标准化，即

$$\mathrm{BN}(\boldsymbol{x})=\gamma\left(\frac{x-\mu_c(x)}{\sigma_c(x)}\right)+\beta \tag{6.6.1}$$

式中，$\gamma,\beta\in\mathbb{R}^C$是从数据中学到的仿射参数；$\mu_c(x),\sigma_c(x)\in\mathbb{R}^C$为每个特征通道根据批次大小及空间维度计算的均值和标准差，即

$$\mu_c(x)=\frac{1}{NHW}\sum_{n=1}^{N}\sum_{h=1}^{H}\sum_{w=1}^{W}x_{nchw} \tag{6.6.2}$$

$$\sigma_c(x)=\sqrt{\frac{1}{NHW}\sum_{n=1}^{N}\sum_{h=1}^{H}\sum_{w=1}^{W}(x_{nchw}-\mu_c(x))^2+\varepsilon} \tag{6.6.3}$$

式中，ε为小的正常数。

BN注重对每个批次的数据通过标准化操作变成均值为零、方差为1的高斯分布，解决在

训练过程中数据分布在中间层时发生偏移的情况。通过确保数据分布一致性，以加快收敛速度。

在训练过程中，BN 层会使每批次数据的均值和标准差都改变，相对于单个数据而言相当于引入了噪声。图像生成任务更需要单幅图像自身的信息，产生的噪声会影响图像之间的独立性，因此，IN 层针对图像像素进行归一化，目的是在图像生成模型中，侧重于处理单幅图像，IN 被广泛应用于图像风格迁移技术。对 IN 层，有

$$\mathrm{IN}(x)=\gamma\left(\frac{x-\mu_{nc}(x)}{\sigma_{nc}(x)}\right)+\beta \tag{6.6.4}$$

式中，

$$\mu_{nc}(x)=\frac{1}{HW}\sum_{h=1}^{H}\sum_{w=1}^{W}x_{nchw} \tag{6.6.5}$$

$$\sigma_{nc}(x)=\sqrt{\frac{1}{HW}\sum_{h=1}^{H}\sum_{w=1}^{W}(x_{nchw}-\mu_{nc}(x))^2+\varepsilon} \tag{6.6.6}$$

IN 在训练和测试时使用相同的数据统计量；BN 在训练时采用小批量数据得到统计量，而在测试时使用全局统计量。上述规范化技术类似一种防止过拟合正则化表达方式，简化了调参过程，降低了对初始化及学习率的敏感度，加快了训练收敛。

6.7 常见的几种卷积神经网络

卷积神经网络最基本的结构是卷积和池化，但只采用卷积和池化无法有效利用网络中不同的特征映射，因此学者们提出了新的网络结构，如残差结构、递归结构等。下面将简要介绍卷积神经网络中主要的网络结构。

6.7.1 残差网络

残差网络(residual network，ResNet)是由来自微软研究院的四位学者提出的，在 2015 年 ImageNet 大规模视觉识别竞赛(ImageNet Large Scale Visual Recognition Challenge，ILSVRC)中获得了图像分类和物体识别的优胜。残差网络的特点是容易优化，并且能够通过增加相当的深度来提高准确率。其内部的残差块采用了跳跃连接，缓解了在深度神经网络中深度增加带来的梯度消失问题。

1. 网络深度退化问题

研究表明，网络的表达能力随着网络深度的增加而增强。对于时间复杂度相同的两种网络结构，较深网络的性能会有相对的提升。然而，网络并非越深越好，在网络深度已经较深时，再继续增加层数并不能提高性能，如图 6.22 所示。

图 6.22 表明，在平整网络(plain network，PN)(未使用残差结构)中，网络层数由 20 层增加到 56 层时，网络性能不但没有提升，反而出现了网络显著的退化现象。可以设想：56 层网络的前 20 层和仅有 20 层的网络参数一模一样，而 56 层网络的后 36 层是一个恒等映射，即输入 x 输出也是 x，那么 56 层的网络效果也至少会与仅有 20 层的网络效果一样，可是为什么出现了退化现象呢？这是因为在训练深层网络时，训练方法肯定存在一定的缺陷。为了解决深度网络性能退化问题，可引入残差网络结构或恒等映射。

2. 残差网络

残差网络通过加入快捷连接变得更加容易被优化。包含一个快捷连接的几层网络被称为

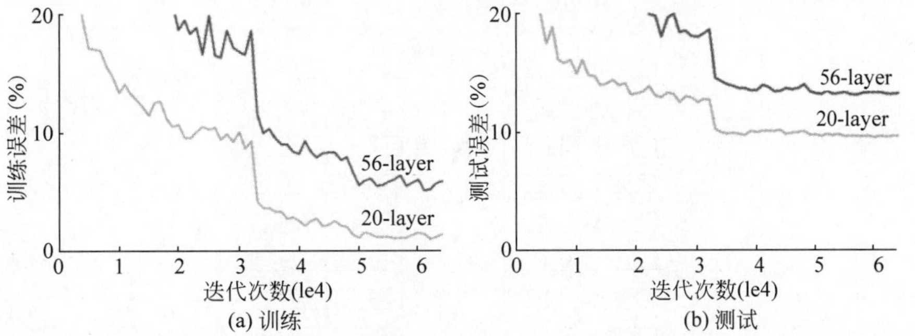

图 6.22 使用 CIFAR-10 数据集对不同深度平整网络进行训练和测试对应的误差

一个残差块(residual block,ResBlock),如图 6.23 所示(快捷连接,即图 6.23 右侧从 x 到⊕的箭头)。

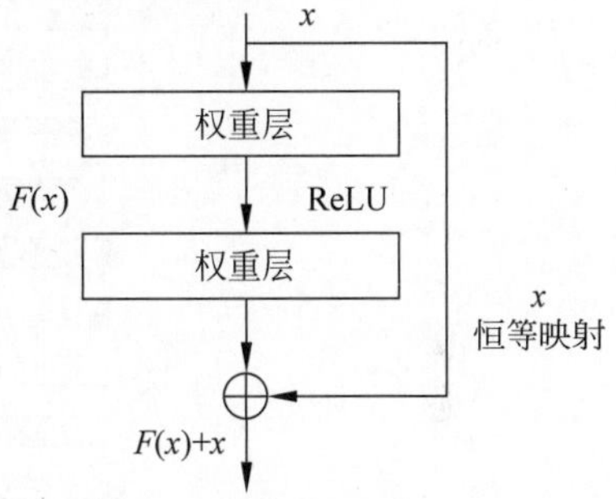

图 6.23 残差块基本结构

残差块内部使用了快捷连接(恒等映射),缓解了网络深度增加带来的梯度消失和梯度爆炸问题。之所以如此,是因为残差网络不再用多个堆叠的层直接拟合期望的特征映射,而是显式地用它们拟合一个残差映射,保证了信息的完整性。

假设期望的特征映射为 $H(x)$,那么堆叠的非线性层拟合的是另一个映射,即

$$F(x)=H(x)-x \tag{6.7.1}$$

式中,$F(x)$表示残差块在第二层激活函数之前的输出,即

$$F(x)=W_2 g(W_1 x) \tag{6.7.2}$$

式中,$g(\cdot)$是 ReLU 激活函数,表达式省略了偏置。W_1,W_2 分别表示第一层和第二层的权重,残差块的输出为 $g(F(x)+x)$。

当没有快捷连接(即图 6.23 右侧从 x 到⊕的箭头)时,残差块就是一个普通的二层网络。残差块中的网络可以是全连接层,也可以是卷积层。设第二层网络在激活函数之前的输出为 $H(x)$。在该二层网络中,如果最优输出就是输入 x,那么对没有快捷连接的网络,就需要将其优化成 $F(x)=H(x)$;对有快捷连接的网络,即残差块,如果最优输出是 x,则只需要将 $F(x)=H(x)-x$ 优化为 0 即可。后者的优化会比前者简单,这也是残差这一称谓的由来。

图 6.24 为一个残差网络和平整网络,表示含可训练参数的层数为 34 层,池化层不含可训练参数。图 6.24(a)所示的残差网络和图 6.24(b)所示的平整网络唯一的区别就是快捷连接。两个网络都是当特征映射减半时,滤波器的个数翻倍,保证了每一层的计算复杂度一致。

由于残差网络采用恒等映射,在快捷连接上没有参数,所以图 6.24 中平整网络和残差网络的计算复杂度是一样的。

残差网络的引入使神经网络深度在尽可能加深的情况下,不会出现准确率下降等问题,因此广泛运用在计算机视觉任务中。

3. 残差结构的分类

残差结构可分为全局残差结构和局部残差结构。

1) 全局残差结构

全局残差结构如图 6.25 所示。它直接将输入通过快捷连接与输出层进行求和,从而使网络的输出转换为残差。这种结构也被广泛应用于图像超分辨率任务中。

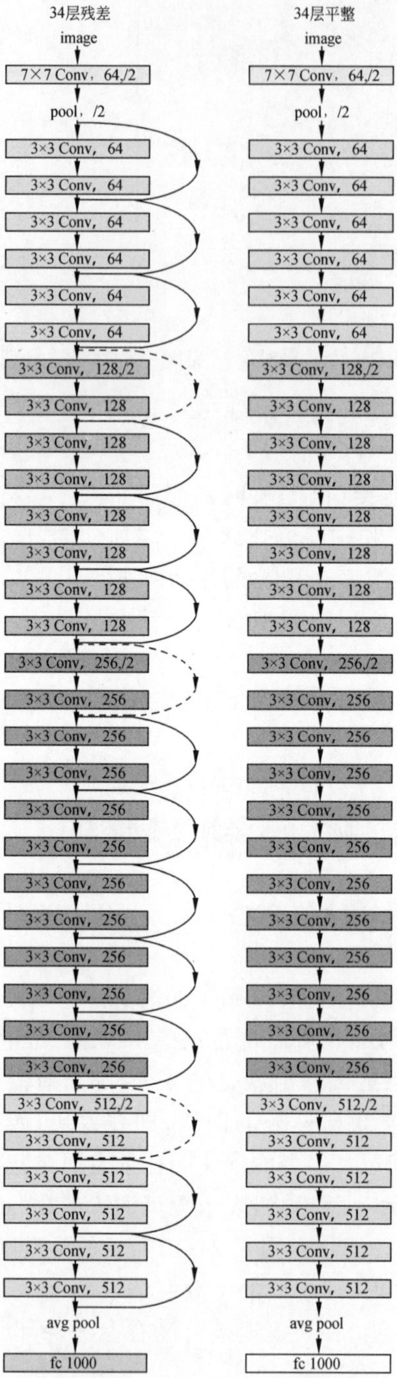

(a) 残差网络　　　(b) 平整网络

图 6.24　残差网络和平整网络

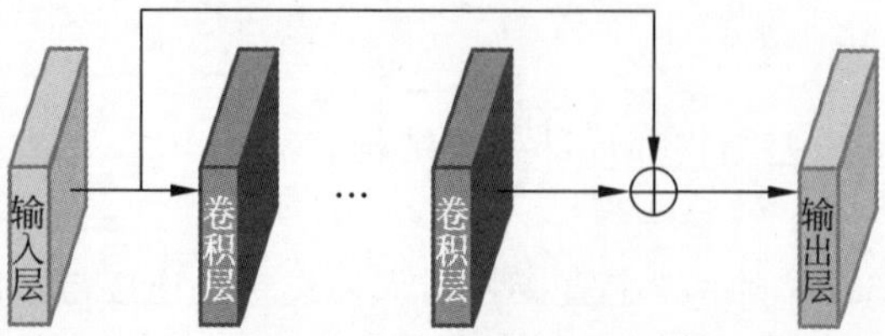

图 6.25　全局残差结构

2）局部残差结构

局部残差结构如图 6.26 所示。它将网络中任意两层的特征映射相结合，结构更加自由，可以有效抑制网络加深带来的梯度退化问题，因此也被广泛应用于图像超分辨率任务中。

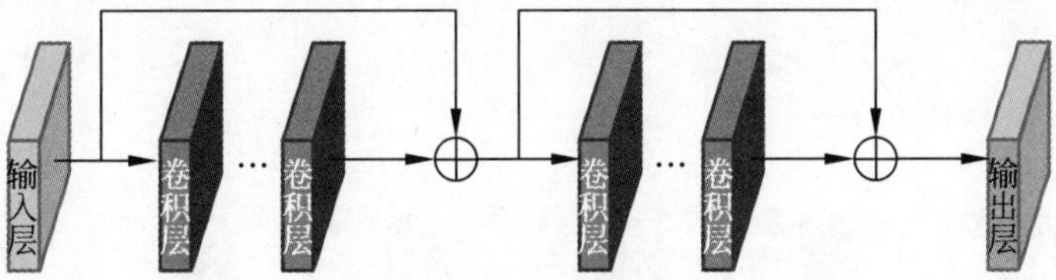

图 6.26 局部残差结构

6.7.2 递归结构

为了获得更大的感受野，同时又不引入多余的参数，很多学者采用递归结构，如图 6.27 所示。它是多个卷积层共享参数的方式，在增加感受野的同时又不引入多余的参数。然而，这种结构会使训练过程中出现梯度消失和爆炸问题，需要配合残差结构使用。

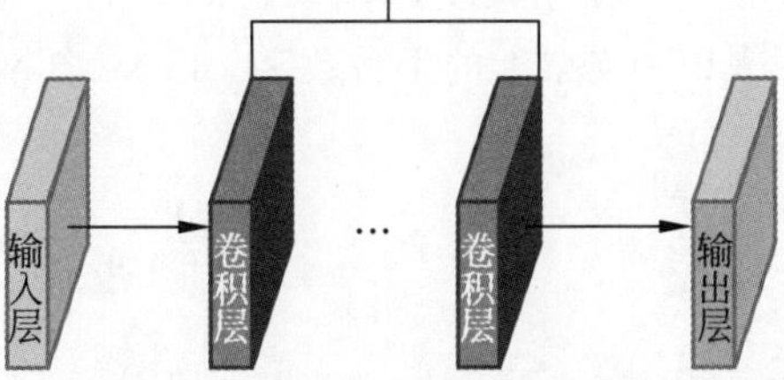

图 6.27 递归结构

6.7.3 多路径结构

多路径学习通过在网络中添加多个分支以提取不同特征。图 6.28 显示了两路径结构，当然还可以添加更多的路径，视具体任务而定。也可以在不同的路径中采用不同尺寸的卷积核，以达到多尺度的效果。在底层视觉任务，尤其是图像超分辨率中，多路径结构也是常用的网络结构之一。

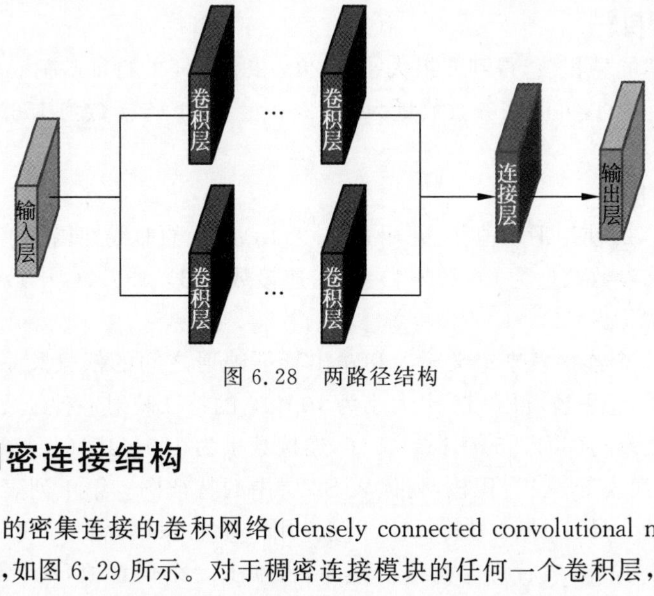

图 6.28 两路径结构

6.7.4 稠密连接结构

Huang 等提出的密集连接的卷积网络（densely connected convolutional networks，DenseNet）采用稠密连接结构，如图 6.29 所示。对于稠密连接模块的任何一个卷积层，其之前卷积层的特征映射都作为这一层的输入，从而可以充分利用所有特征映射。稠密连接结构促进了信息流动和特征再利用，有效抑制了梯度消失。

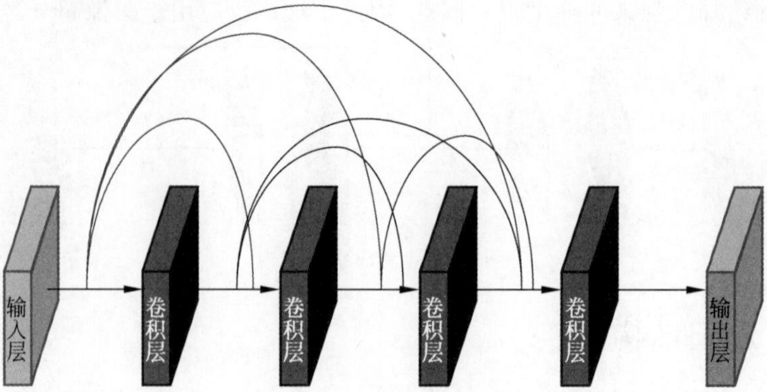

图 6.29 稠密连接结构

6.7.5 LeNet 5

LeNet 5 是一个非常成功的神经网络模型，基于 LeNet 5 的手写数字识别系统在 20 世纪 90 年代被美国多家银行使用，用来识别支票上的手写数字。LeNet 5 网络结构如图 6.30 所示。

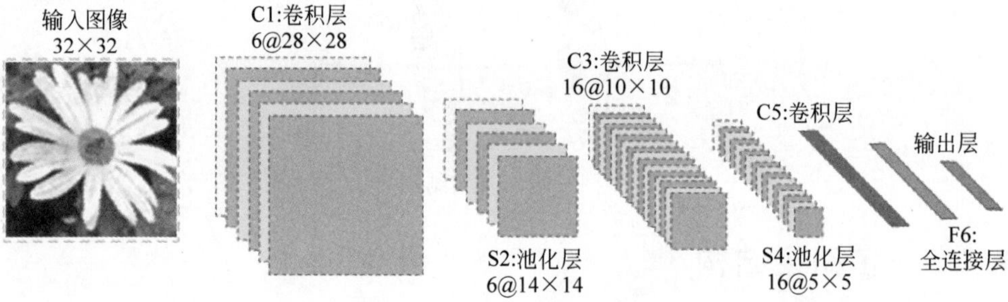

图 6.30 LeNet 5 网络结构

LeNet 5 共有 7 层，接收输入图像大小为 32×32＝1024，输出对应 10 个类别的得分。LeNet 5 的每一层结构如下。

(1) C1 层是卷积层

使用 6 个 5×5 的卷积核，得到 6 组大小为 28×28＝784 的特征映射。因此，C1 层的神经元数量为 6×784＝4704，可训练参数数量为 6×25＋6＝156，连接数为 156×784＝122 304(包括偏置在内，下同)。

(2) S2 层为池化层

采样窗口为 2×2，使用平均池化，并用式(6.3.18)所示的非线性函数。神经元个数为 6×14×14＝1176，训练参数数量为 6×(1＋1)＝12，连接数为 6×196×(4＋1)＝5880。

(3) C3 层为卷积层

LeNet 5 中用一个连接表来定义输入和输出特征映射之间的依赖关系，如图 6.31 所示，共使用 60 个 5×5 的卷积核，得到 16 组大小为 10×10 的特征映射。神经元数量为 16×100＝1600，可训练参数数量为(60×25)＋16＝1516，连接数量为 100×1516＝151 600。

图 6.31 中，行代表 C3 层卷积核，列代表 S2 层中的特征图。第 1 列表示 C3 层中的 0 号卷积核与 S2 层中的 0 号、1 号、2 号特征图相连。用 3 个卷积核分别与 S2 层中的 0 号、1 号、2 号特征图进行卷积操作，然后将卷积结果相加，再加上一个偏置值，最后通过 Sigmoid 函数

	0	1	2	3	4	5	6	7	8	9	10	11	12	13	14	15
0	X				X	X	X			X	X	X	X		X	X
1	X	X				X	X	X			X	X	X	X		X
2	X	X	X				X	X	X			X		X	X	X
3		X	X	X			X	X	X	X			X		X	X
4			X	X	X			X	X	X	X		X	X		X
5				X	X	X			X	X	X	X		X	X	X

图 6.31 LeNet 5 中 C3 层的连接表

得到卷积后对应的特征图。

注意：如果不使用连接表，则需 96 个 5×5 的卷积核。

(4) S4 层是池化层

采样窗口为 2×2，得到 16 个 5×5 大小的特征映射，可训练参数数量为 16×2＝32，连接数为 16×25×(4＋1)＝2000。

(5) C5 层是卷积层

使用 120×16＝1920 个 5×5 的卷积核，得到 120 组大小为 1×1 的特征映射，C5 层的神经元数量为 120，可训练参数数量为 1920×25＋120＝48 120，连接数量为 120×(16×25＋1)＝48 120。

(6) F6 层是全连接层

有 84 个神经元，单元的个数与输出层的设计有关。该层作为典型的神经网络层，每个单元都计算输入向量与权值参数的点积并加上偏置参数，然后传给 Sigmoid 函数，产生该单元的一个状态并传递到输出层。这里，将输出作为输出层中的径向基函数

$$y_n = \sum_j (x_j - w_{nj})^2 \tag{6.7.3}$$

的初始参数，用于识别 ASCII 字符集。F6 层可训练参数数量为 84×(120＋1)＝10 164。连接数和可训练数个数相同，为 10 164。

(7) 输出层

输出层是全连接层，共 10 个单元，代表数字 0～9。利用径向基函数(radial basis function，RBF)将 F6 层 84 个单元的输出作为节点 i(i 的取值为 0～9)的输入 x_j(j 的取值为 0～83)，计算欧氏距离 y_i。距离越近，结果就越小，意味着识别的样本越符合该节点所代表的字符，由于该层是全连接层，参数个数为 84×10＝840。

6.7.6 AlexNet

AlexNet 是第一个现代深度卷积神经网络模型，首次采用了很多现代深度卷积神经网络的技术方法。例如，使用 GPU 进行并行训练，采用 ReLU 函数作为非线性激活函数，由 dropout 技术防止过拟合，用数据增强来提高模型准确率等，AlexNet 赢得了 2012 年 ImageNet 图像分类竞赛的冠军。

AlexNet 结构如图 6.32 所示，包括 5 个卷积层、3 个池化层和 3 个全连接层(其中最后一层是使用 Softmax 函数的输出层)。因为网络规模超出了当时的单个 GPU 的内存限制，AlexNet 将网络拆为两部分，分别放在两个 GPU 上，GPU 间只在某些层(比如第 3 层)进行通信。

AlexNet 的输入为 224×224×3 的图像，输出为 1000 个类别的条件概率，具体结构如下。

(1) 第一个卷积层

使用两个大小为 11×11×3×48 的卷积核，步长 $S=4$，零填充 $P=3$，得到两个大小为 55×55×48 的特征映射组。

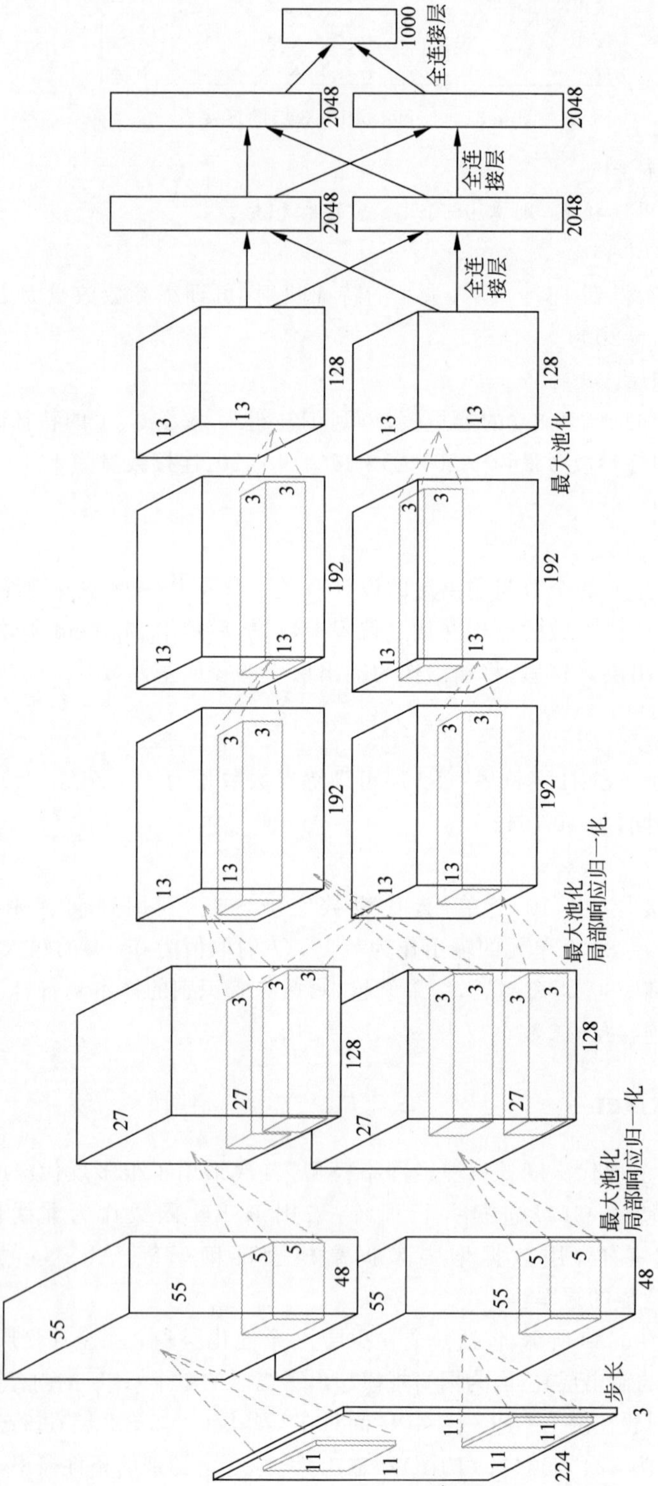

图 6.32　AlexNet 结构

(2) 第一个池化层

使用大小为 3×3 的最大池化操作，步长 $S=2$，得到两个 27×27×48 的特征映射组。

(3) 第二个卷积层

使用两个大小为 5×5×48×128 的卷积核，步长 $S=1$，零填充 $P=2$，得到两个大小为 27×27×128 的特征映射组。

(4) 第二个池化层

使用大小为 3×3 的最大池化操作，步长 $S=2$，得到两个大小为 13×13×128 的特征映射组。

(5) 第三个卷积层

该层为两个路径的融合，使用一个大小为 3×3×256×384 的卷积核，步长 $S=1$，零填充 $P=1$，得到两个大小为 13×13×192 的特征映射组。

(6) 第四个卷积层

使用两个大小为 3×3×192×192 的卷积核，步长 $S=1$，零填充 $P=1$，得到两个大小为 13×13×192 的特征映射组。

(7) 第五个卷积层

使用两个大小为 3×3×192×128 的卷积核，步长 $S=1$，零填充 $P=1$，得到两个大小为 13×13×128 的特征映射组。

(8) 第三个池化层

使用大小为 3×3 的最大池化操作，步长 $S=2$，得到两个大小为 6×6×128 的特征映射组。

(9) 三个全连接层

神经元数量分别为 4096、4096 和 1000。

此外，AlexNet 还在前两个池化层之后进行了局部响应归一化（local response normalization，LRN），以增强模型的泛化能力。

6.7.7 GoogLeNet

1. Inception v1 结构

在卷积网络中，如何设置卷积层的卷积核大小是一个十分关键的问题，在 Inception 网络中，一个卷积层包含多个不同大小的卷积操作，称为 Inception 模块，Inception 网络是由多个 Inception 模块和少量的池化层堆叠而成的。

Inception 模块同时使用 1×1、3×3、5×5 等不同大小的卷积核，并将得到的特征映射在深度上拼接（堆叠）起来作为输出特征映射。

图 6.33 给出的 Inception v1 模块结构，有 4 组平行的特征抽取方式，分别为 1×1、3×3、5×5 的卷积和 3×3 的最大池化。同时，为了提高计算效率、减少参数量，Inception 模块在进行 3×3、5×5 卷积之前，3×3 最大池化之后，进行一次 1×1 卷积来减少特征映射的深度。如果输入特征映射之间存在冗余信息，那么 1×1 卷积相当于先进行一次特征抽取。

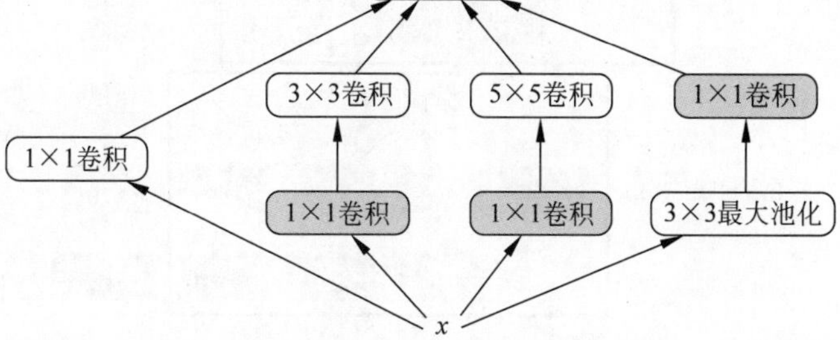

图 6.33 Inception v1 模块

2. GoogLeNet 结构

在 Inception 网络中，最早的 Inception v1 版本就是非常著名的 GoogLeNet，它由 9 个 Inception v1 模块和 5 个池化层以及其他一些卷积层和全连接层构成，总共为 22 层网络，如图 6.34 所示。

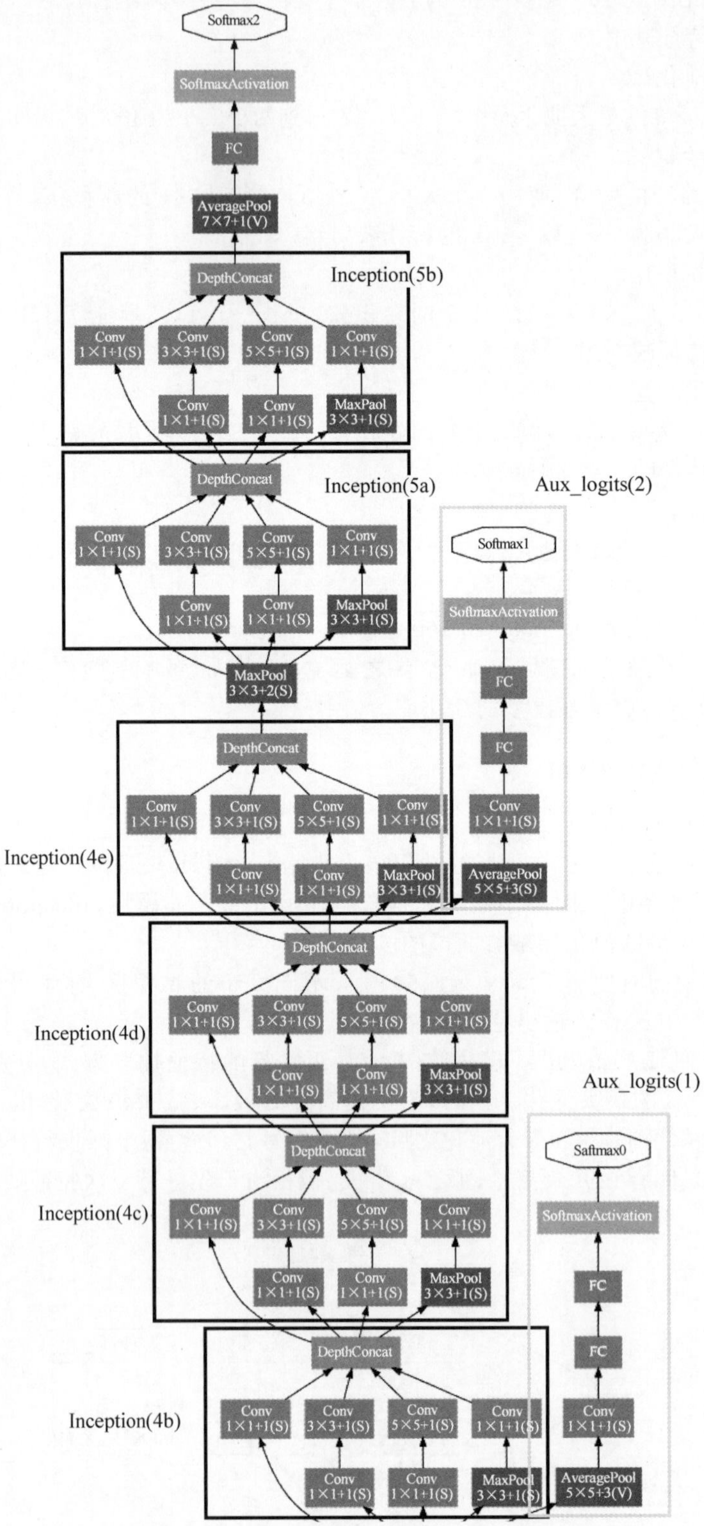

图 6.34 GoogLeNet 网络结构

扫描获取
对应彩图

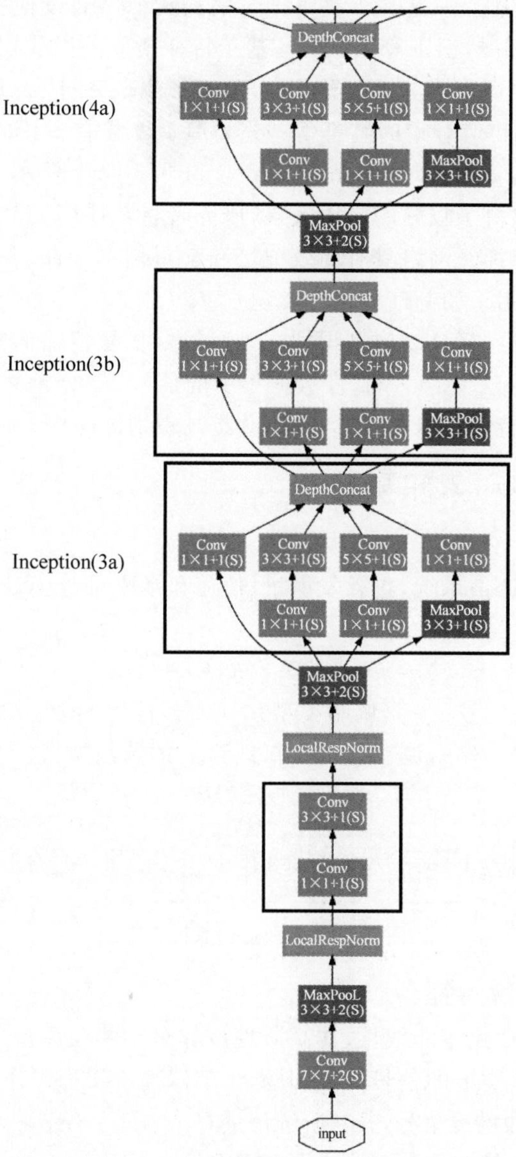

图 6.34 （续）

为了解决梯度消失问题，GoogLeNet 在网络中间层引入两个辅助分类器来加强监督信息。在 Inception 网络中，比较有代表性的改进版本为 Inception v3 网络，它用多层的小卷积核来替换大的卷积核，以减少计算量和参数量，并保持感受野不变。具体包括：①采用两层 3×3 的卷积来代替 Inception v1 中的 5×5 的卷积；②使用连续的 $K\times 1$ 和 $1\times K$ 来代替 $K\times K$ 的卷积。此外，Inception v3 网络同时也引入了标签平滑以及批归一化等优化方法进行训练。

6.8 案例 4：基于卷积神经网络的调制信号识别算法

自动调制识别（automatic modulation recognition，AMR）算法不仅可以应用于军事中的电子战和民用领域中的非法监管，还可以提高认知无线电和软件无线电中的频谱使用效率。

自动调制识别算法可分为两类：一是基于决策理论的最大似然假设检验识别算法，包括广义似然比、平均似然比和混合似然识别算法；二是基于特征提取的模式识别算法。后者的计算量小、所需先验信息少，其主要步骤包括数据预处理、特征提取和分类识别。常用的信号特征包括高阶累积量、小波特征和信号瞬时特征等；分类识别算法有支持向量机(support vector machine,SVM)，k 最邻近(k nearest neighbor,kNN)和朴素贝叶斯等。近年来，由于深度学习网络在图像识别领域中取得了较好的应用效果，研究者将其应用逐步扩展到各种模式识别场景中。由于深度学习卷积神经网络具有高效记忆和学习样本特征，并且对数据没有附加的特征提取要求，因此适合应用于调制信号的分类识别。

本节利用卷积神经网络进行自动调制识别。为了符合信号传输的实际环境，采用国际标准的调制信号数据集 RadioML2016.10a，将数据集中的信号 IQ 分量直接作为设计的卷积神经网络的输入，以免去传统特征提取的计算步骤，并提高识别准确率。

6.8.1 信号模型和累积量特征

1. 调制信号模型

图 6.35 是典型的无线通信系统，包括发射机、信道和接收机。$y(k)$表示接收机处的连续时间信号，且

$$y(k)=f(x(k))\otimes h(k)+n(k) \tag{6.8.1}$$

式中，$x(k)$是 k 时刻的发送信号；f 是调制类型；$h(k)$是信道函数；$n(k)$是加性噪声；$\otimes$表示卷积操作。给定接收信号 $y(k)$，调制识别旨在预测 f 的调制类型。

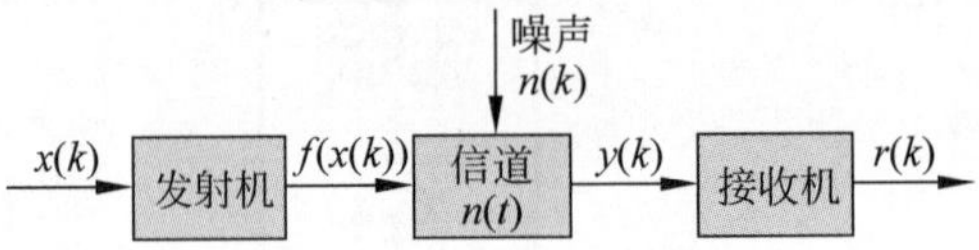

图 6.35 无线通信系统

2. 调制信号的累积量特征

一、二阶统计量通常不适用于非线性、非高斯性或非最小相位系统等信号的处理问题，而高阶统计量适合于解决这些类型的信号处理问题，本节以高阶累积量作为样本特征。

令 $y(k)$表示 k 时刻接收的复信号，其二阶统计量 $C_{20}=\mathbb{E}[y^2(k)]$和 $C_{21}=\mathbb{E}[|y(k)|^k]$，其中，$\mathbb{E}(\cdot)$是期望函数。复数值信号 $y(k)$的四阶统计量为

$$C_{40}=\mathrm{cum}\{y(k),y(k),y(k),y(k)\} \tag{6.8.2}$$

$$C_{41}=\mathrm{cum}\{y(k),y(k),y(k),y^*(k)\} \tag{6.8.3}$$

$$C_{42}=\mathrm{cum}\{y(k),y(k),y^*(k),y^*(k)\} \tag{6.8.4}$$

式中，C_{40}、C_{41} 和 C_{42} 表示四阶统计量。四阶统计量的联合累积量函数计算公式为

$$\mathrm{cum}(w,x,y,z)=\mathbb{E}[wxyz]-\mathbb{E}[wx]\mathbb{E}[yz]-\mathbb{E}[wy]\mathbb{E}[xz]-\mathbb{E}[wz]\mathbb{E}[xy] \tag{6.8.5}$$

6.8.2 基于卷积神经网络的调制信号识别算法

1. 基于 CNN 的调制信号识别模型

利用 CNN 进行自动调制识别时，充分利用 CNN 的空间特征学习能力，直接对调制信号的同相(I)与正交(Q)分量进行处理，将信号的原始样本作为网络的输入。信号样本集采用国际标准数据集 RML2016.10a_dict，样本由信号的同相(I)和正交(Q)分量组成。由于样本维

度较小，所以设计的 CNN 无池化层，如图 6.36 所示。

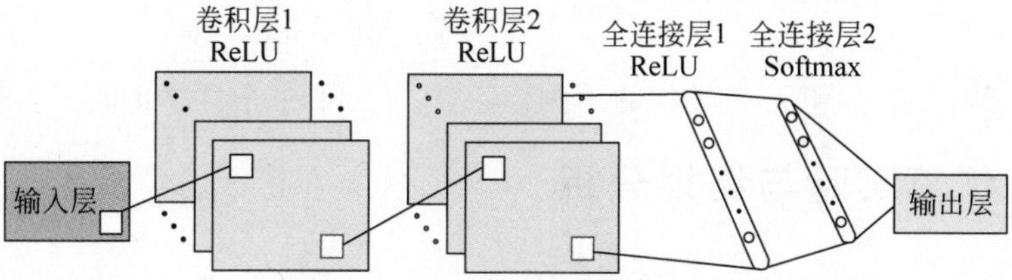

图 6.36 基于 CNN 的调制信号识别模型

首先是输入层，输入样本的大小为 2×128。输入样本采取补零操作，即在样本两侧补上零矩阵，以保证能够学习到样本的边缘特征。

网络第二层为卷积层 1，卷积核数为 256，对应的输出特征图通道数也为 256。此外，本层卷积核尺寸为 1×3，滑动步长为 1，激活函数为 ReLU。为了更好地满足非线性，同时防止训练陷入局部最小，本层的输出为

$$\boldsymbol{y}_1=\boldsymbol{g}(\boldsymbol{w}_1\otimes\boldsymbol{x}_{\mathrm{iq}}+b_1) \tag{6.8.6}$$

式中，$\boldsymbol{x}_{\mathrm{iq}}$ 为补零后的 IQ 分量样本；$\boldsymbol{g}(\cdot)$为 ReLU 函数向量；$\boldsymbol{w}_1$ 和 b_1 分别表示卷积层 1 的权重和偏置。

网络第三层为卷积层 2，该层卷积核个数为 128，卷积核尺寸为 2×3，其余设置同卷积层 1。这里增大了卷积核的尺寸，是为了学习二维信号特征的关联性、减少冗余特征，本层输出的特征图尺寸较上一层卷积层的输出会有所减小。本层的输出为

$$\boldsymbol{y}_2=\boldsymbol{g}(\boldsymbol{w}_2\otimes\boldsymbol{y}_1+b_2) \tag{6.8.7}$$

网络的最后两层为全连接层，全连接层 1 的神经元个数为 256，它接收上层输出的特征。在此之前，需对卷积层 2 输出的特征图进行压平操作得到 $\boldsymbol{y}_2'$，即将二维的特征压平为一维。全连接层 1 的激活函数也为 ReLU，输出特征的大小为 1×256，其输出为

$$\boldsymbol{y}_{\mathrm{d1}}=\boldsymbol{g}(\boldsymbol{w}_{\mathrm{d1}}\otimes\boldsymbol{y}_2'+b_{\mathrm{d1}}) \tag{6.8.8}$$

式中，$\boldsymbol{y}_2'$表示 $\boldsymbol{y}_2$ 被拉平后的一维特征；$\boldsymbol{w}_{\mathrm{d1}}$ 和 b_{d1} 分别表示全连接层 1 里的权重和偏置。

网络最后的全连接层也为输出层，激活函数为 Softmax，以满足多分类的目的，神经元个数与分类的类别数相同，这里为信号的类别数 11。此处的输出为

$$\boldsymbol{y}_{\mathrm{d2}}=\boldsymbol{g}(\boldsymbol{w}_{\mathrm{d2}}\otimes\boldsymbol{x}_{\mathrm{d1}}+b_{\mathrm{d2}}) \tag{6.8.9}$$

式中，$\boldsymbol{y}_{\mathrm{d2}}$ 为预测标签；$\boldsymbol{g}(\cdot)$为 Softmax 函数向量。此外，设置网络中前三层特征提取层的 dropout 系数为 0.5，即同一时刻，只有一半神经元处在激活状态，防止网络训练时发生过拟合现象。

2. CNN 激活函数的选择

ReLU 函数是当前最常用的函数，因为它在一定程度上缓解了梯度问题，并且计算速度非常快。在 CNN 中，ReLU 函数常被用于卷积层和全连接层，以加快收敛速度，提高神经网络的性能。网络输出层的激活函数为 Softmax，也称为归一化指数函数。Softmax 函数常用于多分类过程，它可以将多个神经元的输出映射到(0,1)区间中，并将其理解为计算多分类的概率；可以将其工作原理解释为某种类型的特征加权，然后将这些特征转换为确定这种类型的可能性。由于本节涉及信号分类识别问题，因此在 CNN 中的最后一层全连接层中使用 Softmax 激活函数进行分类识别，最终输出的是每个信号的概率。

3. 识别准确率评价指标

识别准确率的计算公式为

$$\text{accuracy}(y,\hat{y})=\frac{1}{N}\sum_{n=0}^{N-1}\begin{cases}1, & \text{如果}\hat{y}_n=y_n\\0, & \text{如果}\hat{y}_n\neq y_n\end{cases} \tag{6.8.10}$$

式中，N 为样本数；$\hat{y}_n$ 为第 n 个样本的预测标签；y_n 为第 n 个样本的真实标签。

6.8.3 仿真实验与结果分析

1. 数据集

在实验中，使用 RadioML2016.10a 数据集作为输入数据，目前该数据集是调制识别研究中常被使用的数据样本。该数据集包含 11 种调制信号类型：8 种数字调制和 3 种模拟调制，分别为 BPSK、QPSK、8PSK、16QAM、64QAM、BFSK、CPFSK 和 4PAM 共 8 种数字调制信号以及 WBFM、AM-DSB 和 AM-SSB 共 3 种模拟调制信号。该数据集是利用开源软件无线电平台 GNU Radio 生成的，在生成过程中除了采用大量的真实语音信号，还采用 GNU Radio 中动态信道模型模拟了信道效应，包括频率偏移、相位偏移、高斯白噪声和频率选择性衰落等。具体数据集的参数如表 6.2 所示。

表 6.2 RadioML2016.10a 数据集的相关参数

信号参数	具体数值	信号参数	具体数值
采样速率	200kHz	每条信号符号数	8
最大采样率偏移	50Hz	信噪比	−20dB：2dB：18dB
采样点数	128	信号数量	220 000

2. 不同算法的识别准确率

在实验中，将数据集 220 000 个样本划分为训练集和测试集，各占样本总量的 80%和 20%。实验采用 TensorFlow 作为后端，采用 Keras 库搭建神经网络训练，并基于 Nvidia GEFORCE GTX1050Ti 图形处理器进行神经网络的计算。此外，采用 Adam 算法作为优化算法。网络的损失函数定义为交叉熵损失函数，交叉熵越小，两者概率分布越接近。在实验环境配置完成后，将样本输入至设置好参数的两种网络中，先训练后测试，分别得到两种网络的识别结果。以 SVM 和 KNN 为比较对象，CNN 识别准确率随信噪比的变化规律如图 6.37 所示。

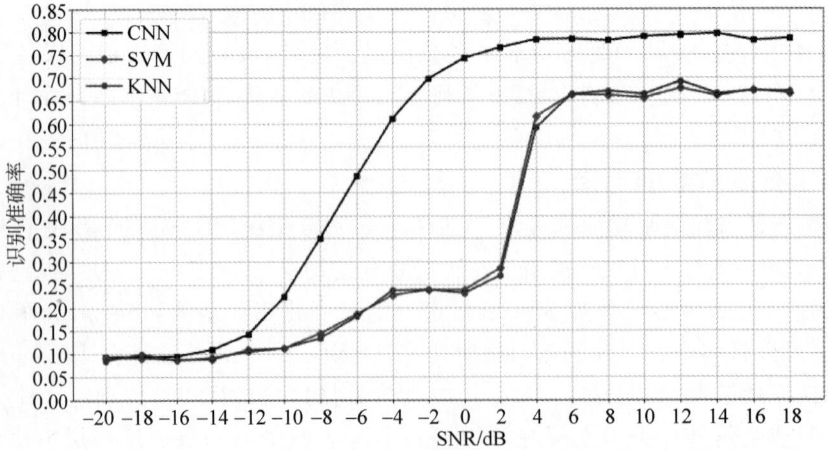

图 6.37 CNN 与 SVM、KNN 的识别准确率对比

图 6.37 中，在信噪比为−20dB～−16dB 时，CNN、SVM 以及 KNN 算法的识别准确率均在 10%左右。随着信噪比的增加，三种算法的识别准确率均呈升高趋势。其中，CNN 的识别

准确率提高最快。在信噪比为 0dB 时，CNN 的识别准确率是 75%，为最高；而 SVM 和 KNN 的识别准确率低于 25%。在信噪比为 2dB 时，SVM 和 KNN 的识别准确率呈现陡然上升趋势。当信噪比增至 4dB 之后，三种算法的识别准确率均趋于稳定状态，CNN 比 SVM 的准确率高约 17%，比 KNN 的准确率高约 20%。在信噪比为 18dB 时，CNN 的识别率为 78.5%、SVM 为 66.6%、KNN 为 67.0%。由此可见，基于 CNN 的调制信号识别算法不仅可以避免特征提取的计算，而且具有较高的识别准确率。

3. CNN 识别结果的混淆矩阵

针对 RadioML2016.10a 数据集中多种调制类型，下面进一步研究 CNN 的识别性能，利用混淆矩阵来观察每个类型的识别情况。混淆矩阵的横坐标为样本的网络预测信号类型（预测标签），纵坐标为这些样本的实际信号类型（真实标签）。图 6.38 为 CNN 在信噪比为 −18dB、0dB 和 18dB 时识别结果的混淆矩阵。

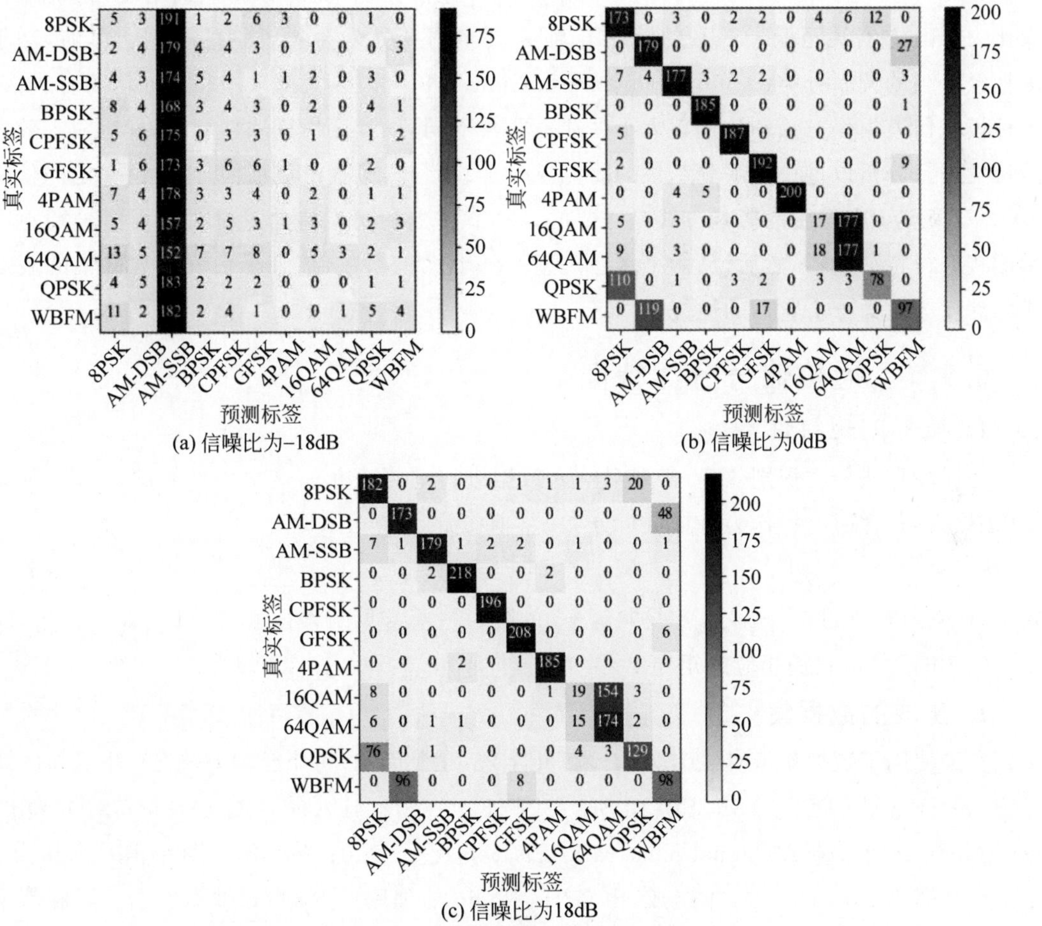

(a) 信噪比为−18dB　(b) 信噪比为0dB　(c) 信噪比为18dB

图 6.38　CNN 识别结果的混淆矩阵

在混淆矩阵的网格中，每格中的数字表示样本数量。以图 6.38(a)为例，将纵坐标为 8PSK 信号的这一行数据对应到横坐标中去，可知网络将 8PSK 信号正确预测为 8PSK 信号的样本数量只有 5 个，而将 8PSK 信号预测为 AM-SSB 信号的样本数量为 191 个，出现了严重的混淆，这是由于较低信噪比导致 CNN 的识别准确率较低，此情况下对任意种类的信号都难以识别。图 6.38(b)表明，在信噪比为 0dB 时，CNN 对大部分信号类型都能准确识别，而对 AM-DSB 和 WBFM，16QAM 和 64QAM 等信号类型的识别效果较差，这是由于生成数据集时，观测窗口小、信息率低、信息之间关联性小的缘故。而对16QAM和64QAM信号，由于它们的IQ信息相似，故也难以分类识别；另外，在0dB情况下，对QPSK和8PSK信号也有一点混淆。图6.38(c)表明，在信噪比为18dB时，CNN对BPSK信号的识别准确率较0dB时有所提高；而对AM-DSB和WBFM信号、16QAM和64QAM信号，CNN的识别效果仍然较差；而对其他信号类型，CNN有较好的识别性能。

6.9 案例5：基于深度学习的信号性能特征分析

近年来，人们越来越重视利用信号的各种统计特征和深度学习方法来分类识别调制信号，主要目标是在信号受各种干扰包括各种加性高斯白噪声(additive white gaussian noise，AWGN)、不同类型衰落以及相位偏移和频率偏移等情况下，提高分类识别精度，特别是在信噪比为0dB左右甚至低于0dB的情况下，研究了各种干扰对分类识别的影响。目前，基于深度神经网络的调制分类(modulation classification，MC)算法，大都采用非标准化的合成信号，各种模拟信道损伤方法和数据集大小往往也非常不同，很难评估算法性能，而且对输入数据集的特性进行分析以进一步解释结果的研究也很少。因此，检查信道损伤(通常由一定的信噪比表示)对模型识别精度的影响方式是必要的。本节首先利用支持向量机对输入信号的不同表示形式进行特征分析，然后，从两个多层模型的基本结构参数(核大小)、输入数据集的表示形式和深度等方面分析它们的性能。

6.9.1 通信信号分类特征

1. 信号的矩特性

为提高算法分类识别效率，需要对输入数据进行适当表示。这里用信号的高阶矩和累积量(也称为高阶统计量)作为特征进行分类。p 阶矩的计算公式为

$$M_{pq}=\mathbb{E}[\boldsymbol{y}^{p-q}(\boldsymbol{y}^*)^q] \tag{6.9.1}$$

式中，$\boldsymbol{y}$ 是接收到的复杂信号；q 是共轭 $\boldsymbol{y}^*$ 的幂。一些常见的累积量 C_{20}，C_{21}，C_{40}，C_{41}，C_{42}，C_{60}，C_{61}和 C_{62} 由它们相应的矩导出。

2. 生成的数据集

实验使用了数据集RML2016.10a，它包含22万个信号，每个信号具有11种不同的调制类型(8PSK、AM-DSB、AM-SSB、BPSK、CPFSK、GFSK、4PAM、16QAM、64QAM、QPSK、WBFM)和20个信噪比(signal noise ratio，SNR)电平([−20；18]dB)。每个信号向量由128个采样频率为200kHz的样本组成，由GNU Radio处理库的Python脚本生成。调制数据由ASCII码文本(用于数字调制)以及包含语音和音乐的音频(用于模拟)组成，每个符号包含8个样本。由滚降系数为0.35的根升余弦滤波器对产生的信号进行平滑并采用表6.3所示的信道损伤参数。

表6.3 模拟无线信道参数

参数	值	参数	值
采样频率最大偏移量	50Hz	Rice衰落	4
采样频率最大偏移量	500Hz	时间延迟	[0,0.9,1.7]

生成的数据集包含 $M_s=22\,000$ 个 $2\times N_s$ 矩阵($N_s=128$ 个样本),即同相(I)和正交(Q)分量在单独的向量中,它们中的每一个都被标准化为单位方差。

3. 特征的图形表示

信号的一些重要的矩和累积量以图形表示,以便评估它们被识别的可能性。首先,在 SNR 为 6dB 时,对于形状非常不同(图 6.39)和相似(图 6.40)的信号,存在低阶矩(2nd 和 4th,与它们对应的累积量有相同值)。图中的每一点表示由 IQ 数据的矩阵形式的复样本的一个信号向量的参数值。显然,信号(即相位调制和幅度调制)的调制方式(图 6.41)可以被完全区分。然而,如果对类似的调制(如 QPSK、16QAM 和 64QAM)进行比较,则它们的识别明显复杂(图 6.42)。

对高阶累积量也作了同样的分析,如图 6.41 和图 6.42 所示。图 6.41 和图 6.42 表明,如果调制具有非常相似的形状,那么由于累积量有相同的数量级,因此很难对它们进行区分。此外,比较图 6.39 和图 6.40 表明,在高阶累积量的情况下,调制信号之间的区分更加困难,这是因为它们的特征量的量级非常接近。然而,当在低 SNR 水平下检查这些参数时,采用累积量特征更加有效(图 6.43 和图 6.44)。

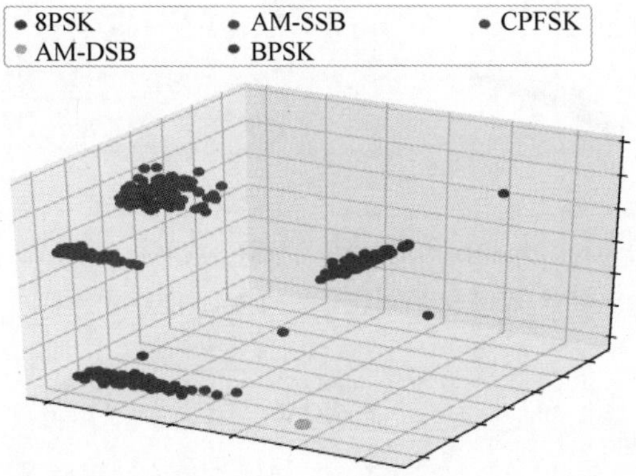

图 6.39 SNR 为 6dB,8PSK、AM-DSB、AM-SSB、BPSK、CPFSK 的矩 M20、M21、M40

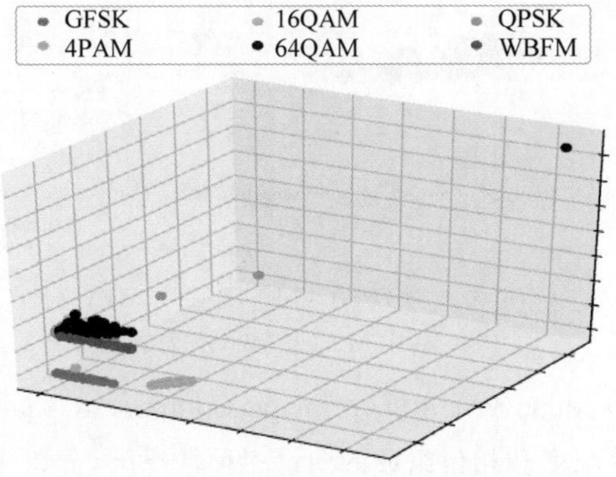

图 6.40 SNR 为 6dB,GFSK、4PAM、16QAM、64QAM、QPSK、WBFM 的矩 M20、M21、M40

4. 基于支持向量机的特征识别分析

下面更详细地说明利用 MC 算法在不同 SNR 下识别调制方式的可能性。在输入数据特

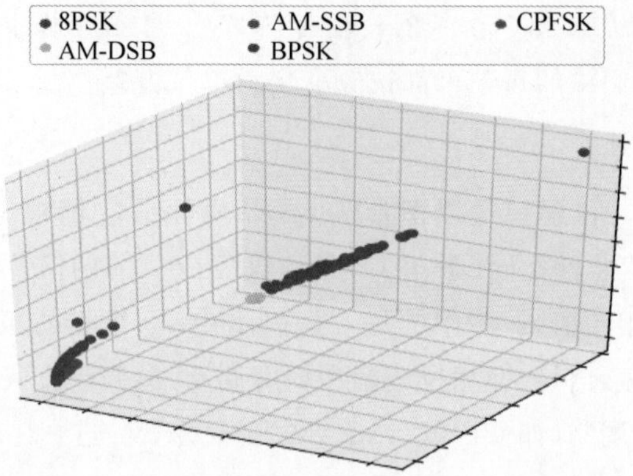

图 6.41　SNR 为 6dB 时，8PSK、AM-DSB、AM-SSB、BPSK、CPFSK 的累积量 C60、C61 和 C62

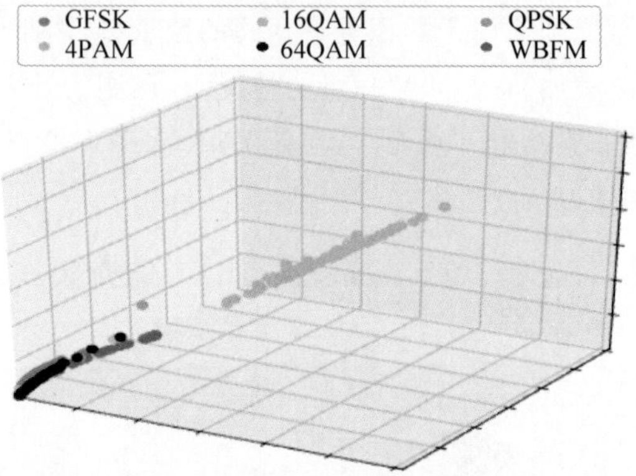

图 6.42　SNR 为 6dB 时，GFSK、4PAM、16QAM、64QAM、QPSK、WBFM 的累积量 C60、C61 和 C62

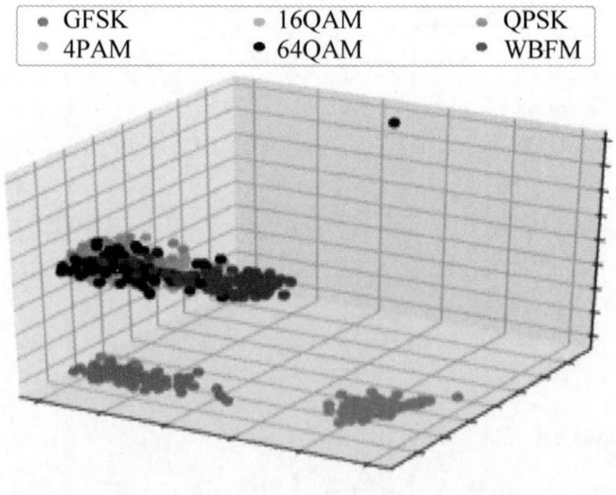

图 6.43　SNR 为－2dB 时，GFSK、4PAM、16QAM、64QAM、QPSK、WBFM 的矩 M20、M21、M40

征(上述所有矩和累积量)、由主成分分析(principal component analysis，PCA)法压缩的信号向量以及由未压缩信号的幅度和相位组成的向量三种情况下，分析了 SVM 的分类识别性能，结果见图 6.45～图 6.53。

图 6.45～图 6.48 给出了当信号特征用于输入时，与 BPSK 调制相比较的几种调制方式的分类识别精度与 SNR 的关系；比较了它们对每一类(调制)识别的可能性。结果表明，被特征提取的信号数目对分类识别性能没有实质性影响。

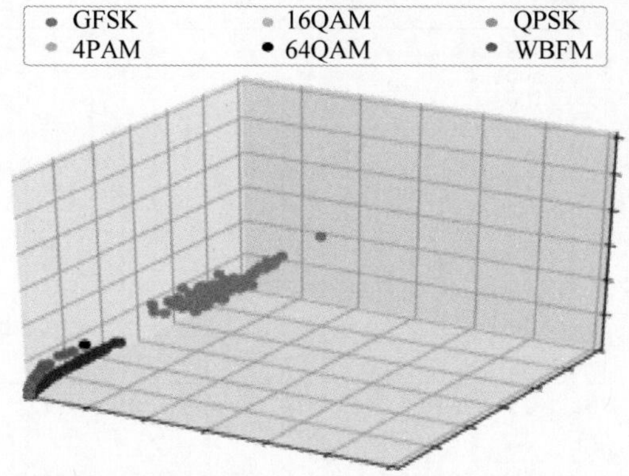

图 6.44 SNR 为−2dB 时,GFSK、4PAM、16QAM、64QAM、QPSK、WBFM 的累积量 C60、C61 和 C62

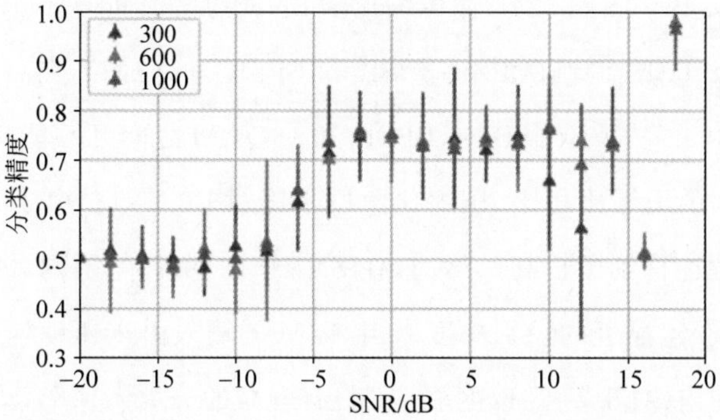

图 6.45 具有 BPSK 和 8PSK 特征的 SVM 分类精度

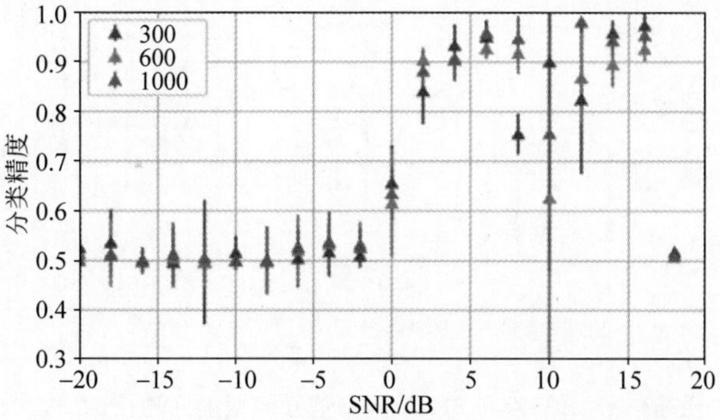

图 6.46 具有 BPSK 和 AM 特征的 SVM 分类精度

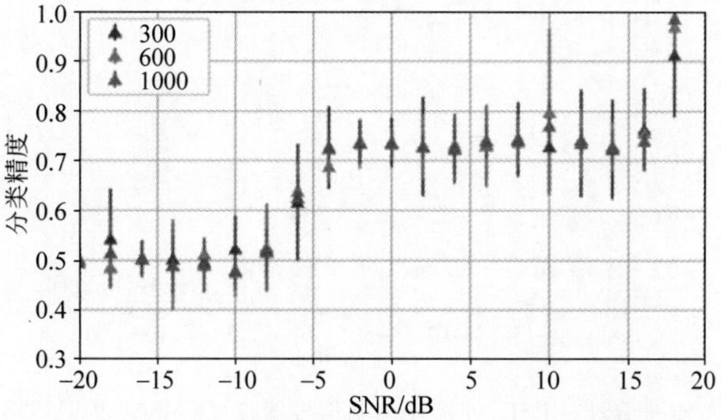

图 6.47 具有 BPSK 和 GFSK 特征的 SVM 分类精度

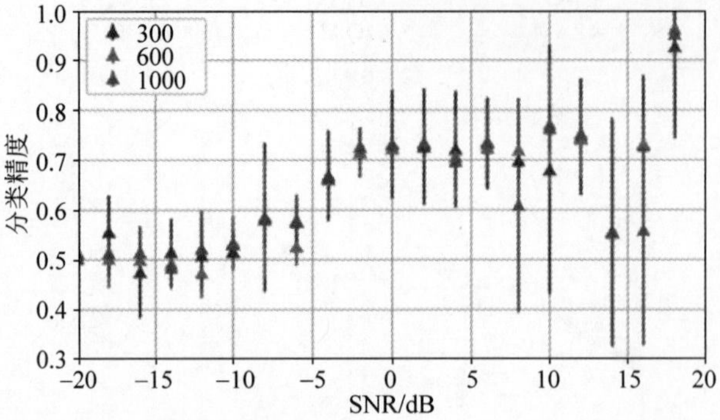

图 6.48　具有 BPSK 和 16QAM 特征的 SVM 分类精度

结果还表明，在后两种输入类型（压缩信号以及由幅度和相位组成的信号向量）情况下，分类精度显著提高（图 6.49～图 6.52）；而压缩比随 SNR 的增加而增加（图 6.53）。对于相移键控（phase-shift keying，PSK）调制（BPSK-8PSK 和 BPSK-16QAM），在高 SNR 范围内，分类准确率接近 80%。然而，在[−10，0]dB 内，BPSK 和 16QAM 之间几乎能完全区分，这是由于与 SNR 为 0dB 时观察到的压缩比相比，压缩比急剧下降（图 6.53）。由于每个信号向量中的样本数较多，因此分类性能得到了提高。然而，在 SNR＜−10dB 范围内，即使是低压缩比，也因噪声功率太大而无法获得显著的识别精度。当 SVM 的输入由未压缩信号的幅度和相位组成时，SNR＞0dB 的范围内（对于基于 PSK 的调制）有较高的分类识别率。因此，当输入数据被压

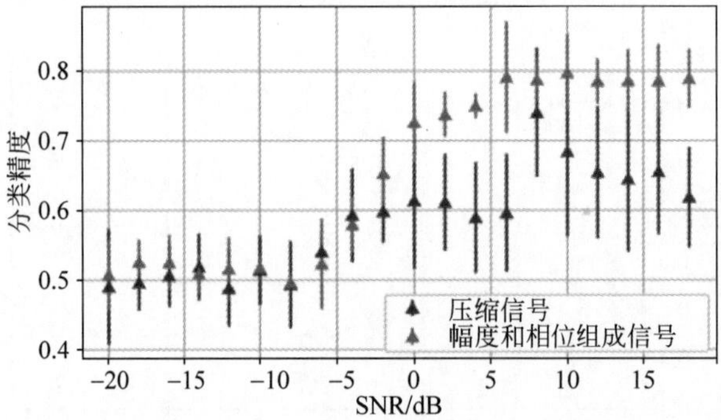

图 6.49　压缩信号、BPSK 和 8PSK 调制信号的幅度和相位的 SVM 分类精度

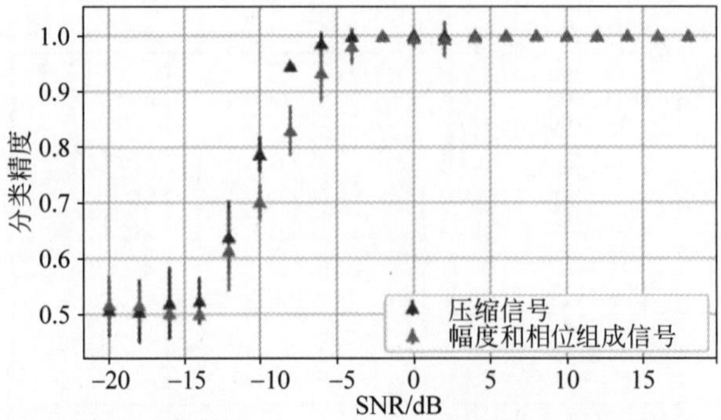

图 6.50　压缩信号、BPSK 和 AM 调制信号的幅度和相位的 SVM 分类精度

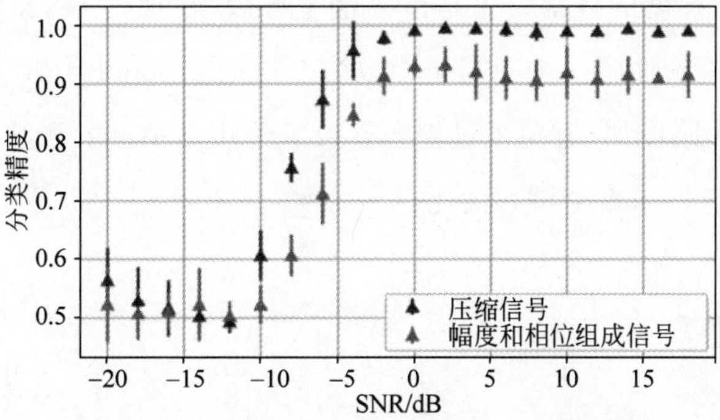

图 6.51　压缩信号、BPSK 和 GFSK 信号的幅度和相位的 SVM 分类精度

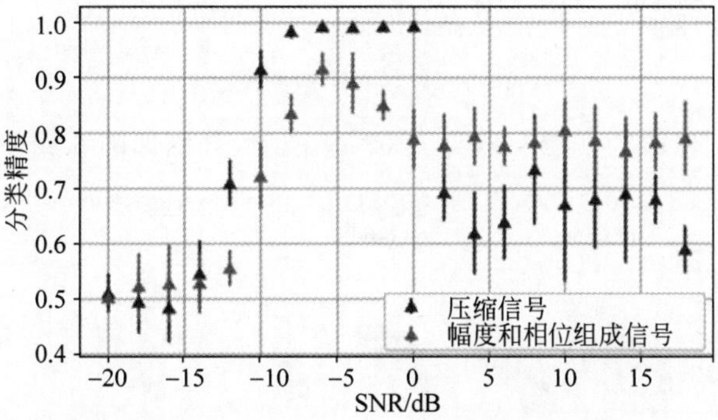

图 6.52　压缩信号、BPSK 和 16QAM 信号的幅度和相位的 SVM 分类精度

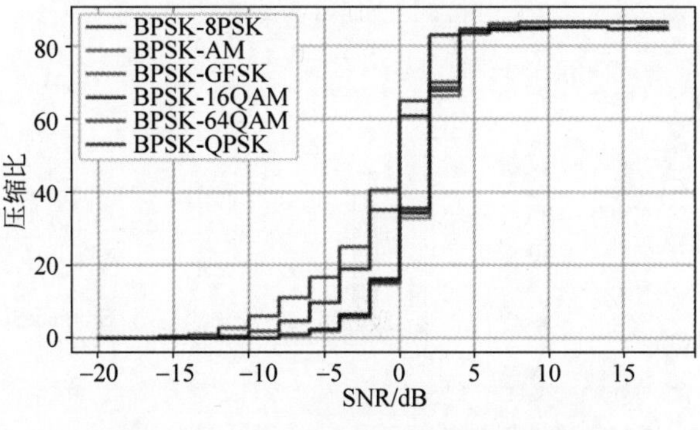

图 6.53　主成分分析对信噪比的压缩比

缩后用于具有相似特征的调制类型时，SVM 的分类识别率会降低。对于 BPSK-AM 和 BPSK-GFSK 的识别，在 SNR＞－6dB 范围内是可靠的。对于幅度和相位输入数据，分类精度降低了若干百分点。

6.9.2 基于深度神经网络的有限元判别分析

现考查几种 CNN 模型在数据集 RML2016.10a 上的性能，根据参数的设置评估它们正确分类的总体能力。以 CNN 参考模型、四层 CNN 模型和双分支 CNN 模型为比较对象，进行仿真实验。CNN 参考模型如图 6.54 所示，两个卷积层的核大小分别为 256×256 和 80×80；之后是核大小为 2×3 的最大池化层和 1×3 的 ReLU 层；最后，使用完全连接层过滤卷积层输出中的负数，从而简化梯度的计算。正是由于这个原因，在现代 DNN 中经常使用 ReLU 函数。三层中的每一层都附加了一个正则化参数为 0.5 的 dropout 函数。因此，50％的神经元将失活，防止了权重无限增加，避免了过拟合。最后采用 Softmax 激活函数来获得与每个类关联的可能性。由 Adam 求解器进行优化。

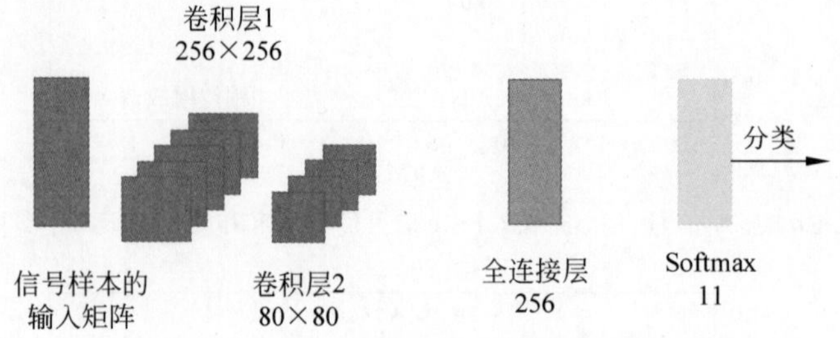

图 6.54　CNN 参考模型

将 CNN 参考模型修改为四层和双分支 CNN 模型，分别如图 6.55 和图 6.56 所示。

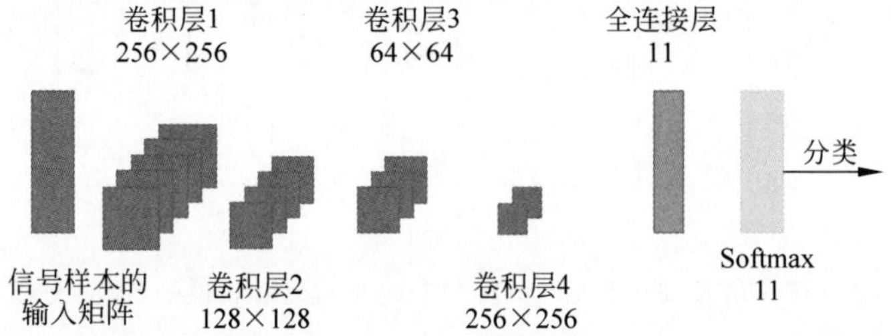

图 6.55　四层 CNN 模型

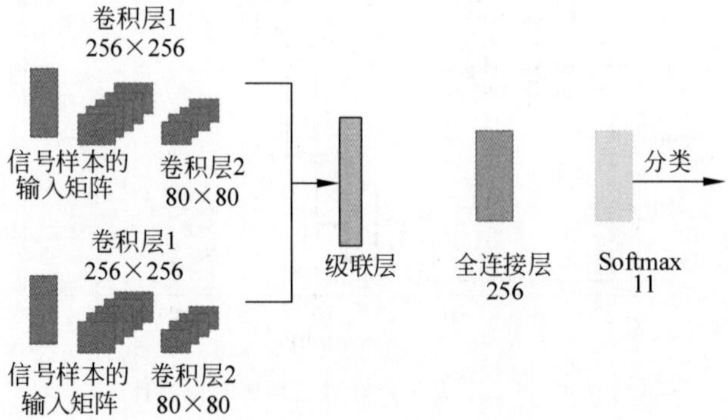

图 6.56　双分支 CNN 模型

6.9.3　仿真实验与结果分析

现通过仿真实验验证所述 CNN 的性能，分析卷积层核大小对分类精度的影响，比较四层 CNN 模型在时域和频域情况下的性能。为了得到最佳的核大小，对 CNN 参考模型、四层 CNN 模型和双分支 CNN 模型均进行了性能评估。

首先，为了确定核大小的最佳维数，对最简单 CNN 参考模型进行了性能比较验证。图 6.57 显示了除在区间[0,18]dB 内观察到改进的尺寸 2×7 之外，分类器的分类精度没有显著差异。可见，它与特定的输入数据集相关，因此，最佳内核大小只能通过经验确定。这表明，如果卷积核的进一步增大会导致分类精度下降，因此，只有唯一的最佳值。

四层CNN模型的分类精度如图6.58和图6.59所示。图6.58是时域分类精度，分类结果与图6.57类似，性能变化最小。图6.59是频域情况，观察到相同的效果，但总体精度降低10%。综上，显然信号最适合的表示为时域形式。

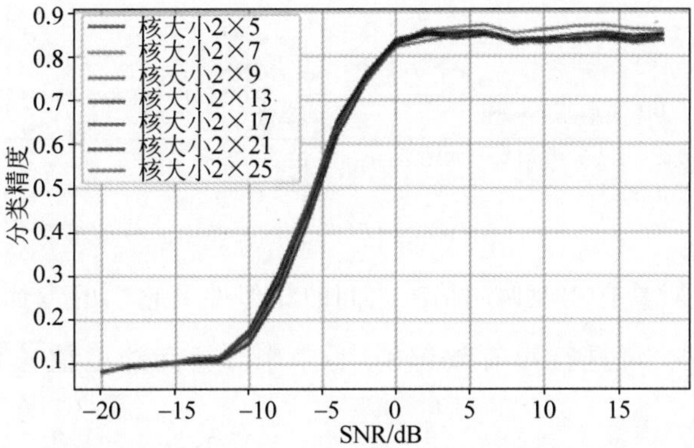

图6.57 不同核大小及时域AWGN情况下CNN参考模型的分类精度

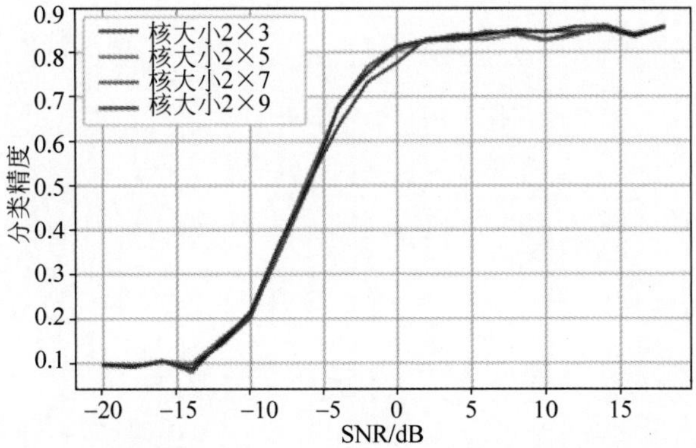

图6.58 不同核大小及时域AWGN情况下四层CNN模型的分类精度

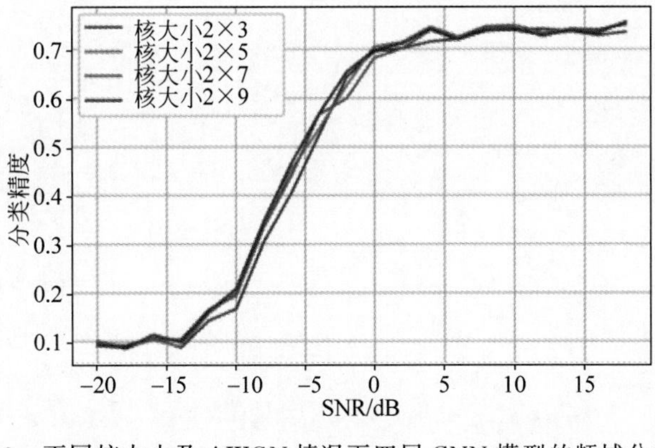

图6.59 不同核大小及AWGN情况下四层CNN模型的频域分类精度

最后，图6.60显示三个模型的性能比较，以获得最佳内核大小。在CNN参考模型和四层CNN模型之间观察到一个非常小的差异，而双分支CNN模型的分类精度要低得多。因此，对于信号数据集，模型越简单（即更少的层），通常越有优势。

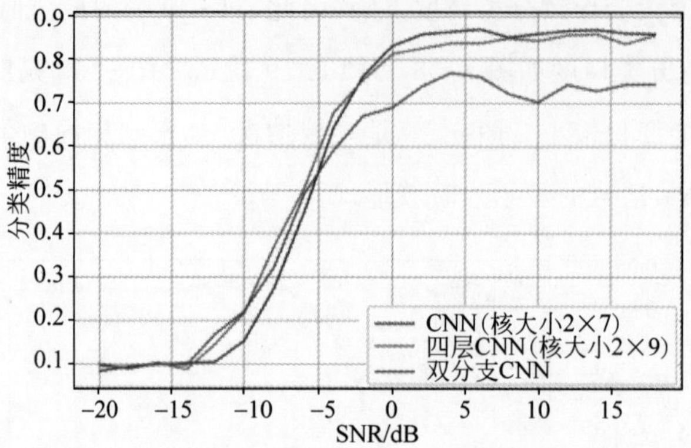

图 6.60 时域 AWGN 信号下 CNN 模型的分类精度

综上，本案例方法对具有相似调制信号之间的相似性及它们的特征比有很大差异的信号(例如，幅度和相移键控)可进行很有效识别，为未来分析无线电信号提供了一个强有力的方向。

第7章

CHAPTER 7

混合空洞卷积神经网络

【导读】 从卷积多样化形式与特征入手，分析了空洞卷积神经网络和混合空洞卷积神经网络的原理、架构与性能评估指标；在分析RCNN原理及优缺点基础上，给出了Fast RCNN的结构、RoI池化方法及Fast RCNN的改进形式，继而分析了Faster RCNN的结构、框架、训练流程及与Fast RCNN的异同；在此基础上，设计了混合空洞Faster RCNN；从保留图像细节信息的重要性入手，设计了多尺度与多深度空洞卷积神经网络模型，并将其成功地用于解决图像融合问题，这也为读者提供了有益的研究思路与方法。

空洞卷积最初是为了解决图像分割的问题而提出的。在图像处理领域，图像分割算法通常采用典型的全卷积网络(fully convolutional networks，FCN)，该网络采用池化层和卷积层来增加感受野，同时也缩小了特征图尺寸，然后再利用上采样还原图像尺寸，这种特征图先缩小后放大的过程会造成精度上的损失。因此，需要一种操作可以在增加感受野的同时保持特征图的尺寸不变，从而代替下采样和上采样操作。在这种需求下，就诞生了空洞卷积，也称膨胀卷积。

本章将介绍空洞卷积神经网络的原理及架构和应用研究成果。

7.1 空洞卷积

7.1.1 增加卷积多样性的方法

在卷积的标准定义基础上，可以通过引入卷积核的滑动步长和零填充来增加卷积的多样性，以便更灵活地进行特征抽取。

1. 步长

步长是指卷积核在滑动时的时间间隔。步长为2的卷积示例如图7.1(a)所示。

2. 零填充

零填充是在输入向量两端进行补零。输入两端各补一个零后的卷积示例如图7.1(b)所示。

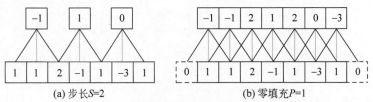

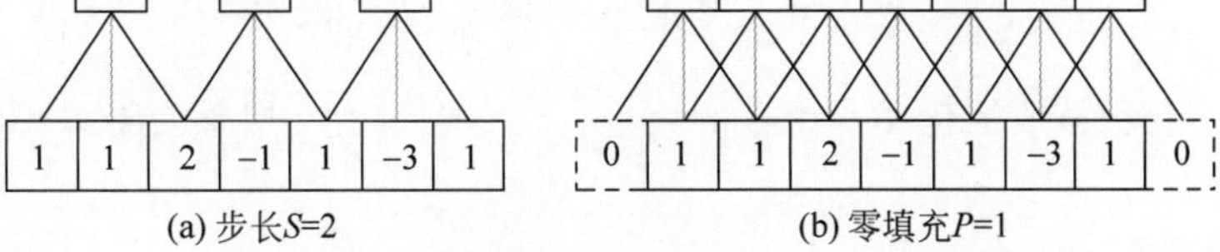

图7.1 卷积步长和零填充(滤波器为[-1,0,1])

设卷积层的输入神经元个数为 M，卷积大小为 K，步长为 S，在输入两端各填补 P 个 0，则该卷积层的神经元数量为 $(M-K+2P)/S+1$。

7.1.2 卷积多样性的表征

一般常用的卷积有以下 4 类：

(1) 窄卷积

步长 $S=1$，两端不补零 $P=0$，卷积后输出长度为 $M-K+1$。

(2) 宽卷积

步长 $S=1$，两端补零 $P=K-1$，卷积后输出长度为 $M+K-1$。

(3) 等宽卷积

步长 $S=1$，两端补零 $P=(K-1)/2$，卷积后输出长度为 M。图 7.1(b)就是一个等宽卷积示例。

(4) 空洞卷积

空洞卷积也叫扩张卷积或者膨胀卷积。简单来说，它是在卷积核元素之间加入一些空格(零)来扩大卷积核的过程。通过这种方式，可以在不做池化损失信息的情况下，增大图像的感受野，并且与普通卷积核的大小相同，参数量不变。

假设以一个变量 rate 来衡量空洞卷积的扩张系数，则加入空洞之后的实际卷积核尺寸与原始卷积核尺寸之间的关系为

$$K = K + (k-1)(\text{rate}-1) \tag{7.1.1}$$

式中，k 为原始卷积核大小；rate 为卷积扩张率；K 为经过扩展后实际卷积核大小。除此之外，空洞卷积的卷积方式与常规卷积一样。不同的卷积扩张率，卷积核的感受野不同。例如，扩张率为 1,2,4 时卷积核的感受野如图 7.2 所示。

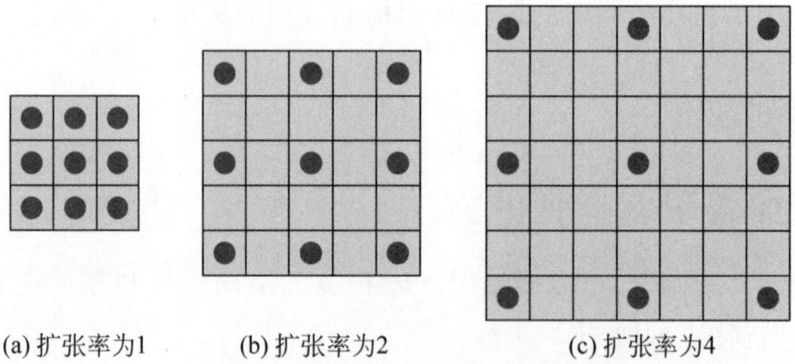

图 7.2　空洞卷积扩张率与感受野的关系

图 7.2 中，卷积核没有黑点标记的位置为 0，黑点标记的位置同正常卷积核。3×3 的黑点表示经过卷积后，输出图像为 3×3 像素。尽管所有这三个扩张卷积的输出都是同一尺寸，但是模型观察到的感受野有很大的不同。

网络中第 l 层卷积层或池化层的感受野大小为

$$r^l = r^{l-1} + \left((k-1)\cdot\prod_{i=1}^{l-1} s^i\right) \tag{7.1.2}$$

式中，k 表示该层卷积核或池化层所用核的大小；r^{l-1} 表示上一层感受野大小；s^i 表示第 i 层卷积或池化的步长。

如果初始感受野大小为 1，则

3×3 卷积($s=1$)：$r=1+(3-1)=3$，感受野为 3×3。

2×2 池化($s=2$)：$r=3+(2-1)=4$,感受野为 4×4。

3×3 卷积($s=3$)：$r=4+(3-1)\times2\times1=8$,感受野为 8×8。

3×3 卷积($s=2$)：$r=8+(3-1)\times3\times2\times1=20$,感受野为 20×20。

空洞卷积的感受野计算方法和上面相同,所谓的空洞可以理解为扩大了卷积核的大小,下面介绍空洞卷积的感受野变化(卷积核大小为 3×3,步长为 1,在下面的卷积过程,后面的以前面的为基础)：

1-dilated 卷积：rate=1 的卷积其实就是普通 3×3 卷积,因此,$r=1+(3-1)=3$ ($r=2^{\log_2 1+2}-1=3$),因此感受野为 3×3。

2-dilated 卷积：rate=2 可以理解为将卷积核变为 5×5,因此,$r=3+(5-1)\times1=7$ ($r=2^{\log_2 2+2}-1=7$),感受野大小为 7×7。

4-dilated 卷积：rate=4 可以理解为将卷积核变为 9×9,因此,$r=7+(9-1)\times1\times1=15$ ($r=2^{\log_2 4+2}-1=15$),感受野大小为 15×15。

可见,将卷积按上面的过程叠加,感受野大小会呈指数增长,即感受野大小 $r=2^{\log_2 \text{rate}+2}-1$,该计算公式是基于叠加的顺序,如果单用三个 3×3 的 2-dilated 卷积,则感受野使用卷积感受野计算公式计算(如 2-dilated,相当于 5×5 卷积)：

第一层 3×3 的 2-dilated 卷积：$r=1+(5-1)=5$。

第二层 3×3 的 2-dilated 卷积：$r=5+(5-1)\times1=9$。

第二层 3×3 的 2-dilated 卷积：$r=9+(5-1)\times1\times1=13$。

7.2 空洞卷积神经网络

7.2.1 空洞卷积的原理

传统空洞卷积是在原来的卷积核内插入空洞,以便在不增加参数、不用池化操作的情况下,增大感受野、提高网络性能。

空洞卷积计算过程如图 7.3 所示。

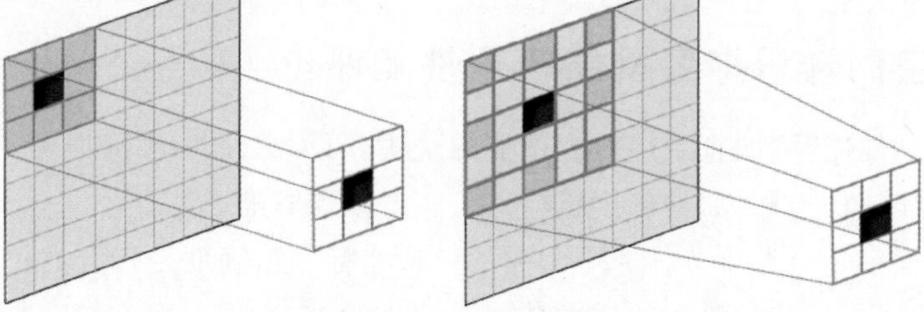

图 7.3　空洞卷积计算过程

图 7.3 表明,空洞卷积算法是在传统卷积核中插入(rate−1)个权值为 0 的点,再与原图进行卷积。空洞卷积算法解决了深度卷积神经网络中上采样和池化层设计的致命缺陷。解决的主要缺陷为：①上采样和池化层是难以被计算确定的；②容易丢失内部数据结构和空间层级化信息；③小物体信息无法重建。

7.2.2 空洞卷积神经网络模型设计

空洞卷积神经网络是在传统卷积神经网络基础上,用空洞卷积核代替普通卷积核,在参数数量不变的情况下，增大感受野、缩小特征图尺寸、缩短训练时间。传统的卷积神经网络（如图 7.4 所示）提高网络性能的方法是不断增加卷积-池化层数，这不仅会导致计算量增加，而且还存在梯度消失和梯度爆炸等问题。本节搭建的空洞卷积神经网络模型结构如图 7.5 所示，用空洞卷积代替传统卷积层，池化和全连接层不变，使用 Softmax 函数对输出结果进行分类。

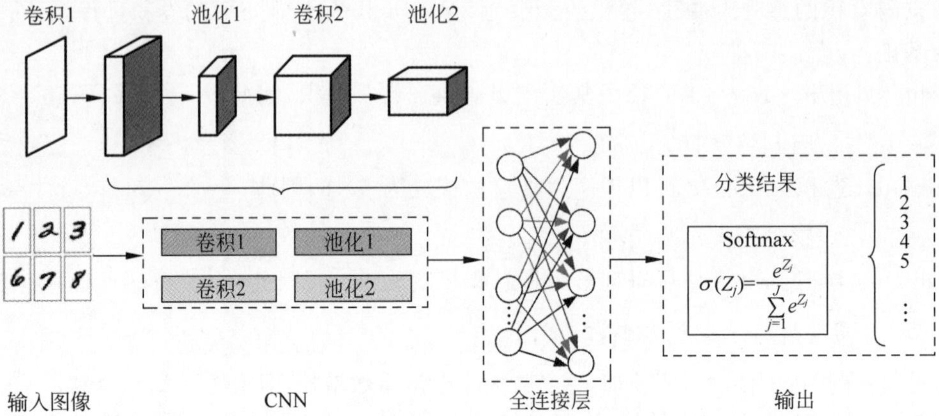

图 7.4　传统的卷积神经网络模型

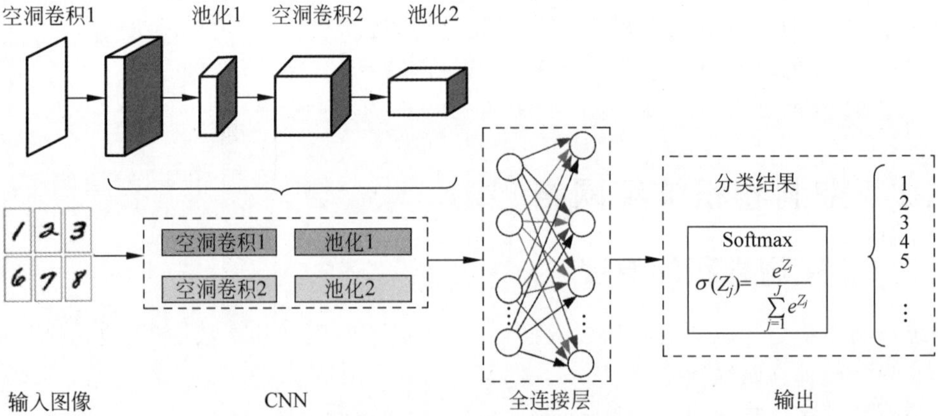

图 7.5　空洞卷积神经网络模型

7.2.3　空洞卷积神经网络模型性能评价

为了评价模型性能，更加直观地对比性能的优劣，可引入一些评价指标，也可以采用传统卷积神经网络性能评价指标，如精确度、误检率、查全率和查准率等。

精确度和误检率是分类检测任务中常用的评价指标。精确度是指分类正确的样本数与总样本数之比，误检率是指分类错误的样本数与总样本数之比。对于样本数为 N 的样本集，分类精确度定义为

$$\mathrm{acc}(f,N)=\frac{1}{N}\sum_{n=1}^{N}I(f(x_n)=y_n) \tag{7.2.1}$$

误检率可以表示为

$$e(f,N)=\frac{1}{N}\sum_{n=1}^{N}I(f(x_n)\neq y_n) \tag{7.2.2}$$

式中，$I(x)$为指示函数。

精确度和误检率虽然能够一定程度上评价模型的性能，但并不能得到分类结果中正样本

的比例或正样本占所有测试样本的比例。因此,引入查全率和查准率两个评价指标。

为了准确描述查全率和查准率的概念,需引入二分类问题的混淆矩阵。在二分类问题中,先将样本根据其真实类别和分类器输出的预测类别划分为 4 种类型,再构建混淆矩阵,如表 7.1 所示。

查全率定义为

$$\text{Recall}=\frac{\text{TP}}{\text{TP}+\text{FN}} \tag{7.2.3}$$

查准率定义为

$$\text{Precision}=\frac{\text{TP}}{\text{TP}+\text{FP}} \tag{7.2.4}$$

表 7.1　二分类的混淆矩阵

真实类别	预测结果	
	正例	反例
正例	TP(真实类别为正,预测类别为正)	FN(真实类别为负,预测类别为负)
反例	FP(真实类别为负,预测类别为正)	TN(真实类别为正,预测类别为负)

除了上述评价指标外,常用的卷积神经网络评估指标还有训练精度、测试精度和训练耗时等。这些参数可以在模型训练和测试过程中得到。神经网络的训练有两种方式:设置精度阈值和设置训练轮数。如果网络深度较深且主要为提升效率,则采用固定训练轮数,比较训练耗时,由训练精度和测试精度来评估网络模型性能。

7.2.4　模型架构

模型测试实验具体架构如下:

步骤 1:下载 Mnist 数据集。

步骤 2:搭建卷积神经网络和空洞卷积神经网络。

步骤 3:输入训练集样本对网络进行训练,得到训练精度。

步骤 4:从测试集里随机选取一张图片输入网络,将网络预测结果与其标签进行对比,得出测试精度。

步骤 5:调整参数,使结果最佳。

当选择 TensorFlow 来搭建空洞卷积神经网络时,通过输入 Mnist 数据集中的训练集样本对网络进行训练,同时使用测试集中的随机样本来测试网络,获得训练精度和测试精度。

7.3　混合空洞卷积神经网络

7.3.1　混合空洞卷积神经网络原理

若仅仅是通过堆叠空洞卷积核来提升网络性能,则面临的问题是:①空洞卷积核之间并不连续,导致了一些像素被遗漏,进而导致图像上的连续性信息可能被忽视;②在获取图像特征图时,若采用固定大小的 rate,则存在大尺寸信息和小尺寸信息不能兼顾的问题。因此,研究人员提出了混合空洞卷积(hybrid dilated convolution,HDC)神经网络。HDC 神经网络是一种使用拥有不大于 1 的公约数为 rate 的空洞卷积核进行堆叠,它的目标是让一系列的卷积操作完全覆盖一个正方形区域,没有空洞或信息丢失。HDC 结构需满足的公式为

$$M_i=\max[M_{i+1}-2r_i,M_{i+1}-2(M_{i+1}-r_i),r_i] \tag{7.3.1}$$

式中，r_i 为第 i 层插入的空洞数量；M_i 为第 i 层插入的最大空洞数量。若卷积核大小为 $k\times k$，则需要满足 $M_r\leqslant k$，这样就可以用 rate=1 的标准卷积核来填充覆盖所有空洞。HDC 结构如图 7.6 所示。其中，图 7.6(a)是尺寸为 3×3、rate 为 2 的传统空洞卷积核堆叠三层的效果，图 7.6(b)是 rate 分别为 1,2,3 的 HDC 核堆叠三层的效果。图 7.6(a)表明，空洞卷积核随着层数的增加，像素与像素之间总是留有一些空洞，这些空洞就是图像上小信息会被遗漏的地方，在图像分割等需要图像连续性信息的领域，这种空洞的存在会导致分割精度下降。图 7.6(b)表明，第一次卷积时 rate=1，即卷积核为无空洞的传统卷积核，第二次卷积时 rate=2，第三次卷积时 rate=3，由于混合结构的存在，使得每一次的单步卷积计算都恰好能填充一部分上一次卷积计算留下的空洞，最后得到的感受野是一个 13×13 的、没有空洞的完整感受野，采用具有以上结构的 HDC 可以在保留空洞卷积神经网络原有优点的同时，弥补空洞卷积神经网络模型会丢失图像细节信息的不足。

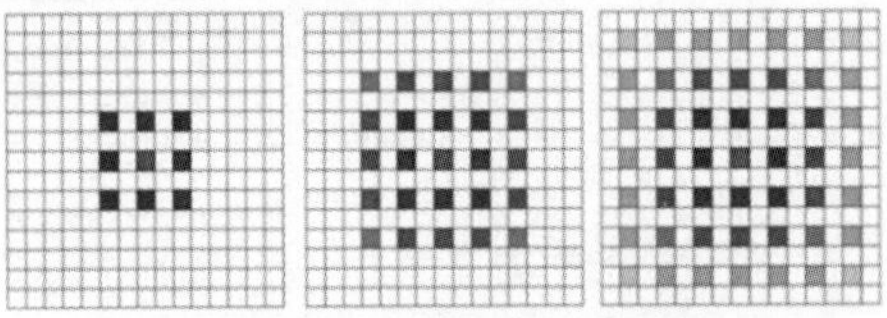

(a) 传统空洞卷积核堆叠效果

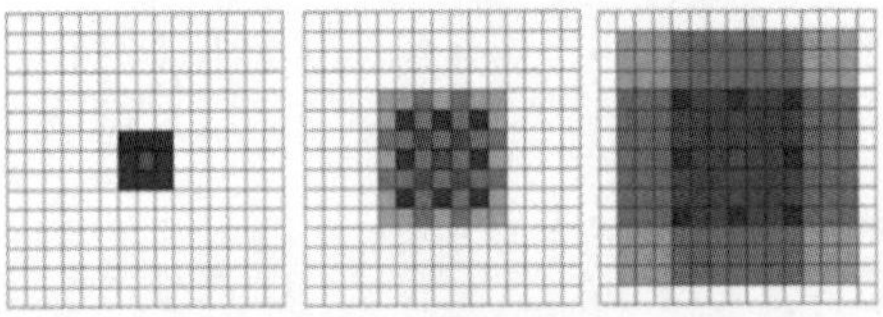

(b) 混合空洞卷积核堆叠效果

图 7.6　传统空洞卷积与 HDC 的堆叠效果

7.3.2　混合空洞卷积神经网络设计

空洞卷积采用(1,2,5,1,2,5)锯齿循环卷积结构，使用空洞卷积核代替传统卷积核，设计混合空洞卷积神经网络(hybrid dilated CNN，HDCNN)，以实现宽波段遥感图像的分类与预测。传统卷积神经网络模型如图 7.7 所示；HDCNN 模型结构如图 7.8 所示，它采用了 6 层卷积-池化，2 层全连接层与 Softmax 层。为防止过拟合，采用两组 dropout 函数进行优化，并分别使用 rate=1,2,5 的空洞卷积核代替传统的卷积核，在其他参数设置完全相同的情况下输入宽波段遥感图像，测试其训练精度、测试精度及训练时长。

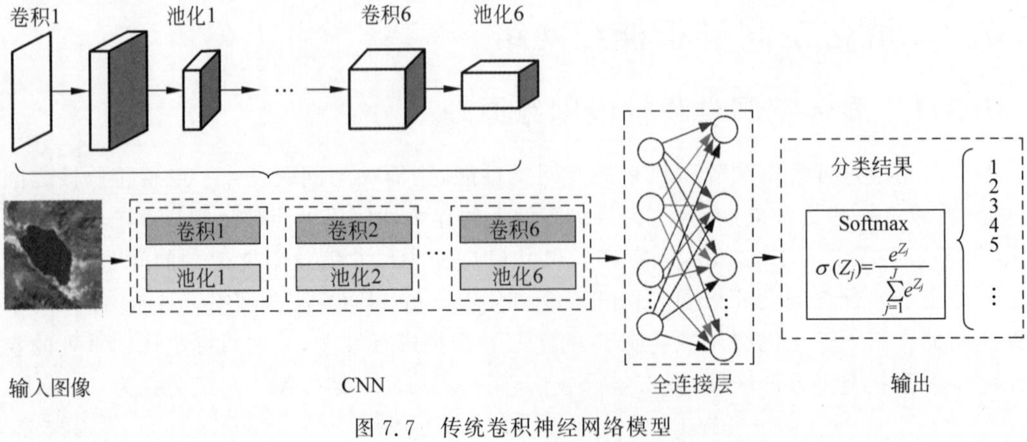

图 7.7　传统卷积神经网络模型

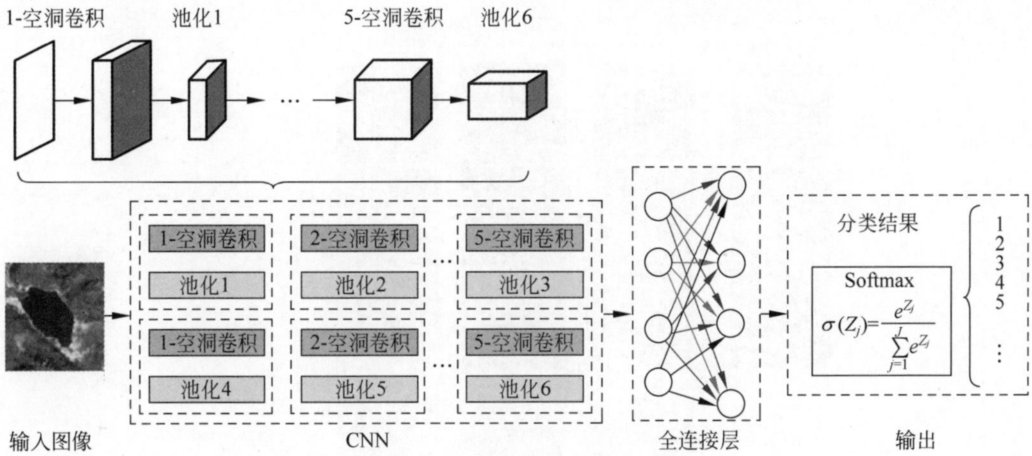

图 7.8 HDCNN 模型结构

图 7.8 中最左边图像来源于搭载在“天宫二号”上的宽波段成像光谱仪拍摄的图像，包括沙漠、海洋、湖泊、农田、山地和平原的 6 种地球地形图，如图 7.9 所示。

图 7.9 宽波段遥感图像示例

当用宽波段遥感图像进行模型测试时，数据集分为训练集、测试集和交叉验证集，分别占用整个数据集的 80%、15%和 5%。

图 7.10 为 HDCNN 中处理输入图像时的特征图和卷积核。

图 7.10 表明，在 HDCNN 中，深度卷积层输出的特征图的卷积水平要高于浅层。

在网络训练过程中，为防止过拟合，在全连接层前采用 2 层 dropout 函数对卷积层进行处理，使卷积层神经元以一定概率停止工作，并采用 Adam 优化算法加速网络收敛、提高网络模型泛化能力。

7.3.3 混合空洞卷积神经网络架构

HDCNN 模型架构如下：

步骤 1：下载宽波段遥感图像数据集。

步骤 2：分割数据集为训练集、测试集和交叉验证集，为数据集制作 6 类标签。

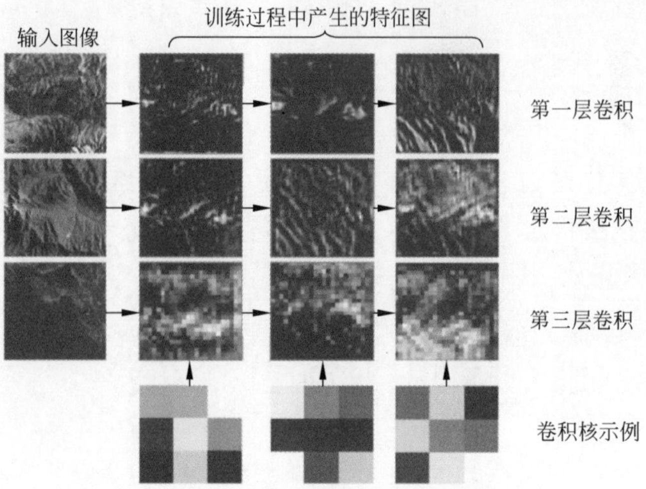

图 7.10 HDCNN 模型中特征图和卷积核

步骤 3：在 TensorFlow 上搭建 HDCNN 模型，采用优化函数优化模型。

步骤 4：采用训练集训练 HDCNN，得到训练精度和训练时长；采用测试集测试模型性能，并使用交叉验证集得到最佳模型。

步骤 5：调整模型参数，使结果最优化。

7.4 混合空洞 Faster RCNN 模型

7.4.1 RCNN 模型

区域卷积神经网络(regions based CNN，RCNN)是 2014 年提出的一种目标检测算法，是将 CNN 方法应用到目标检测问题上的一个里程碑，是开山之作。借助 CNN 良好的特征提取和分类性能，通过候选区域方法实现目标检测。

整个 RCNN 结构分为：候选框的生成、CNN 网络、分类器、回归框。这几个部分都需要单独训练，所以 RCNN 并不是端到端的目标检测。算法流程如图 7.11 所示。

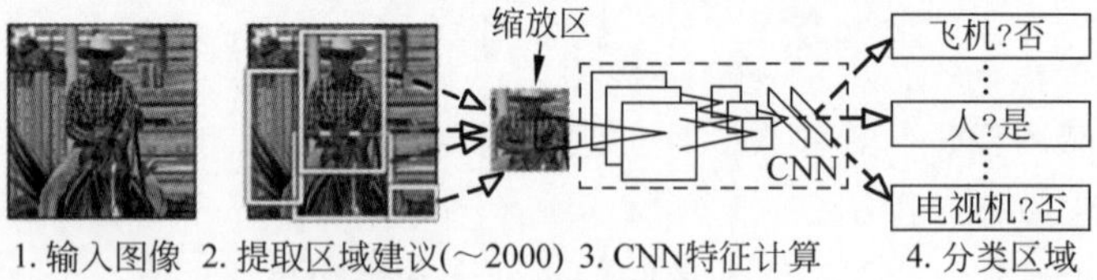

图 7.11 RCNN 算法流程

步骤 1：用选择性搜索方法在输入图像上选出 2000 个候选框，目标是选择性搜索假设物体存在的区域之间具有相似性和连续性。具体过程如下：

(1) 使用一种分割方法，将图像分割成比较小的区域；

(2) 计算所有邻近区域之间的相似性(可能属于同一个目标)；

(3) 将相似性比较高的区域合并到一起，其中，颜色直方图相近的、梯度直方图相近的(即纹理)、合并后总面积小的，以及在其边界框所占比例大的区域优先合并；

(4) 计算合并区域和邻近区域的相似性；

(5) 迭代合并，聚合到 2000 个候选框。

步骤2：通过CNN对每个候选框进行特征提取，每个候选框生成4096维特征向量。将选择性搜索算法生成的2000个候选框改变成227×227的大小，然后输入AlexNet网络中，得到对应的2000个4096维特征向量。候选框的特征提取如图7.12所示。

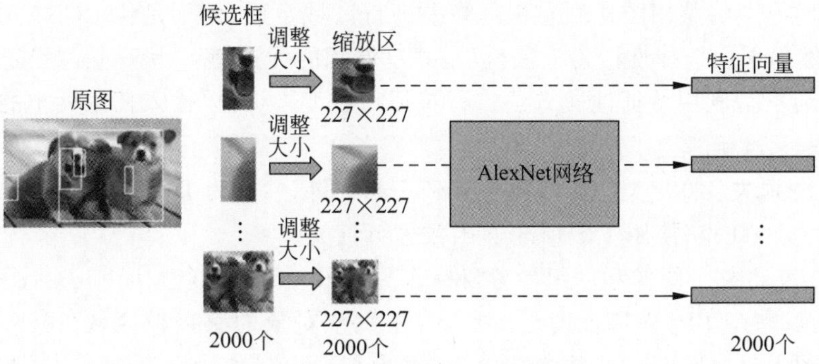

图7.12 候选框的特征提取

这一步由选择性算法提供的2000个候选区域，统一改变成227×227大小，作为网络输入。输出为一个4096维的特征向量，用于后续SVM分类以及定位回归。

步骤3：将每个特征向量输入每一类的SVM分类器中，判定是否属于该类。这一步输入为CNN提取的4096维向量，输出为二分类，判断是否属于这一类的概率的具体方法是：将2000个4096维特征向量(2000×4096矩阵)与20个SVM分类器(用于训练的Pascal VOC 2007数据集有20个类别)组成的4096×20权值矩阵进行相乘，得到2000×20矩阵，表示每个候选框是某个类别的得分；对于同一类别的候选框，使用非极大值抑制(non-maximum suppression，NMS)算法，如图7.13所示。

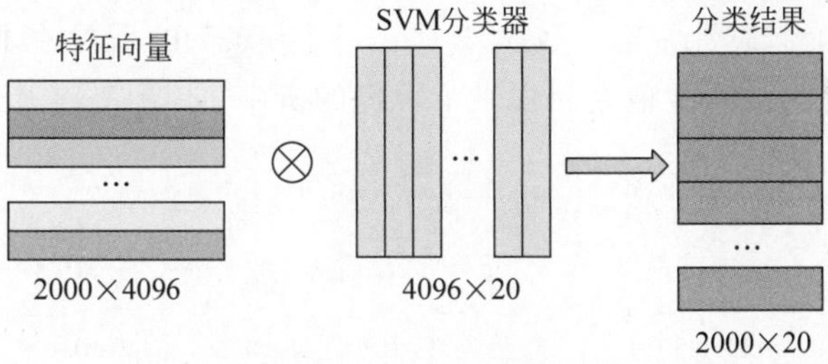

图7.13 SVM分类器的分类

步骤4：使用回归器调整候选框的位置。对于NMS算法处理后剩余的候选框，再通过20个回归器，使用最小二乘法，通过最小化误差(候选框和标注框之间的差)的平方和寻找最佳函数匹配。

RCNN的缺点如下：

(1) 训练速度慢：训练过程极其烦琐；

(2) 训练空间大：每张图片会生成2000个候选框，需要对所有候选框进行特征提取，而Pascal VOC 2007训练集有5000多张图片，所有候选框的特征向量占内存空间很大；

(3) 测试速度慢：选择性搜索算法提取候选框需要2s左右，再对所有候选框进行特征提取，最后检测一张图片需要大约53s(CPU)。

7.4.2 Fast RCNN模型

在2015年，Ross Girshick独自提出了更快、更强的Fast RCNN，不仅训练的步骤可以实现端到端，而且基于 VGG16 网络，在训练速度上比 RCNN 快了近 9 倍，在测试速度上快了 213 倍，并在 VOC 2012 数据集上达到了 68.4%的检测率。

与 RCNN 相比，Fast RCNN 主要有 3 点改进：

(1) 共享卷积：将整幅图送到卷积网络中进行区域生成，而不是像 RCNN 那样一个个地候选区域，虽然仍采用选择性搜索方法，但是共享卷积的优点使得计算量大幅减少。

(2) 特征池化：利用特征池化方法进行特征尺度变换，可以输入任意大小的图片，使得训练过程更加灵活、准确。

(3) 多任务损失：将分类与回归网络放到一起训练，并且为了避免 SVM 分类器带来的单独训练与速度慢的缺点，使用了 Softmax 函数进行分类。

Fast RCNN 将整个图像和一组参考目标作为输入。首先，通过使用几个卷积和最大池化层处理整个图像来产生卷积特征图。然后，对于每个对象的感兴趣区域(region of interest，RoI)，从特征图中提取固定长度的特征向量，每个特征向量作为一系列全连接层的输入。最后，一个全连接层有两个同级分支输出，其中一个分支对目标关于 K 个对象类(包括所有背景)输出 Softmax 概率估计，另一个分支输出为 K 个对象中每一类的 4 个实数值，每 4 个值编码 K 个类中每个类的边界框位置。

1. 建议框

有许多种方法用于产生独立于类别的区域框。Fast RCNN 使用选择性搜索“边界框”定位建议框的方法，从一幅图像边界中生成 RoI。

在目标检测中，交并比(intersection over union，IoU)是指两个矩形交集与并集之比值，其值在[0,1]区间。显然，当 IoU=0 时，预测框与真值框没有交集，此时结果最差；当 IoU=1 时，预测框与真值框重合，此时结果最好。一般情况下，可以通过给定一个 IoU 的阈值来决定预测框的结果是否正确。通常希望 IoU 大于 0.5。值为 0.7 的 IoU 在非常宽松(IoU 为 0.5)和非常严格(IoU 为 0.9)的重叠值之间提供了合理的折中，如图 7.14 所示。

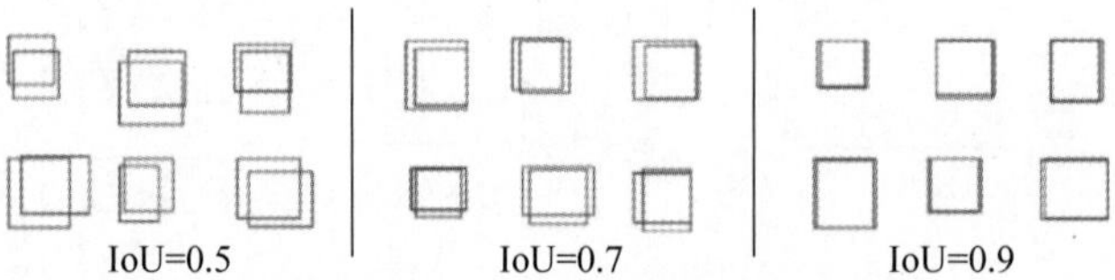

图 7.14 不同交并比下，预测框与真值框重合情况

2. RoI 池化层

RoI 池化层使用最大池化将任何有效的 RoI 特征转换为固定空间大小为 $H \times W$ 的小特征图，其中，H 和 W 是独立于任何特定 RoI 层的超参数。RoI 是卷积特征图的一个矩形窗口，如图 7.15 所示。每个 RoI 由四个值(r,c,h,w)定义，其中，(r,c)表示框左上角的位置，(h,w)表示框的宽度和高度。

3. 训练

Fast RCNN 使用简化的训练过程，包括一个联合优化了 Softmax 分类器和边界框回归器的微调阶段以及三个独立阶段的回归器。该过程由损失函数、小批量采样策略、通过 RoI 池化层的反向传播和 SGD 超参数组成。

1) 多任务损失函数

一个 Fast RCNN 网络有两个分支输出层。第一个分支层输出每个 RoI 在 $K+1$ 个对象类上的离散概率分布 $p=\{p_0,p_1,\cdots,p_k\}$。通常，p 由 Softmax 函数对全连接层的 $K+1$ 个

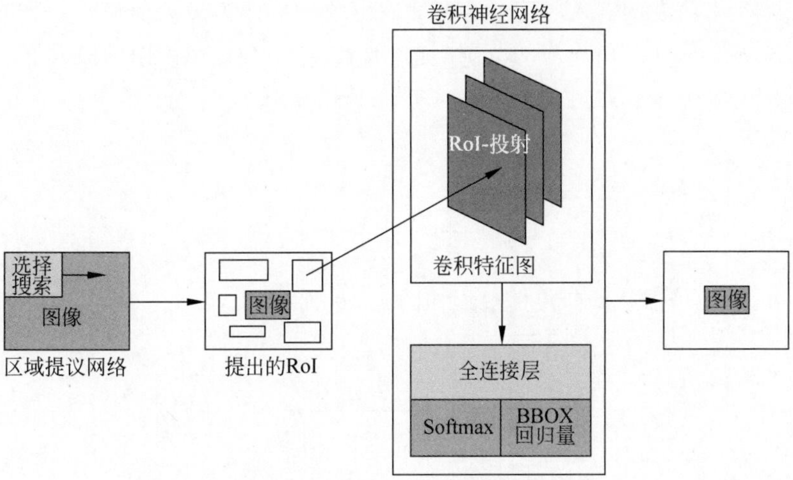

图 7.15 Fast RCNN 网络

输出进行计算。第二个分支层输出边界框回归偏移 $t^k=\{t_x^k,t_y^k,t_w^k,t_h^k\}$,$k$ 表示 K 个对象类中的索引,t^k 表示真实边界框 G 相对于建议框 P 计算得到的相对平移量(t_x^k,t_y^k)和宽高缩放量(t_w^k,t_h^k)。每个参与训练的 RoI 都标有标记的真值类别 u 和真值边界框回归目标 v。每个标记 RoI 上的多任务损失函数由目标分类损失函数和边界框回归损失函数两部分构成,定义为

$$L(p,u,t^u,t^*)=L_{\mathrm{cls}}(p,u)+\lambda[u\geqslant 1]L_{\mathrm{loc}}(t^u,t^*) \tag{7.4.1}$$

式中,λ 是超参数,控制两个任务损失之间的平衡,将真实值回归目标归一化为具有零均值和单位方差的 v_i;$t^u=\{t_x^u,t_y^u,t_w^u,t_h^u\}$;艾弗森括号指示函数$[u\geqslant 1]$在 $u\geqslant 1$ 时评估为 1,否则为 0。按照惯例,所有的背景类被标记为 $u=0$。对于背景 RoI,没有真实边界框的概念,L_{loc} 被忽略;$L_{\mathrm{cls}}(p,u)=-\log p_u$ 是真值类别 u 的对数损失;L_{loc} 是边界框回归损失,定义为

$$L_{\mathrm{loc}}(t^u,t^*)=\sum_{i\in\{x,y,w,h\}}\mathrm{smooth}_{\mathrm{L1}}(t_i^u-t_i^*) \tag{7.4.2}$$

式中,$\mathrm{smooth}_{\mathrm{L1}}$ 是一个鲁棒的 L1 损失,与 RCNN 和 SPPnet 中使用的 L2 损失相比,更不容易受极端值的影响,且

$$\mathrm{smooth}_{\mathrm{L1}}(x)=\begin{cases}0.5x^2, & |x|<1\\ |x|-0.5, & \text{其他}\end{cases} \tag{7.4.3}$$

2) 批量与样本选择

在训练期间,先为每个小批量添加 $N=2$ 个图片,选择 $R=128$ 个建议框,从每个图片中采样 64 个 RoI。总共选择了来自建议框的 25%的 RoI,这些 RoI 与真实边界框重叠的 IoU 至少为 0.5;这些 RoI 包括标记了目标对象类的例子,即$[u\geqslant 1]$。其余的 RoI 是从具有最大 IoU 的目标建议框中采样的,真实值在$[0.1,0.5)$内,这些是标记为 $u=0$ 的背景例子。训练时,图像水平翻转概率为 0.5。

3) 通过 RoI 池化层的反向传播

当普通最大池化层反向传播时,设 $x_i\in\mathbb{R}$ 为 RoI 池化层中第 i 个激活输入单元,y_{rj} 为第 r 个 RoI 池化层的第 j 个输出单元,则损失函数 L 对输入单元 x_i 的梯度为

$$\frac{\partial L}{\partial x_i}=\begin{cases}0, & \delta(i,j)=\text{假}\\ \dfrac{\partial L}{\partial y_j}, & \delta(i,j)=\text{真}\end{cases} \tag{7.4.4}$$

式中，判决函数 $\delta(i,j)$ 表示输入单元 i 是否被输出单元 j 选为最大值输出。当 i 没有被选中时，$\delta(i,j)=$假，x_i 不在 y_j 所对应的范围之内，或者 x_i 不是该范围内的最大值。当 $\delta(i,j)=$真时，有

$$\frac{\partial L}{\partial x_i}=\frac{\partial L}{\partial y_j}\frac{\partial y_j}{\partial x_i} \tag{7.4.5}$$

式中，$\frac{\partial y_j}{\partial x_i}\equiv 1$。

最大池化的前向传播和反向传播过程如图 7.16 所示。

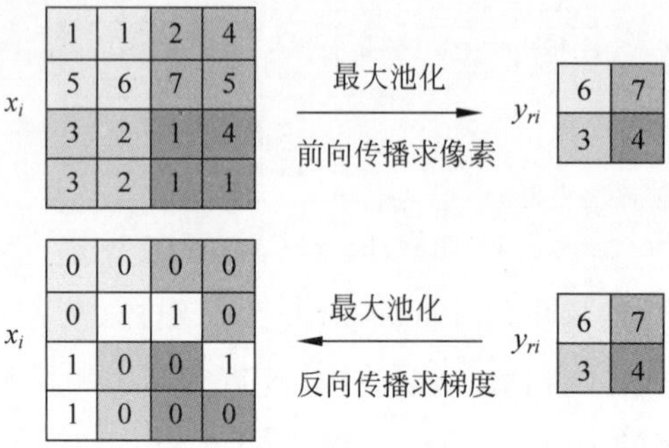

图 7.16　最大池化的前向传播和反向传播过程

对 RoI 池化层，设 $x_i\in\mathbb{R}$ 为 RoI 池化层中第 i 个激活输入单元；y_{rj} 为第 r 个 RoI 池化层的第 j 个输出单元。因为 RoI 池化层会对每个 RoI 进行单独处理，而 RoI 在特征图上可能会出现重叠的情况，所以，可能一个输入单元会与多个输出单元相关联。如图 7.17 所示，数值 7 的输入单元和虚线框内两个 RoI 输出节点相关联。图 7.17 中数值 7 的输入单元的反向传播过程如图 7.18 所示。

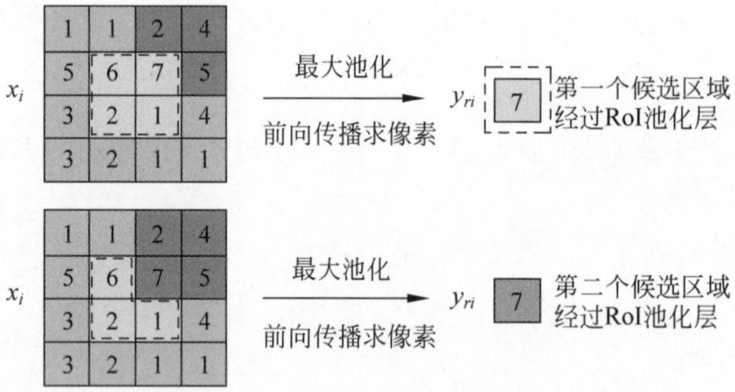

图 7.17　RoI 池化层的前向传播

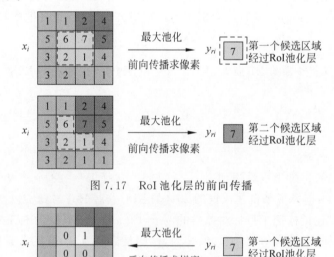

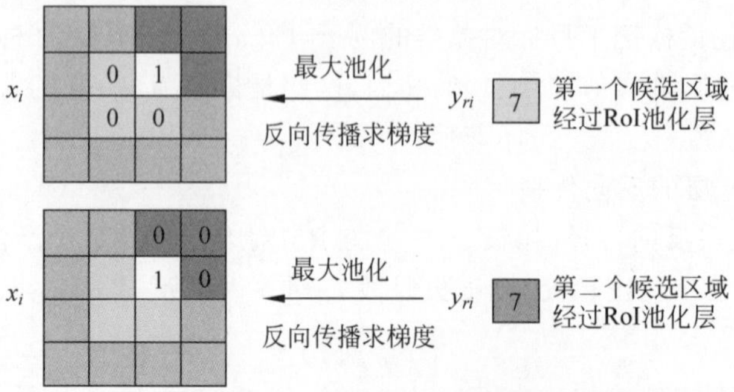

图 7.18　RoI 池化层的反向传播

对于两个不同的 RoI，数值 7 的输入单元都存在梯度，所以在进行反向传播时，偏导数$\frac{\partial L}{\partial x_i}$是对各个有可能的 RoI 的输出单元 y_{rj} 梯度的累加。池化层的反向传播函数可以通过计算损失函数的偏导数得到，即

$$\frac{\partial L}{\partial x_i}=\sum_r \sum_j [i=i(r,j)]\frac{\partial L}{\partial y_{rj}} \tag{7.4.6}$$

$$[i=\delta(r,j)]=\begin{cases}1, & i=\delta(r,j)\\ 0, & 否则\end{cases} \tag{7.4.7}$$

在反向传播至 RoI 池化层时，通过计算得到偏导数$\frac{\partial L}{\partial y_{rj}}$。判决函数 $\delta(r,j)$表示输入单元 i 是否被第 r 个 RoI 的第 j 个输出单元选为最大值输出。若是，则当 i 没有被选中时，$\delta(i,j)=$假，x_i 不在 y_j 所对应的范围之内，或者 x_i 不是该范围内的最大值。当 $\delta(i,j)=$真时，有

$$\frac{\partial L}{\partial x_i}=\frac{\partial L}{\partial y_{rj}}\frac{\partial y_{rj}}{\partial x_i} \tag{7.4.8}$$

式中，$\frac{\partial y_{rj}}{\partial x_i}\equiv 1$。

4) 改进的 Fast RCNN

为了提高 Fast RCNN 的精度和速度，对 Fast RCNN 进行两种改进。针对精度改进的命名为 Fast RCNN 类型 2，而针对速度改进的命名为 Fast RCNN 类型 3。

(1) Fast RCNN 类型 2。图 7.19(a)显示了仅具有两个卷积层的原始 Fast RCNN，而图 7.19(b)显示了以附加卷积层的形式为精度所做的改进(被圈起来并突出显示)。

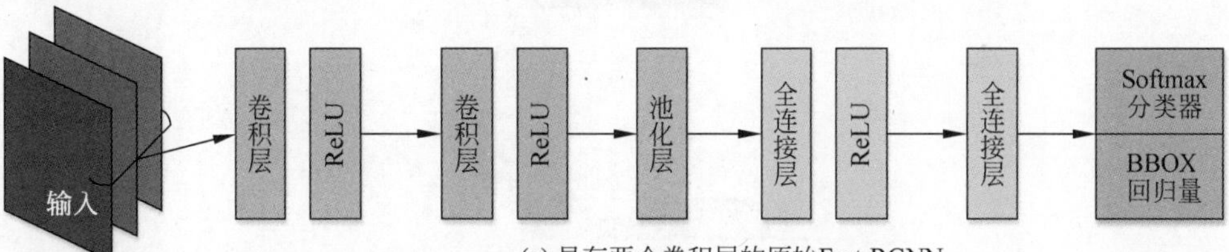

(a) 具有两个卷积层的原始Fast RCNN

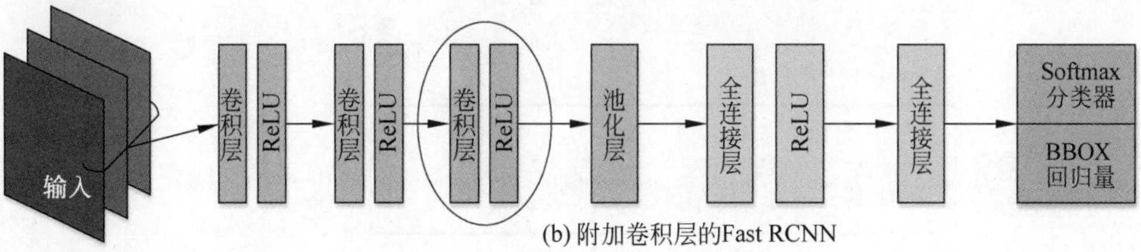

(b) 附加卷积层的Fast RCNN

图 7.19　Fast RCNN 类型 2

(2) Fast RCNN 类型 3。输入通道大小为 3(RGB)的原始 Fast RCNN 显示在图 7.20(a)中，而以将输入通道大小减小到 1(灰度)的形式对速度进行的改进显示在图 7.20(b)中(被圈起来并突出显示)。

7.4.3　Faster RCNN 模型

Faster RCNN 是为改进 Fast RCNN 而提出来的，它的主要特点是利用区域选取网络(region proposal networks，RPN)完成候选框的选择。因为在 Fast RCNN 的测试时间中是不

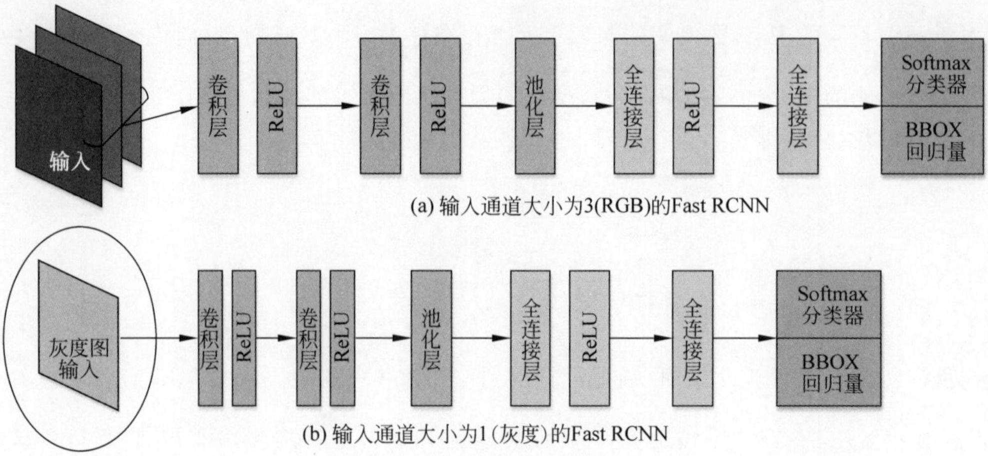

(a) 输入通道大小为3(RGB)的Fast RCNN

(b) 输入通道大小为1(灰度)的Fast RCNN

图 7.20　Fast RCNN 类型 3

包括选择性搜索时间的，而在测试时很大一部分时间要耗费在候选区域的提取上。Faster RCNN 的结构如图 7.21 所示。

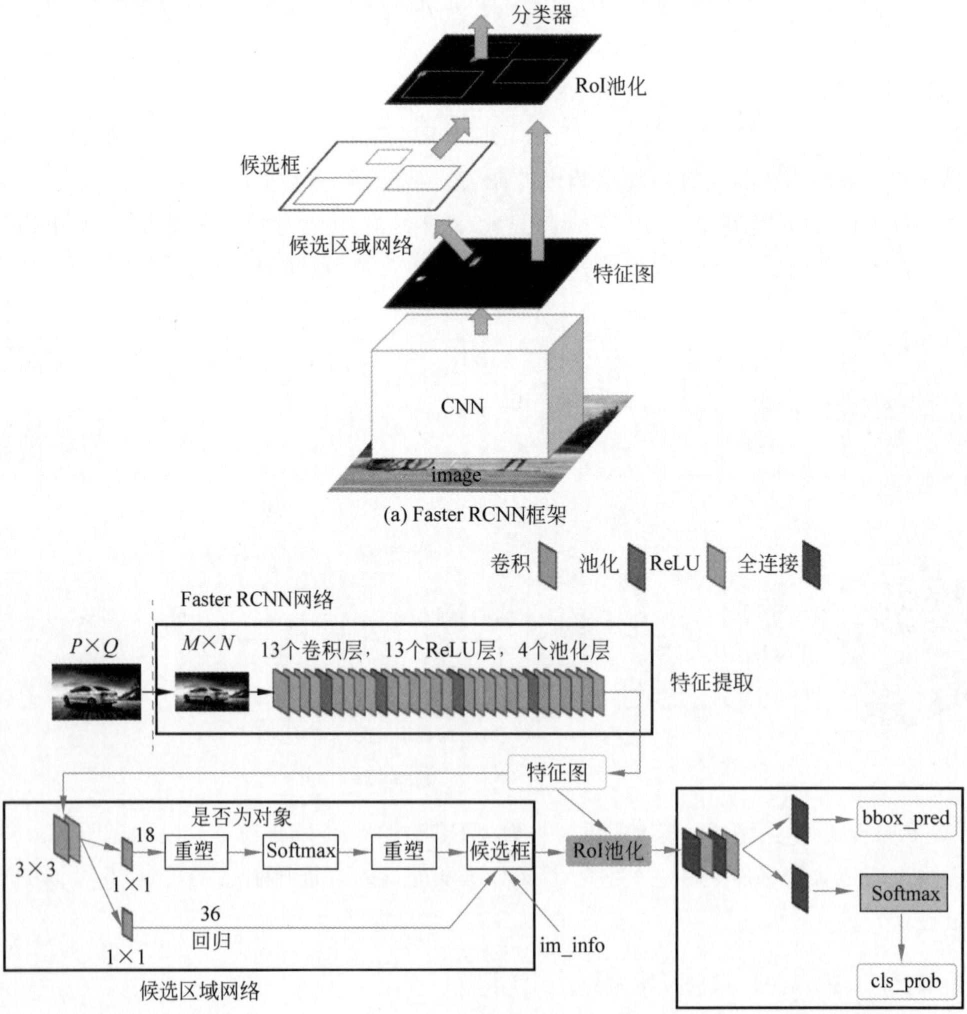

(a) Faster RCNN框架

(b) Faster RCNN细节

图 7.21　Faster RCNN 的结构

Faster RCNN 分为两部分：一是 RPN，二是 Fast RCNN。其中，RPN 包括候选者和卷积层；Fast RCNN 包括卷积层、RoI 池化层及全连接层等部分。Faster RCNN 首先将整张图片输入 CNN，提取图片的特征。将图片特征输入 RPN，得到候选框的特征信息。RPN 对于候选框中提取的特征，采用分类器判别是否属于待识别目标的候选框，将属于某一类别的候选框用回归器进一步调整其位置。最后将目标框和图片的特征向量输入 RoI 池化层，再通过分类器进行分类，完成目标检测的任务。RPN 能够协助 Fast RCNN 将注意力集中在候选框中。

Faster RCNN 的工作架构如下：

步骤 1：输入测试图像。

步骤 2：将整张图片输入 CNN，进行特征提取；不再对候选区域做特殊处理，直接将图片输入主干 CNN 提取特征。

步骤 3：用 RPN 网络生成一堆锚框，先对其裁剪过滤后通过 Softmax 判断锚是属于前景还是后景，即是物体还是不是物体，所以这是一个二分类；同时，另一个分支边框回归修正锚框，形成较精确的候选。

注意：这里的较精确是相对于后面全连接层的再一次框回归而言。

步骤 4：把候选区域映射到 CNN 的最后一层卷积特征图上。

步骤 5：通过 RoI 池化层使每个 RoI 生成固定尺寸的特征图。

步骤 6：利用 Softmax Loss（探测分类概率）和 Smooth L1 Loss（探测边框回归）对分类概率和边框回归联合训练。

Faster RCNN 与 Fast RCNN 相比，主要有两处不同：

1. Faster RCNN 使用了 RPN

Faster RCNN 使用 RPN 代替原来的选择性搜索方法产生候选区域。RPN 将任意尺寸的图片作为输入，输出若干矩形候选框。为了生成区域候选框，在卷积层最后一层特征图上滑动一个($n \times n$)的网络，将卷积生成的特征图与($n \times n$)的窗口进行卷积运算。将每个滑动窗口映射得到的一个更低维的特征，送入两个分支中，一个用于框分类，另一个用于框回归。此网络执行滑动窗口形式，所有空间位置都共享全连接层，如图 7.22 所示。

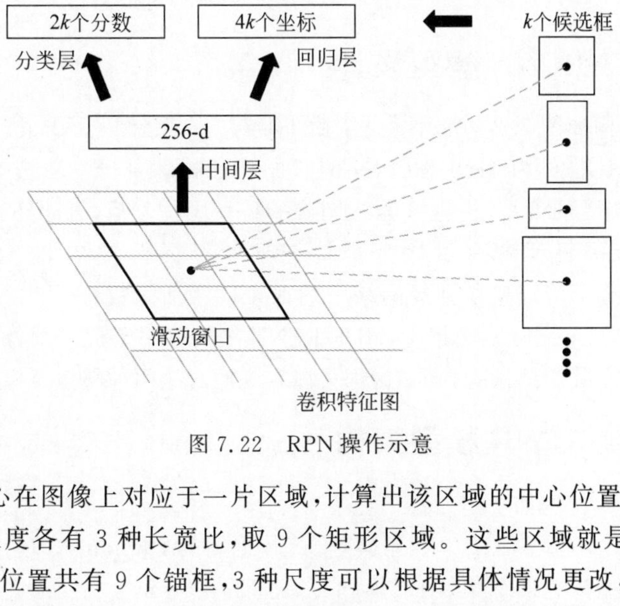

图 7.22　RPN 操作示意

滑动窗口的中心在图像上对应于一片区域，计算出该区域的中心位置后以该位置为中心，按 3 种尺度、每种尺度各有 3 种长宽比，取 9 个矩形区域。这些区域就是提取到的锚框。可见，特征图中的一个位置共有 9 个锚框，3 种尺度可以根据具体情况更改，更改时最好使最大的尺度能基本将输入图像覆盖。在确定好 k 个锚框之后，就能确定相应的位置信息，通过 2 次边框回归对位置进行修正。首先,判断锚是否为前景,使用分类器对锚进行二分类,输出两个概率值,即图中左侧对应的 $2k$ 个分数;其次,计算对于锚的边框回归偏移量(x,y,w,h),以修正边框位置,即图中右侧 $4k$ 个坐标;再次,将两者结合生成候选区域,同时剔除太小和超出边界的候选者,最终将提取到的候选者送入后面的 RoI 池化层。

2. 建议窗口的 CNN 和目标检测的 CNN 共享

RPN 的最终目的是得到候选区域,然而目标检测的最终目的是要得到最终的物体位置和相应的概率,这部分功能由 Fast RCNN 完成。因为 RPN 和 Fast RCNN 都利用 CNN 提取特征,所以 RPN 和 Fast RCNN 共享同一个 CNN 部分。

7.4.4 混合空洞 Faster RCNN 模型原理

混合空洞 Faster RCNN(hybrid dilated faster RCNN,HDF-RCNN)是在 Faster RCNN 的基础上,引入 HDC 模型来代替 VGG16,实现更高效率的图像特征提取,进而提升图像目标检测效率。为了减少空洞卷积带来的影响,用 LReLU 激活函数代替 ReLU 激活函数,Faster RCNN 在负输入部分有微弱的映射,可以进一步提高网络对输入数据的处理能力,减弱空洞卷积的影响。

图 7.23 为 LReLU 激活函数形式,与传统的 ReLU 激活函数相比,两者的正输入映射完全相同,两者的区别在于 LReLU 激活函数的负输入映射不完全为 0,这是对 LReLU 激活函数的关键改进,即 LReLU 激活函数的映射范围更广,对神经元的感知更敏锐。

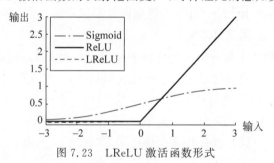

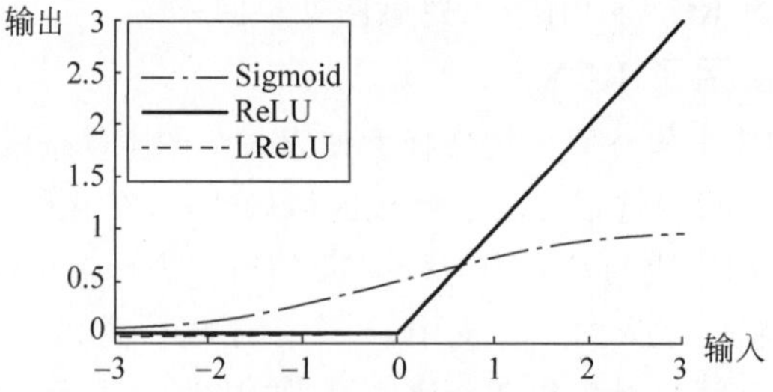

图 7.23 LReLU 激活函数形式

7.4.5 HDF-RCNN 模型设计

HDF-RCNN 结构如图 7.24 所示。由于由 HDC 提取图像特征在很短时间内会达到较高的精度,因此,采用 HDC 作为 HDF-RCNN 网络的特征提取部分。首先,对输入图像进行调整,得到 HDC 可以接受的大小,再得到输入图像的特征图。然后,通过 RPN 和 RoI 得到建议窗口和边界框。最后,得到带有目标分类标记框的目标检测结果。在 HDF-RCNN 中,LReLU 激活函数代替了传统卷积神经网络中的 ReLU 激活函数。

图 7.24 表明,与 Faster RCNN 相比,HDF-RCNN 结构除用于提取图像特征的 HDC 模型和 LReLU 激活函数以外,其余结构均相同,这样可以客观地对比两种图像目标检测方法的效果。

7.4.6 HDF-RCNN 模型架构

HDF-RCNN 具体架构如下:

步骤 1:下载 Microsoft COCO 数据集,安装数据集的 Python API,并配置标签。

步骤 2:分割数据集为训练集、测试集和交叉验证集。

步骤 3:在 TensorFlow 上搭建 HDF-RCNN 模型,采用优化函数优化模型。

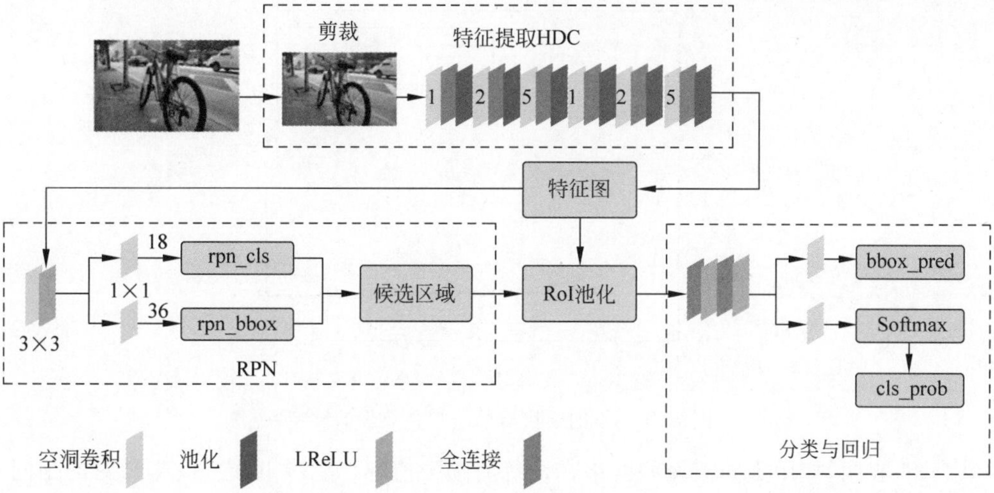

图 7.24 HDF-RCNN 结构

步骤 4：使用训练集训练 HDF-RCNN 模型，得到训练精度和训练时长，使用测试集测试模型性能，并使用交叉验证集得到最佳模型。

步骤 5：调整模型参数，使结果最优化。

7.5 多尺度空洞卷积神经网络

图像相邻像素信息的获取有助于对整体图像的恢复，为此采取较大的卷积核和增加堆叠效应可以有效提升对图像细节信息的提取。然而，增大卷积核会增加网络参数，提高计算成本和计算负担。因此使用适当的卷积核成为搭建网络的关键。作为感受野和网络复杂性之间的权衡，引入扩张卷积可以增加感受野的扩展能力而不会引入额外的计算复杂性。对于基本的 3×3 卷积，具有扩张因子 s(s-DConv)的扩张滤波器可以被解释为大小为$(2s+1)\times(2s+1)$的稀疏滤波器。扩张滤波器的感受野相当于 $2s+1$，而只有 9 个固定位置的入口非零。扩张率分别为 1、2、4 的空洞卷积如图 7.2 所示。在网络的第一层到第三层分别使用了扩张多尺度空洞卷积。目的是在前面的卷积层使用多种卷积核对图像不同细节进行捕捉的同时，网络的数据量仍保持原水平，既可以很好地恢复出高质量的遥感图像，也不会增加计算成本。

由于卷积神经网络是通过多个卷积层堆叠形成的，随着网络的加深，对于特征提取可能会存在退化。为充分提取网络信息，本节提出了多尺度空洞卷积，如图 7.25 所示。针对三种网络结构的拟合效果，每 1000 次取一次损失值共计训练 3×10^4 次。不同模块对网络拟合效果的影响，如图 7.26 所示。

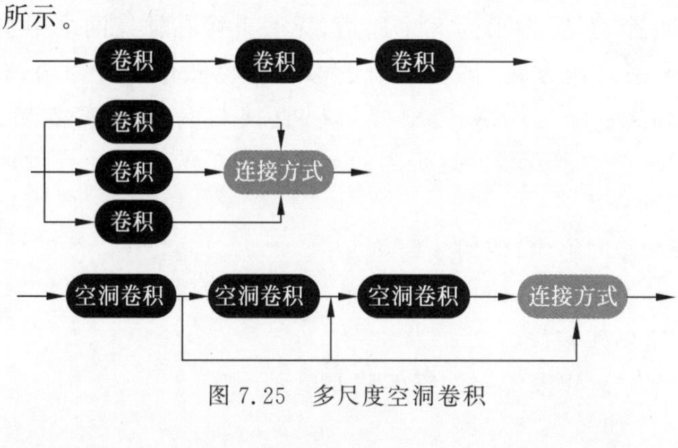

图 7.25 多尺度空洞卷积

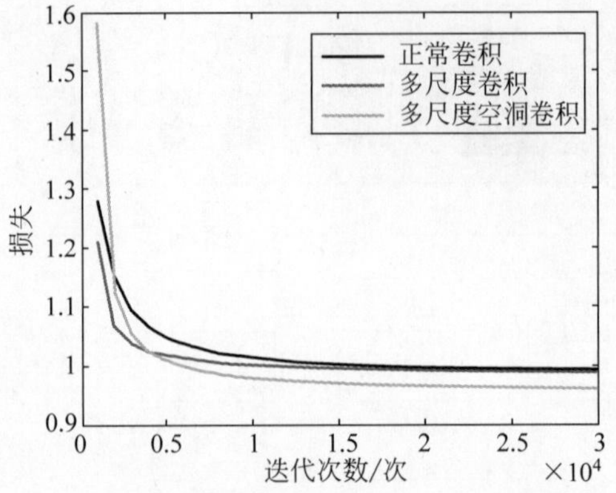

图 7.26 不同模块对网络拟合效果的影响

图 7.26 表明，使用不同模块的网络在训练时损失值都在稳步下降。由于针对的是同一数据集，所以损失值可以反映网络对数据集的拟合能力。正常卷积与多尺度卷积对网络的拟合效果比较接近，多尺度空洞卷积对网络的拟合明显好于以上两种结构。基于此，本节在网络结构上使用了效果更好的多尺度空洞卷积。

7.6 多尺度多深度空洞卷积神经网络

多光谱与全色图像融合的过程实际是将全色图像的空间信息注入多光谱图像中，其过程是非线性的。但大多数现有的优化方法都是线性方法，会造成一定的光谱失真、空间扭曲以及在部分卫星图像融合上泛化性能不足。由于卷积神经网络可以实现高度非线性映射，所以直接使用端到端神经网络对全色图像和多光谱图像进行融合可以有效避免以上问题。

本节在兼顾网络拟合能力和网络泛化性能的同时，提出了一种多深度卷积神经网络。网络总体结构、浅层网络结构以及深层网络结构如图 7.27 所示。图 7.27(a)中，输入通道数为 C 的多光谱图像和 1 个通道的全色图像(如果对 8 通道遥感图像进行处理，$C=8$)。在经过两个卷积神经网络的拟合后，将各自输出的图像进行叠加。最后，再对整个网络做全局残差，输出图像即为目标融合图像。

本节模型并联了两种深度神经网络，其中浅层网络使用泛化性能较强但拟合效果一般的多级空洞卷积神经网络(multilevel dilated convolutional neural network，SR-MDCNN)，其主要目的是拟合图像中高频空间信息；深层网络采用多尺度空洞卷积神经网络(multiscale dilated convolutional neural network，MSDCNN)结构。

在 MSDCNN、概率神经网络(probabilistic neural network，PNN)等模型中，由于数据集制作的原因，输入为 9 个通道，输出为 8 个通道，无法直接在神经网络中引入全局残差单元。本节使用全新的数据集制作方式，将多光谱图像与全色图像分开对应，使低分辨率多光谱(low-resolution multi spectral，LRMS)图像可以直接与高分辨率多光谱(high-resolution multi spectral，HRMS)图像做残差。这是因为本节采用了两个路径进行训练，所以在网络中使用残差单元有很多种方式。

(1) 在深层卷积神经网络中，使用残差单元；

(2) 在浅层卷积神经网络中，使用残差单元；

(3) 只使用一次全局残差；

(4) 同时使用全局残差以及深层网络的残差单元；

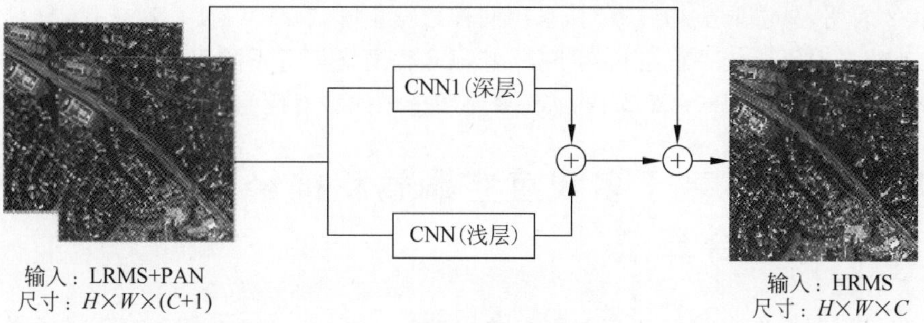

(a) 网络总体结构

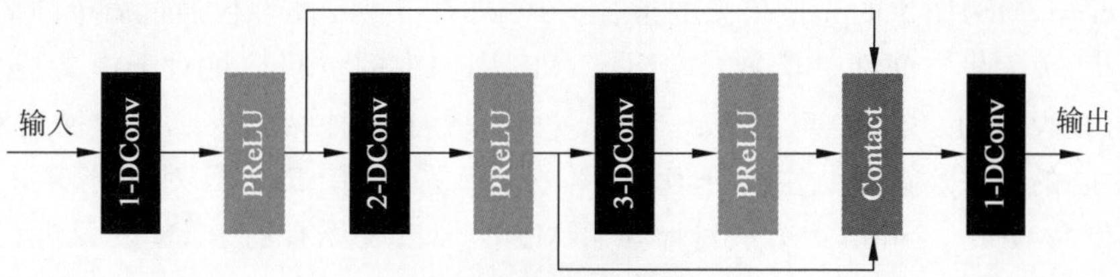

(b) 浅层网络结构

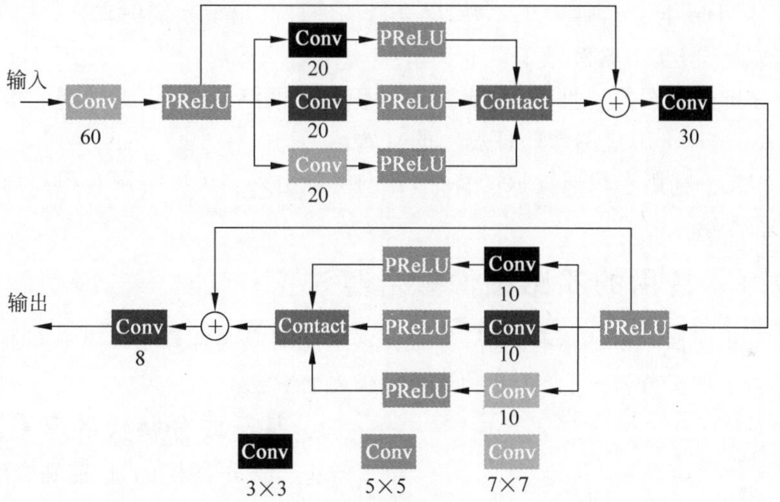

(c) 深层网络结构

图 7.27　网络结构

(5) 同时使用全局残差以及浅层网络的残差单元。

不同残差单元对网络的拟合效果如图 7.28 所示。

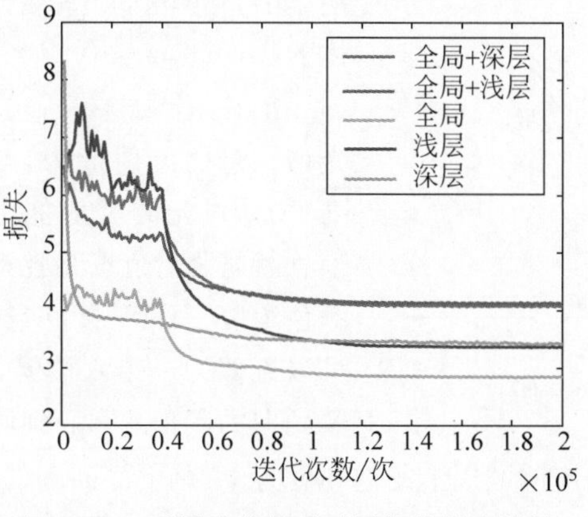

图 7.28　不同残差单元对网络的拟合效果

图 7.28 表明，只选取全局残差时，采用同样数据集时，在前 4×10^4 次迭代，只对深层网络做残差处理的损失值比较平缓且持续下降，其他几种网络都有不同程度的波动。在 4×10^4 次迭代后，各网络对数据拟合逐渐趋于平稳，只使用全局残差对网络拟合效果最好、损失值更小。

7.7 案例 6：基于多尺度空洞卷积神经网络的遥感图像融合算法

传统的遥感图像融合算法主要是对全色图像(panchromatic，PAN)的空间细节和多光谱(multi spectral，MS)图像的光谱信息的组合。其中，对于 MS 图像仅通过简单的插值放大，会在融合过程丢失大量空间细节信息。实际上，MS 图像中的空间信息对于提高融合后图像空间分辨率有较大帮助。2016 年，Zhong Jinying 等提出了一种结合人工神经网络对遥感图像先增强再融合的算法。该算法主要分为两个部分：首先使用 SRCNN 对低分辨率 MS 图像进行增强，再使用 Gram-Schmidt 方法对增强后 MS 图像以及原有的 PAN 图像进行融合，以使其比采用原 MS 图像的融合算法保留更好的图像细节信息。然而，由于 SRCNN 的增强任务是针对自然图像，且拟合性效果不好，融合后的图像会出现光谱失真。

基于以上分析，本案例做了以下工作：

(1) 分析遥感图像特性，在已有深度卷积神经网络基础上，提出新的深度卷积神经网络，并使用 Wordview2 卫星图像验证算法的有效性。

(2) 为充分利用卷积层提取的特征，在网络中引入多尺度空洞卷积和局部残差，进一步补偿丢失的细节。

7.7.1 常用的遥感图像融合算法

由于采集图像的传感器有差异，导致许多遥感图像融合算法不具有互通性，应用领域也大有不同。为了便于分析，现介绍几种遥感图像融合算法。

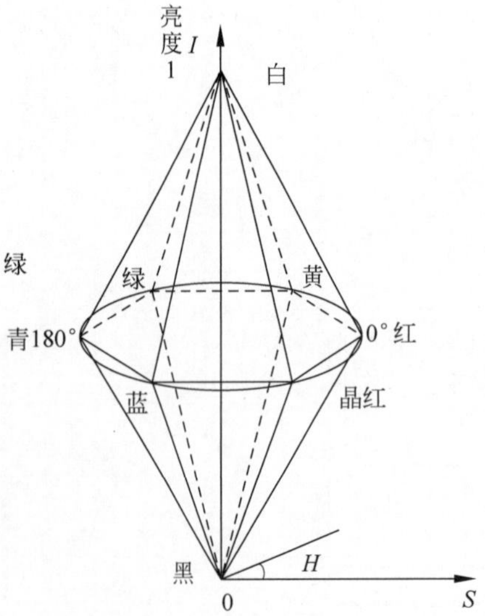

图 7.29 IHS 彩色空间

1. 基于成分替代的遥感图像融合算法

基于成分替代的遥感图像融合算法，计算简单，常用于多光谱图像和全色图像融合，是近年来较为热门的融合算法。

1) S 变换的融合算法

在像素级成分替换融合算法中，比较常见的算法是 IHS 算法，IHS 变换的理念来源于人眼识别物体的亮度(intensity，I)、色度(hue，H)以及饱和度(saturation，S)这三个重要特征。亮度表示物体对光谱信息的反射能力，与反射率成正比，反射率越高，物体对光的反射能力越强，人眼接收到的光谱信息就越强；色度是比对颜色的指标；饱和度代表颜色浓度。IHS 彩色空间如图 7.29 所示，其模型可以近似为一个六棱锥，纵轴从 0 到 1 代表亮度从黑到白的阈值；圆心到圆周的长度为 S，饱和度最低的地方在圆心，其值为 0，相应的圆周上的饱和度为 1；剩下底面圆的角度代表色度 H。

基于 IHS 变换的图像融合算法，就是将原有的多光谱图像作 IHS 变换，将原属于 RGB

空间的图像，通过正交变换成为拥有三个独立分量，且相关性较小的 IHS 空间图像。在 IHS 空间中，I、H、S 三个独立量的相关性较小，将遥感图像从 RGB 空间转换到 IHS 空间中利用了它们两两正交的几乎无相关性的特征。在融合替换时，主要操作对象是代表亮度的 I 分量信息，将全色图像的空间结构信息代替 I 分量信息。在替换过程中，对于饱和度和色度的影响比较小。然而，由于灰度值存在差异，且相关性较小，由此得到的融合图像与原多光谱图像存在较大的光谱畸变，出现了光谱信息失真。为解决这一问题，需使匹配亮度信息和全色图像中的空间结构信息值处于同一范围内。为提高其相关性，通常在融合之前采用直方图融合法对由 PAN 图像经 IHS 变换来的图像和原低结构信息两个亮度不同的结构组件融合，以此降低光谱在融合中产生的畸变。替换完成后的图像经 IHS 逆变换再转换到 RGB 空间，得到包含高光谱信息以及高结构信息的融合图像。IHS 变换的数学描述如下：

$$\begin{pmatrix} I \\ V_1 \\ V_2 \end{pmatrix} = \begin{pmatrix} \frac{1}{3} & \frac{1}{3} & \frac{1}{3} \\ -\frac{\sqrt{2}}{6} & -\frac{\sqrt{2}}{6} & -\frac{2\sqrt{2}}{6} \\ \frac{1}{\sqrt{2}} & \frac{1}{\sqrt{2}} & 0 \end{pmatrix} \cdot \begin{pmatrix} R \\ G \\ B \end{pmatrix} \tag{7.7.1}$$

$$H = \tan^{-1}\left(\frac{V_1}{V_2}\right) \tag{7.7.2}$$

$$S = \sqrt{V_1^2 + V_2^1} \tag{7.7.3}$$

式中，V_1 和 V_2 为中间变量，IHS 空间变换是线性变换。通过该变换可以直接将 RGB 彩色空间的图像转换为 IHS 彩色空间表示的图像。IHS 逆变换公式为

$$\begin{pmatrix} R \\ G \\ B \end{pmatrix} = \begin{pmatrix} \frac{1}{\sqrt{3}} & \frac{1}{\sqrt{6}} & \frac{1}{\sqrt{2}} \\ \frac{1}{\sqrt{3}} & \frac{1}{\sqrt{6}} & -\frac{1}{\sqrt{2}} \\ \frac{1}{\sqrt{3}} & -\frac{2}{\sqrt{6}} & 0 \end{pmatrix} \cdot \begin{pmatrix} I \\ V_1 \\ V_2 \end{pmatrix} \tag{7.7.4}$$

$$V_1 = S\cos(H) \tag{7.7.5}$$

$$V_2 = S\sin(H) \tag{7.7.6}$$

基于 IHS 空间变换的图像融合方法架构如下：

步骤 1：使用 IHS 变换将原有的图像从 RGB 空间转换到 IHS 空间，并分别得到 I、H、S 三个空间分量。

步骤 2：使用直方图匹配法匹配全色图像与 I 分量中的空间分量，得到新的强度分量 I_{new}，并替换现有的 I 分量。

步骤 3：对替换后的 I_{new}、H、S 进行 IHS 逆变换，得到融合后的 RGB 图像，IHS 变换流程如图 7.30 所示。

IHS 变换的原始图像与融合图像如图 7.31 所示。基于 IHS 变换的图像融合算法易于实现且计算简便。通过简单的直方图匹配，虽然能减少一定的光谱失真，但是高空间分辨率的 PAN 图像和通过 IHS 变换得到 LMS 图像的 I 分量仍有较大的差距，因此所得到的融合图像不是最佳的。

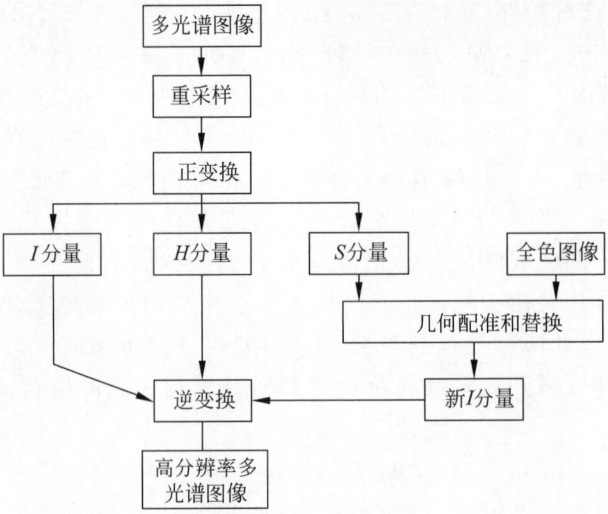

图 7.30 IHS 变换流程

(a) 全色图像 (b) 多光谱图像 (c) IHS变换融合图像

图 7.31 IHS 变换的原始图像与融合图像

2）基于 Gram-Schmidt(GS)光谱锐化遥感图像融合算法

Gram-Schmidt(GS)光谱锐化算法是基于主成分分析(PCA)法的图像融合算法。传统的PCA 法将原始图像分解成 N 个主成分，图像的主要信息集中在第一主分量上，其他主成分所含信息会依次减少，仅保留主成分会导致信息丢失；GS 变换只是将各分量按照数学模型进行正交，各个分量所含信息没有差异，使信息按照原始图像波段分布。

GS 正交化过程如下：

设$\{\boldsymbol{u}_1,\boldsymbol{u}_2,\cdots,\boldsymbol{u}_N\}$是一组相互独立的向量，通过 GS 构造正交向量$\{\boldsymbol{v}_1,\boldsymbol{v}_2,\cdots,\boldsymbol{v}_N\}$。可以取

$$\begin{cases}\boldsymbol{v}_1=\boldsymbol{u}_1\\ \boldsymbol{v}_2=\boldsymbol{u}_2-\dfrac{[\boldsymbol{v}_1,\boldsymbol{u}_2]}{[\boldsymbol{v}_1,\boldsymbol{v}_1]}\boldsymbol{v}_1\\ \cdots\\ \boldsymbol{v}_N=\boldsymbol{u}_N-\dfrac{[\boldsymbol{v}_1,\boldsymbol{u}_N]}{[\boldsymbol{v}_1,\boldsymbol{v}_1]}\boldsymbol{v}_1-\dfrac{[\boldsymbol{v}_2,\boldsymbol{u}_N]}{[\boldsymbol{v}_2,\boldsymbol{v}_2]}\boldsymbol{v}_1-\cdots\dfrac{[\boldsymbol{v}_{N-1},\boldsymbol{u}_N]}{[\boldsymbol{v}_{N-1},\boldsymbol{v}_{N-1}]}\boldsymbol{v}_{N-1}\end{cases}\tag{7.7.7}$$

可以验证$\{\boldsymbol{v}_1,\boldsymbol{v}_2,\cdots,\boldsymbol{v}_N\}$两两正交，且$\{\boldsymbol{v}_1,\boldsymbol{v}_2,\cdots,\boldsymbol{v}_N\}$与$\{\boldsymbol{u}_1,\boldsymbol{u}_2,\cdots,\boldsymbol{u}_N\}$等价，上述从相互独立的向量$\{\boldsymbol{u}_1,\boldsymbol{u}_2,\cdots,\boldsymbol{u}_N\}$导出正交向量$\{\boldsymbol{v}_1,\boldsymbol{v}_2,\cdots,\boldsymbol{v}_N\}$的过程，称为 GS 正交化过程。GS 变换融合流程如图 7.32 所示。

现将 GS 变换融合的关键步骤描述如下：

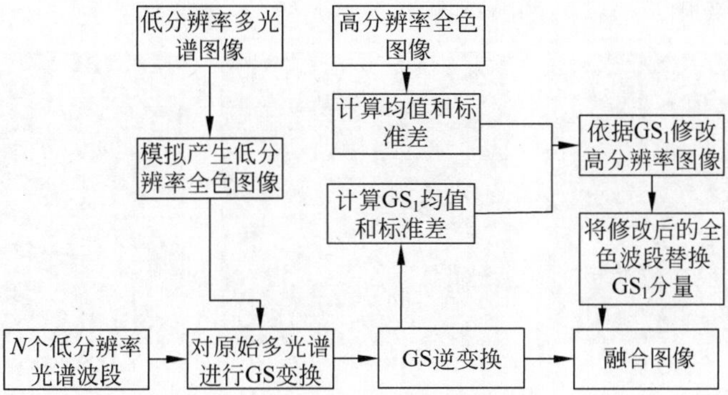

图 7.32　GS 变换融合流程

(1) 模拟低分辨率全色图像。首先对高分辨率全色图像按照低空间分辨率多光谱图像进行模拟，生成低分辨率全色图像，有以下两种模拟方法：第一种是根据权重值 w_i 对低空间分辨率的多光谱段图像进行模拟，得到的模拟全色图像灰度值 $G=\sum_{n=1}^{N} w_n \times B_n$，其中 B_n 为多光谱图像第 n 波段灰度值；第二种是将全色图像重采样或模糊处理，可以通过局域均值化或低通滤波处理，使其与多光谱图像的空间分辨率相似，最后取局部区域灰度值，直到缩小到与多光谱图像的大小相同。

一般来说，第一种方法能够较好地增强融合图像的空间信息，然而由于得到的光谱特征信息与 GS 逆变换采用的全色图像略有差异，最终的融合图像光谱特征多少会存在扭曲；而第二种方法对光谱保真度较好，对空间信息增强效果较差。为了提高融合图像效果并使光谱保真度好和空间信息量得到较大提升，将高分辨率图像的相关波段进行光谱重采样，以模拟高分辨率全色图像。当模拟值与被模拟值的信息量特征比较接近时，将模拟的全色图像在后处理中作为 GS 第一分量(GS_1)，进行 GS 变换。式(7.7.7)表明，在 GS 变换中 GS_1 没有变换，所以用模拟的全色图像来替代原始全色图像，图像信息失真较少。

(2) 利用模拟图像作为 GS 变换的第一个分量进行计算。先用模拟得到的高分辨率波段图像替换 GS 变换的第一个分量，再对模拟的低分辨率波段图像和高分辨率波段图像进行 GS 变换。用这种方法进行图像处理时，第 T 个 GS 分量由前 $T-1$ 个 GS 分量构造，对 GS 变换进行修改后的公式为

$$B_T(i,j)=(\mathrm{GS}_T(i,j)-u_T)-\sum_{l=1}^{T-1}\varphi(B_T,\mathrm{GS}_l)\times \mathrm{GS}_l(i,j) \tag{7.7.8}$$

式中，$B_T(\cdot,\cdot)$表示原始高分辨率光谱第 T 波段；u_T 为原始高分辨率光谱波段灰度均值；$\varphi(\cdot,\cdot)$为协方差。

(3) 获得融合图像。首先对高分辨率图像进行调整，使之与模拟第一分量相匹配。然后替换第一分量，与通过 GS 变换所获得的其他分量($GS_2,GS_3,\cdots,GS_n$)一起进行 GS 反变换，可以得到融合图像。GS 反变换公式为

$$B_T(i,j)=(\mathrm{GS}_T(i,j)+u_T)+\sum_{i=1}^{T-1}\varphi(B_T,\mathrm{GS}_l)\times \mathrm{GS}_l(i,j) \tag{7.7.9}$$

GS 变换的原始图像与融合图像如图 7.33 所示。与其他算法相比，GS 变换的遥感图像融合算法对光谱波段的要求不高、适合各种卫星遥感图像处理。

3) 基于 Brovey 变换的遥感图像融合算法

Brovey 算法又称为色彩标准化算法，该算法简单、易于实现、运算速度快，故被众多遥感

图像处理软件商所采用。但得到的融合图像亮度太低、光谱信息丢失严重。

(a) 全色图像　(b) 多光谱图像　(c) GS变换融合图像

图 7.33　GS 变换的原始图像与融合图像

Brovey 融合算法各通道的计算公式为

$$\begin{cases} R_{\text{Brovey}} = \text{pan} \times \text{band}_i / (\text{band}_i + \text{band}_j + \text{band}_k) \\ G_{\text{Brovey}} = \text{pan} \times \text{band}_j / (\text{band}_i + \text{band}_j + \text{band}_k) \\ B_{\text{Brovey}} = \text{pan} \times \text{band}_k / (\text{band}_i + \text{band}_j + \text{band}_k) \end{cases} \tag{7.7.10}$$

式中，R_{Brovey}，G_{Brovey}，B_{Brovey} 是经过比值变换后得到的多光谱各波段的灰度值；band_i，band_j，band_k 是原始多光谱图像波段；pan 是全色波段。从运算规则可知，比值变换只是对图像的三个波段进行运算，对于大于三个波段的图像只能从优选择波段，计算会比较单一，并且会失去某些有用信息。为了彰显不同波段间的物体光谱特性，通常采用比值运算，算法能检测波段间的斜率信息并加以扩展，Brovey 变换融合流程如图 7.34 所示。

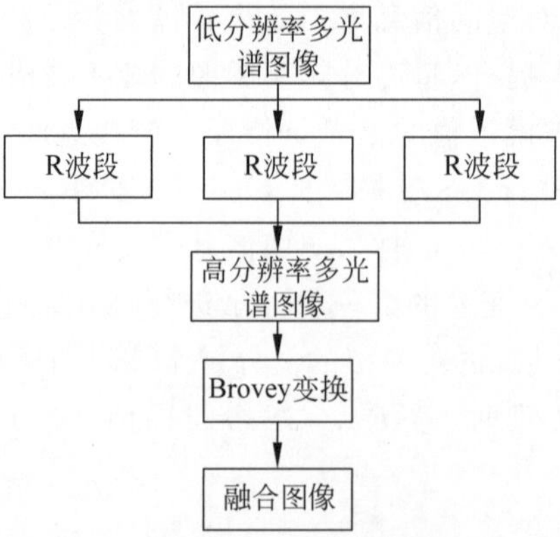

图 7.34　Brovey 变换融合流程

基于 Brovey 变换的融合算法流程比较简单，其流程主要是先分解为三个波段再进行乘积变换进行融合，所以效果相对来说比较差。基于 Brovey 变换的原始图像与融合图像如图 7.35 所示。

(a) 全色图像　(b) 多光谱图像　(c) Brovey变换融合图像

图 7.35　基于 Brovey 变换的原始图像与融合图像

2. 基于多分辨率分析的遥感图像融合算法

虽然基于成分替代的图像融合算法简单、计算量小、容易实现，但是由于全色图像与多光谱图像相关性低，所以会造成较大的光谱失真。针对这一问题，学者们提出了基于多分辨率分析的融合算法，该类算法是基于空间细节信息注入的一类算法，代表性算法是基于小波变换的图像融合算法。该融合算法的主要思想是先从高分辨率全色图像中提取空间细节信息，然后将空间细节信息注入多光谱图像中以提高空间分辨率并减少颜色失真。小波变换具有良好的多分辨率特性和时频局域化特性，小波变换得到的数据是非冗余的，所以数据量相对较少。经过小波变换得到的高、低频分量，分别代表了图像边缘细节信息数据以及图像轮廓信息数据。基于小波变换的图像融合算法架构如下：

步骤1：分别对两幅要融合的图像进行小波变换，得到变换后的高、低频系数。

步骤2：对高、低频系数分别进行融合，得到融合后的高、低频系数。

步骤3：将得到的高、低频系数用相同基函数进行小波逆变换，完成小波重构，最终得到需要的融合图像。

小波变换融合算法的融合流程如图7.36所示。

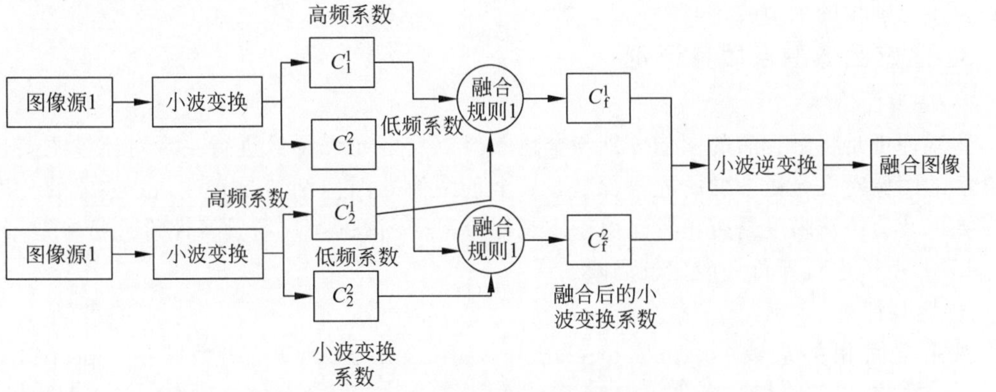

图7.36　小波变换融合算法的融合流程

基于小波变换的遥感融合算法流程如图7.37所示。

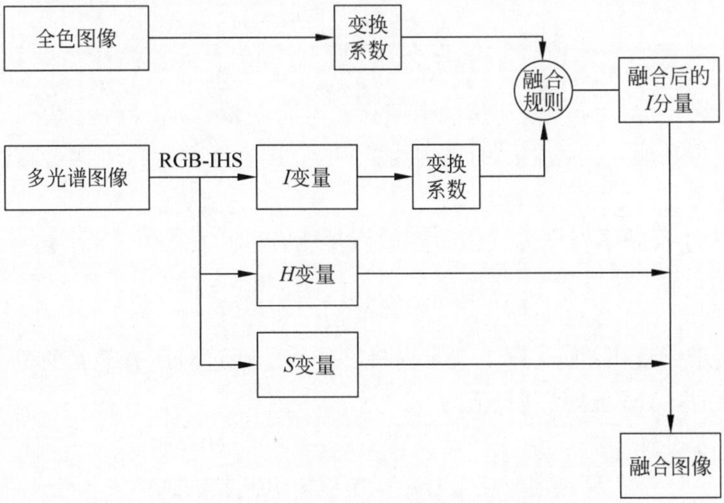

图7.37　基于小波变换的遥感融合算法流程

基于小波变换的图像融合算法，首先通过选择不同的小波基函数对图像变换，得到包含不同数据信息细节的小波系数，然后根据不同的融合原则（如替代、选择、叠加等）对不同小波系数进行融合，最后通过基于相同小波基函数的逆变换，得到最终的融合图像。该图像不仅更符合人类的视觉效果，而且能更好地保留原有信息。基于小波变换的原始图像与融合图像如图 7.38 所示。

(a) 全色图像　　(b) 多光谱图像　　(c) 小波变换融合图像

图 7.38　基于小波变换的原始图像与融合图像

图 7.38 表明，基于小波变换的遥感图像融合算法可以有效保留多光谱图像的光谱信息，但恢复全色图像的细节效果较差。

3. 遥感图像融合质量评价

1）主观评价

主观评价是将融合后的图像分别与全色图像以及多光谱图像进行主观对比。主要包括：融合后的图像对多光谱图像的光谱保持性；全色图像的图像细节是否注入；整体的亮度、色彩反差以及边缘清晰度是否正常。由于主观评价常受图像类型、场景及评价人员专业素质等因素影响，所以主观评价一般比较局限。

2）客观评价

采用空间相关系数（spatial correlation coefficient，SCC）、光谱角映射（spectral angle mapper，SAM）以及全局相对光谱损失（global relative spectral loss，GRSL）、通用图像质量指数（Q）、4 波段和 8 波段图像质量指数比（Q_4/Q_8）作为评价标准。其中 Q_4/Q_8、SCC 以及 SAM 是对光谱恢复的评价标准，Q 和 ERGAS 是对图像结构的评价标准。

$$\mathrm{SCC}=\frac{[R-m_{\mathrm{R}}][F-m_{\mathrm{F}}]}{\sqrt{[R-m_{\mathrm{R}}]^2\times[F-m_{\mathrm{F}}]^2}} \tag{7.7.11}$$

式中，R 和 F（大小为 $M\times N$）分别是参考图像和融合图像；m_{R} 和 m_{F} 表示 R 和 F 的均值。SCC 表示参考图像和融合图像之间的光谱相关程度，其值越大意味着融合算法在维持光谱信息方面的能力越强。

SAM 值的大小反映了对图像光谱角度的恢复能力，即

$$\mathrm{SAM}=\arccos\left(\frac{\langle R,F\rangle}{\|R\|\ \|F\|}\right) \tag{7.7.12}$$

式中，<·，·>表示标量积；而‖·‖表示向量 2 范数。通过对所有像素的单个测量值求平均来获得整个图像的 SAM 值，其理想值为 0。

GRSL 的表达式为

$$\mathrm{GRSL}=\frac{100}{R}\sqrt{\left(\frac{\mathrm{RMSE}(R,F)}{m_{\mathrm{R}}}\right)} \tag{7.7.13}$$

式中，R 为多光谱图像和全色图像的比值 4，其理想值为 0。均方根误差（RMSE）定义为

$$\mathrm{RMSE}(R,F)=\sqrt{\mathbb{E}\left[(R-F)^2\right]} \tag{7.7.14}$$

为克服 GRSL 的局限，Wang 等提出使用 Q 作为一种评价指标，其表达式为

$$Q(R,F)=\frac{\sigma_{\mathrm{RF}}}{\sigma_{\mathrm{F}}\sigma_{\mathrm{R}}}\frac{2m_{\mathrm{R}}m_{\mathrm{F}}}{(m_{\mathrm{R}})^2+(m_{\mathrm{F}})^2}\frac{2\sigma_{\mathrm{R}}\sigma_{\mathrm{F}}}{(\sigma_{\mathrm{R}}^2+\sigma_{\mathrm{F}}^2)} \tag{7.7.15}$$

式中，σ_{RF} 为融合图像和原多光谱图像的协方差；σ_{R} 和 σ_{F} 分别为融合图像以及原多光谱图像的标准差；Q 的理想值为 0。

根据通道数的不同分别选取 Q_4/Q_8 作为图像光谱扭曲程度的评价标准，其计算过程同式(7.7.15)。R 和 F 的计算公式为

$$R=w_{01}R_1+w_{02}R_2+w_{03}R_3+w_{04}R_4 \tag{7.7.16}$$

$$F=w_{01}F_1+w_{02}F_2+w_{03}F_3+w_{04}F_4 \tag{7.7.17}$$

式中，$w_{01}=1,w_{02},w_{03},w_{04}$ 分别为权重参数。Q_4/Q_8 的理想值也是 0。

7.7.2　基于卷积神经网络的超分辨率重构算法

图像超分辨率(super-resolution，SR)重构算法采用低分辨率(low resolution，LR)图像恢复出相应的高分辨率(high resolution，HR)图像，旨在增加 LR 图像中的高频成分。本节将 CNN 与图像超分辨率重构算法相结合，就得到基于 CNN 的超分辨率重构算法(super resolution reconstruction algorithm of convolutional neural network，SRCNN)。

现对一幅低分辨率图像 Y 用双三次插值法进行内插，放大到与高分辨率图像相同尺度，得到图像 X。目的是采用低分辨率图像 Y 得到目标函数 $J(Y)$，使 $J(Y)$可以无限接近高分辨率图像 X。SRCNN 采用了一个包含提取和表征、非线性映射以及高分辨率图像恢复的三层网络，每一层网络分别对应以上三个功能。SRCNN 网络结构如图 7.39 所示。

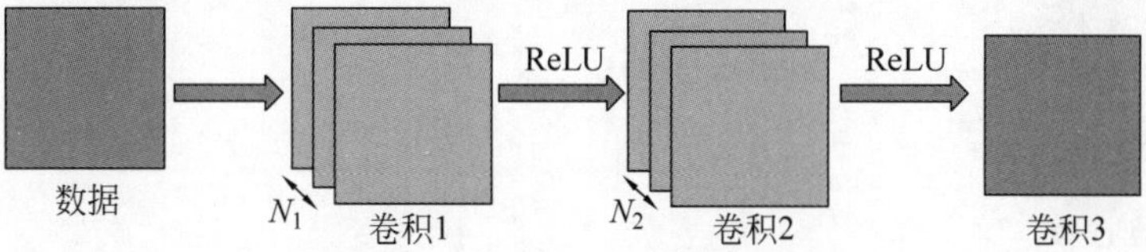

图 7.39　SRCNN 网络结构

在 SRCNN 中，第一层网络对图像特征的提取和表示为

$$J_1(\boldsymbol{Y})=\max(0,\boldsymbol{W}_1\otimes\boldsymbol{Y}+\boldsymbol{B}_1) \tag{7.7.18}$$

式中，$\boldsymbol{Y}$ 表示输入图片；$\boldsymbol{B}_1$ 表示偏置；$\boldsymbol{W}_1$ 表示 N_1 个 $c\times r_1\times r_1$ 的滤波器，c 为本层网络包含的通道数量，r_1 为局部感受野大小。也就是说，使用 $\boldsymbol{W}_1$ 对图像进行了 N_1 次卷积，卷积核为 $c\times r_1\times r_1$，本层对应输出 N_1 个特征映射。$\boldsymbol{B}_1$ 为 N_1 维向量，其每个元素对应一个局部感受野，激活函数为 ReLU，即 $\max(0,x)$。本层 $N_1=64$，滤波器尺寸 $r_1=9$。

第 1 层网络对图像进行 N_1 维的特征提取，第 2 层网络将前一层网络的 N_1 维特征映射到本层 N_2 维的特征向量上。第 2、3 层结构与第 1 层相似，即

$$J_2(\boldsymbol{Y})=\max(0,\boldsymbol{W}_2\otimes J_1(\boldsymbol{Y})+\boldsymbol{B}_2) \tag{7.7.19}$$

$$J_3(\boldsymbol{Y})=\max(0,\boldsymbol{W}_3\otimes J_2(\boldsymbol{Y})+\boldsymbol{B}_3) \tag{7.7.20}$$

式中，$\boldsymbol{W}_2$ 包含 N_2 个滤波器，$N_2=32$，滤波器数增多时，滤波器大小为 1×1；同理第 3 层滤波器个数为 $N_3=1$，滤波器大小为 5×5，激活函数使用 ReLU。

根据式(7.7.18)～式(7.7.20)，要得到 $J(\boldsymbol{Y})$需要通过神经网络的迭代学习获得和更新网络参数$\boldsymbol{\theta}=\{\boldsymbol{W}_1,\boldsymbol{W}_2,\boldsymbol{W}_3,\boldsymbol{B}_1,\boldsymbol{B}_2,\boldsymbol{B}_3\}$。参数的更新需要大量的高分辨率图像$\{\boldsymbol{X}_n\}$以及对应

的低分辨率图像$\{\boldsymbol{Y}_n\}$组成的训练集和验证集。在多次迭代后，通过$J(\boldsymbol{Y}_n;\boldsymbol{\theta})$和高分辨率图像$\{\boldsymbol{X}_n\}$的差值求得$\boldsymbol{\theta}$。SRCNN 采用均方误差作为损失函数，即

$$\text{Loss}(\boldsymbol{\theta})=\frac{1}{N}\sum_{n=1}^{N}\|J(\boldsymbol{Y}_n;\boldsymbol{\theta})-\boldsymbol{X}_n\|^2 \tag{7.7.21}$$

式中，N 是训练样本数量。SRCNN 使用标准的反向传播随机梯度下降法最小化损失函数。

7.7.3 超分辨率多尺度空洞卷积神经网络

1. 算法流程

算法主要流程如图 7.40 所示。首先，将低分辨率多光谱图像上采样至全色图像大小；其次，将多光谱图像中 RGB 通道转换到 YCBCR 空间，通过本节提出的神经网络对 Y 通道进行增强；再次，将被强化后的 Y 通道转换到 RGB 空间以获得增强后的多光谱图像；最后，采用一种基于平滑滤波的强波调制(smoothing filter-based intensity modulation，SFIM)算法对增强后的多光谱图像和全色图像进行融合。

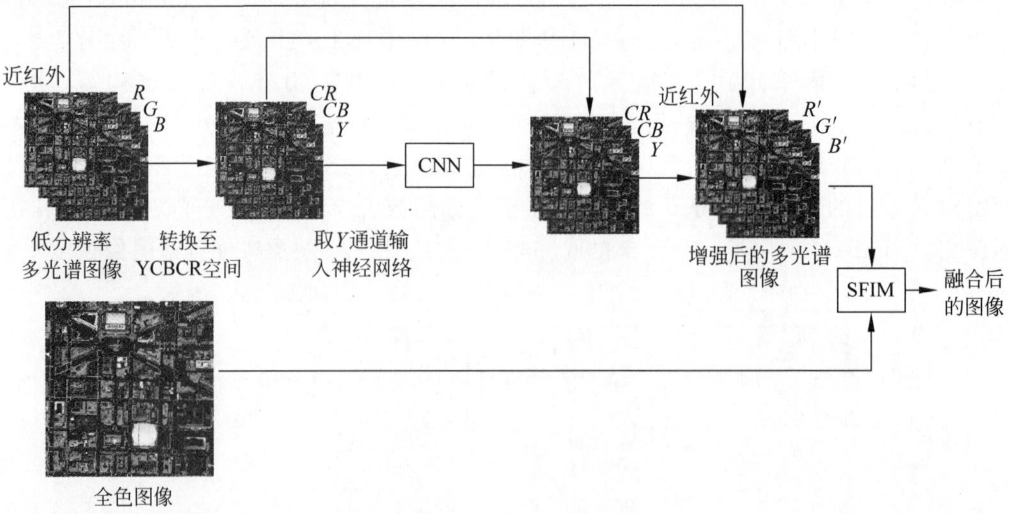

图 7.40 算法主要流程

2. 网络结构

卷积核是 CNN 的核心组成部分，虽然使用更深的网络可以实现较为复杂的非线性映射，但是随着网络层数加深，会产生网络退化。由于遥感图像样本数量的限制，为避免较深网络产生过拟合，采用 6 层网络进行训练。超分辨率多尺度空洞卷积神经网络(SR-MDCNN)结构如图 7.41 所示。网络中全部采用大小为 3×3 的卷积核，为增强网络的拟合效果分别加入了局部残差学习单元、全局残差学习单元以及多尺度空洞卷积。

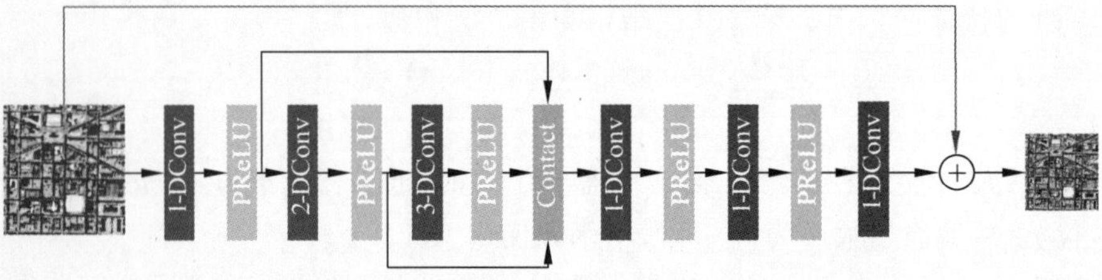

图 7.41 超分辨率多尺度空洞卷积神经网络(SR-MDCNN)结构

3. 残差学习单元

残差学习单元可以通过将降级的卷积直接拟合到相应的残余分量来形成。另一种引入残差的表示方法是由跳跃连接直接形成输入到输出的连接，采用跳跃连接引入整体残差学习策略，可以补偿丢失的细节。为了进一步验证残差学习的效率，从本节网络模型中删除了跳跃连接，采用网络损失值作为评价标准，加入跳跃连接对网络拟合的影响如图 7.42 所示。

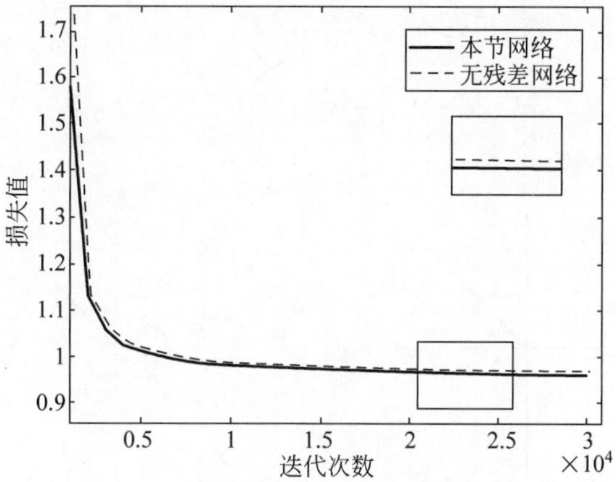

图 7.42　加入跳跃连接对网络拟合的影响

图 7.42 表明，在网络中引入残差单元后，与没有采用残差单元相比，网络的损失值有所下降，增强了网络对于数据集的学习能力，提高了网络的拟合能力、有效避免了网络的退化。

4. 多尺度空洞卷积

本节采用 7.5 节所述的多尺度空洞卷积网络结构，作为图 7.41 中的空洞卷积结构。

7.7.4 仿真实验与结果分析

1. 数据集及训练方法

遥感图像数据集分别为 WorldView-2、WorldView-3 以及 QuickBird 三种卫星获取的图像。各卫星主要参数如表 7.2 所示。

表 7.2 各卫星主要参数

卫　星	通　道　数	空间分辨率
WorldView-2	8	0.5m
WorldView-3	8	0.31m
QuickBird	4	0.61m

在实验中，处理数据集时通过遵循 Wald 方法对多光谱图像进行下采样以产生缩小的比例对。在这种情况下，将原始多光谱图像作为训练标签的原始图像，将经过上采样的多光谱图像作为被训练的图像输入神经网络；采用 Windows 操作系统下的 Caffe 开源框架及 CUDA-GPU 加速方案，将数据集裁剪制作完成后，存储到后一级深度学习计算机中，再通过一块 Nvidia GTX 1080 运算单元执行 Caffe 框架。

2. 激活函数及损失函数

ReLU 激活函数如图 7.43(a)所示，当 $x<0$ 时，ReLU 函数应饱和；当 $x>0$ 时，不饱和，所以 ReLU 能够在 $x>0$ 时保持梯度不衰减，从而缓解梯度消失问题。在直接以监督方式训练深度神经网络时无须依赖无监督的逐层预训练。随着训练的推进，部分输入会落入硬饱和区，导致对应权重无法更新，这种现象称为神经元死亡。与 Sigmoid 函数类似，ReLU 激发函数的输出均值大于 0，偏移现象和神经元死亡会共同影响网络的收敛性。如图 7.43(b)所示，PReLU 激活函数是在 ReLU 激发函数中引入了学习率等权重更新系数，以有效解决权重无法更新的现象，其公式为

$$f(x)=\begin{cases}x_i, & x>0\\ a_i x_i, & x\leqslant 0\end{cases} \tag{7.7.22}$$

式中，a_i 为预设为 0.25 的常数，其更新公式为

$$\Delta a_i=\mu\Delta a_i+\varepsilon\frac{\partial\varepsilon}{\partial a_i} \tag{7.7.23}$$

式中，μ 为动量；ε 为学习率。

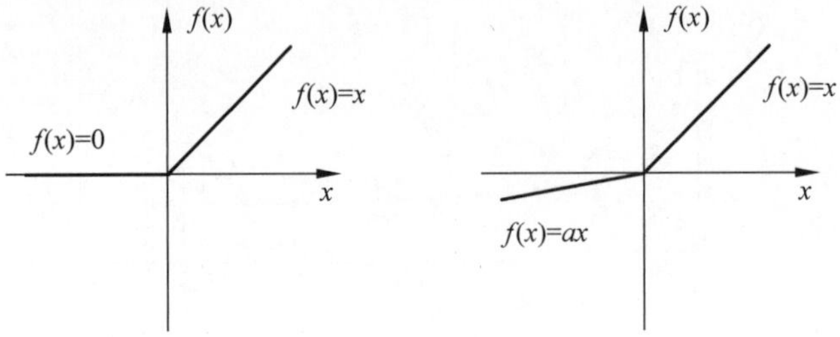

(a) ReLU　　(b) PReLU

图 7.43　激活函数

本节 SR-MDCNN 采用与 SRCNN 相同的损失函数及随机梯度下降法对网络进行更新，初始学习率 ε 设为 0.01，动量 μ 设为 0.9。由于图像的特殊性，在训练时采用梯度裁剪，以防止梯度爆炸。由于网络层数较浅，共训练 3×10^4 次，每 1000 次测试一次，每 10 000 次导出一次训练模型。

3. 有效性分析

对遥感图像融合的主观评价主要从对全色图像空间信息的插入和对原多光谱图像中光谱信息的保留两方面考察。以 IHS、SRCNN+GS、PCA、PRACS、Brovey 五种算法为比较对象，分别选取单一场景遥感图像和复杂场景遥感图像做实验。各算法对 WorldView-2 卫星单一场景与复杂场景图像融合的结果如图 7.44～图 7.46 所示。图 7.44 和图 7.45(a)～(c)分别显示了全色图像、上采样之前的多光谱图像以及上采样后的 LMS 图像，以它们作为参考标准对各算法进行主观评价。图 7.44 表明，各算法恢复融合图像细节的直观效果都比较好，基本可以完整地保留空间信息。在单一场景下，各算法融合的图像的主观评价效果较为接近，只有 IHS 算法的融合图像出现较为严重的光谱失真。

(a) 全色图像　　(b) 原始图像　　(c) LMS

图 7.44　各算法对 WorldView-2 卫星单一场景图像融合的结果对比

(d) PCA　(e) IHS　(f) Brovey

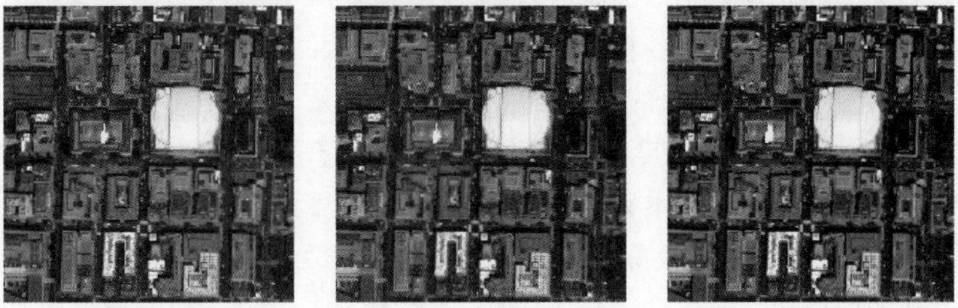

(g) SRCNN+GS　(h) PRACS　(i) 本节算法

图 7.44 （续）

为评价图像细节恢复质量，将各算法融合后的图像与原始图像作差进行分析。各算法对WorldView-2 卫星建筑物融合图像残差对比如图 7.45 所示。

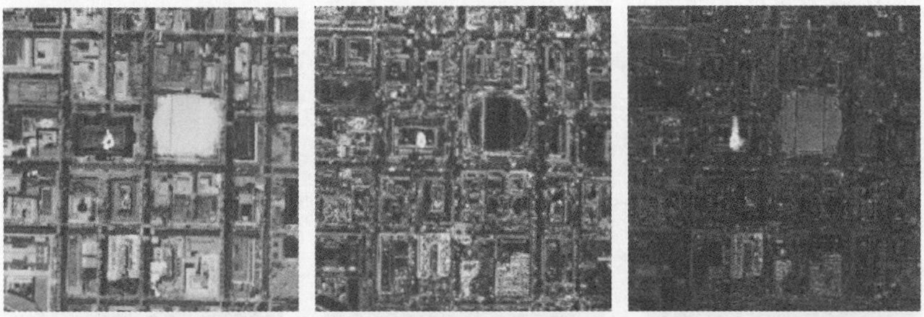

(a) 全色图像　(b) LMS　(c) PCA

(d) IHS　(e) Brovey　(f) SRCNN+GS

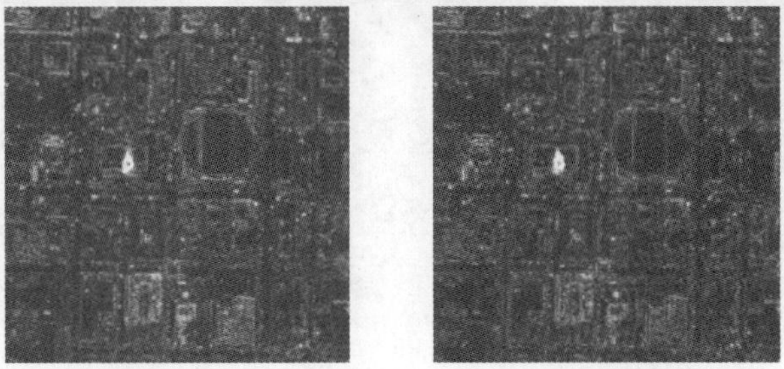

(g) PRACS　(h) 本节算法

图 7.45　各算法对 WorldView-2 卫星建筑物融合图像残差对比

扫描获取
对应彩图

图 7.45(a)与图 7.45(b)分别为缺失光谱信息的全色图像和缺失空间信息的 LMS 图像的残差。全色图像的残差轮廓较为清晰，虽然没有零星的斑点，但是因缺失光谱而呈现整体背景较亮。据此可知，PCA、IHS、Brovey 以及 SRCNN＋GS 算法对光谱恢复都有较大偏差。虽然 PRACS 算法和本节算法都有较好的光谱恢复效果，但是本节算法的残差图中零星白色光斑要比 PRACS 算法的少，所以在单一场景中，本节算法要优于其他几种算法。

由于各类物体对于光的反射率不同，对场景较为复杂的图像融合时，会出现较为严重的光谱失真和难以解决的混元现象。在实验时，选取了一组比图 7.43 场景更为复杂的图像。由于场景信息较为复杂，图 7.46 表明各算法的图像融合效果比图 7.43 差。

图 7.46 表明，基于 PCA 变换的图像融合算法效果最差，图像中不仅无法辨认建筑物的轮廓，而且在全图中的植被部分出现了大量的混元现象。由于实验图像中混杂了植被和建筑，实验结果中光谱信息和空间信息基本无法辨认。与 PCA 算法相比，IHS 算法恢复图像细节比较好、对图像中混元现象处理得也较好，这与 Brovey 算法较为类似。SRCNN＋GS、PRACS 算法以及本节算法的图像融合效果整体都比较好。但 SRCNN＋GS 与 PRACS 算法都存在恢复图像细节不够的问题。图 7.46(g)和图 7.46(h)中右下角和左上角的建筑物轮廓已经无法看清。与 SRCNN＋GS、PRACS 算法相比，本节算法对于图像中森林部分的恢复效果较好。PRACS 算法处理的图像色彩整体过于明艳，且部分森林地带出现了高斯模糊现象。可见，本节算法处理的图像视觉效果明显较好。

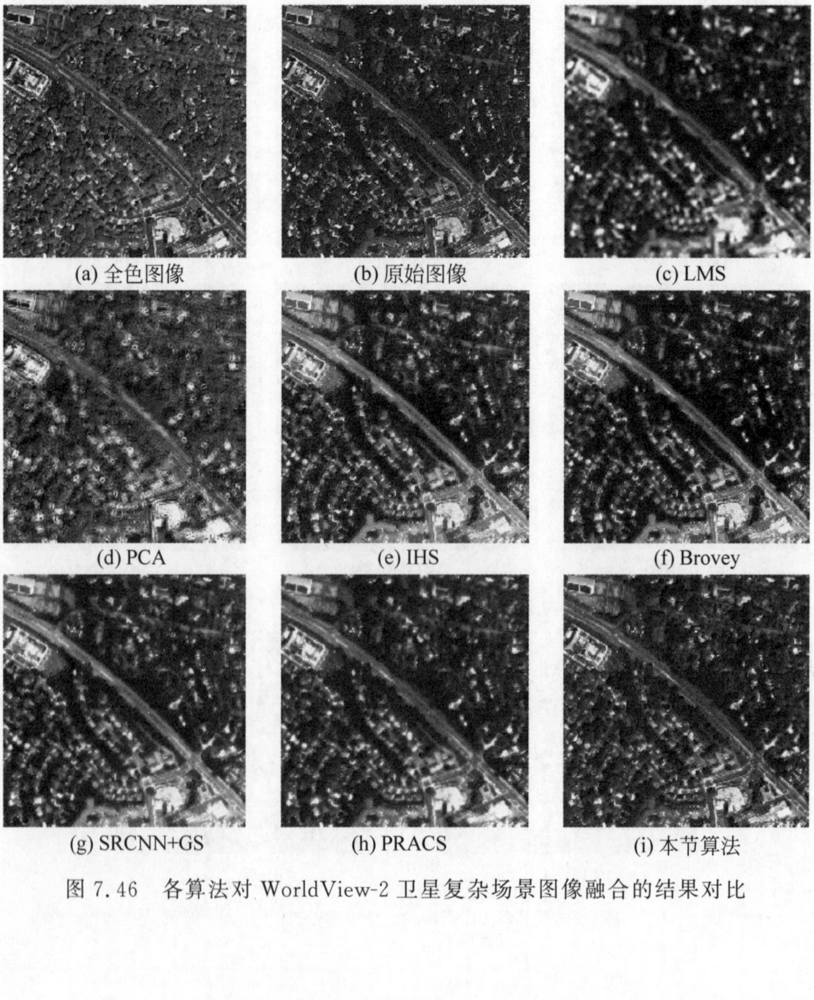
(a) 全色图像 (b) 原始图像 (c) LMS
(d) PCA (e) IHS (f) Brovey
(g) SRCNN+GS (h) PRACS (i) 本节算法

图 7.46　各算法对 WorldView-2 卫星复杂场景图像融合的结果对比

各算法对 WorldView-2 卫星遥感图像融合的客观评价如表 7.3 所示。表 7.3 表明，在两类评价标准（光谱和结构）中，PCA 算法的各项评价指标值最低。Brovey 算法恢复光谱以及重构图像结构的评价指标优于其他三种算法，与主观评价差别较大，主要是由于图像中的森林隐藏了大部分无法辨识的结构畸变。在光谱以及图像结构上，本节算法性能都优于其他几种算法，与主观评价一致。因此，无论是主观评价还是客观评价，本节算法都优于其他几种算法。

表 7.3　各算法对 WorldView-2 卫星遥感图像融合的客观评价

算　法	评价标准				
	Q_4	Q	SCC	SAM	GRSL
PCA	0.4153	0.4137	0.4539	16.687	11.9957
SRCNN+GS	0.7506	0.7523	0.7704	8.1631	6.5333
Brovey	0.7699	0.7720	0.7909	7.7883	6.4107
IHS	0.7713	0.7746	0.7380	8.1368	6.4211
PRACS	0.7237	0.7244	0.7704	7.8942	6.7020
本节算法	0.8612	0.8608	0.8229	7.4536	5.1334

4. 泛化性能

由于卫星型号的差异，传感器成像方式也存在较大不同。成像方式不同，处理遥感图像的方法也需要不同，否则会产生较大的光谱失真。现分别以 Quick-bird 卫星简单场景和复杂场景的两组遥感图像作为对比对象，由各算法融合的图像如图 7.47～图 7.49 所示。

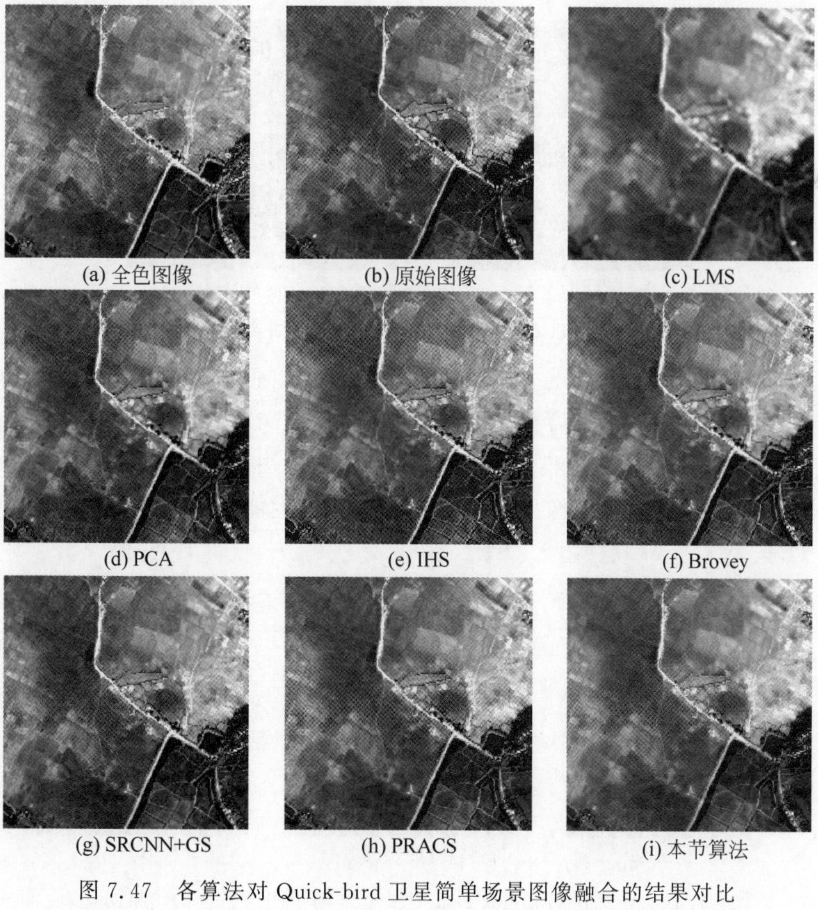

(a) 全色图像　(b) 原始图像　(c) LMS
(d) PCA　(e) IHS　(f) Brovey
(g) SRCNN+GS　(h) PRACS　(i) 本节算法

图 7.47　各算法对 Quick-bird 卫星简单场景图像融合的结果对比

图 7.47 表明，由于遥感图像的场景较为简单，直观上无法清晰地评判各算法的优劣程度，故用残差图进行评价，如图 7.48 所示。图 7.48 表明，PCA、IHS、Brovey 以及 SRCNN＋GS 算法融合的图像中零星光点都比较多，恢复细节的效果比较差。尤其是 IHS、Brovey 以及 SRCNN＋GS 算法，在融合图像右侧出现大面积光点。本节算法和 PRACS 算法的性能要好一些，但也存在一些细节丢失的问题，与在 WorldView-2 卫星图像上的实验结果存在一些差距。

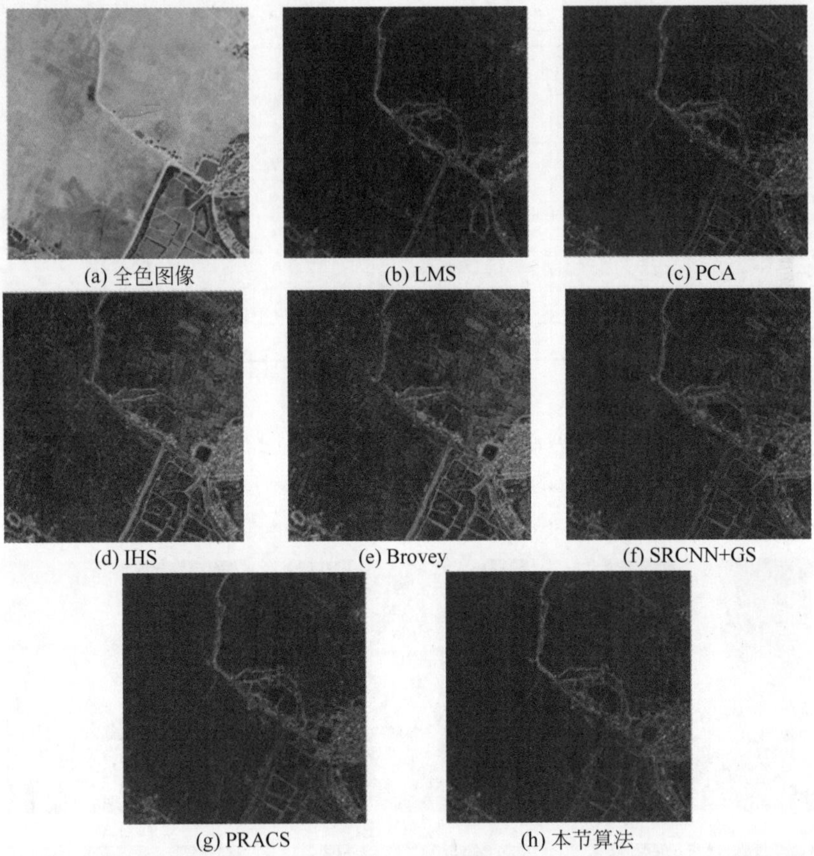

图 7.48　各算法对 Quick-bird 卫星简单场景图像融合的残差对比

图 7.49 表明，各算法的融合效果都比较差，其中，用 PCA、IHS、Brovey 和 SRCNN＋GS 算法恢复的图像中出现大量光谱信息丢失。PRACS 算法的融合图像在植被部分的颜色过于鲜艳，出现了过增现象，但整体效果优于其他四种算法。与 PCA、IHS、Brovey 和 SRCNN＋GS 算法相比，本节算法的融合图像虽然保留光谱信息的性能较优，但是对植被光谱信息的保留效果不是太好。

图 7.49　各算法对 Quick-bird 卫星复杂场景图像融合的结果对比

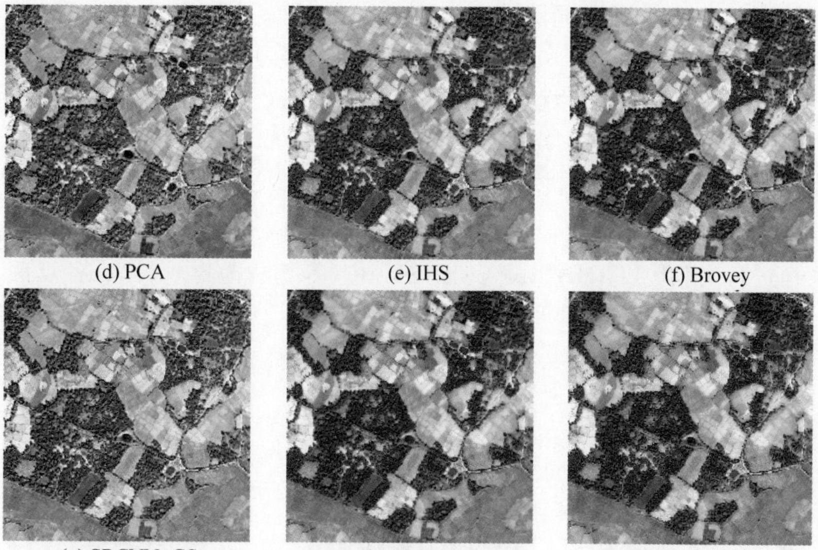

(d) PCA (e) IHS (f) Brovey

(g) SRCNN+GS (h) PRACS (i) 本节算法

图 7.49 （续）

综上所述，本节算法对 Quick-bird 卫星图像的融合有一定的泛化性，对简单场景的遥感图像可以较好地注入空间细节、保留光谱信息；对比较复杂的场景遥感图像，算法性能比较一般。

7.8 案例 7：基于多尺度多深度空洞卷积神经网络的遥感图像融合算法

7.7 节的遥感图像融合算法可以有效完成 4 通道遥感图像融合，其根本思想是先对遥感图像的 RGB 通道超分辨率重构，再对多光谱图像和全色图像进行融合。由于 SR-MDCNN 只对 RGB 通道进行增强，所以对通道数较少的数据有一定效果。当对 8 通道图像进行处理时，该算法对低分辨率多光谱图像的增强效果一般。

现在 7.7 节基础上，利用端到端神经网络直接对 8 通道遥感图像进行融合。采用两条不同支路网络分别对图像的高频信息和低频信息进行处理，不仅可以有效地保证光谱的保真度、保留图像细节，而且对其他卫星图像的融合效果较好。

7.8.1 多尺度多深度空洞卷积神经网络

多光谱与全色图像融合的过程是将全色图像的空间信息注入多光谱图像中，其过程是非线性的。然而，大多数优化算法是线性的，会造成一定的光谱失真、空间扭曲以及在部分卫星图像融合上泛化性不强。由于卷积神经网络可以实现高度非线性映射，所以使用端到端神经网络对全色图像和多光谱图像进行融合可以有效地避免上述问题。本节将 7.7 节多尺度多深度空洞卷积神经网络作为遥感图像融合算法的网络结构。

7.8.2 仿真实验与结果分析

1. 数据集及训练方式

遥感图像数据集与 7.7.3 节中一致，采用 Windows 操作系统下的 Caffe 开源框架及 CUDA-GPU 加速方案。将数据集裁剪制作完成后，先存储到计算机中，再通过一块 Nvidia GTX 1080 运算单元执行 Caffe 框架。

本节采用与7.7.1节网络相同的损失函数和激活函数，采用随机梯度下降法对网络进行更新。初始学习率 ε 设为0.1，每40 000次变为之前的1/10，动量 μ 为0.9，同时由于图像的特殊性，在训练时采用梯度裁剪，以防止梯度爆炸；共训练 2×10^5 次，每1000次测试一次，每迭代10 000次导出一次模型，选取损失值最小的模型进行测试。

2. 有效性分析

在7.7节中，主要是4通道图像，与8通道图像融合不具有可比性。由于通道数较多，只选取RGB通道进行实验。以IHS、Brovey及PRACS等算法为比较对象，各算法对单一场景和复杂场景遥感图像的融合结果如图7.50和图7.51所示。

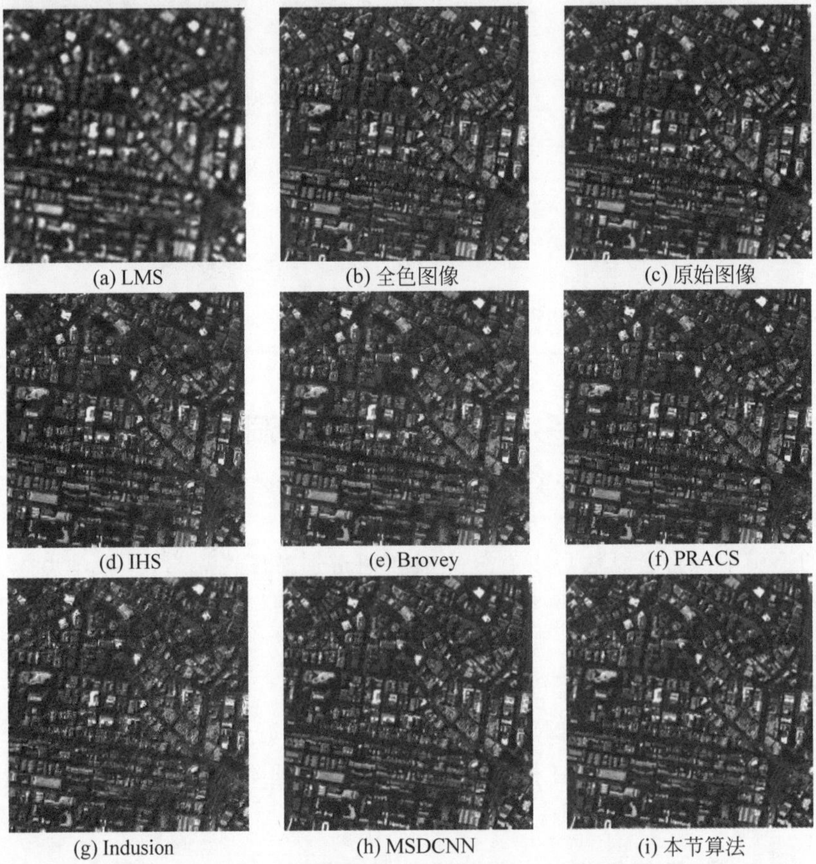

图7.50 各算法对WorldView-2卫星建筑物融合图像对比

图7.50表明，IHS、Brovey算法的融合图像整体光谱失真，偏向于淡蓝色。虽然PRACS算法效果好一些，但是在建筑物的部分也出现了较大的光谱失真。注入算法对空间信息恢复不太好，部分建筑物轮廓出现了尾影。虽然MSDCNN对空间细节的注入比较好，但是局部光谱出现了略微失真，如图7.50(h)所示，图中正下方的红色建筑物的顶部在MSDCNN恢复的图像中失去了原来的光谱信息。

图7.51表明，IHS与Brovey算法的融合图像有较高的光谱失真。虽然注入算法恢复光谱效果较好，但是空间信息明显失真，图像中存在大量肉眼可见的阴影部分。PRACS、MSDCNN以及本节算法恢复图像的整体效果较好，但是PRACS和MSDCNN算法分别出现过增和光谱缺失现象。PRACS算法对4通道图像融合时，也有同样问题。

综上所述，本节算法对8通道遥感图像融合效果较好。各算法的图像融合性能指标如表7.4所示。

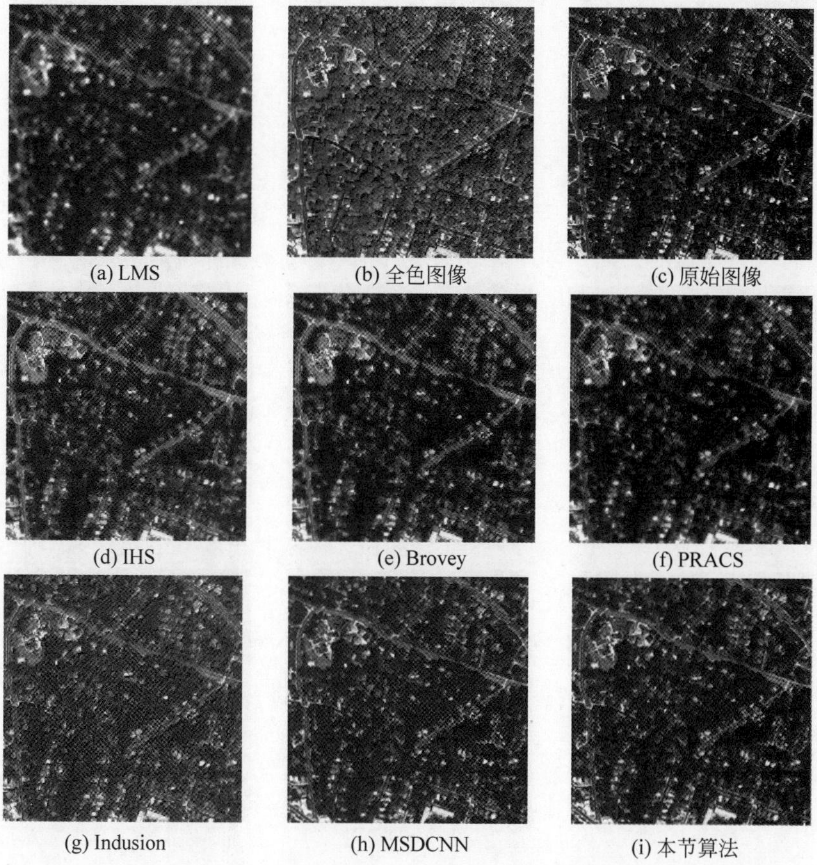

图 7.51 各算法对 WorldView-2 卫星复杂场景图像融合的结果对比

表 7.4 各算法对简单场景图像融合的客观评价标准

算 法	评 价 标 准				
	Q_8	Q	SCC	SAM	ERGAS
Indusion	0.8698	0.8719	0.8660	7.0557	5.9365
Brovey	0.8700	0.8720	0.9201	7.2419	5.5010
IHS	0.8740	0.8728	0.9079	7.6268	5.5479
PRACS	0.9289	0.9409	0.9139	7.1287	4.1802
MSDCNN	0.9554	0.9543	0.9446	5.3181	3.5529
本节算法	0.9649	0.9640	0.9499	4.9895	3.1558

表 7.4 表明，在光谱评价中，Brovey 与 IHS 算法比其他算法差，与主观评价一致；在各项指标上，本节算法与 MSDCNN 算法比其他算法好；在客观评价中，虽然 PRACS 算法较好，但是在主观评价中，大部分建筑的光谱都偏向淡蓝色，出现了较为严重的失真；MSDCNN 算法与本节算法效果相接近，但前者的整体性能比本节算法差。

3. 泛化性能

本节给出了用多深度神经网络对 WorldView-2 卫星采集遥感图像的融合效果。多深度神经网络设计采用了两种不同的深度，现验证该网络的泛化性能，即验证该网络对其他卫星获取图像的融合效果。各算法对 WorldView-3 卫星获取图像的融合效果如图 7.52 所示。

扫描获取对应彩图

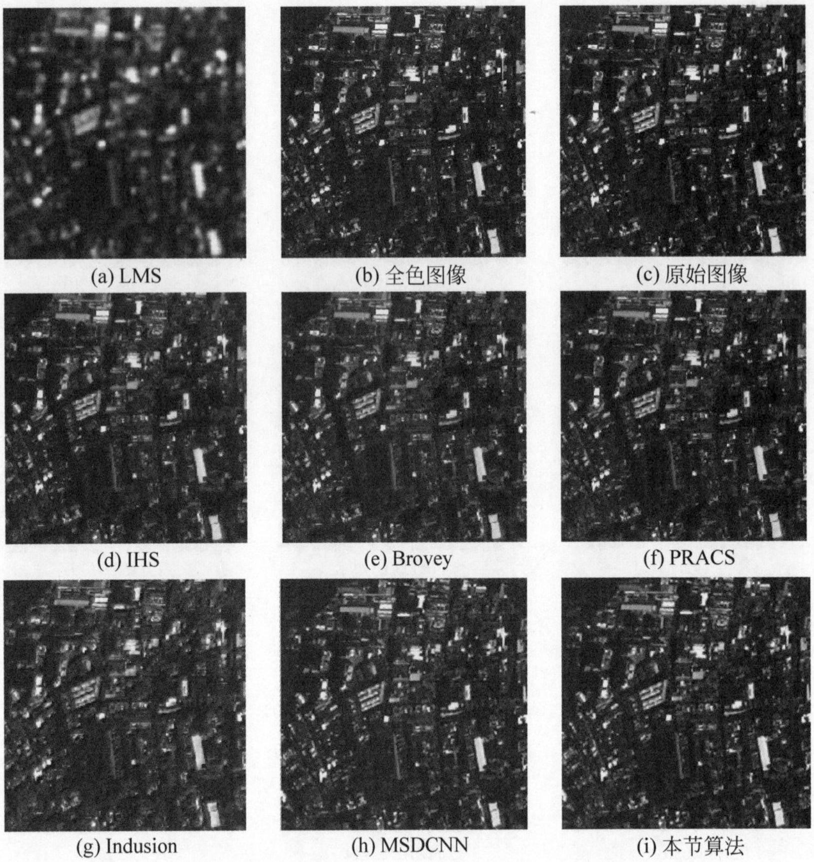

(a) LMS (b) 全色图像 (c) 原始图像

(d) IHS (e) Brovey (f) PRACS

(g) Indusion (h) MSDCNN (i) 本节算法

图 7.52 各算法对 WorldView-3 卫星获取图像的融合效果

图 7.52 表明，前 4 种算法表现与前两组实验结果一致，即融合图像中出现大片光谱失真和空间扭曲。MSDCNN 算法的融合图像虽然未出现过大面积光谱失真，但是不能保留局部建筑物的光谱信息，如原始图像中的红色建筑物在 MSDCNN 融合图像中失去了原有的光谱信息。

综上所述，本节算法无论对 WorldView-2 卫星还是 WorldView-3 卫星获取的遥感图像进行融合均获得了较好效果及较高鲁棒性。

第8章 深度生成对抗与强化学习网络

CHAPTER 8

【导读】 从依概率分类入手，着重分析了概率生成模型中的密度估计、生成样本、监督学习等内容，讨论了变分自编码器中含隐变量的生成模型、推断网络、生成网络、联合网络、参数转换及梯度估计；研究了生成对抗网络结构、参数优化、模型分析及梯度消失等问题；在分析Exposure图像增强原理基础上，研究了深度强化对抗网络，讨论了循环生成对抗网络(CycleGANs)；以基于生成对抗网络的高动态范围图像生成技术为案例，拓展了深度生成网络的原理架构及其解决实际问题的汇入点。

深度生成模型基本都是以某种方式寻找并表达(多变量)数据的概率分布，主要有基于无向图模型(马尔可夫模型)的联合概率分布模型及基于有向图模型(贝叶斯模型)的条件概率分布。前者是构建隐含层和显示层的联合概率，然后去采样；后者是寻找隐含层和显示层之间的条件概率分布，也就是给定一个随机采样的隐含层，模型可以生成数据。生成模型的训练是一个非监督过程，输入只需要无标签的数据。除了可以生成数据，还可以用于半监督学习。然而，实际中更多的数据是无标签的，因此非监督和半监督学习非常重要，生成模型也非常重要。

本章主要介绍概率生成模型与生成对抗网络及其应用。

8.1 概率生成模型

概率生成模型，简称生成模型(generative model，GM)，指一系列用于随机生成可观测数据的模型，可以用来对不同的数据进行建模。例如，图像生成就是将图像表示为一个随机向量$\boldsymbol{X}$，其中每一维都表示一个像素值。假设自然场景的图像服从一个未知的分布$f_r(\boldsymbol{x})$，希望生成模型是根据一些可观测样本$\{\boldsymbol{x}_1,\boldsymbol{x}_2,\cdots,\boldsymbol{x}_N\}$来学习一个参数化模型$f_\theta(\boldsymbol{x})$，以近似未知分布$f_r(\boldsymbol{x})$，并可以用该模型来生成一些样本，使"生成"的样本和"真实"的样本尽可能相似。生成模型通常包含两个基本功能：概率密度估计和生成样本(即采样)。高维随机向量一般难以直接建模，需要通过一些条件独立性来简化模型。

深度生成模型就是利用深度神经网络可以近似任意函数的能力来建模一个复杂分布$f_r(\boldsymbol{x})$或直接生成符合分布$f_\theta(\boldsymbol{x})$的样本。生成算法能还原出联合概率分布，而判别算法不能；生成算法的学习收敛速度更快，即当样本容量增加时，学到的模型可以更快地收敛于真实模型；当存在隐变量时，仍可以用生成算法学习，此时不能用判别算法。

8.1.1 依概率分类

先从分类问题说起：当将分类问题视为一个回归问题，分类为class 1时，结果是1；分类为class 2时，结果是−1；测试结果接近1时，为class 1，测试结果接近−1时，为class 2，如

图 8.1 所示。然而，如果结果远大于 1 时，是分类为 class 1 还是 class 2？如图 8.2 所示。

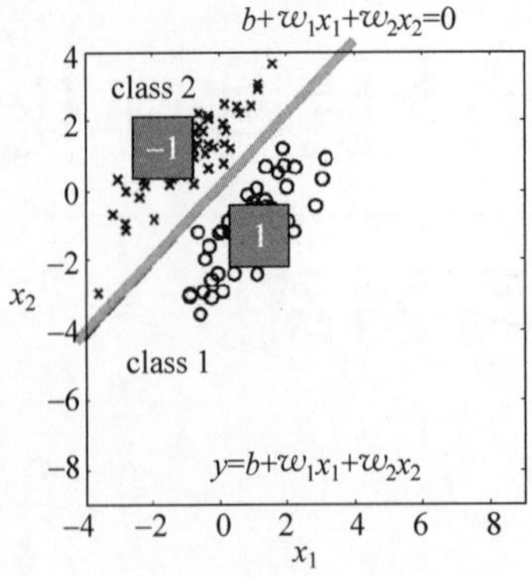

图 8.1　分类问题

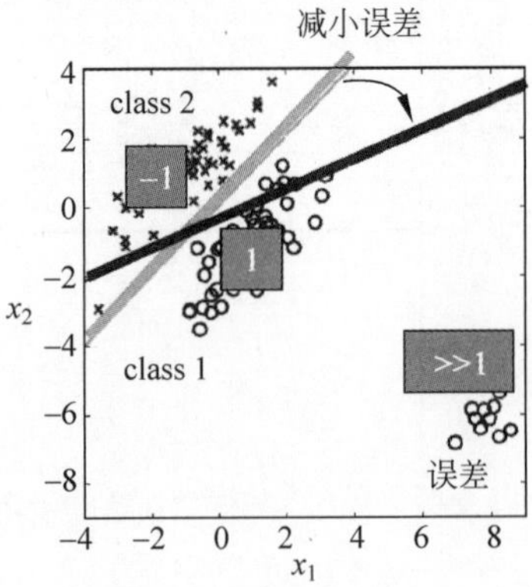

图 8.2　分类结果远大于 1

为了降低整体误差，需要调整已经找到的分类函数，这样会导致结果的不准确。所以，从这个角度看，分类问题不能用回归问题的思路去解决。

对于一个分类问题，首先要有数据，然后需要找到一个模型 f，定义损失函数，最后找到表现最佳的 f 参数。

从概率上讲，分类问题就是根据训练数据估计新的数据属于哪一类的概率。在介绍概率生成模型前，需要引入高斯分布函数，即

$$f_{\boldsymbol{m}_x,\boldsymbol{C}_x}(\boldsymbol{x})=\frac{1}{(2\pi)^{N/2}}\frac{1}{|\boldsymbol{C}_x|^{1/2}}\exp\left\{-\frac{1}{2}(\boldsymbol{x}-\boldsymbol{m}_x)^{\mathrm{T}}\boldsymbol{C}_x^{-1}(\boldsymbol{x}-\boldsymbol{m}_x)\right\} \tag{8.1.1}$$

特征向量 $\boldsymbol{x}$ 为输入，输出为 $\boldsymbol{x}$ 的概率，高斯函数的形状由均值矩阵 $\boldsymbol{m}_x$ 和协方差矩阵 $\boldsymbol{C}_x$ 决定。不同均值矩阵和协方差矩阵下的高斯函数的曲面投影平面图如图 8.3 所示。

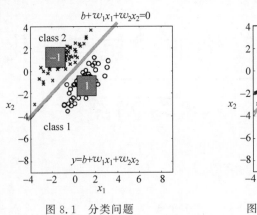

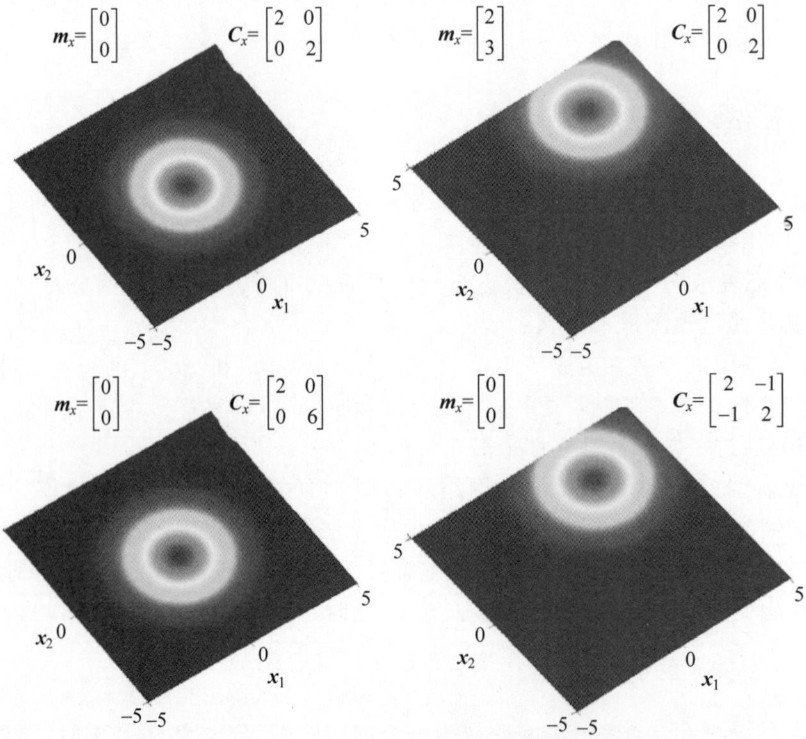

图 8.3　不同均值矩阵和协方差矩阵下的高斯函数的曲面投影平面图

如果训练数据服从高斯分布，那么如何找高斯分布模型呢？这里，采用极大似然估计方法。

$$\text{Loss}(\boldsymbol{m}_x,\boldsymbol{C}_x)=f_{\boldsymbol{m}_x,\boldsymbol{C}_x}(x)f_{\boldsymbol{m}_x,\boldsymbol{C}_x}(x^2)f_{\boldsymbol{m}_x,\boldsymbol{C}_x}(x^3)\cdots f_{\boldsymbol{m}_x,\boldsymbol{C}_x}(x^N) \tag{8.1.2}$$

$$f_{\boldsymbol{m}_x,\boldsymbol{C}_x}(x)=\frac{1}{(2\pi)^{N/2}}\frac{1}{|\boldsymbol{C}_x|^{1/2}}\exp\left\{-\frac{1}{2}(\boldsymbol{x}-\boldsymbol{m}_x)^{\mathrm{T}}C_x^{-1}(\boldsymbol{x}-\boldsymbol{m}_x)\right\} \tag{8.1.3}$$

$$(\boldsymbol{m}_x^*,\boldsymbol{C}_x^*)=\arg\max_{\boldsymbol{m}_x,\boldsymbol{C}_x}\text{Loss}(\boldsymbol{m}_x,\boldsymbol{C}_x) \tag{8.1.4}$$

$$\boldsymbol{m}_x^*=\frac{1}{N}\sum_{n=1}^{N}\boldsymbol{x}^n,\quad \boldsymbol{C}_x^*=\frac{1}{N}\sum_{n=1}^{N}(\boldsymbol{x}^n-\boldsymbol{C}_x^*)(\boldsymbol{x}^n-\boldsymbol{C}_x^*)^{\mathrm{T}} \tag{8.1.5}$$

不同均值矩阵和均方差矩阵时的数据点分布情况（$N=79$）如图 8.4 所示。

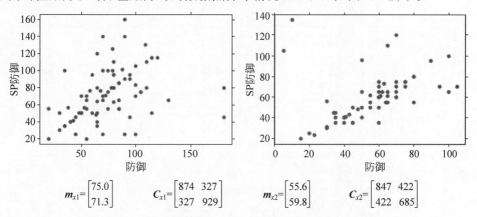

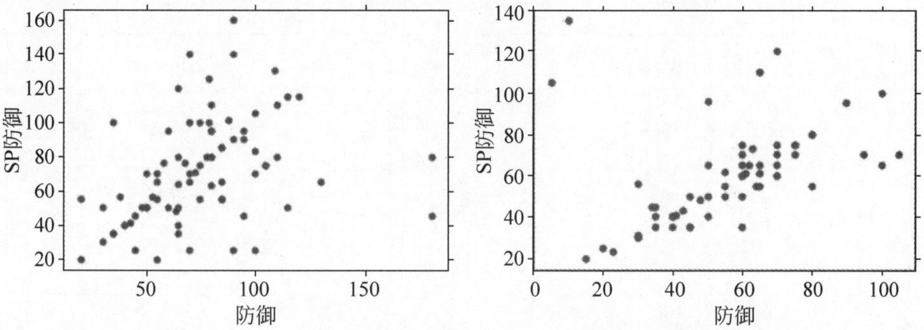

$$\boldsymbol{m}_{x1}=\begin{bmatrix}75.0\\71.3\end{bmatrix}\quad \boldsymbol{C}_{x1}=\begin{bmatrix}874 & 327\\327 & 929\end{bmatrix}\quad \boldsymbol{m}_{x2}=\begin{bmatrix}55.6\\59.8\end{bmatrix}\quad \boldsymbol{C}_{x2}=\begin{bmatrix}847 & 422\\422 & 685\end{bmatrix}$$

图 8.4 不同均值矩阵和均方差矩阵时的数据点分布

根据模型就可以进行分类。

$$f_{\boldsymbol{m}_{x1},\boldsymbol{C}_{x1}}(x)=\frac{1}{2(\pi)^{N/2}}\frac{1}{|\boldsymbol{C}_{x1}|^{1/2}}\exp\left\{-\frac{1}{2}(x-\boldsymbol{m}_{x1})^{\mathrm{T}}(\boldsymbol{C}_{x1})^{-1}(x-\boldsymbol{m}_{x1})\right\},\quad P(C_1)=\frac{79}{79+61}=0.56$$

$$\boldsymbol{m}_{x1}=\begin{bmatrix}75.0\\71.3\end{bmatrix},\ \boldsymbol{C}_{x1}=\begin{bmatrix}874 & 327\\327 & 929\end{bmatrix}$$

$$f(C_1\mid x)=\frac{f(x\mid C_1)P(C_1)}{f(x\mid C_1)P(C_1)+f(x\mid C_2)P(C_2)}$$

$$\boldsymbol{m}_{x2}=\begin{bmatrix}55.6\\59.8\end{bmatrix},\ \boldsymbol{C}_{x2}=\begin{bmatrix}847 & 422\\422 & 685\end{bmatrix}$$

$$f_{\boldsymbol{m}_{x2},\boldsymbol{C}_{x2}}(x)=\frac{1}{2(\pi)^{N/2}}\frac{1}{|\boldsymbol{C}_{x2}|^{1/2}}\exp\left\{-\frac{1}{2}(x-\boldsymbol{m}_{x2})^{\mathrm{T}}(\boldsymbol{C}_{x2})^{-1}(x-\boldsymbol{m}_{x2})\right\},\quad P(C_2)=\frac{61}{79+61}=0.44$$

可以通过设定 $f(x)$ 的阈值进行分类。如果大于 0.5，就属于某一类，如图 8.5 所示。

事实上，对上述数据的分类准确率只有 47%，即使考虑到其他维度的情况，准确率也只有 64%。

因此，需要进行模型改进，即两个高斯分布共享协方差矩阵，以使模型参数更少。共享协方差矩阵时，数据点分布如图 8.6 所示。

$$\begin{aligned}\text{Loss}(\boldsymbol{m}_{x1},\boldsymbol{m}_{x2},\boldsymbol{C}_x)=&f_{\boldsymbol{m}_{x1},\boldsymbol{C}_x}(x_1)f_{\boldsymbol{m}_{x1},\boldsymbol{C}_x}(x_2)\cdots f_{\boldsymbol{m}_{x1},\boldsymbol{C}_x}(x_N)\times\\&f_{\boldsymbol{m}_{x2},\boldsymbol{C}_x}(x'_1)f_{\boldsymbol{m}_{x2},\boldsymbol{C}_x}(x'_2)\cdots f_{\boldsymbol{m}_{x2},\boldsymbol{C}_x}(x'_M)\end{aligned} \tag{8.1.6}$$

$$\boldsymbol{C}_x=\frac{N}{N+M}\boldsymbol{C}_{x1}+\frac{M}{N+M}\boldsymbol{C}_{x2} \tag{8.1.7}$$

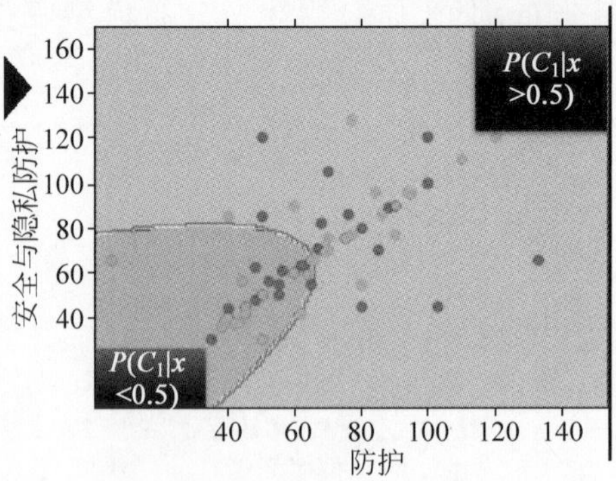

图 8.5　按概率分类结果

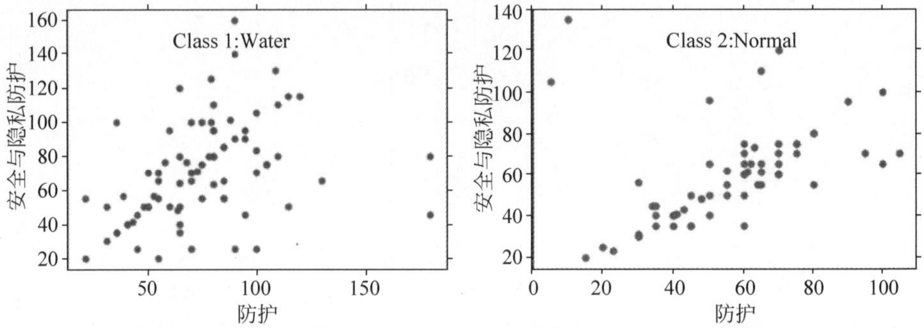

$$\boldsymbol{m}_{x1}=\begin{bmatrix}75.0\\71.3\end{bmatrix}\quad \boldsymbol{C}_{x1}=\begin{bmatrix}874 & 327\\327 & 929\end{bmatrix}\quad \boldsymbol{m}_{x2}=\begin{bmatrix}55.6\\59.8\end{bmatrix}\quad \boldsymbol{C}_{x2}=\begin{bmatrix}874 & 422\\422 & 685\end{bmatrix}$$

图 8.6　共享协方差矩阵时数据点分布

式中，$\boldsymbol{m}_{x1}$ 和 $\boldsymbol{m}_{x2}$ 相等。

改进后的模型准确率提高到 74%，而且分类边界变成线性边界，如图 8.7 所示。

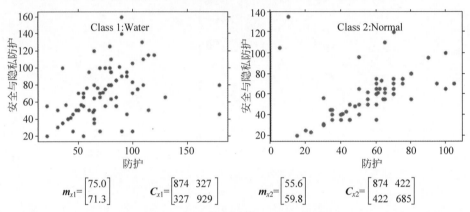

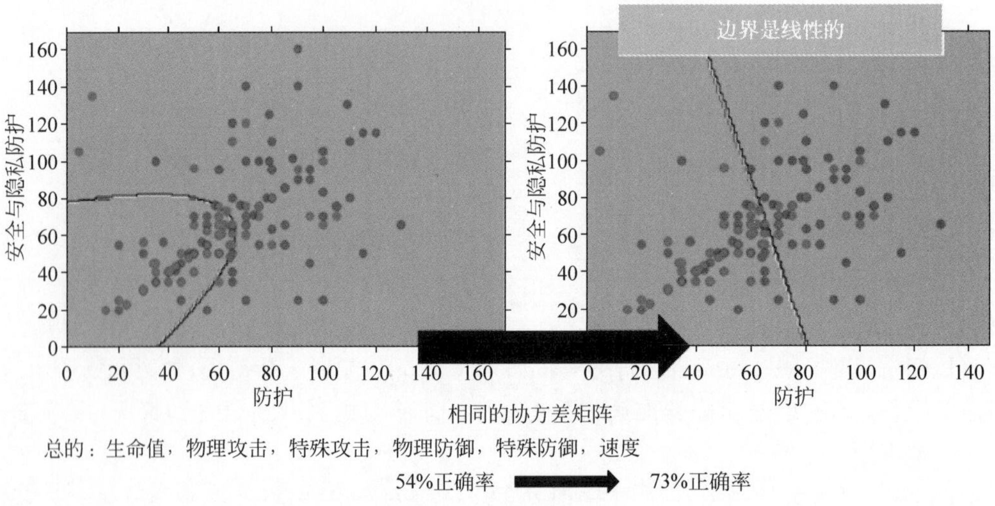

图 8.7　分类改进模型

为什么要假定是高斯分布？这需要视情况而定。例如，对二元特征，可采用伯努利分布；如果各项特征都独立，就是朴素贝叶斯分类器。

$$f(C_1 \mid x)=\frac{f(x \mid C_1)P(C_1)}{f(x \mid C_1)P(C_1)+f(x \mid C_2)P(C_2)}$$

$$=\frac{f(x \mid C_1)f(C_1)}{1+\dfrac{f(x \mid C_2)f(C_2)}{f(x \mid C_1)f(C_1)}}=\frac{1}{1+\exp(-z)}=\sigma(z) \tag{8.1.8}$$

$$z=\ln\frac{f(x \mid C_1)P(C_1)}{f(x \mid C_2)P(C_2)} \tag{8.1.9}$$

$\sigma(z)$函数曲线如图8.8所示。

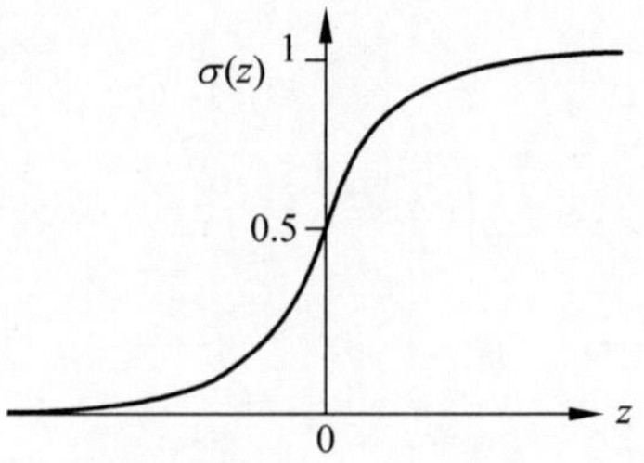

图8.8 $\sigma(z)$函数曲线

将式(8.1.9)改写为

$$z=\ln\frac{f(x \mid C_1)}{f(x \mid C_2)}+\ln\left|\frac{P(C_1)}{P(C_2)}\right| \tag{8.1.10}$$

$$\frac{P(C_1)}{P(C_2)}=\frac{\dfrac{N}{N+M}}{\dfrac{M}{N+M}}=\frac{N}{M} \tag{8.1.11}$$

$$f(x \mid C_1)=\frac{1}{(2\pi)^{N/2}}\frac{1}{|\boldsymbol{C}_{x1}|^{1/2}}\exp\left\{-\frac{1}{2}(\boldsymbol{x}-\boldsymbol{m}_{x1})^{\mathrm{T}}(\boldsymbol{C}_x)^{-1}(\boldsymbol{x}-\boldsymbol{m}_{x1})\right\} \tag{8.1.12}$$

$$f(x \mid C_2)=\frac{1}{(2\pi)^{N/2}}\frac{1}{|\boldsymbol{C}_{x2}|^{1/2}}\exp\left\{-\frac{1}{2}(\boldsymbol{x}-\boldsymbol{m}_{x2})^{\mathrm{T}}(\boldsymbol{C}_{x2})^{-1}(\boldsymbol{x}-\boldsymbol{m}_{x2})\right\} \tag{8.1.13}$$

$$\begin{aligned}
&\ln\frac{\dfrac{1}{|\boldsymbol{C}_{x1}|^{1/2}}\exp\left\{-\dfrac{1}{2}(\boldsymbol{x}-\boldsymbol{m}_{x1})^{\mathrm{T}}(\boldsymbol{C}_{x1})^{-1}(\boldsymbol{x}-\boldsymbol{m}_{x1})\right\}}{\dfrac{1}{|\boldsymbol{C}_{x2}|^{1/2}}\exp\left\{-\dfrac{1}{2}(\boldsymbol{x}-\boldsymbol{m}_{x2})^{\mathrm{T}}(\boldsymbol{C}_{x2})^{-1}(\boldsymbol{x}-\boldsymbol{m}_{x2})\right\}}\\
&=\ln\frac{\dfrac{1}{|\boldsymbol{C}_{x1}|^{1/2}}}{\dfrac{1}{|\boldsymbol{C}_{x2}|^{1/2}}}\exp\left\{-\frac{1}{2}\left[(\boldsymbol{x}-\boldsymbol{m}_{x1})^{\mathrm{T}}(\boldsymbol{C}_{x1})^{-1}(\boldsymbol{x}-\boldsymbol{m}_{x1})-(\boldsymbol{x}-\boldsymbol{m}_{x2})^{\mathrm{T}}(\boldsymbol{C}_{x2})^{-1}(\boldsymbol{x}-\boldsymbol{m}_{x2})\right]\right\}\\
&=\ln\frac{\dfrac{1}{|\boldsymbol{C}_{x1}|^{1/2}}}{\dfrac{1}{|\boldsymbol{C}_{x2}|^{1/2}}}-\frac{1}{2}\left[(\boldsymbol{x}-\boldsymbol{m}_{x1})^{\mathrm{T}}(\boldsymbol{C}_{x1})^{-1}(\boldsymbol{x}-\boldsymbol{m}_{x1})-(\boldsymbol{x}-\boldsymbol{m}_{x2})^{\mathrm{T}}(\boldsymbol{C}_{x2})^{-1}(\boldsymbol{x}-\boldsymbol{m}_{x2})\right]
\end{aligned} \tag{8.1.14}$$

$$\begin{aligned}
(\boldsymbol{x}-\boldsymbol{m}_{x1})^{\mathrm{T}}(\boldsymbol{C}_{x1})^{-1}(\boldsymbol{x}-\boldsymbol{m}_{x1})=&\,\boldsymbol{x}^{\mathrm{T}}(\boldsymbol{C}_{x1})^{-1}\boldsymbol{x}-\boldsymbol{x}^{\mathrm{T}}(\boldsymbol{C}_{x1})^{-1}\boldsymbol{m}_{x1}-\\
&(\boldsymbol{m}_{x1})^{\mathrm{T}}(\boldsymbol{C}_{x1})^{-1}\boldsymbol{x}+(\boldsymbol{m}_{x1})^{\mathrm{T}}(\boldsymbol{C}_{x1})^{-1}\boldsymbol{m}_{x1}
\end{aligned}$$

$$=\boldsymbol{x}^{\mathrm{T}}(\boldsymbol{C}_{x1})^{-1}\boldsymbol{x}-2(\boldsymbol{m}_{x1})^{\mathrm{T}}(\boldsymbol{C}_{x1})^{-1}\boldsymbol{x}+(\boldsymbol{m}_{x1})^{\mathrm{T}}(\boldsymbol{C}_{x1})^{-1}\boldsymbol{m}_{x1} \tag{8.1.15}$$

$$(\boldsymbol{x}-\boldsymbol{m}_{x2})^{\mathrm{T}}(\boldsymbol{C}_{x2})^{-1}(\boldsymbol{x}-\boldsymbol{m}_{x2})=\boldsymbol{x}^{\mathrm{T}}(\boldsymbol{C}_{x2})^{-1}\boldsymbol{x}-2(\boldsymbol{m}_{x2})^{\mathrm{T}}(\boldsymbol{C}_{x2})^{-1}\boldsymbol{x}+(\boldsymbol{m}_{x2})^{\mathrm{T}}(\boldsymbol{C}_{x2})^{-1}\boldsymbol{m}_{x2} \tag{8.1.16}$$

因为两个协方差矩阵是共享参数，所以有

$$\begin{aligned}z=&(\boldsymbol{m}_{x1})^{\mathrm{T}}(\boldsymbol{C}_{x1})^{-1}\boldsymbol{x}-\frac{1}{2}(\boldsymbol{m}_{x1})^{\mathrm{T}}(\boldsymbol{C}_{x1})^{-1}\boldsymbol{m}_{x1}-\\&(\boldsymbol{m}_{x2})^{\mathrm{T}}(\boldsymbol{C}_{x2})^{-1}\boldsymbol{x}+\frac{1}{2}(\boldsymbol{m}_{x2})^{\mathrm{T}}(\boldsymbol{C}_{x2})^{-1}\boldsymbol{m}_{x2}+\ln\frac{N_1}{N_2}\end{aligned} \tag{8.1.17}$$

最终得到 z 的表达式，其实就是线性分类器。在概率模型中通过计算均值、协方差矩阵等可得到模型参数。

如果 $\boldsymbol{C}_{x1}=\boldsymbol{C}_{x2}$，则式(8.1.17)变为

$$z=\boldsymbol{w}^{\mathrm{T}}\boldsymbol{b}=(\boldsymbol{m}_{x1}-\boldsymbol{m}_{x2})^{\mathrm{T}}\boldsymbol{C}_x\boldsymbol{x}-\frac{1}{2}(\boldsymbol{m}_{x1})^{\mathrm{T}}\boldsymbol{C}_x^{-1}\boldsymbol{m}_{x1}+\frac{1}{2}(\boldsymbol{m}_{x2})^{\mathrm{T}}\boldsymbol{C}_x\boldsymbol{m}_{x2}+\ln\frac{N_1}{N_2} \tag{8.1.18}$$

8.1.2 密度估计

给定一组数据$\mathcal{D}=\{\boldsymbol{x}_n\}_{n=1}^{N}$，是独立地从相同的概率密度函数 $f_r(\boldsymbol{x})$的未知分布中产生的。密度估计(density estimation，DE)是利用数据集$\mathcal{D}$来估计其概率密度函数 $f_\theta(\boldsymbol{x})$。

如果在数字图像中不同像素之间存在复杂的依赖关系(例如，相邻像素的颜色一般是相似的)，就很难用一个明确的图模型来描述该依赖关系，直接建模 $f_r(\boldsymbol{x})$比较困难。因此，通常通过引入隐变量 $\boldsymbol{z}$ 来简化模型，这样密度估计问题可以转换为估计变量$(\boldsymbol{x},\boldsymbol{z})$的两个局部条件概率 $f_\theta(\boldsymbol{z})$和 $f_\theta(\boldsymbol{x}|\boldsymbol{z})$。为了简化模型，假设隐变量 $\boldsymbol{z}$ 的先验分布为标准高斯分布$\mathcal{N}(0,\boldsymbol{I})$。隐变量 $\boldsymbol{z}$ 的分量之间相互独立。在这个假设下，先验分布 $f(\boldsymbol{z};\theta)$中没有参数。因此，密度估计的重点是估计条件分布 $f(\boldsymbol{x}|\boldsymbol{z};\theta)$。

如果要建立含隐变量的生成模型(图 8.9(a))，就需要利用最大期望(expectation-maximization，EM)算法来进行密度估计。在 EM 算法中，需要估计条件分布 $f(\boldsymbol{x}|\boldsymbol{z};\theta)$以及近似后验分布 $f(\boldsymbol{z}|\boldsymbol{x};\theta)$。当这两个分布比较复杂时，可以利用神经网络来建模，这就是变分自编码器的思想。

(a) 含隐变量的生成模型　　(b) 带标签的生成模型

图 8.9　生成模型

8.1.3 生成样本

生成样本就是给定一个概率密度函数 $f_\theta(\boldsymbol{x})$，生成服从这个分布的样本，也称为采样。

对于图 8.9(a)中的图模型，在得到两个变量的局部条件概率 $f_\theta(\boldsymbol{z})$和 $f_\theta(\boldsymbol{x}|\boldsymbol{z})$之后，就可以生成数据 $\boldsymbol{x}$，具体过程可以分为两步：

(1) 根据隐变量的先验概率 $f_\theta(\boldsymbol{z})$，采样得到样本 $\boldsymbol{z}$。

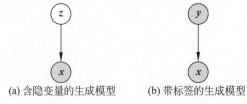

(2) 根据条件分布 $f_\theta(\boldsymbol{x}|\boldsymbol{z})$，采样得到样本 $\boldsymbol{x}$。

为了便于采样，通常 $f_\theta(\boldsymbol{x}|\boldsymbol{z})$不能太过复杂。因此，另一种生成样本的思想是从一个简单分布 $f(\boldsymbol{z}),\boldsymbol{z}\in\mathbb{Z}$（如标准正态分布）中采集一个样本 $\boldsymbol{z}$，利用一个深度神经网络 $g:\mathbb{Z}\to\mathbb{X}$ 使得 $g(\boldsymbol{z})$服从 $f_r(\boldsymbol{x})$。这样，就可以避免密度估计问题，并有效降低生成样本的难度，这正是生成对抗网络的思想。

8.1.4 生成模型与判别模型

除了生成样本外，生成模型也可以应用于监督学习。监督学习的目标是建立样本 $\boldsymbol{x}$ 和输出标签 y 之间的条件概率分布 $f(y|\boldsymbol{x})$模型。根据贝叶斯公式

$$f(y \mid \boldsymbol{x}) = \frac{f(\boldsymbol{x},y)}{\sum_y f(\boldsymbol{x},y)} \tag{8.1.19}$$

可以将监督学习问题转换为联合概率 $f(x,y)$的密度估计问题。

图 8.9(b)给出了带标签 y 的生成模型的图模型表示，可以用于监督学习。在监督学习中，比较典型的生成模型有朴素贝叶斯分类器与隐马尔可夫模型。与生成模型相对应的另一类监督学习模型是判别模型(discriminative model,DM)。判别模型直接建立条件概率 $f(y|\boldsymbol{x})$模型，并不建立联合概率 $f(\boldsymbol{x},y)$模型。常见的判别模型有 Logistic 回归、支持向量机、神经网络等，由生成模型可以得到判别模型，但由判别模型得不到生成模型。

8.2 变分自编码器

8.2.1 含隐变量的生成模型

假设一个生成模型(如图 8.10 所示)中包含隐变量，即有部分变量是不可观测的，其中观测变量 $\boldsymbol{x}$ 是一个高维空间$\mathbb{X}$中的随机向量，隐变量 $\boldsymbol{z}$ 是一个相对低维空间$\mathbb{Z}$ 中的随机向量。

该生成模型的联合概率密度函数为

$$f(\boldsymbol{x},\boldsymbol{z};\theta) = f(\boldsymbol{x} \mid \boldsymbol{z};\theta)f(\boldsymbol{z};\theta) \tag{8.2.1}$$

式中，$f(\boldsymbol{z};\theta)$为隐变量 $\boldsymbol{z}$ 先验分布的概率密度函数；$f(\boldsymbol{x}|\boldsymbol{z};\theta)$为已知 $\boldsymbol{z}$ 时观测变量 $\boldsymbol{x}$ 的条件概率密度函数；θ 表示概率密度函数的未知参数，可以通过最大化似然函数来进行估计。

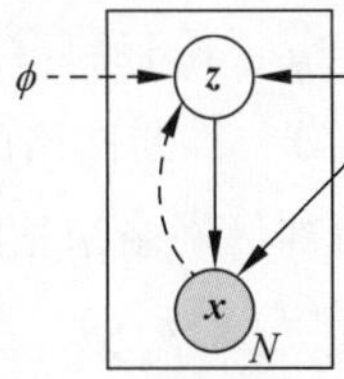

图 8.10　变分自编码器(图中，实线表示生成模型，虚线表示变分近似)

由式(8.2.1)，得

$$\log f(\boldsymbol{x},\boldsymbol{z};\theta) = \log f(\boldsymbol{z} \mid \boldsymbol{x};\theta) + \log f(\boldsymbol{x};\theta) \tag{8.2.2}$$

进一步，得

$$\log f(\boldsymbol{x};\theta) = \log f(\boldsymbol{x},\boldsymbol{z};\theta) - \log f(\boldsymbol{z} \mid \boldsymbol{x};\theta) \tag{8.2.3}$$

为了计算式(8.2.3)，引入一个变分密度函数 $q(\boldsymbol{z};\phi)$，为定义在隐变量 $\boldsymbol{z}$ 上的分布，且

$$\sum_z q(\boldsymbol{z};\phi) = 1 \tag{8.2.4}$$

式中，ϕ 为参数。

因此，有

$$\begin{aligned}\log f(\boldsymbol{x};\theta) &= \sum_z q(\boldsymbol{z};\phi)\log f(\boldsymbol{x};\theta) \\ &= \sum_z q(\boldsymbol{z};\phi)(\log f(\boldsymbol{x},\boldsymbol{z};\theta) - \log f(\boldsymbol{z} \mid \boldsymbol{x};\theta))\end{aligned}$$

$$= \sum_{z} q(z;\phi) \log \frac{\log f(x,z;\theta)}{q(z;\phi)} - \sum_{z} q(z;\phi) \log \frac{\log f(z \mid x;\theta)}{q(z;\phi)}$$

$$= \text{ELB}(q,x;\theta,\phi) + \text{KL}(q(z;\phi), f(z \mid x;\theta)) \tag{8.2.5}$$

式中，ELB(·)为证据下界(evidence lower bound，ELB)；KL(kullback-leibler divergence)表示相对熵。

最大化对数边缘似然函数 $\log f(x;\theta)$可以使用EM算法来求解，步骤如下：

(1) E步：固定 θ，寻找一个变分密度函数 $q(z;\phi)$使其等于或接近于后验密度函数 $f(z \mid x;\theta)$；

(2) M步：固定 $q(z;\phi)$，寻找使式(8.2.5)第一项最大化的 θ。

不断重复上述两个步骤，直到收敛。

在EM算法的每次迭代中，理论上最优的 $q(z;\phi)$为隐变量 z 的后验概率密度函数 $f(z \mid x;\theta)$，即

$$f(z \mid x;\theta) = \frac{f(x \mid z;\theta) f(z;\theta)}{\int_{z} f(x \mid z;\theta) f(z;\theta) \mathrm{d}z} \tag{8.2.6}$$

$f(z \mid x;\theta)$的计算是一个统计推断问题，涉及积分计算。当隐变量 z 是有限的一维离散变量时，计算比较容易，但在一般情况下，很难计算，通常需要通过变分推断来近似估计。在变分推断中，为了降低复杂度，通常会选择一些比较简单的分布 $q(z;\phi)$来近似推断 $f(z \mid x;\theta)$。当 $f(z \mid x;\theta)$比较复杂时，近似效果不佳。此外，概率密度函数 $f(z \mid x;\theta)$一般也比较复杂，很难直接用已知的分布族函数进行建模。

变分自编码器(variational auto encoder，VAE)是一种深度生成模型，其思想是利用神经网络来分别建立两个复杂的条件概率密度函数模型。

(1) 用神经网络来估计变分密度函数 $q(z;\phi)$，称为推断网络。理论上，$q(z;\phi)$可以不依赖 x。由于 $q(z;\phi)$的目标是近似后验分布 $f(z \mid x;\theta)$，它与 x 相关，因此变分密度函数一般写为 $q(z \mid x;\phi)$。推断网络的输入为 x，输出为变分密度函数 $q(z \mid x;\phi)$。

(2) 用神经网络来估计概率分布 $f(x \mid z;\theta)$，称为生成网络。生成网络的输入为 z，输出为概率分布 $f(x \mid z;\theta)$。

将推断网络和生成网络合并就得到了变分自编码器的整个网络结构，如图8.11所示，图中，实线表示网络计算操作，虚线表示采样操作。

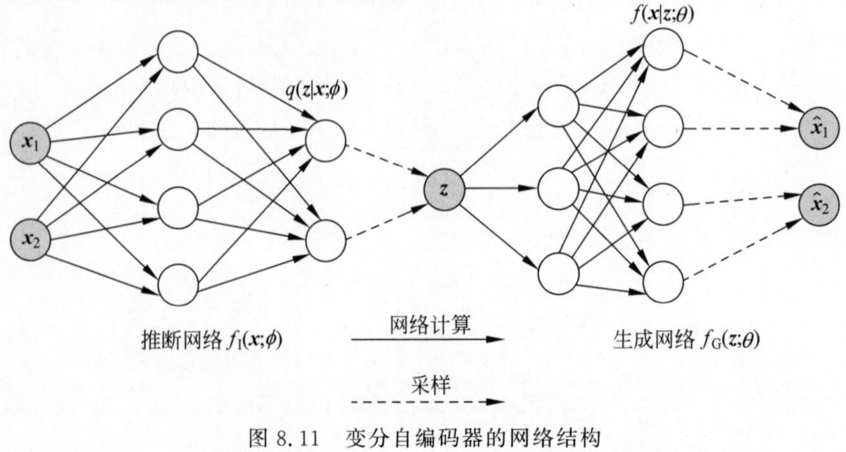

图8.11 变分自编码器的网络结构

在变分自编码器中，可以将推断网络看作“编码器”，将可观测变量 $\boldsymbol{x}$ 映射为隐变量 $\boldsymbol{z}$，将生成网络视为“解码器”，将隐变量 $\boldsymbol{z}$ 映射为可观测变量 $\boldsymbol{x}$。然而，变分自编码器的原理和自编码器完全不同。变分自编码器中的编码器和解码器的输出是分布（或分布的参数），而不是确定的编码。

8.2.2 推断网络

为简单起见，假设 $q(\boldsymbol{z}|\boldsymbol{x};\phi)$ 服从对角化协方差的高斯分布，即

$$q(\boldsymbol{z} \mid \boldsymbol{x};\phi)=\mathcal{N}(\boldsymbol{z};\boldsymbol{m}_{\mathrm{I}},\boldsymbol{\sigma}_{\mathrm{I}}^{2}\boldsymbol{I}) \tag{8.2.7}$$

式中，$\boldsymbol{m}_{\mathrm{I}}$ 和 $\boldsymbol{\sigma}_{\mathrm{I}}^{2}$ 分别是高斯分布的均值和方差，可以通过推断网络 $f_{\mathrm{I}}(\boldsymbol{x};\phi)$ 来预测。

$$\begin{bmatrix}\boldsymbol{m}_{\mathrm{I}}\\ \sigma_{\mathrm{I}}^{2}\end{bmatrix}=f_{\mathrm{I}}(\boldsymbol{x};\phi) \tag{8.2.8}$$

式中，$f_{\mathrm{I}}(\boldsymbol{x};\phi)$ 可以是一般的全连接网络或卷积神经网络。例如，对一个两层的神经网络，有

$$\boldsymbol{h}=\sigma(\boldsymbol{w}^{(1)}\boldsymbol{x}+b^{(1)}) \tag{8.2.9}$$

$$\boldsymbol{m}_{\mathrm{I}}=\boldsymbol{w}^{(2)}\boldsymbol{h}+b^{(2)} \tag{8.2.10}$$

$$\sigma_{\mathrm{I}}^{2}=\mathrm{softplus}(\boldsymbol{w}^{(3)}\boldsymbol{h}+b^{(3)}) \tag{8.2.11}$$

式中，ϕ 代表所有的网络参数 $\{\boldsymbol{w}^{(1)},\boldsymbol{w}^{(2)},\boldsymbol{w}^{(3)},b^{(1)},b^{(2)},b^{(3)}\}$；$\sigma$ 和 softplus 为激活函数。这里使用 softplus 激活函数是由于方差总是非负的。在实际实现中，也可以用一个线性层（不需要激活函数）来预测 $\log(\boldsymbol{\sigma}_{\mathrm{I}}^{2})$。

推断网络的目标是使 $q(\boldsymbol{z}|\boldsymbol{x};\phi)$ 尽可能接近真实的 $f(\boldsymbol{z}|\boldsymbol{x};\theta)$，需要找到一组网络参数 ϕ_{opt} 使 KL 散度最小化，即

$$\phi_{\mathrm{opt}}=\arg\min_{\phi}\mathrm{KL}(q(\boldsymbol{z} \mid \boldsymbol{x};\phi),f(\boldsymbol{z} \mid \boldsymbol{x};\theta)) \tag{8.2.12}$$

然而，直接计算式(8.2.12)是不可能的，因为 $f(\boldsymbol{z}|\boldsymbol{x};\theta)$ 一般无法计算。尤其是在深度生成模型中，$f(\boldsymbol{z}|\boldsymbol{x};\theta)$ 通常比较复杂，很难用变分分布去近似。因此，需要找到一种间接计算方法。根据式(8.2.5)，得

$$\mathrm{KL}(q(\boldsymbol{z} \mid \boldsymbol{x};\phi),f(\boldsymbol{z} \mid \boldsymbol{x};\theta))=\log f(\boldsymbol{x};\theta)-\mathrm{ELB}(q,\boldsymbol{x};\theta,\phi) \tag{8.2.13}$$

因此，推断网络的目标函数可以转换为

$$\begin{aligned}\phi_{\mathrm{opt}}&=\arg\min_{\phi}\mathrm{KL}(q(\boldsymbol{z} \mid \boldsymbol{x};\phi),f(\boldsymbol{z} \mid \boldsymbol{x};\theta))\\&=\arg\min_{\phi}(\log f(\boldsymbol{x};\theta)-\mathrm{ELB}(q,\boldsymbol{x};\theta,\phi))\\&=\arg\max_{\phi}\mathrm{ELB}(q,\boldsymbol{x};\theta,\phi)\end{aligned} \tag{8.2.14}$$

即推断网络的目标转换为寻找一组网络参数 ϕ_{opt} 使 $\mathrm{ELB}(q,\boldsymbol{x};\theta,\phi)$ 最大，这与变分推断中的转换类似。

8.2.3 生成网络

生成模型的联合分布 $f(\boldsymbol{x},\boldsymbol{z};\theta)$ 可以分解为两部分：隐变量 $\boldsymbol{z}$ 的先验分布 $f(\boldsymbol{z};\theta)$ 和条件概率分布 $f(\boldsymbol{x}|\boldsymbol{z};\theta)$。

一般假设隐变量 $\boldsymbol{z}$ 的先验分布 $f(\boldsymbol{z};\theta)$ 为各向同性的标准高斯分布 $\mathcal{N}(\boldsymbol{z}\mid\boldsymbol{0},\boldsymbol{I})$。隐变量 $\boldsymbol{z}$ 的分量之间相互独立。条件概率分布 $f(\boldsymbol{x}\mid\boldsymbol{z};\theta)$ 可以通过生成网络来建模。为简单起见，同样用参数化的分布族来表示 $f(\boldsymbol{x}\mid\boldsymbol{z};\theta)$，这些分布族的参数可以用生成网络计算得到。

根据变量 $\boldsymbol{x}$ 的类型不同，可假设 $f(\boldsymbol{x}\mid\boldsymbol{z};\theta)$ 服从不同的分布族，有以下两种性能。

(1) 如果 $\boldsymbol{x}\in\{0,1\}^D$ 是 D 维二值向量，则假设 $f(\boldsymbol{x}\mid\boldsymbol{z};\theta)$ 服从多变量的伯努利分布，即

$$f(\boldsymbol{x}\mid\boldsymbol{z};\theta)=\prod_{d=1}^{D}f(x_d\mid\boldsymbol{z};\theta)=\prod_{d=1}^{D}\gamma_d^{x_d}(1-\gamma_d)^{(1-x_d)} \tag{8.2.15}$$

式中，$\gamma_d\triangleq f(x_d=1\mid\boldsymbol{z};\theta)$，为第 d 维分布的参数；分布参数 $\boldsymbol{\gamma}=[\gamma_1,\gamma_2,\cdots,\gamma_D]^{\mathrm{T}}$ 可以由生成网络来预测。

(2) 如果 $\boldsymbol{x}\in\mathbb{R}^D$ 是 D 维连续向量，则假设 $f(\boldsymbol{x}\mid\boldsymbol{z};\theta)$ 服从对角化协方差的高斯分布，即

$$f(\boldsymbol{x}\mid\boldsymbol{z};\theta)=\mathcal{N}(\boldsymbol{x};\boldsymbol{m}_{\mathrm{G}},\boldsymbol{\sigma}_{\mathrm{G}}^2\boldsymbol{I}) \tag{8.2.16}$$

式中，$\boldsymbol{m}_{\mathrm{G}}\in\mathbb{R}^D$ 和 $\boldsymbol{\sigma}_{\mathrm{G}}\in\mathbb{R}^D$ 同样可由生成网络 $f_{\mathrm{G}}(\boldsymbol{z};\theta)$ 预测。

生成网络 $f_{\mathrm{G}}(\boldsymbol{z};\theta)$ 的目标是找到一组网络参数 θ_{opt} 来最大化 $\mathrm{ELB}(q,\boldsymbol{x};\theta,\phi)$，即

$$\theta_{\mathrm{opt}}=\arg\max_{\theta}\mathrm{ELB}(q,\boldsymbol{x};\theta,\phi) \tag{8.2.17}$$

8.2.4 综合模型

结合式(8.2.14)和式(8.2.17)，推断网络和生成网络的目标都为最大化 $\mathrm{ELB}(q,\boldsymbol{x};\theta,\phi)$。因此，变分自编码器的总目标函数为

$$\begin{aligned}\max_{\theta,\phi}\mathrm{ELB}(q,\boldsymbol{x};\theta,\phi)&=\max_{\theta,\phi}\mathbb{E}_{z\sim q(z;\phi)}\left[\log\frac{f(\boldsymbol{x}\mid\boldsymbol{z};\theta)f(\boldsymbol{z};\theta)}{q(\boldsymbol{z};\phi)}\right]\\&=\max_{\theta,\phi}\mathbb{E}_{z\sim q(z;\phi)}[\log f(\boldsymbol{x}\mid\boldsymbol{z};\theta)]-\mathrm{KL}(q(\boldsymbol{z}\mid\boldsymbol{x};\phi),f(\boldsymbol{z};\theta))\end{aligned} \tag{8.2.18}$$

式中，$f(\boldsymbol{z};\theta)$ 为先验分布；θ 和 ϕ 分别表示生成网络和推断网络的参数。式中，期望 $\mathbb{E}_{z\sim q(z;\phi)}[\log f(\boldsymbol{x}\mid\boldsymbol{z};\theta)]$ 可以通过采样的方式近似计算。对于每个样本 $\boldsymbol{x}$，采集 M 个 $\boldsymbol{z}_m$，$1\leqslant m\leqslant M$，有

$$\mathbb{E}_{z\sim q(z;\phi)}[\log f(\boldsymbol{x}\mid\boldsymbol{z};\theta)]\approx\frac{1}{M}\sum_{m=1}^{M}\log f(\boldsymbol{x}\mid\boldsymbol{z}_m;\theta) \tag{8.2.19}$$

式中，M 表示采样个数，$1\leqslant m\leqslant M$。式(8.2.19)中，$\boldsymbol{z}$ 和参数之间不是直接的确定性关系，而是一种"采样"关系。这种情况可以通过两种方法解决：一种是再参数化，另一种是梯度估计。

式(8.2.18)中 KL 散度通常可以直接计算。特别是当 $q(\boldsymbol{z}\mid\boldsymbol{x};\phi)$ 和 $f(\boldsymbol{z};\theta)$ 都是正态分布时，KL 散度可以直接计算出闭式解。

给定 D 维空间中的两个正态分布 $\mathcal{N}(\boldsymbol{m}_{x1},\boldsymbol{C}_{x1})$ 和 $\mathcal{N}(\boldsymbol{m}_{x2},\boldsymbol{C}_{x2})$，其 KL 散度为

$$\begin{aligned}&\mathrm{KL}(\mathcal{N}(\boldsymbol{m}_{x1},\boldsymbol{C}_{x1}),\mathcal{N}(\boldsymbol{m}_{x2},\boldsymbol{C}_{x2}))\\&=\frac{1}{2}\left(\mathrm{tr}(\boldsymbol{C}_{x2}^{-1}\boldsymbol{C}_{x1})+(\boldsymbol{m}_{x2}-\boldsymbol{m}_{x1})^{\mathrm{T}}\boldsymbol{C}_{x2}^{-1}(\boldsymbol{m}_{x2}-\boldsymbol{m}_{x1})-D+\log\frac{|\boldsymbol{C}_{x2}|}{|\boldsymbol{C}_{x1}|}\right)\end{aligned} \tag{8.2.20}$$

式中，$\mathrm{tr}(\cdot)$ 表示矩阵的迹；$|\cdot|$ 表示矩阵的行列式。

这样，当 $f(\boldsymbol{z};\theta)=\mathcal{N}(\boldsymbol{z}\mid\boldsymbol{0},\boldsymbol{I})$ 以及 $q(\boldsymbol{z}\mid\boldsymbol{x};\phi)=\mathcal{N}(\boldsymbol{x}\mid\boldsymbol{m}_{\mathrm{I}},\boldsymbol{\sigma}_{\mathrm{I}}^2\boldsymbol{I})$ 时，有

$$\mathrm{KL}(q(\boldsymbol{z} \mid \boldsymbol{x};\phi), f(\boldsymbol{z};\theta)) = \frac{1}{2}(\mathrm{tr}(\boldsymbol{\sigma}_{\mathrm{I}}^2\boldsymbol{I}) + \boldsymbol{m}_{\mathrm{I}}^{\mathrm{T}}\boldsymbol{m}_{\mathrm{I}} - d - \log(|\boldsymbol{\sigma}_{\mathrm{I}}^2\boldsymbol{I}|)) \tag{8.2.21}$$

式中，$\boldsymbol{m}_{\mathrm{I}}$ 和 $\boldsymbol{\sigma}_{\mathrm{I}}$ 为推断网络 $f_{\mathrm{I}}(\boldsymbol{x};\phi)$的输出。

8.2.5 再参数化

再参数化是将一个函数 $f(\theta)$的参数 θ 用另外一组参数表示 $\theta=g(\vartheta)$，这样函数 $f(\theta)$就转换成参数为 ϑ 的函数 $\hat{f}(\vartheta)=f(g(\vartheta))$。再参数化通常用来将原始参数转换为另外一组具有特殊属性的参数。例如，当 θ 为一个很大的矩阵时，可以使用两个低秩矩阵的乘积来再参数化，从而减少参数量。

在式(8.2.18)中，期望$\mathbb{E}_{z\sim q(z;\phi)}[\log f(\boldsymbol{x}|\boldsymbol{z};\theta)]$依赖分布 q 的参数 ϕ。然而，由于随机变量 $\boldsymbol{z}$ 采样自后验分布 $q(\boldsymbol{z}|\boldsymbol{x};\phi)$，它们之间不是确定性关系，因此无法直接求解 $\boldsymbol{z}$ 关于参数 ϕ 的导数。这时，可以通过再参数化方法将 $\boldsymbol{z}$ 和 ϕ 之间随机性的采样关系转变为确定性函数关系。

引入一个分布为 $f(\varepsilon)$的随机变量 ε，期望$\mathbb{E}_{z\sim q(z;\phi)}[\log f(\boldsymbol{x}|\boldsymbol{z};\theta)]$可以重写为

$$\mathbb{E}_{z\sim q(z;\phi)}[\log f(\boldsymbol{x} \mid \boldsymbol{z};\theta)] = \mathbb{E}_{\varepsilon\sim f(\varepsilon)}[\log f(\boldsymbol{x} \mid g(\phi,\varepsilon);\theta)] \tag{8.2.22}$$

式中，$\boldsymbol{z} \triangleq g(\phi,\varepsilon)$为一个确定性函数。

假设 $q(\boldsymbol{z}|\boldsymbol{x};\phi)$为正态分布 $N(\boldsymbol{m}_{\mathrm{I}},\boldsymbol{\sigma}_{\mathrm{I}}^2\boldsymbol{I})$，其中$\{\boldsymbol{m}_{\mathrm{I}},\boldsymbol{\sigma}_{\mathrm{I}}\}$是推断网络 $f_{\mathrm{I}}(\boldsymbol{x};\phi)$的输出，依赖参数 ϕ，可以通过再参数化公式

$$\boldsymbol{z} = \boldsymbol{m}_{\mathrm{I}} + \boldsymbol{\sigma}_{\mathrm{I}} \odot \varepsilon \tag{8.2.23}$$

进行再参数化。式中，$\varepsilon\sim\mathcal{N}(\boldsymbol{0},\boldsymbol{I})$。这样 $\boldsymbol{z}$ 和参数 ϕ 的关系从采样关系变为确定性关系，使 $\boldsymbol{z}\sim q(\boldsymbol{z};\phi)$随机性独立于参数 ϕ，从而可以求 $\boldsymbol{z}$ 关于 ϕ 的导数。

8.2.6 训练

通过再参数化，变分自编码器可以通过梯度下降法来学习参数，从而提高变分自编码器的训练效率。

给定一个数据集$\mathcal{D}=\{\boldsymbol{x}_n\}_{n=1}^N$，对于每个样本 $\boldsymbol{x}_n$，随机采样 M 个变量 $\varepsilon_{(m,n)}$，$1\leqslant m\leqslant M$，并通过式(8.2.23)计算 $\boldsymbol{z}_{(n,m)}$。变分自编码器的目标函数近似为

$$J(\phi,\theta \mid \mathcal{D}) = \sum_{n=1}^{N}\left(\frac{1}{M}\sum_{m=1}^{M}\log f(\boldsymbol{x}_n \mid \boldsymbol{z}_{(n,m)};\theta) - \mathrm{KL}(q(\boldsymbol{z} \mid \boldsymbol{x}_n;\phi),\mathcal{N}(\boldsymbol{z};\boldsymbol{0},\boldsymbol{I}))\right) \tag{8.2.24}$$

如果采用随机梯度算法，每次从数据集中采集一个样本 $\boldsymbol{x}$ 和一个对应的随机变量 ε，并进一步假设 $f(\boldsymbol{x}|\boldsymbol{z};\theta)$服从高斯分布$\mathcal{N}(\boldsymbol{x}|\boldsymbol{m}_{\mathrm{G}},\lambda\boldsymbol{I})$，其中，$\boldsymbol{m}_{\mathrm{G}}=f_{\mathrm{G}}(\boldsymbol{z};\phi)$是生成网络的输出，$\lambda$ 为控制方差的超参数，则目标函数可以简化为

$$J(\phi,\theta \mid \boldsymbol{x}) = -\frac{1}{2}\|\boldsymbol{x}-\boldsymbol{m}_{\mathrm{G}}\|^2 + \lambda\mathrm{KL}(\mathcal{N}(m_{\mathrm{I}},\boldsymbol{\sigma}_{\mathrm{I}}),\mathcal{N}(\boldsymbol{0},\boldsymbol{I})) \tag{8.2.25}$$

式中，第一项可以近似看作输入 $\boldsymbol{x}$ 的重构正确性；第二项可以看作正则化项；λ 可以看作正则化系数。这与自编码器在形式上非常类似，但它们的内在机理是完全不同的。

变分自编码器的训练过程如图 8.12 所示。其中，空心矩形表示“目标函数”。

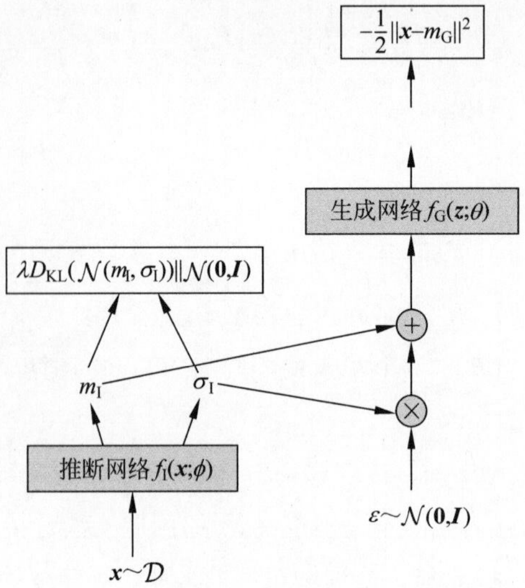

图中，$D_{KL}(\mathcal{N}(m_I,\sigma_I)\parallel\mathcal{N}(\mathbf{0},\boldsymbol{I}))$表示概率分布$\mathcal{N}(m_I,\sigma_I)$与$\mathcal{N}(\mathbf{0},\boldsymbol{I})$的差异或相似性，$D_{KL}$就是KL散度。

图 8.12　变分自编码器的训练过程

8.3　生成对抗网络

8.3.1　显式与隐式密度模型

变分自编码器属于显性样本的密度函数 $f(\boldsymbol{x};\theta)$，并通过最大似然估计来求解参数，称为显式密度模型(explicit density model，EDM)。例如，变分自编码器的密度函数 $f(\boldsymbol{x},\boldsymbol{z};\theta)=f(\boldsymbol{x}|\boldsymbol{z};\theta)f(\boldsymbol{z};\theta)$。虽然采用神经网络来估计 $f(\boldsymbol{x}|\boldsymbol{z};\theta)$，但是依然假设 $f(\boldsymbol{x}|\boldsymbol{z};\theta)$为一个参数分布族；而神经网络只是用来预测该参数分布族的参数，这在某种程度上限制了神经网络的能力。

如果只是希望有一个模型能生成符合数据分布 $f_r(\boldsymbol{x})$的样本，那么可以隐性地估计数据分布的密度函数。假设在低维空间中有一个简单容易采样的分布 $f(\boldsymbol{z})$，通常为标准多元正态分布$\mathcal{N}(\boldsymbol{0},\boldsymbol{I})$。现用神经网络构建一个映射函数 $G:\mathbb{Z}\to\mathbb{X}$，称为生成网络。利用神经网络强大的拟合能力，使 $G(\boldsymbol{z})$服从数据分布 $f_r(\boldsymbol{x})$。这种模型称为隐式密度模型(implicit density model，IDM)。所谓隐式模型就是指并不是显式地建模 $f_r(\boldsymbol{x})$而是建立生成过程模型，隐式模型生成样本的过程如图 8.13 所示。

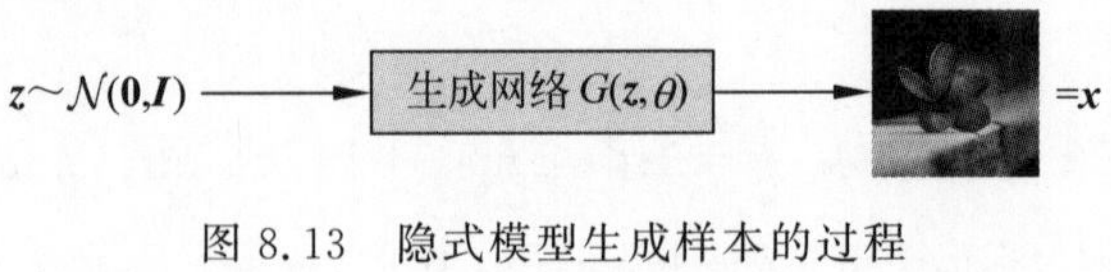

图 8.13　隐式模型生成样本的过程

8.3.2　网络分解

建立隐式密度模型的一个关键是如何确保生成网络产生的样本一定服从真实的数据分布。由于是隐性密度函数，所以无法通过最大似然估计方法来训练。生成对抗网络(generative adversarial networks，GAN)是通过对抗训练的方式使生成网络产生的样本服从真实数据分布。在生成对抗网络中，有两个网络进行对抗训练：一个是判别网络，目标是尽量准确地判断一个样本是来自真实数据还是由生成网络产生的；另一个是生成网络，目标是尽量生成判别网络无法区分来源的样本。这两个目标相反的网络不断进行交替训练直到最后收敛,如果判别网络再也无法判断一个样本的来源,那么也就等价于生成网络可以生成符合真实数据分布的样本。生成对抗网络的流程如图 8.14 所示。

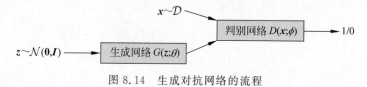

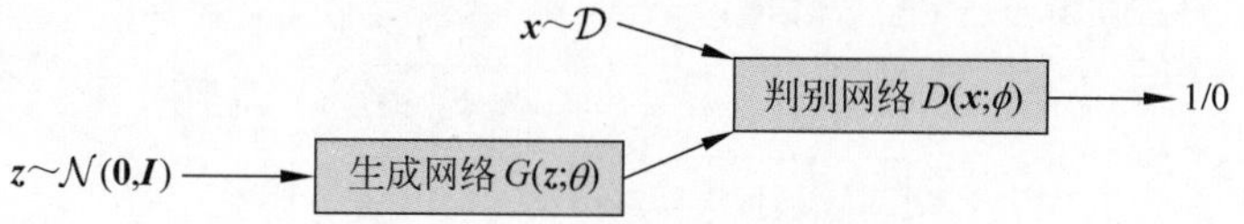

图 8.14　生成对抗网络的流程

1. 判别网络

判别网络(discriminator network,DN)$D(\boldsymbol{x};\phi)$的目标是区分一个样本 $\boldsymbol{x}$ 是来自真实分布 $f_r(\boldsymbol{x})$还是来自生成模型 $f_\theta(\boldsymbol{x})$。因此,判别网络实际上是一个二分类的分类器。用标签 $y=1$ 表示样本来自真实分布;用 $y=0$ 表示样本来自生成模型。$D(\boldsymbol{x};\phi)$的输出是 $\boldsymbol{x}$ 属于真实数据分布的概率函数:

$$f(y=1\mid\boldsymbol{x})=f_{\mathrm{D}}(\boldsymbol{x};\phi) \tag{8.3.1}$$

样本来自生成模型的概率函数为

$$f(y=0\mid\boldsymbol{x})=1-f_{\mathrm{D}}(\boldsymbol{x};\phi) \tag{8.3.2}$$

给定一个样本$(\boldsymbol{x},y)$,用 $y=\{1,0\}$表示该样本是来自 $f_r(\boldsymbol{x})$还是 $f_\theta(\boldsymbol{x})$,判别网络的目标函数为最小化交叉熵,即

$$\min_{\phi}\{-[\mathbb{E}_x[y\log f(y=1\mid\boldsymbol{x})+(1-y)\log f(y=0\mid\boldsymbol{x})]]\} \tag{8.3.3}$$

假设分布 $f(\boldsymbol{x})$是由分布 $f_r(\boldsymbol{x})$和分布 $f_\theta(\boldsymbol{x})$等比例混合而成,即 $f(\boldsymbol{x})=\frac{1}{2}(f_r(\boldsymbol{x})+f_\theta(\boldsymbol{x}))$,则式(8.3.3)等价于

$$\begin{aligned}&\max_{\phi}\mathbb{E}_{\boldsymbol{x}\sim f_r(\boldsymbol{x})}[\log f_{\mathrm{D}}(\boldsymbol{x};\phi)]+\mathbb{E}_{\boldsymbol{x}'\sim f_\theta(\boldsymbol{x}')}[\log(1-f_{\mathrm{D}}(\boldsymbol{x}';\phi))]\\&=\max_{\phi}\mathbb{E}_{\boldsymbol{x}\sim f_r(\boldsymbol{x})}[\log f_{\mathrm{D}}(\boldsymbol{x};\phi)]+\mathbb{E}_{\boldsymbol{z}\sim f(\boldsymbol{z})}[\log(1-f_{\mathrm{D}}(f_{\mathrm{G}}(\boldsymbol{z};\theta);\phi))]\end{aligned} \tag{8.3.4}$$

式中,θ 和 ϕ 分别是生成网络和判别网络的参数。

2. 生成网络

生成网络(generator network,GN)的目标刚好和判别网络相反,即让判别网络将自己生成的样本判别为真实样本。

$$\max_{\theta}\{\mathbb{E}_{\boldsymbol{z}\sim f(\boldsymbol{z})}[\log f_{\mathrm{D}}(f_{\mathrm{G}}(\boldsymbol{z};\theta);\phi)]\}=\min_{\theta}\{\mathbb{E}_{\boldsymbol{z}\sim f(\boldsymbol{z})}[\log(1-f_{\mathrm{D}}(f_{\mathrm{G}}(\boldsymbol{z};\theta);\phi))]\} \tag{8.3.5}$$

上面的这两个目标函数是等价的,但在实际训练时,一般使用前者,因为其梯度性质更好。由于函数 $\log(x)$,$x\in(0,1)$在 x 接近 1 时的梯度要比接近 0 时的梯度小很多,接近"饱和"区间,所以,当判别网络 $D(\boldsymbol{x};\phi)$以很高的概率认为生成网络 $G(\boldsymbol{z};\theta)$产生的样本是"假"样本,即$(1-f_{\mathrm{D}}(f_{\mathrm{G}}(\boldsymbol{z};\theta);\phi))\to 1$,则目标函数关于 θ 的梯度反而很小,这不利于优化。

3. 生成对抗网络

把判别网络和生成网络合并为一个整体,将整个 GAN 的目标函数看作最小最大化函数:

$$\begin{aligned}\min_{\theta}\max_{\phi}J(D,G)&=\min_{\theta}\max_{\phi}\{\mathbb{E}_{\boldsymbol{x}\sim f_r(\boldsymbol{x})}[\log f_{\mathrm{D}}(\boldsymbol{x};\phi)]+\mathbb{E}_{\boldsymbol{x}\sim f_\theta(\boldsymbol{x})}[\log(1-f_{\mathrm{D}}(\boldsymbol{x};\phi))]\}\\&=\min_{\theta}\max_{\phi}\{\mathbb{E}_{\boldsymbol{x}\sim f_r(\boldsymbol{x})}[\log f_{\mathrm{D}}(\boldsymbol{x};\phi)]+\mathbb{E}_{\boldsymbol{z}\sim f(\boldsymbol{z})}[\log(1-f_{\mathrm{D}}(f_{\mathrm{G}}(\boldsymbol{z};\theta);\phi))]\}\end{aligned} \tag{8.3.6}$$

GAN 的计算流程和结构如图 8.15 所示。参数优化过程如图 8.16 所示。

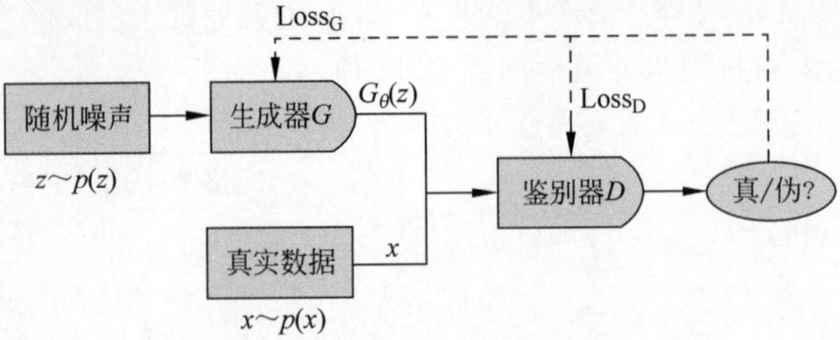

图 8.15　GAN 的计算流程和结构

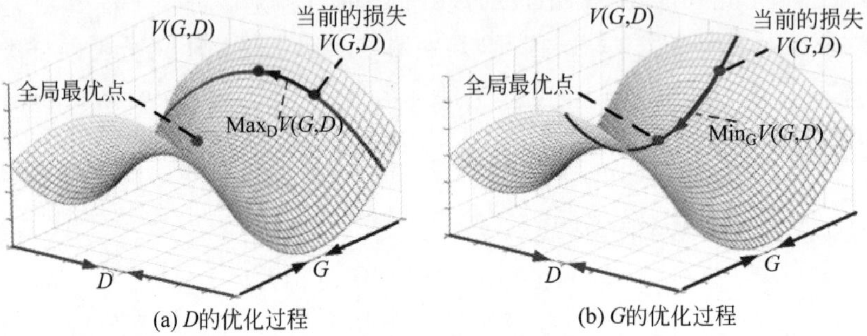

图 8.16　GAN 的参数优化过程

图 8.16(a)显示了 G 参数固定不变时优化 D 参数，即最大化 $\max J(D,G)$ 等价于 $\min[-J(D,G)]$。

由于生成网络梯度问题，这个最小最大化形式的目标函数一般用于理论分析，并不是实际训练时的目标函数。

如果 $f_r(\boldsymbol{x})$ 和 $f_\theta(\boldsymbol{x})$ 已知，则最佳判别器为

$$f_{\text{D-opt}}(\boldsymbol{x})=\frac{f_r(\boldsymbol{x})}{f_r(\boldsymbol{x})+f_\theta(\boldsymbol{x})} \tag{8.3.7}$$

其目标函数变为

$$\begin{aligned}J(G\mid D_{\text{opt}})&=\mathbb{E}_{\boldsymbol{x}\sim f_r(\boldsymbol{x})}[\log f_{\text{D-opt}}(\boldsymbol{x})]+\mathbb{E}_{\boldsymbol{x}\sim f_\theta(\boldsymbol{x})}[\log(1-f_{\text{D-opt}}(\boldsymbol{x}))]\\&=\mathbb{E}_{\boldsymbol{x}\sim f_r(\boldsymbol{x})}\left[\log\frac{f_r(\boldsymbol{x})}{f_r(\boldsymbol{x})+f_\theta(\boldsymbol{x})}\right]+\mathbb{E}_{\boldsymbol{x}\sim f_\theta(\boldsymbol{x})}\left[\log\frac{f_\theta(\boldsymbol{x})}{f_r(\boldsymbol{x})+f_\theta(\boldsymbol{x})}\right]\\&=\mathrm{KL}(f_r,f_a)+\mathrm{KL}(f_\theta,f_a)-2\log 2\\&=2\mathrm{JS}(f_r,f_\theta)-2\log 2\end{aligned} \tag{8.3.8}$$

式中，JS(·)为 JS(Jensen-Shannon)散度；$f_a(\boldsymbol{x})=\frac{1}{2}(f_r(\boldsymbol{x})+f_\theta(\boldsymbol{x}))$为一个“平均”分布。

在 GAN 中，当判别网络为最佳时，生成网络的优化目标是最小化真实分布 f_r 和模型分布 f_θ 之间的 JS 散度。当两个分布相同时，JS 散度为 0，最佳生成网络 G_{opt} 对应的损失为 $J(G_{\text{opt}}|D_{\text{opt}})=-2\log 2$。

1) 训练稳定性

使用 JS 散度训练 GAN 的一个问题是当两个分布没有重叠时，它们之间的 JS 散度恒等于常数 log2。对生成网络来说，目标函数关于参数的梯度为 0，即 $\frac{\partial J(G|D_{\text{opt}})}{\partial\theta}=0$。

图 8.17 给出了 GAN 中的梯度消失问题示例。当真实分布 f_r 和模型分布 f_θ 没有重叠

时，最优的判别器 D_{opt} 对所有生成数据的输出都为 0，即 $f_{\text{D-opt}}(f_G(\boldsymbol{z};\theta))=0, \forall \boldsymbol{z}$。因此，生成网络的梯度消失。

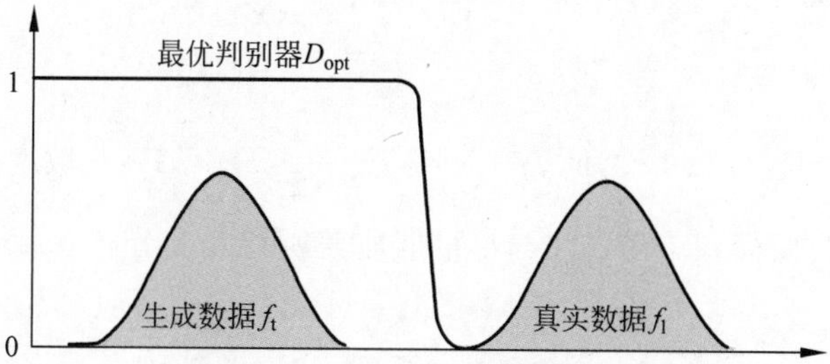

图 8.17　GAN 中的梯度消失问题

因此，在实际训练 GAN 时，一般不会将判别网络训练到最优，而是只进行一步或多步梯度下降，使生成网络的梯度依然存在。另外，判别网络也不能太差，否则生成网络的梯度为错误的梯度。然而，如何在梯度消失和梯度错误之间取得平衡并不是一件容易的事，这使 GAN 在训练时稳定性比较差。

2）模型坍塌

如果使用式(8.3.6)作为生成网络的目标函数，将最佳判别器 D_{opt} 代入，得

$$\begin{aligned}
J(G \mid D_{\text{opt}}) &= \mathbb{E}_{\boldsymbol{x}\sim f_\theta(\boldsymbol{x})}[\log f_{D\text{-opt}}(\boldsymbol{x})] \\
&= \mathbb{E}_{\boldsymbol{x}\sim f_\theta(\boldsymbol{x})}\left[\log \frac{f_r(\boldsymbol{x})}{f_r(\boldsymbol{x})+f_\theta(\boldsymbol{x})} \cdot \frac{f_\theta(\boldsymbol{x})}{f_\theta(\boldsymbol{x})}\right] \\
&= -\mathbb{E}_{\boldsymbol{x}\sim f_\theta(\boldsymbol{x})}\left[\log \frac{f_\theta(\boldsymbol{x})}{f_r(\boldsymbol{x})}\right] + \mathbb{E}_{\boldsymbol{x}\sim f_\theta(\boldsymbol{x})}\left[\log \frac{f_\theta(\boldsymbol{x})}{f_r(\boldsymbol{x})+f_\theta(\boldsymbol{x})}\right] \\
&= -\text{KL}(f_\theta, f_r) + \mathbb{E}_{\boldsymbol{x}\sim f_\theta(\boldsymbol{x})}[\log(1-f_{D\text{-opt}}(\boldsymbol{x}))] \\
&= -\text{KL}(f_\theta, f_r) + 2\text{JS}(f_r, f_\theta) - 2\log 2 - \mathbb{E}_{\boldsymbol{x}\sim f_r(\boldsymbol{x})}[\log f_{\text{D-opt}}(\boldsymbol{x})]
\end{aligned} \tag{8.3.9}$$

式中，后两项与生成网络无关。因此

$$\arg\max_\theta J(G \mid D_{\text{opt}}) = \arg\min_\theta \text{KL}(f_\theta, f_r) - 2\text{JS}(f_r, f_\theta) \tag{8.3.10}$$

式中，$\text{JS}(f_r, f_\theta) \in [0, \log 2]$ 为有界函数。因此，生成网络的目标更多的是受逆向 KL 散度 $\text{KL}(f_\theta, f_r)$ 影响，使生成网络更倾向于生成一些更"安全"的样本，从而造成模型坍塌(model collapse，MC)问题。

因为 KL 散度是一种非对称的散度，在计算真实分布 f_r 和模型分布 f_θ 之间的 KL 散度时，按照顺序不同，有两种 KL 散度：前向 KL 散度(forward KL divergence，FKL)$\text{FKL}(f_r, f_\theta)$ 和逆向 KL 散度(reverse KL divergence，RKL)$\text{RKL}(f_\theta, f_r)$。FKL 和 RKL 散度分别定义为

$$\text{FKL}(f_r, f_\theta) = \int f_r(\boldsymbol{x}) \log \frac{f_r(\boldsymbol{x})}{f_\theta(\boldsymbol{x})} \mathrm{d}\boldsymbol{x} \tag{8.3.11}$$

$$\text{RKL}(f_\theta, f_r) = \int f_\theta(\boldsymbol{x}) \log \frac{f_\theta(\boldsymbol{x})}{f_r(\boldsymbol{x})} \mathrm{d}\boldsymbol{x} \tag{8.3.12}$$

图 8.18 给出了当数据真实分布为一个高斯混合分布、模型分布为一个单高斯分布时，采用 FKL 和 RKL 散度来进行模型优化的示例。黑色曲线为真实分布 f_r 的等高线，红色曲线为模型分布 f_θ 的等高线。

在 FKL 散度中，有以下几种情况。

(1) 当 $f_r(\boldsymbol{x})\to 0$ 且 $f_\theta(\boldsymbol{x})>0$ 时，$f_r(\boldsymbol{x})\log\dfrac{f_r(\boldsymbol{x})}{f_\theta(\boldsymbol{x})}\to 0$。不管 $f_\theta(\boldsymbol{x})$ 如何取值，都对 FKL 散度的计算无贡献。

(2) 当 $f_r(\boldsymbol{x})>0$ 且 $f_\theta(\boldsymbol{x})\to 0$ 时，$f_r(\boldsymbol{x})\log\dfrac{f_r(\boldsymbol{x})}{f_\theta(\boldsymbol{x})}\to\infty$，FKL 散度会变得非常大。

因此，FKL 散度会使模型分布 $f_\theta(\boldsymbol{x})$ 尽可能覆盖所有真实分布 $f_r(\boldsymbol{x})>0$ 的点，而不用回避 $f_r(\boldsymbol{x})\approx 0$ 的点。

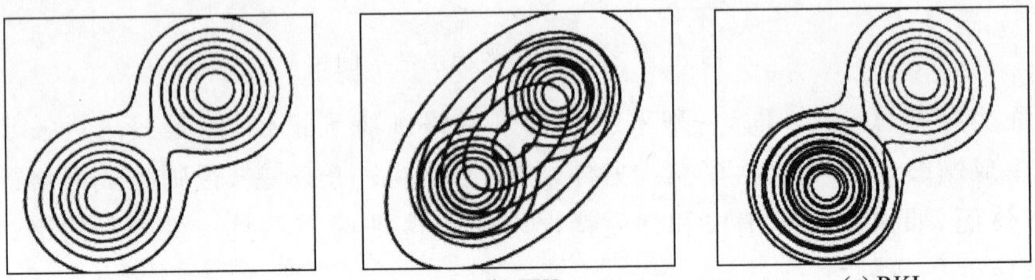

(a) 真实分布　　(b) FKL　　(c) RKL

图 8.18　FKL 和 RKL 散度

在 RKL 散度中，有以下几种情况。

(1) 当 $f_r(\boldsymbol{x})\to 0$ 且 $f_\theta(\boldsymbol{x})>0$ 时，$f_\theta(\boldsymbol{x})\log\dfrac{f_\theta(\boldsymbol{x})}{f_r(\boldsymbol{x})}\to\infty$，即当 $f_\theta(\boldsymbol{x})$ 接近于 0，而 $f_\theta(\boldsymbol{x})$ 有一定的密度时，RKL 散度会变得非常大。

(2) 当 $f_\theta(\boldsymbol{x})\to 0$ 时，不管 $f_r(\boldsymbol{x})$ 如何取值，$f_\theta(\boldsymbol{x})\log\dfrac{f_\theta(\boldsymbol{x})}{f_r(\boldsymbol{x})}\to 0$。

因此，RKL 散度会使模型分布 $f_\theta(\boldsymbol{x})$ 尽可能避开所有真实分布 $f_r(\boldsymbol{x})\approx 0$ 的点，而不需要考虑是否覆盖所有真实分布 $f_r(\boldsymbol{x})>0$ 的点。

8.4　深度强化对抗学习网络

在传统的图像增强算法中，已经采用许多参数化的操作或算子来提升图像的亮度、改善对比度并调整颜色。其中，弱光图像增强(low-light image enhancement，LIME)算法、自然度保持增强算法(naturalness preserved enhancement algorithm，NPEA)、仿生多曝光融合框架(bio-inspired multi-exposure fusion framework，BIMEF)算法、对比度受限自适应直方图均衡(contrast limited adaptive histogram equalization，CLHE)算法等，缺乏对图像语义信息或对象关系的理解，增强结果存在颜色偏移与算法适用范围有限的缺点，泛化性较差。而基于深度学习、GAN 模型、深度强化学习(deep reinforcement learning，DRL)的图像修饰算法、搭建 Exposure 图像增强框架算法等，由于 AC(actor-critic，演员-评论家)算法及 GAN 训练时的不稳定性，会导致网络学习到次优的图像修饰策略，因此增强结果通常会产生过曝、色彩及对比度失真等问题。

针对此类问题，本节提出了评论家正则化相对对抗优势(relativistic adversarial advantage actor-critic with critic-regulatization，RA3C-CR)算法，该算法采用相对平均 GAN(relativistic average GAN，RAGAN)评估处理图像的主观质量，并根据其损失函数来近似 AC 算法中的奖励函数，即图像质量评估函数，大幅缩短了网络训练时间；同时，该算法通过惩罚算法中评论者的时间差分误差来约束演员的学习行为，从而提升算法的稳定性及整体表现。类似

Exposure 框架，RA3C-CR 算法适用于任意分辨率的图像处理。

8.4.1 Exposure 图像增强模型

基于 Exposure 图像增强模型可建模为一个马尔可夫决策过程(Markov decision process, MDP)，即将原始图像作为输入，智能体从预定义的算子集合中选择一个算子对图像进行修饰，环境给予该动作一个评估分数并进入下一个状态，通过与环境之间的互动，不断进行状态转移，直至获得视觉效果较好的图像。图像增强过程如图 8.19 所示，图 8.19 中矩形框内容为已选用的动作及参数，其余未选用的动作包括白平衡、饱和度调整及黑白调整。

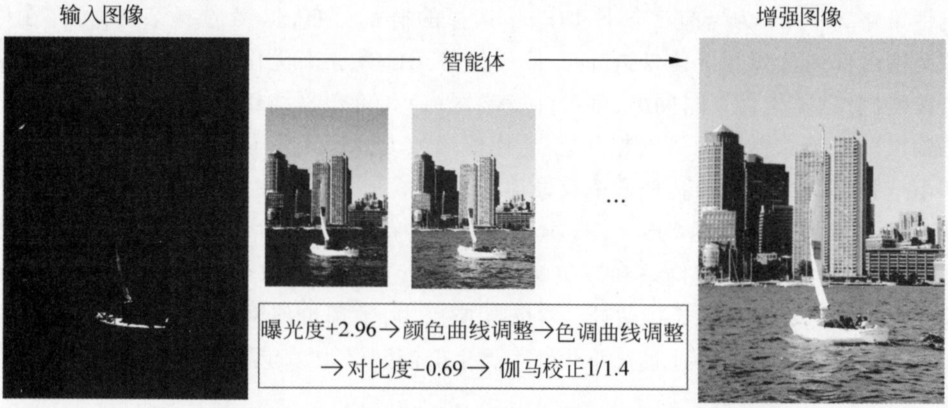

图 8.19 模拟从相机传感器捕获的线性 RGB 照片的后期增强过程

现将此图像增强模型用 $P=(S,A)$ 表示。其中，S 为状态空间，即原始图像以及增强进程所有中间状态的集合，$\boldsymbol{s}_k \in S$ 为第 k 步智能体所处的状态；A 为动作空间，即决策过程中可采用算子的集合，$\boldsymbol{a}_k \in A$ 为当前状态下采用的动作。智能体在状态 $\boldsymbol{s}_k$ 执行动作 $\boldsymbol{a}_k$ 时转移到状态 $\boldsymbol{s}_{k+1}$ 的转移概率为

$$p(\boldsymbol{s}_{k+1}) = p(\boldsymbol{s}_k, \boldsymbol{a}_k) \tag{8.4.1}$$

式中，$p(\cdot)$为状态转移函数。每执行一次动作，环境都会给予一个立即奖励，即为强化学习中的奖励函数 r。将一系列动作作用于原始图像，便形成了状态、动作以及奖励组成的轨迹 t_r，即

$$t_r = \{s_0, a_0, r_0, s_1, a_1, r_1, \cdots, s_{k-1}, a_{k-1}, r_{k-1}, s_T\} \tag{8.4.2}$$

将在 $\boldsymbol{s}_k$ 状态之后获得的奖励总和定义为累计折扣回报 r_k^γ，即

$$r_k^\gamma = \sum_{\tau=0}^{T-t} \gamma^\tau r(s_{k+\tau}, a_{k+\tau}) \tag{8.4.3}$$

式中，$\gamma \in (0,1]$为折扣因子，表示智能体对未来奖励的考虑程度。将策略 π 定义为当前状态 $\boldsymbol{s}_k$ 下动作空间的概率密度函数。该增强算法的目的是在顺序决策进程中寻找最佳策略 π 以最大化所有可能轨迹 t_r 的期望回报 $J(\pi)$，此优化过程为

$$\arg\max_\pi J(\pi) = \arg\max_\pi \mathop{\mathbb{E}}_{s\sim\rho^\pi, t_r\sim\pi} [r_0^\gamma \mid \pi] \tag{8.4.4}$$

式中，r_0^γ 为智能体从初始状态 $\boldsymbol{s}_0$ 出发得到的累计折扣回报；ρ^π 为折扣状态访问分布，定义为

$$\rho^\pi = \sum_{\substack{k=0 \\ t_r \sim \pi}}^{\infty} \mathbb{P}(\boldsymbol{s}_k = s)\gamma_k \tag{8.4.5}$$

类似地，状态值函数 $V^\pi(s)$表示状态 $\boldsymbol{s}_k$ 遵循策略 π 与环境互动获得的累计折扣奖励的期望值，即

$$V^{\pi}(s)=\underset{s_k=s,t_r\sim\pi}{\mathbb{E}}\left[r_k^{\gamma}\right] \tag{8.4.6}$$

状态-动作值函数 Q^{π} 可由状态值函数 $V^{\pi}(s)$ 表示为

$$Q^{\pi}(\boldsymbol{s}_k,\boldsymbol{a}_k)=\underset{s\sim\rho^{\pi},a\sim\boldsymbol{a}_k,t_r\sim\pi}{\mathbb{E}}\left[r(\boldsymbol{s}_k,\boldsymbol{a}_k)+\gamma V^{\pi}(p(\boldsymbol{s}_k,\boldsymbol{a}_k))\right] \tag{8.4.7}$$

通过优势函数 $A^{\pi}(\boldsymbol{s}_k,\boldsymbol{a}_k)=Q^{\pi}(\boldsymbol{s}_k,\boldsymbol{a}_k)-V^{\pi}(\boldsymbol{s}_k)$ 来评估状态 $\boldsymbol{s}_k$ 下执行动作 $\boldsymbol{a}_k$ 的合适程度。

为模拟图像后期修饰处理的过程，将动作空间分为离散动作空间 A_1（修饰算子的选择）和连续动作空间 A_2（算子的随机变量取值范围）。因此，上述策略 π 包含两部分：随机策略 π_1 和确定性策略 π_2。π_1 为当前状态下动作 $\boldsymbol{a}_1$ 选择的概率分布，π_2 为选择某动作后，在该动作的取值范围区间内选择其最佳参数 $\boldsymbol{a}_2$。使用优势 AC 算法来优化上述策略。算法框架主要由两个策略网络（随机性策略网络、确定性策略网络）和价值网络组成。价值网络近似计算状态值函数 V^{π}，双策略网络分别根据状态-动作值函数 Q^{π} 和优势函数 A^{π} 更新策略，得到每一个状态下选择每一个动作的合理概率及最佳参数值。

状态函数 V 以及策略函数 $\boldsymbol{\pi}=\{\pi_1,\pi_2\}$ 分别通过卷积神经网络 V_{ω} 和 $\pi_{(\theta_1,\theta_2)}$ 来近似，其中 ω 及 $\boldsymbol{\theta}=(\theta_1,\theta_2)$ 分别为价值网络和双策略网络的学习参数。时序差分（temporal-difference，TD）误差被用作优势函数的无偏估计。在实际应用中，采用价值网络近似 TD 误差 e，以减少参数并提高训练的稳定性。通过最小化 $J_{\tilde{\omega}}$ 优化价值网络，$J_{\tilde{\omega}}$ 定义为

$$J_{\tilde{\omega}}=\frac{1}{2}\underset{S\sim\rho^{\pi},a\sim\pi(s)}{\mathbb{E}}\left[e(\boldsymbol{s}_k,\boldsymbol{s}_{k+1};\omega)^2\right] \tag{8.4.8}$$

$$e(\boldsymbol{s}_k,\boldsymbol{s}_k;\omega)=r(\boldsymbol{s}_k,\boldsymbol{a}_k)+\gamma V(p(\boldsymbol{s}_k a_k);\omega)-V(\boldsymbol{s}_k;\omega) \tag{8.4.9}$$

由于动作分为离散动作和连续动作，分别采用随机性及确定性策略梯度算法更新模型，策略梯度为

$$\nabla_{\theta_1}J(\pi_\theta)=\underset{s\sim\rho^{\pi},a_1\sim\pi_1(s),a_1=\pi_2(s,a_1)}{\mathbb{E}}\left[\nabla_{\theta_1}\log\pi_1(a_1\mid s;\theta_1)A(s,(a_1,a_2);\omega)\right] \tag{8.4.10}$$

$$\nabla_{\theta_2}J(\pi_\theta)=\underset{s\sim\rho^{\pi},a(2)=\pi_2(s,a(1))}{\mathbb{E}}\left[\nabla_{\theta_2}\pi_2(s,a_1;\theta_2)\,\nabla_{a(2)}Q(s,(a_1,a_2);\omega)\right] \tag{8.4.11}$$

参数的更新公式为

$$\theta_1(k+1)=\theta_1(k)+\alpha\nabla_{\theta_1}J(\pi_\theta) \tag{8.4.12}$$

$$\theta_2(k+1)=\theta_2(k)+\alpha\nabla_{\theta_2}J(\pi_\theta) \tag{8.4.13}$$

$$\omega(k+1)=\omega(k)-\alpha_{\omega}\nabla_{\omega}L_{\omega} \tag{8.4.14}$$

式中，优势函数 $A(\cdot)$ 可由 TD 误差 e 进行计算；动作值函数 $Q(\cdot)$ 通过式(8.4.7)代入，其梯度由链式法则计算。

8.4.2 相对对抗学习及奖励函数

对强化学习算法需要设计合理的奖励机制来驱动该算法的期望行为，本系统的奖励机制是基于执行动作后所得生成图像的视觉效果，而图像视觉效果的好坏又取决于图像的语义背景信息以及个人审美，传统的图像评估指标在此情况下可能效果不佳，因此难以确定合适的指标来评估图像是否具有美学效果。

针对此问题，采用相对对抗模型判别增强图像，并近似上述 AC 算法的奖励函数，即图像质量评估函数。由于判别网络的鉴别能力及训练稳定性影响图像生成的质量，因此采用 RAGAN 中的相对平均判别器（relativistic discriminator，RaD）代替标准判别器，以提高判别

网络的鉴别能力，解决训练判别网络时梯度消失问题。不同于标准判别器仅估计输入图像 s_f 为真实图像的概率，RaD 还预测真实图像 s_r 相对于生成图像 s_f 更为逼真的概率。标准判别器的鉴别行为表示为 $F(x)=\sigma(D(x))$，其中，σ 为 Sigmoid 函数，$D(\cdot)$为未转换的判别器输出。因此，RaD 鉴别行为表示为

$$F_{\text{RaD}}(x_r,x_f)=\sigma\{D(x_r)-\mathbb{E}_{x_f}[D(x_f)]\} \tag{8.4.15}$$

式中，$\mathbb{E}_{x_f}[\cdot]$表示对批量数据取平均值。因此，将 RAGAN 判别器的损失函数定义为

$$\begin{aligned}\text{Loss}_D=&-\mathop{\mathbb{E}}_{s_r\sim f_r}[\log(F_{\text{RaD}}(s_r,s_f))]-\mathop{\mathbb{E}}_{s_f\sim\rho^\pi}[\log(1-F_{\text{RaD}}(s_f,s_r))]+\\&\eta\mathop{\mathbb{E}}_{\hat{s}\sim f_{\hat{s}}}[(\|\nabla_{\hat{s}}D(\hat{s})\|_2-1)^2]\end{aligned} \tag{8.4.16}$$

式中，$f_{\hat{s}}$ 为 $\hat{s}$ 的分布，$\hat{s}=\varepsilon s_f+(1-\varepsilon)s_r,\varepsilon\in[0,1]$。引入 WGAN-GP(Wasserstein GAN-GP)中的梯度惩罚项(gradient penalty，GP)以确保判别器满足 Lipschitz 连续性条件，稳定网络的训练。受 Exposure 定义奖励函数方式的启发，本节所述 RA3C 算法中的状态 s_f 根据策略 π 采取动作后到达下一状态 s'_{f_a} 获得的奖励定义为相对于真实图像 s_r，当前状态与下一状态评估概率的增量，即

$$r(s,(a_1,a_2))=\log(F_{\text{RaD}}(s'_{f_a},s_r))-\log(F_{\text{RaD}}(s_f,s_r)),s'_{f_a}=f(s_f,(a_1,a_2)) \tag{8.4.17}$$

该奖励值越大，表明下一状态比当前状态与真实图像的像素分布更为接近，间接说明当前状态下执行的动作越合适。

对抗学习算法框架中的生成器即为 AC 算法框架，生成器的最终目的是提供最佳策略，使经过修饰的图像尽可能接近真实图像。由于上述奖励函数包含 s_f 和 s_r，生成器同时将生成的各个状态和真实数据纳入损失函数的梯度计算中，而其他 GAN 仅受到生成数据梯度的影响。因此，RA3C 算法框架有助于网络学习到更合适的曝光度、对比度及图像的颜色分布。该算法框架如图 8.20 所示。

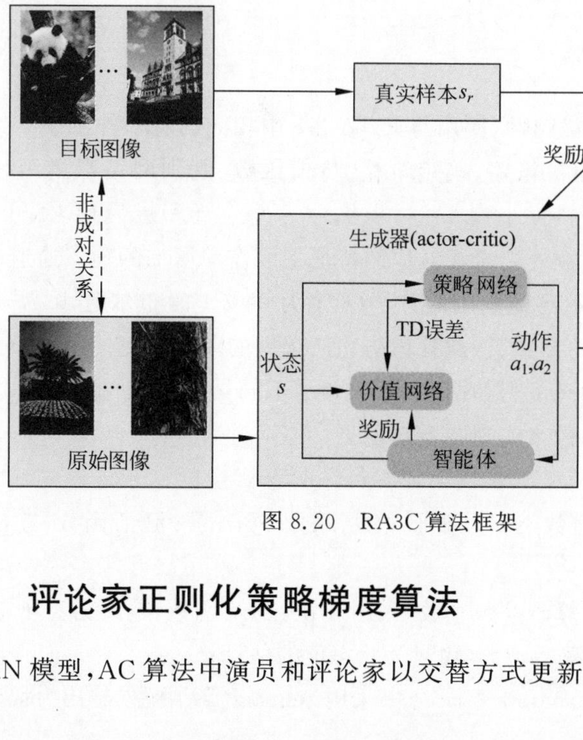

图 8.20 RA3C 算法框架

8.4.3 评论家正则化策略梯度算法

类似 GAN 模型，AC 算法中演员和评论家以交替方式更新学习，价值函数的不准确估计

会产生次优策略。当策略不佳时，价值估计会产生偏差。该学习方式的不稳定性影响算法准确探索与利用环境信息，从而使训练无法收敛。引入神经网络近似函数后，估计偏差增大使训练的收敛性更难以保证。根据双延迟-确定策略梯度算法（twin delayed deep deterministic policy gradient algorithm，TD3）中的延迟策略更新（delayed policy update，DPU）算法，即策略网络更新频率低于价值网络，当价值网络的误差足够小后，再更新策略网络；然而，该算法需要在更新策略网络之前多次训练价值网络以确保其准确度，这会导致耗时较长。受 TD3 算法的启发，为提升 AC 算法的精度及有效性，采用评论家正则化（critic-regulatization，CR）策略梯度算法，该算法通过将价值网络的损失函数 TD 误差作为策略网络梯度的正则项来规范演员对策略的更新，避免当评论家对价值函数估计高度不准确时，高错误状态的演员产生次优策略引起偏差累积；该算法训练耗时较短，提高了 AC 算法的稳定性及整体表现。根据式(8.4.10)，正则化策略梯度表示为

$$\nabla_{\theta_1} J(\pi_\theta) = \mathop{\mathbb{E}}_{s\sim\rho^\pi, a_1\sim\pi_1(s), a_1=\pi_2(s,a_1)} [\nabla_{\theta_1} \log\pi_1(a_1 | s;\theta_1) C(s,(a_1,a_2);\omega)] \tag{8.4.18}$$

式中，$C(s,(a_1,a_2);\omega)=A(s,(a_1,a_2);\omega)-\lambda_i e^2(s,s';\omega)$，$s'=p(s,(a_1,a_2))$，$\lambda_i e^2(s,s';\omega)$为评论家正则项，$e$ 为 TD 误差，$\lambda(k)$为惩罚系数。随着迭代次数 k 的增加，价值网络评论家对价值函数的近似估计更为准确，正则项的影响逐渐减小，因此应逐步降低惩罚系数。本节引入衰减因子 α 使惩罚系数随训练的进行逐渐衰减，即 $\lambda(k+1)=\alpha\lambda(k)$，$0<\alpha<1$。同理，根据式(8.4.11)，确定性策略梯度为

$$\nabla_{\theta_2} J(\pi_\theta) = \mathop{\mathbb{E}}_{\substack{s\sim\rho^\pi \\ a_2=\pi_2(s,a_1)}} [\nabla_{\theta_2} \pi_2(s,a_1;\theta_2)\, \nabla_{a_2}[Q(s,(a_1,a_2);\omega) - \lambda_i e^2(s,s';\omega)]] \tag{8.4.19}$$

实验表明，引入正则项对策略更新进行约束，可提升算法稳定性、提高图像增强的质量。

8.4.4 网络结构

为体现 RA3C-CR 算法的优越性，使用与 Exposure 中相同的卷积神经网络结构及输入输出处理方式。Exposure 所述随机策略、确定策略、价值函数、判别网络都采用相同的网络结构，如图 8.21 所示。图中卷积核大小为 4×4，步长为 2，每个卷积层后接 LReLU 激活函数；每一种网络需要在输入图像上额外连接相对应的特征平面作为增加的输入通道。对于策略和价值网络，附加的特征平面表示已经使用的算子（8 个为 0 或 1 的布尔值，0 为未使用，1 则相反）和目前增强进程中已采用的步骤数（此处为防止已选用的动作重复使用）。对于判别网络，特征平面表明整个图像的平均亮度、对比度和饱和度；不同功能网络的最后一层全连接层分别采用对应的通道数及激活函数来实现各自功能。

网络结构方案如下：

(1) 随机策略网络，其通道数 N_c 为算子个数，采用 Softmax 激活函数，输出为选择各算子的概率分布；

(2) 确定策略网络，N_c 为算子参数个数，采用 Tanh 激活函数，输出为算子参数的确定；

(3) 价值网络，$N_c=1$，无激活函数，输出为状态值的估计；

(4) 判别网络，$N_c=1$，与 Exposure 不同，本节采用 Sigmoid 激活函数，输出为状态真伪的概率。

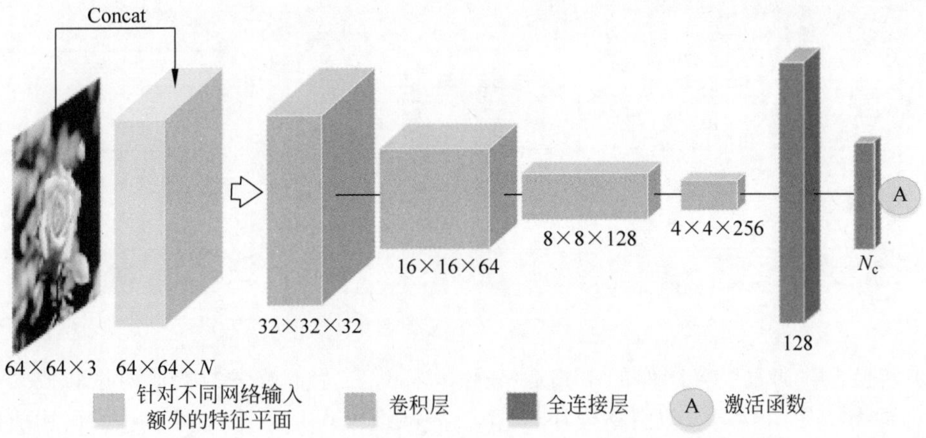

图 8.21 随机策略/确定策略/价值/判别网络结构图

8.5 循环生成对抗网络

循环生成对抗网络(简称 CycleGANs)是功能强大的计算机算法,具有改善数字生态系统的潜力。它们能够将信息从一种表示形式转换为另一种表示形式。例如,当给定图像时,它们可以对其进行模糊处理、着色(如果图像最初是黑白的),提高其清晰度或填补缺失的空白。由于 CycleGANs 是机器学习算法,所以原则上它们可以学习实现所需的任何转换。相反,传统的转换软件(例如 Photoshop)通常经过编码和开发以执行特定任务。而且,CycleGANs 可以从现有的软件获得更高的性能,因为它们可以从数据中学习并随着收集数据的增加而提高效果。

8.5.1 CycleGAN 结构

CycleGAN 由两个生成器和两个判别器组成,具有学习变换函数 F 和 G,如图 8.22 所示。

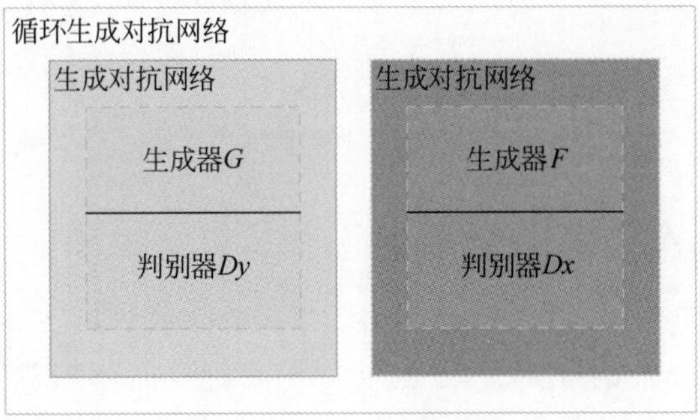

图 8.22 CycleGANs 结构

1. 生成器

生成器由编码器、转换器、解码器三个组件构成,如图 8.23 所示。

(1) 编码器。由三层卷积层构成。假定输入图片大小(256,256,3)。第一步是通过卷积层从图像中提取特征;从卷积层中提取特征的数量可视为用于提取不同特征的不同滤波器的数量;卷积层依次逐渐提取更高级的特征,通过编码器后,输入图像由(256,256,3)变成了输出(64,64,256)。

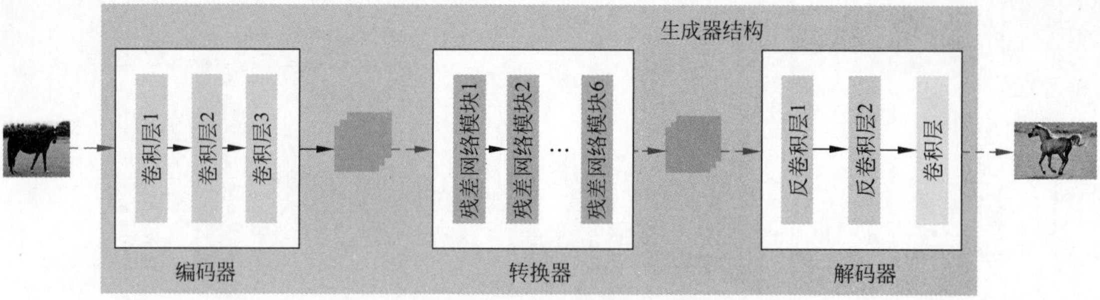

图 8.23 生成器结构

(2) 转换器。通过组合图像的不相近特征,将图像在原始域中的特征向量转换为目标域中的特征向量。使用6层残差网络模块,每个残差网络模块是一个由两个卷积层构成的神经网络层,并且将输入残差添加到输出中,这是为了确保先前图层的输入属性也可以用于后面的图层,使它们的输出与原始输入不会有太大偏差,否则原始图像的特征不会保留在输出中。

(3) 解码器。其作用是用特征向量重新构建低级特征,可以通过反卷积(转置卷积)层完成;最后将低级功能转换为目标域中的图像。

2. 判别器

判别器将一幅图像作为输入,并尝试预测它为原始图像或是生成器的输出图像。判别器由多个卷积层构成(如图 8.24 所示),从图像中提取特征后,判断这些特征是否属于特定类别,判别器网络的最后一层是用于产生一维输出的卷积层。如果不要完整的循环,只做一半则会缺少对偶的部分,即缺少了重构误差,而对偶重构误差能在引导模型迁移时保留图像的固有属性,所以是很重要的。

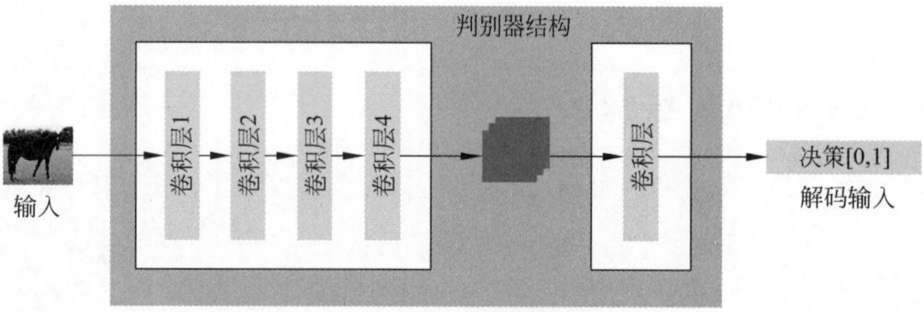

图 8.24 判别器结构

8.5.2 CycleGAN 的损失函数

A2B 生成对抗模型见图 8.25。图 8.25 中,有 2 个样本空间 X 和 Y,CycleGAN 将 X 空间中的样本转换成 Y 空间中的样本。因此,实际的目标就是学习从 X 到 Y 的映射,对应于 GAN 中的生成器 G,它可以将 X 中的图片 Input_A 转换为 Y 中的图片 Generated_B。对于生成的图片 Generated_B,还需要利用 GAN 中的判别器 Discriminator B 来判别它是否为真实图片,由此构成对抗生成网络。设这个判别器为 D_{B}。因此,根据生成器和判别器,将 GAN 判别器的损失函数定义为

$$\mathrm{Loss_G}((G_{\mathrm{A2B}},D_{\mathrm{B}},X,Y))=\mathbb{E}_{y\sim f_{\mathrm{data}}(y)}[\log D_{\mathrm{B}}(y)]+\mathbb{E}_{x\sim f_{\mathrm{data}}(x)}[\log D_{\mathrm{B}}(G_{\mathrm{A2B}}(x))] \tag{8.5.1}$$

反之,如图 8.26 所示,CycleGAN 训练过程需要把 Y 空间中的样本转换成 X 空间中的样本,设 Y 至 X 的映射为 G_{B2A},将构造的 GAN 判别损失函数定义为

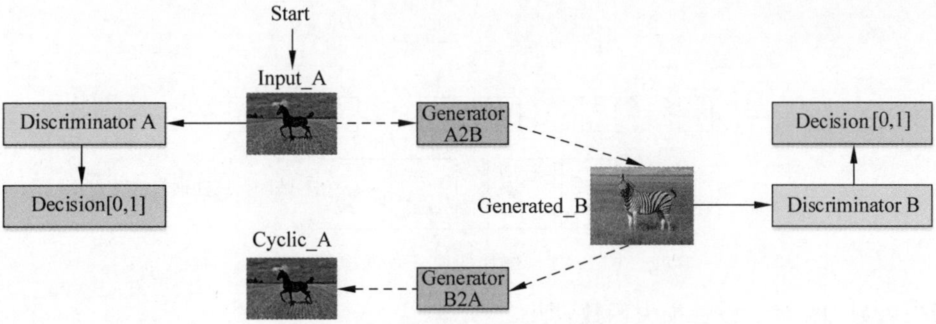

图 8.25 A2B 生成对抗模型

$$\text{Loss}_{\text{G}}((G_{\text{B2A}}, D_{\text{A}}, X, Y)) = \mathbb{E}_{x \sim f_{\text{data}}(x)}[\log D_{\text{A}}(x)] + \mathbb{E}_{y \sim f_{\text{data}}(y)}[\log D_{A}(G_{\text{B2A}}(y))] \tag{8.5.2}$$

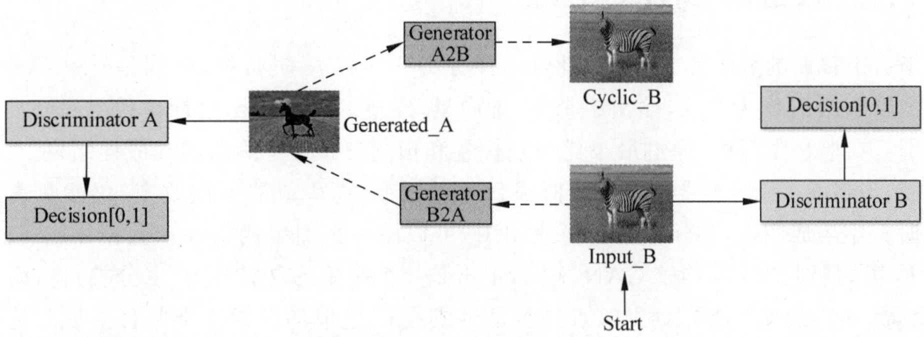

图 8.26 B2A 生成对抗模型

CycleGAN 同时训练 2 个映射，其中，一个是生成器 G_{A2B} 和判别器 D_{B}；另一个是 A 类型的图片 x，通过 2 次变换，应该能变回自己。对 B 类型图片 y，同理有

$$G_{\text{B2A}} \cong x \tag{8.5.3}$$

$$G_{\text{A2B}}(G_{\text{B2A}}(y)) \cong y \tag{8.5.4}$$

循环变换一致性原理如图 8.27 所示。理想情况下，希望 CycleGAN 学习周期一致的变换函数 G_{B2A} 和 G_{A2B}。这意味着，在给定输入 x 的情况下，希望前后变换 $G_{\text{B2A}}(G_{\text{A2B}}(x)) = x'$ 准确地输出原始输入 x。从理论上讲应该是可能的，因为在输入 x 上应用 G_{A2B} 将在 Y 域中输出一个值，而在输入 y 上应用 G_{B2A} 将在 X 域中输出一个值。周期一致性减少了这些网络可以学习的映射的可能集合，并迫使 G_{B2A} 和 G_{A2B} 进行相反的转换。想象一下，学习函数 F 通过修改猫的耳朵将猫图片转换为狗图片，而 G_{A2B} 通过修改猫的鼻子并转换猫图片。尽管这些转换可以实现目标，但它们并不一致，因为它们对数据应用了不同的更改。使用周期一致性迫使 G_{B2A} 和 G_{A2B} 彼此相反。这样，通过修改猫的耳朵将猫图片转换为狗图片，通过以相反的方式修改猫耳朵并转换猫图片。如果这两个函数是周期一致的，则它们也是更有意义的映射。

根据循环一致性原则，损失函数定义为

$$\begin{aligned}\text{Loss}_{\text{cyc}}((G_{\text{A2B}}, G_{\text{B2A}}, X, Y)) = {} & \mathbb{E}_{(x \sim A)}[\| G_{\text{B2A}}(G_{\text{A2B}}(x) - x \|_1] + \\ & \mathbb{E}_{(y \sim B)}[\| G_{\text{A2B}}(G_{\text{B2A}}(y)) - y \|_1]\end{aligned} \tag{8.5.5}$$

因此，总损失函数由 3 部分组成：X 到 Y 的生成对抗判别器损失函数、Y 到 X 的生成对抗判

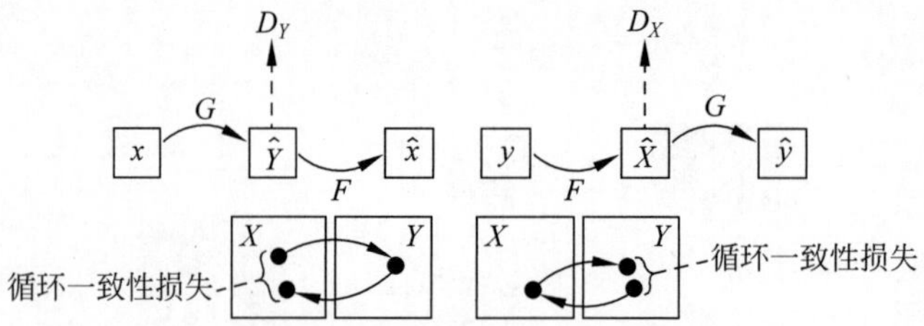

图 8.27 循环变换一致性原理

别器损失函数和循环一致性损失函数,即

$$\text{Loss}(G_{\text{A2B}},G_{\text{B2A}},D_{\text{A}},D_{\text{B}})=\text{Loss}_{\text{G}}((G_{\text{A2B}},D_{\text{B}},X,Y))+\text{Loss}_{\text{G}}((G_{\text{B2A}},D_{\text{A}},X,Y))+\lambda\text{Loss}_{\text{cyc}}((G_{\text{A2B}},G_{\text{B2A}},X,Y)) \tag{8.5.6}$$

8.5.3 改进的 CycleGAN

对于一个普通的分类器来说,假设对图像分类一共有 K 类数据,分别是 $0\sim K-1$ 类,分类器模拟以数据 x 作为输入,输出 1 个 K 维向量,经过 Softmax 函数计算后得到分类概率最大的类别。在监督学习中,通过最小化类别标签和预测分布交叉熵以实现最佳结果。

然而,当将 GAN 用于半监督学习时需做一些改变,而生成器不做改变,仍然负责从输入噪声数据 z 中生成图像(实际风格转换应用中,可以用一类图像代替噪声数据 z)。假设输入数据有 K 类,判别器 D 与传统 GAN 不同,不再是一个简单的真假分类(二分类)器,而是 $K+1$ 类分类器,多出的那一类是判别输入是否是生成器 G 生成的图像。半监督生成对抗模型如图 8.28 所示。

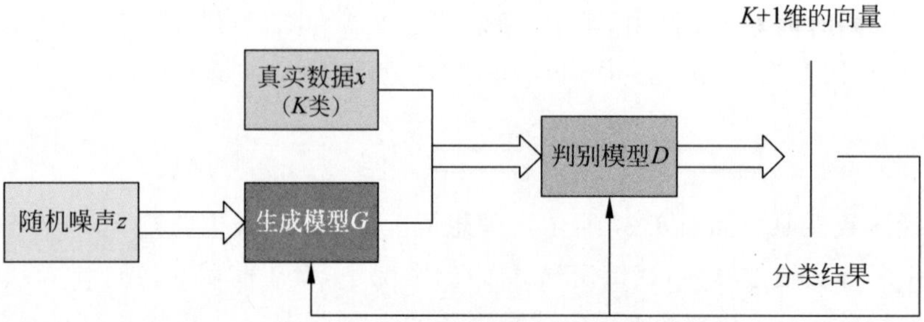

图 8.28 半监督生成对抗模型

半监督生成对抗模型损失函数的设计非常重要,可借助 GAN 从无标签数据中学习不同图像之间的风格和特征,只要知道输入数据是真实数据,那就可以通过最大化输出真实图像的概率来实现。也就是说,不论输入的是哪一类真实图片,如果不是生成器 G 生成的虚假图片,只需最大化输出真实图像的概率即可,不需要具体分出其类别。由于 GAN 生成器的参与,训练数据中有 1/2 是生成的假数据,一般把假数据定义为 $K+1$ 类。

下面为改进的 CycleGAN 判别器 D 的损失函数,判别器 D 损失函数包括两部分,一个是监督学习损失函数,另一个是半监督学习损失函数,根据式(8.5.6)得到半监督 CycleGAN 生成器损失函数

$$\begin{aligned}\text{Loss}&=-\mathbb{E}_{(y,k\sim f_{\text{data}}(y,k))}[\log D_{\text{B}}(k\mid y)]-\mathbb{E}_{(x\sim f_{\text{data}}(x))}[\log D_{\text{B}}(k=K+1\mid x)]\\&=\text{Loss}_{\text{supervised}}+\Delta\text{Loss}_{\text{unsupervised}}\end{aligned} \tag{8.5.7}$$

式中

$$\text{Loss}_{\text{unsupervised}} = \text{Loss}(-G_{\text{A2B}}, G_{\text{B2A}}, D_{\text{A}}, D_{\text{B}})$$

$$\text{Loss}_{\text{supervised}} = -\mathbb{E}_{(y,k\sim f_{\text{data}}(y,k))} \log D_{\text{B}}(k \mid y, k < K+1)$$

8.6 案例8：基于生成对抗网络的高动态范围图像生成技术

传统高动态范围图像生成算法需要对多幅不同曝光度的图像进行合成，再通过色调映射生成高动态范围(high dynamic range，HDR)图像。针对该算法较高的计算复杂度，本节提出一种基于生成对抗网络的单幅低动态范围(low dynamic range，LDR)图像 HDR 风格迁移算法。该算法生成对抗网络中的深图片增强(deep photo enhancer，DPE)采用 CycleGAN 实现了在非配对数据集间的 HDR 图像生成技术，大幅降低了 HDR 数据集制作的成本，能适应各种风格图像的生成，然而由于 GAN 双路径结构和复杂的代价函数导致调参与收敛的难度增大。因此，本节采用更高效的单路生成对抗网络，设计了多尺度自适应条件归一化模块，通过学习目标域 HDR 风格图像特征并生成归一化层的风格仿射参数，引导特征层重构，实现全局和局部图像风格迁移。在解码过程中，为保留特征空间的结构信息及统计特性，采用小波变换池化操作代替传统池化操作。

8.6.1 网络模型及相关模块

现分析生成 HDR 风格图像的 GAN 模型(HDR-GAN)的网络架构、多尺度自适应条件归一化模块以及 Harr 小波池化。

1. HDR-GAN

对给定包含低质量输入图像的源域和包含 HDR 图像的目标域，将源域图像转换为目标域中的图像风格的映射函数，但依然保持原始图像的空间坐标一致，以实现图像的自动增强。

HDR-GAN 采用条件 GAN，由生成器 G 和判别器 D 组成。其中，生成器由 U-net 网络设计，其结构主要分为左侧编码器和右侧解码器，输入的 RGB 图像大小为 512×512；生成网络和判别网络分别如图 8.29 与图 8.30 所示。编码器包含 4 个卷积模块，每个模块由两个尺寸为 3×3、步长为 1 的卷积层(拼接了实例归一化层(instance normalization，IN)和 LReLU 激活函数)组合而成，每个模块后都通过 Harr 小波池化层降低特征维度，该编码器主要用于获取输入图像上下文特征信息。解码器结构与编码器结构镜像对称，其中，归一化层用多尺度自适应条件归一化替代；编码器每个 Harr 小波池化输出都与解码器对应上池化的输出进行跳

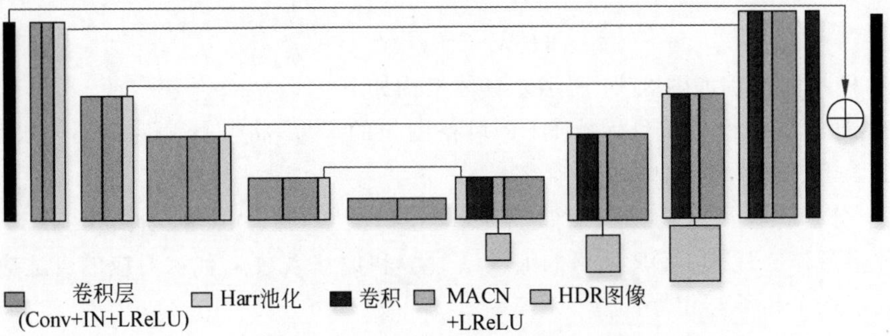

图 8.29 HDR-GAN 生成网络结构

跃连接,实现特征信息的补充,最终通过全局残差学习生成 HDR 图像,判别器由最基本的全卷积神经网络构成。

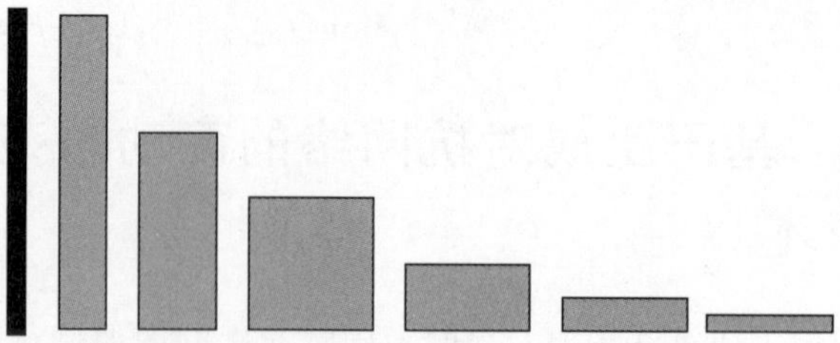

图 8.30 HDR-GAN 判别网络结构

2. 多尺度自适应条件归一化

归一化技术分为无条件归一化和条件归一化。局部响应归一化(local response normalization,LRN)、BN 以及 IN 层只与输入样本数据相关,不依赖外部数据,属于无条件归一化层。条件归一化层中仿射变换的参数通过外部数据学习得到,包括条件实例归一化(conditional instance normalization, CIN)、自适应实例归一化(adaptive instance normalization, AdaIN)和空间自适应去归一化(spatially-adaptive denormalization, SPADE)。CIN 和 AdaIN 通过学习外部风格图特征得到仿射系数,对归一化后的输入数据进行缩放及平移以完成风格迁移任务。在语义图像合成领域中,SPADE 主要是解决归一化层丢失图像语义信息的问题。基于以上条件归一化层原理,本节给出了多尺度自适应条件归一化(multi-scale adaptive conditional normalization MACN)模块。该模块在不同尺度下通过卷积学习标签数据的 HDR 风格特征,生成缩放和偏移反射参数,来引导生成网络解码器生成高质量的 HDR 图像。

令 h^i 表示生成网络的解码器第 i 个隐含卷积层输出特征图,该特征图有四个维度(N, C_i, H_i, W_i),其中,N 代表一批输入的样本数量,C_i、H_i 和 W_i 分别表示该层特征图的通道数、通道高度及宽度。假设 $n \in N$, $c \in C_i$, $h \in H_i$, $w \in W_i$, h^i_{nchw} 表示第 i 层特征图每个像素值,经过归一化操作后输出的像素值为 $\hat{h}^i_{nchw}$,即

$$\hat{h}^i_{nchw} = \mathrm{MACN}(h^i_{nchw}) = \gamma^i_s \frac{h^i_{nchw} - m^i_{nc}}{\sigma^i_{nc} + \varepsilon} + \beta^i_s \tag{8.6.1}$$

式中,γ^i_s 和 β^i_s 为代表风格的仿射系数;ε 为常数,用于防止除零错误;统计信息 m^i_{nc} 和 σ^i_{nc} 分别为均值和方差,即

$$m^i_{nc} = \frac{1}{H_i W_i} \sum_{h,w} h^i_{nchw} \tag{8.6.2}$$

$$\sigma^i_{nc} = \sqrt{\frac{1}{H_i W_i} \sum_{h,w} (h^i_{nchw} - m^i_{nc})^2} \tag{8.6.3}$$

MACN 模块的结构如图 8.31 所示。具体架构如下:

步骤 1:通过下采样调整目标域 HDR 风格图像的尺寸,将其分为四个不同尺度(原图大小的 1/2、1/4、1/8),使之匹配对应特征图;

步骤 2:分别将各尺度 HDR 图像进行一次卷积投影到嵌入空间,通过两个 3×3 卷积核生成以多维张量作为代表 HDR 风格的缩放系数 γ 和偏移系数 β,代入对应的自适应条件归一化对对位元素逐个相乘与相加计算。

MACN 通过 2 倍、4 倍、8 倍下采样对 HDR 图像进行多尺度调整操作,能够对原始图像进行全局以及局部 HDR 风格重构。对于尺度越小、分辨率越低的 HDR 图像,卷积核能提取更

多的全局视角信息，引导生成网络生成全局风格一致的图像。相反，对于尺度越大、分辨率越高的 HDR 图像，能提取到更多的局部特征信息，使网络关注细节，减少局部模糊。

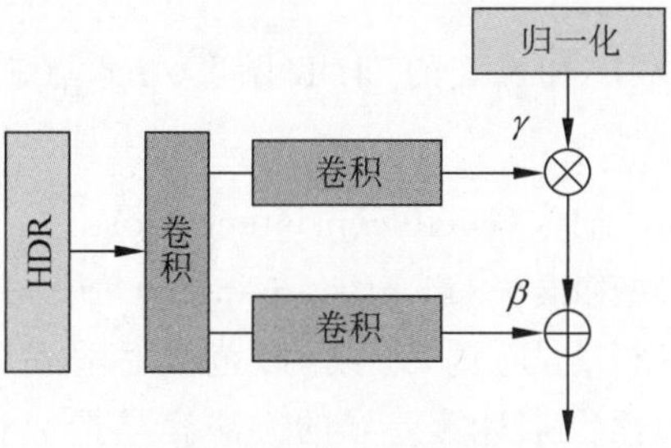

图 8.31　多尺度自适应条件归一化模块

3. 小波池化

利用 Harr 小波池化（Harr wavelet pooling，HWP）和 Harr 小波上池化（Harr wavelet unpooling，HWU）技术替代生成网络中最大池化和上池化操作，可避免最大池化操作因邻域像素减少而产生伪影。Harr 小波是最简单的正交归一化小波。HWP 有 4 个由高频和低频滤波器组成的内核，表示为$\{\mathbf{LL}^{\mathrm{T}},\mathbf{LH}^{\mathrm{T}},\mathbf{HL}^{\mathrm{T}},\mathbf{HH}^{\mathrm{T}}\}$。其中，低频内核（$\mathbf{LL}^{\mathrm{T}}$）用于提取平滑的表面和纹理信息，高频内核（$\mathbf{LH}^{\mathrm{T}},\mathbf{HL}^{\mathrm{T}},\mathbf{HH}^{\mathrm{T}}$）用于获取水平、垂直及对角线方向的边缘信息，低通滤波器（L）和高通滤波器（H）为

$$\mathbf{L}^{\mathrm{T}}=\frac{1}{\sqrt{2}}[1\quad 1],\quad \mathbf{H}^{\mathrm{T}}=\frac{1}{\sqrt{2}}[-1\quad 1] \tag{8.6.4}$$

综上，HWP 通过滤波可以将原始信号分解为 4 个代表不同信息的子图。不同于常规池化操作，HWP 存在一个镜像操作，被称为 HWU。该操作通过对分解出的 4 个子图逐个进行转置卷积，将处理后的分量求和，从而以最少信息损失和最低噪声放大程度恢复原始信号。该特性有助于在 HDR 图像风格生成过程中保留原始图像的结构信息。HWP 和 HWU 操作如图 8.32 所示。

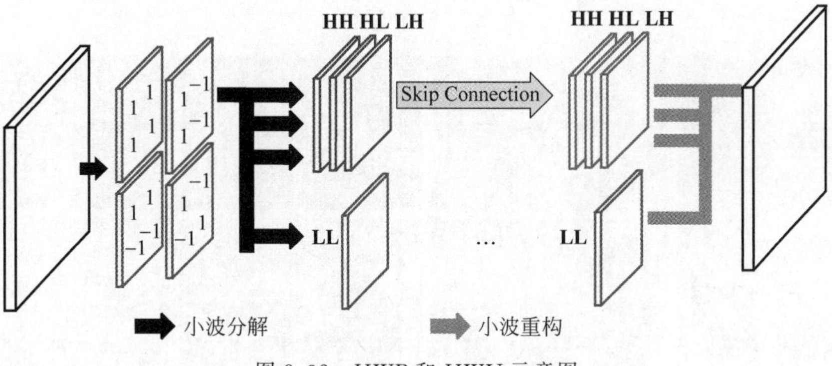

图 8.32　HWP 和 HWU 示意图

8.6.2　HDR-GAN 目标函数

1. GAN 损失函数

本节采用相对判别器替代标准判别器，由相对平均最小二乘生成对抗网络（relativistic average least squares generative adversarial networks，RALSGAN），通过惩罚远离决策边界的样本防止梯度弥散。最终，判别器 D 和生成器 G 的损失函数为

$$\mathrm{Loss_D} = \mathop{\mathbb{E}}_{x_r \sim f_{\mathrm{real}}}[(F_{\mathrm{RaD}}(x_r, x_f) - 1)^2] + \mathop{\mathbb{E}}_{x_f \sim f_{\mathrm{fake}}}[F_{\mathrm{RaD}}(x_f, x_r)^2] \tag{8.6.5}$$

$$\mathrm{Loss_G} = \mathop{\mathbb{E}}_{x_f \sim f_{\mathrm{fake}}}[(F_{\mathrm{RaD}}(x_f, x_r) - 1)^2] + \mathop{\mathbb{E}}_{x_r \sim f_{\mathrm{real}}}[F_{\mathrm{RaD}}(x_r, x_f)^2] \tag{8.6.6}$$

式中，x_r 和 x_f 分别为一批生成的和真实的 HDR 图像；$F_{\mathrm{RaD}}(\cdot)$为相对判别器的判别函数。

2. 风格迁移约束

CycleGAN 通过循环一致性损失（cycle consistency loss，CCL）保证不同域之间图像风格转换的质量，同时设置了恒等映射损失（identity mapping loss，IML）防止从源域向目标域映射过程中产生过度的风格迁移行为，通过 L1 或 L2 范数对输入图像和生成图像进行约束，以保持部分特征的一致性。这种逐像素计算差异的方法容易造成过约束，尤其在没有循环一致性损失的情况下，对损失函数权重系数较为敏感。

VGG 网络是在 Imagenet 数据集下训练出的分类模型，具有较强的泛化性，被广泛应用于迁移学习来提取图像特征。利用预训练好的 VGG-16 网络提取输入与输出图像特征，并计算感知损失，以保证图像内容特征一致性，即

$$\mathrm{Loss_P} = \| \mathrm{FEL}(\phi(x_f)) - \mathrm{FEL}(G(x_f)) \|_2^2 \tag{8.6.7}$$

式中，ϕ 表示 VGG-16 网络中 ReLU_{4_1} 特征提取层；G 为生成器的生成函数。

综上所述，HDR-GAN 生成器和判别器的损失函数分别为

$$\mathrm{Loss_{Generator}} = \mathrm{Loss_G} + \mathrm{Loss_P} \tag{8.6.8}$$

$$\mathrm{Loss_{Discriminator}} = \mathrm{Loss_D} \tag{8.6.9}$$

8.6.3 仿真实验与结果分析

1. 实验数据及环境

为了在非成对数据集训练条件下生成 HDR 图像，避免网络学习到由于色调映射造成 HDR 图像的伪影问题，现挑选 DPE 图像增强算法构建 HDR 数据集、MIT-FiveK 数据集，以及 500px 摄影网站的高质量 HDR 图像作为实验数据。将 2250 张 LDR 图像作为训练集、627 张 HDR 图像作为目标域图像、250 张图像作为测试集。部分 HDR 样本数据如图 8.33 所示。

图 8.33 HDR 图像

实验中，所选深度学习框架为 Pytorch v1.0 版本，CUDA 版本为 v9.0，cuDNN 版本为 v7.0。

2. 实验过程

首先，将高分辨率 LDR 和 HDR 图像调整为长边大小为 512 的图像；然后，以补零像素的方式将图像填充为 512×512，以满足卷积神经网络的输入要求；通过旋转和翻转，增强数据；所有网络由 Adam 自适应学习率算法优化。训练次数（epoch）为 200，前 100 epoch 以 $1e^{-4}$ 的初始学习率进行训练，后 100 epoch 学习率以指数方式逐渐衰减为 0。样本数量设为 6，训练时间为 17h。

3. 实验结果

现从 3 方面验证 HDR-GAN 处理单幅图像的有效性，首先对各个模块进行消融实验，以分析各模块功能；然后与最先进的单幅图像 HDR 处理算法进行比较，以验证 HDR-GAN 的有效性；最后，通过测试各项指标，以评判生成的 HDR 图像质量。

（1）消融实验。为了验证 MACN 模块和 Harr 小波池化的有效性，在原始 GAN 基础上依次加上相关模块进行对比实验。原始 GAN 以及加上 Harr 小波池化和 MACN 模块的实验结果如图 8.34 所示。图 8.34 表明，与原始 GAN 相比，MACN 能够提升图像风格化能力，引导生成网络生成更接近于 HDR 风格的图像；Harr 小波池化能够有效去除伪影，图像更平滑自然。

(a) 输入　(b) 原始GAN　(c) GAN+MACN　(d) GAN +MACN+Harr

图 8.34　模块有效性对比实验结果

（2）对比实验。以基于深度学习的单幅 LDR 图像增强算法，包括基于成对数据集映射的 DPED 算法和非成对映射的 DPE 算法为比较对象。DPED 算法将低质量的移动端图像向高质量数码单反相机（digital single lens reflex camera，DSLR）风格转换。本节算法与 DPE 算法类似，都是基于弱监督训练方式学习生成 HDR 图像。各算法处理结果如图 8.35 所示。

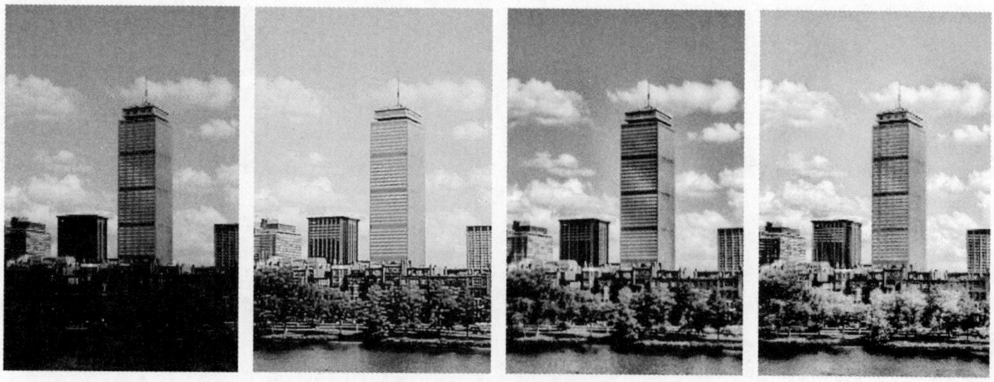

图 8.35　各算法处理效果

图 8.35 （续）

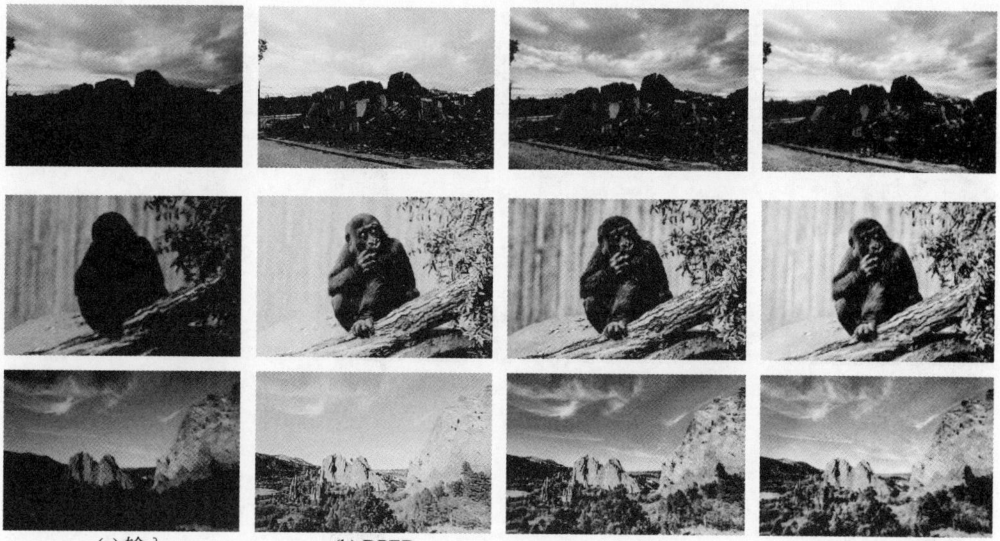

(a) 输入　　(b) DPED　　(c) DPE　　(d) HDR-GAN

图 8.35 （续）

图 8.35 表明，DPED 算法产生的图像整体亮度显著增强，图像颜色信息恢复得不够好。DPE 算法生成的 HDR 图像颜色增强明显，图像局部存在伪影和颜色失真，细节处产生模糊，尤其是图像曝光度较低的情况下，失真现象更为明显；同时，DPE 算法采用的 CycleGAN 为双路径结构，占用 GPU 显存多、训练时间长，需要通过精细的参数调节使两个 GAN 能够收敛。本节算法能够有效缓解伪影现象、保持局部细节信息，物体颜色恢复得更为真实且色彩丰富，具有较高的可读性以及观赏性，且单路径 GAN 训练时更容易收敛，对风格转换任务泛化性更强，尤其在增强照度较低的图像时，也能有效缓解图像失真。

MIT-Five K 数据集由 5 位修饰照片的专业人士（A/B/C/D/E）通过 Adobe 相关软件后期处理低质量图像，HDR-GAN 生成的 HDR 风格图像与 5 位专家修饰的图像的主观视觉对比效果如图 8.36 所示。图 8.36 表明，本节算法的增强模型避免了专业软件复杂的后期处理过程，能直接学习目标域的 HDR 图像特征，实现端到端的 HDR 风格图像生成，视觉效果得到一定的改善。

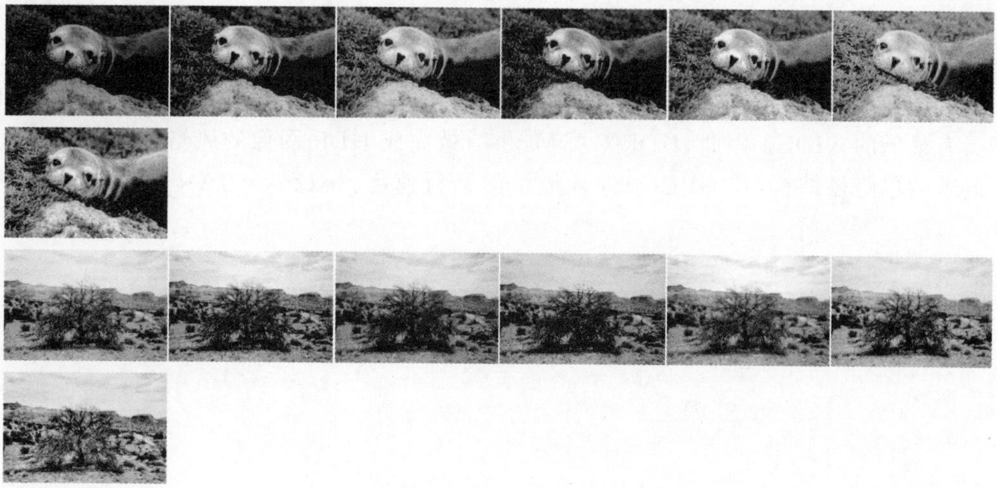

图 8.36 各专家与本节算法处理结果对比

(a) 输入图像　(b) 专家A　(c) 专家B　(d) 专家C　(e) 专家D　(f) 专家E
(g) HDR-GAN

图 8.36 （续）

(3) 指标测试。首先，采用 MIT-FiveK 数据集，分别在 DPED、DPE 和 HDR-GAN 算法中进行成对训练，以专家 C 修饰的图像集作为参考，验证 HDR-GAN 的表现力。所有输入图像大小通过补零方式填充为 512×512，选取 PSNR、结构相似性(structural similarity，SSIM)作为客观评价指标。其次，采用无须参考图像的盲图像质量评价指标(natural image quality evaluator，NIQE)对各算法进行评价，其值越低表示图像质量越好。为验证单路径 GAN 处理速度，采用 2k 分辨率图像作为输入对各算法的运行速度进行测试，测试环境为 GPU。各项指标如表 8.1 所示。

表 8.1　各算法各项客观评价指标及运行速度

指　标	运行速度/MIPS		
	DPED	**DPE**	**HDR-GAN**
PSNR	22.2315	22.1746	**22.3749**
SSIM	0.8827	0.8765	**0.8913**
NIQE	6.3796	6.8443	**6.1132**
运行时间	**4.18s**	5.35s	4.91s

表 8.1 表明，HDR-GAN 在成对数据集下训练的 PSNR、SSIM 均最大，并且生成的 HDR 图像具有最低的 NIQE。因此，HDR-GAN 能够有效完成 HDR 图像的风格转换，正是由于采用了高效的单路径结构，在 GPU 硬件环境下的运行速度比双路径 GAN 训练的 DPE 算法更快。

第四篇　循环递归神经网络篇

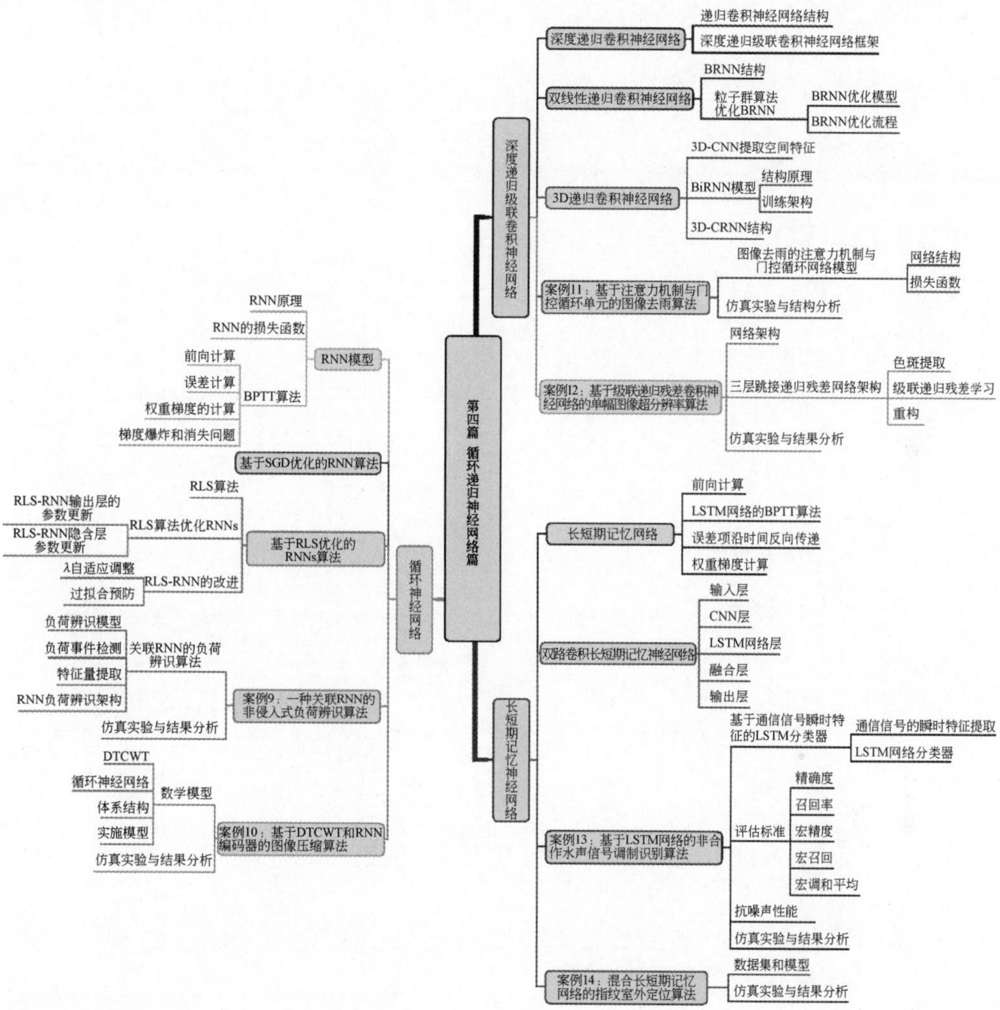

第四篇
讲解视频

第9章 循环神经网络

CHAPTER 9

【导读】 针对循环神经网络(RNN),分析了其损失函数、BPTT算法及梯度消失与梯度爆炸问题;研究了基于SGD优化的RNNs算法及基于RLS优化的RNNs算法(RLS-RNNs),从遗忘因子的自适应调整和预防过拟合两方面,对RLS-RNNs进行了改进。将RNN模型扩展为关联RNN模型,并进行了非侵入式电力负荷辨识;将DTCWT和RNN编码器相结合,通过增加网络迭代次数和修改小波分量,提高了低像素值的压缩比。

循环神经网络(recurrent neural networks,RNNs)作为一种有效的深度学习模型,引入了数据在时序上的短期记忆依赖,RNNs的参数训练比前馈神经网络更为困难。能否高效训练或优化RNNs,是RNNs能否得以有效利用的关键问题之一。目前,主流的RNNs优化算法主要有一阶梯度下降算法、自适应学习率算法和二阶梯度下降算法等。其中,一阶梯度下降算法包括随机梯度下降(stochastic gradient descent,SGD)算法,动量SGD(momentum SGD,MSGD)算法及Nesterov动量算法、自适应学习率算法、AdaGrad算法、RMSProp算法、AdaDelta算法、Adam算法等,这些性能优于SGD算法。二阶梯度下降算法采用目标函数的二阶梯度信息对RNNs参数优化。与一阶梯度优化算法相比,二阶梯度优化算法计算量依然过大,不适合处理规模过大的数据,并且所求得的高精度解对模型的泛化能力提升有限,甚至有时会影响泛化。因此,目前二阶梯度优化算法还难以广泛用于训练RNNs。

基于递归最小二乘(recursive least squares,RLS)算法的各种神经网络,包括基于RLS算法的多层感知机、基于RLS算法的线性输入层参数矩阵求解算法及基于RLS算法的多层RNNs等,需要为每个神经元存储一个协方差矩阵,时空开销很大。基于扩展卡尔曼滤波的RNNs,需要计算雅可比矩阵来达到线性化的目的,时空开销也很大;基于RLS算法的回声状态网络参数求解算法,通过将非线性系统近似为线性系统,能求解回声状态网络的输出层参数,但不适用于一般的RNNs优化训练。

本章在RNN基础上,分析基于RLS算法的RNNs (RLS-RNN)。

9.1 RNN模型

9.1.1 RNN原理

RNNs主要用来处理序列数据,其原理如图9.1所示。

图9.1中,RNNs包含输入单元,输入集$\{x(k), k=0,1,2,\cdots\}$;输出单元的输出集$\{y(k), k=0,1,2,\cdots\}$;隐含单元的输出集$\{s(k), k=1,2,\cdots\}$。

在图9.1(a)中,有一条单向流动的信息流,是从输入单元到达隐含单元的,与此同时另一

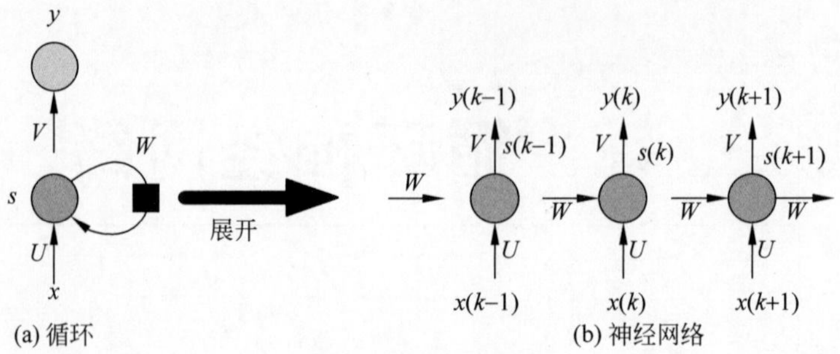

图 9.1 RNNs 原理

条单向流动的信息流从隐含单元到达输出单元。在某些情况下，RNNs 会打破后者的限制，引导信息从输出单元返回隐含单元，这种信息传播被称为反向传播（back propagation，BP），并且隐含层输入还包括上一隐含层的状态，即隐含层内的节点可以自连也可以互连。

将 RNNs 展开为一个全神经网络，如图 9.1(b)所示。

该网络计算架构如下：

步骤 1：$x(k)$表示 $k(k=1,2,3\cdots)$时刻的输入。

步骤 2：$s(k)$为隐含层 k 时刻的状态，是网络的记忆单元。$s(k)$根据当前输入层的输出与上一步隐含层的状态进行计算，即 $s(k)=\sigma(Ux(k)+Ws(k-1))$，其中，$\sigma$ 是非线性激活函数，在计算 $s(0)$时，即第一个隐含层状态，需要用到并不存在的 $s(-1)$，一般设置为 0；U,W 为共享参数。

步骤 3：$y(k)$是 k 时刻的输出，$y(k)=\mathrm{Softmax}(Vs(k))$。

注意以下几点：

(1) 隐含层状态 $s(k)$是网络的记忆单元。$s(k)$包含了前面所有步的隐含层状态。而输出层的输出 $y(k)$只与当前时刻的 $s(k)$有关。在实践中，为了降低网络的复杂度，$s(k)$往往只包含前面若干步而不是所有步的隐含层状态。

(2) 在 RNNs 中，每输入一步，每一层各自都共享参数 U、V、W。这表明，每一步都在做相同的事，只是输入不同，因此大幅减少了网络中需要学习的参数。

(3) 图 9.1 中每一步都会有输出，但不是必需的。仅仅需要关心最终的输出，而不需要知道每一层的输出，同理每一步都需要的输入也不是必须已知的。RNNs 的关键之处在于隐含层能够捕捉序列的信息。

该网络在 k 时刻接收到输入 $x(k)$之后，隐含层的状态是 $s(k)$，输出是 $y(k)$。关键一点是 $s(k)$的值不仅取决于 $x(k)$，还取决于 $s(k-1)$。RNNs 的计算公式为

$$y(k)=\sigma(\boldsymbol{Vs}(k)) \tag{9.1.1}$$

$$s(k)=g(\boldsymbol{Ux}(k)+\boldsymbol{Ws}(k-1)) \tag{9.1.2}$$

式(9.1.1)是输出层的计算公式，输出层为一个全连接层，也就是它的每个节点都与隐含层的每个节点相连。$\boldsymbol{V}$ 是输出层的权重矩阵，$\sigma(\cdot)$是激活函数。式(9.1.2)是隐含层的计算公式，该隐含层是循环层。$\boldsymbol{U}$ 是输入 $\boldsymbol{x}$ 的权重矩阵；$\boldsymbol{W}$ 是上一次的循环值，作为这一次的输入 $s(k-1)$的权重矩阵；$g(\cdot)$是激活函数。

式(9.1.1)与式(9.1.2)表明，循环层和全连接层的区别就是循环层多了一个权重矩阵 $\boldsymbol{W}$。

如果反复将式(9.1.2)代入式(9.1.1)中，得

$$y(k)=\sigma(\boldsymbol{Vs}(k))$$

$$
\begin{aligned}
&= \sigma(k-1)(\boldsymbol{V}g(\boldsymbol{Ux}(k)+\boldsymbol{Ws}(k-1))) \\
&= \sigma(k-1)(\boldsymbol{V}g(\boldsymbol{Ux}(k)+\boldsymbol{W}(g(\boldsymbol{Ux}(k-1)+\boldsymbol{Ws}(k-2)))) \\
&= \sigma(k-1)(\boldsymbol{V}g(\boldsymbol{Ux}(k)+\boldsymbol{W}(g(\boldsymbol{Ux}(k-1)+\boldsymbol{W}(g(\boldsymbol{Ux}(k-2)+\boldsymbol{Ws}(k-3))))) \\
&= \sigma(k-1)(\boldsymbol{V}g(\boldsymbol{Ux}(k)+\boldsymbol{W}(g(\boldsymbol{Ux}(k-1)+\boldsymbol{W}(g(\boldsymbol{Ux}(k-2)+\boldsymbol{W}(g(\boldsymbol{Ux}(k-3)+\cdots))))) \quad (9.1.3)
\end{aligned}
$$

式(9.1.3)表明，RNNs 的输出 $y(k)$受前面历次输入 $x(k)$，$x(k-1)$，$x(k-2)$，$x(k-3)$，…的影响，这就是为什么 RNNs 可以往前看有任意多个输入值的原因。

9.1.2 RNN 的损失函数

根据式(9.1.1)与式(9.1.2)，RNN 的损失函数定义为

$$E=\sum_{k=1}^{K}\mathrm{Loss}(k) \quad (9.1.4)$$

式中，Loss(k)定义为交叉损失函数，即

$$\mathrm{Loss}(k)=-\boldsymbol{y}^{\mathrm{T}}(k)\log\hat{\boldsymbol{y}}(k) \quad (9.1.5)$$

式中，$\hat{\boldsymbol{y}}(k)$是 $\boldsymbol{y}(k)$的估计。

9.1.3 BPTT 算法

如果将 RNNs 展开，那么参数 W、U、V 是共享的，并且在梯度下降算法中，每一步的输出不仅依赖当前时刻的网络，还依赖前面若干时刻网络的状态。例如，在 $k=4$ 时，还需要向后传递三步，后面的三步都需要加上各种梯度，该学习算法称为随时间反向传播(back propagation through time，BPTT)算法。它是针对循环层的训练算法，它的基本原理和 BP 算法是一样的，也包含同样的 3 个步骤：

步骤 1：前向计算每个神经元的输出值；

步骤 2：反向计算每个神经元的误差项值 e_j，它是误差函数 e 对神经元 j 的加权输入的 net_j 偏导数；

步骤 3：计算每个权重的梯度；

步骤 4：用随机梯度下降算法更新权重。

注意，在 RNNs 训练中，BPTT 算法无法解决长时依赖问题(即当前的输出与前面很长的一段序列有关，一般超过十步就无能为力了)，因为 BPTT 会带来所谓的梯度消失或梯度爆炸问题。

1. 前向计算

假设输入向量 $\boldsymbol{x}$ 的维度为 N，输出向量 $\boldsymbol{s}$ 的维度为 M，则矩阵 $\boldsymbol{U}$ 的维度为 $N\times M$，矩阵 $\boldsymbol{W}$ 的维度是 $M\times M$。式(9.1.2)的展开式为

$$\begin{bmatrix} s_1(k) \\ s_2(k) \\ \vdots \\ s_M(k) \end{bmatrix} = f\left(\begin{bmatrix} u_{11}u_{12}\cdots u_{1N} \\ u_{21}u_{22}\cdots u_{2N} \\ \vdots \\ u_{M1}u_{M2}\cdots u_{MN} \end{bmatrix}\begin{bmatrix} x_1 \\ x_2 \\ \vdots \\ x_M \end{bmatrix} + \begin{bmatrix} w_{11}w_{12}\cdots w_{1M} \\ w_{21}w_{22}\cdots w_{2M} \\ \vdots \\ w_{M1}w_{M2}\cdots w_{MM} \end{bmatrix}\begin{bmatrix} s_1(k-1) \\ s_2(k-1) \\ \vdots \\ s_M(k-1) \end{bmatrix}\right) \quad (9.1.6)$$

式中，$s_j(k)$表示向量 $\boldsymbol{s}$ 的第j 个元素在k 时刻的值；u_{ji} 表示输入层第i 个神经元到循环层第j 个神经元的权重；w_{ji} 表示循环层第$k-1$ 时刻的第 j 个神经元的权重。

2. 误差计算

BTPP 算法将第 l 层k 时刻的误差项值$e^l(k)$沿两个方向传播，一个方向是将其传递到上一层网络，得到 $e^{l-1}(k)$，这部分只与权重矩阵 $\boldsymbol{U}$ 有关；另一个方向是将其沿时间线传递到初

始时刻 $k=0$，得到 $e^l(0)$，这部分只与权重矩阵 $\boldsymbol{W}$ 有关。

现用向量 $\mathbf{net}(k)$ 表示神经元在 k 时刻的加权输入，且

$$\mathbf{net}(k)=\boldsymbol{U}\boldsymbol{x}(k)+\boldsymbol{W}\boldsymbol{s}(k-1) \tag{9.1.7}$$

$$\boldsymbol{s}(k-1)=\boldsymbol{g}(\mathbf{net}(k-1)) \tag{9.1.8}$$

因此

$$\frac{\partial \mathbf{net}(k)}{\partial \mathbf{net}(k-1)}=\frac{\partial \mathbf{net}(k)}{\partial \boldsymbol{s}(k-1)}\frac{\partial \boldsymbol{s}(k-1)}{\partial \mathbf{net}(k-1)} \tag{9.1.9}$$

用 $\boldsymbol{a}$ 表示列向量，用 $\boldsymbol{a}^{\mathrm{T}}$ 表示行向量。式(9.1.9)第一项是向量函数对向量求导，其结果为雅可比矩阵，即

$$\frac{\partial \mathbf{net}(k)}{\partial \boldsymbol{s}(k-1)}=\begin{bmatrix} \frac{\partial \mathrm{net}_1(k-1)}{\partial s_1(k-1)} & \frac{\partial \mathrm{net}_1(k)}{\partial s_2(k-1)} & \cdots & \frac{\partial \mathrm{net}_1(k)}{\partial s_M(k-1)} \\ \frac{\partial \mathrm{net}_2(k)}{\partial s_1(k-1)} & \frac{\partial \mathrm{net}_2(k)}{\partial s_2(k-1)} & \cdots & \frac{\partial \mathrm{net}_2(k)}{\partial s_M(k-1)} \\ \vdots & \vdots & & \vdots \\ \frac{\partial \mathrm{net}_M(k)}{\partial s_1(k-1)} & \frac{\partial \mathrm{net}_M(k)}{\partial s_2(k-1)} & \cdots & \frac{\partial \mathrm{net}_M(k)}{\partial s_M(k-1)} \end{bmatrix} \tag{9.1.10}$$

$$=\begin{bmatrix} w_{11} & w_{12} & \cdots & w_{1M} \\ w_{21} & w_{22} & \cdots & w_{2M} \\ \vdots & \vdots & & \vdots \\ w_{M1} & w_{M2} & \cdots & w_{MM} \end{bmatrix}$$

$$=\boldsymbol{W}$$

同理，式(9.1.9)第二项也是一个雅可比矩阵，即

$$\frac{\partial \boldsymbol{s}(k-1)}{\partial \mathbf{net}(k-1)}=\begin{bmatrix} \frac{\partial s_1(k-1)}{\partial \mathrm{net}_1(k-1)} & \frac{\partial s_1(k-1)}{\partial \mathrm{net}_2(k-1)} & \cdots & \frac{\partial s_1(k-1)}{\partial \mathrm{net}_M(k-1)} \\ \frac{\partial s_2(k-1)}{\partial \mathrm{net}_1(k-1)} & \frac{\partial s_2(k-1)}{\partial \mathrm{net}_2(k-1)} & \cdots & \frac{\partial s_2(k-1)}{\partial \mathrm{net}_M(k-1)} \\ \vdots & \vdots & & \vdots \\ \frac{\partial s_M(k-1)}{\partial \mathrm{net}_1(k-1)} & \frac{\partial s_M(k-1)}{\partial \mathrm{net}_2(k-1)} & \cdots & \frac{\partial s_M(k-1)}{\partial \mathrm{net}_M(k-1)} \end{bmatrix}$$

$$=\begin{bmatrix} g'(\mathrm{net}_1(k-1)) & 0 & \cdots & 0 \\ 0 & g'(\mathrm{net}_2(k-1)) & \cdots & 0 \\ \vdots & \vdots & & \vdots \\ 0 & 0 & \cdots & g'(\mathrm{net}_M(k-1)) \end{bmatrix}$$

$$=\mathrm{diag}[g'(\mathrm{net}_1(k-1))] \tag{9.1.11}$$

式中，$\mathrm{diag}[\boldsymbol{a}]$表示根据向量 $\boldsymbol{a}$ 创建的一个对角矩阵，即

$$\mathrm{diag}[\boldsymbol{a}]=\begin{bmatrix} a_1 & 0 & \cdots & 0 \\ 0 & a_2 & \cdots & 0 \\ \vdots & \vdots & & \vdots \\ 0 & 0 & \cdots & a_M \end{bmatrix}$$

最后，将两项合在一起，得

$$
\begin{aligned}
\frac{\partial \mathbf{net}(k)}{\partial \mathbf{net}(k-1)} &= \frac{\partial \mathbf{net}(k)}{\partial \boldsymbol{s}(k-1)} \frac{\partial \boldsymbol{s}(k-1)}{\partial \mathbf{net}(k-1)} \\
&= \boldsymbol{W}\mathrm{diag}[g'(\mathrm{net}_1(k-1))] \\
&= \begin{bmatrix} w_{11}g'(\mathrm{net}_1(k-1)) & w_{12}g'(\mathrm{net}_2(k-1)) & \cdots & w_{1M}g'(\mathrm{net}_M(k-1)) \\ w_{21}g'(\mathrm{net}_1^{t-1}(k-1)) & w_{22}g'(\mathrm{net}_2(k-1)) & \cdots & w_{2M}g'(\mathrm{net}_2(k-1)) \\ \vdots & \vdots & & \vdots \\ w_{M1}g'(\mathrm{net}_1(k-1)) & w_{M2}g'(\mathrm{net}_2(k-1)) & \cdots & w_{MM}g'(\mathrm{net}_2(k-1)) \end{bmatrix}
\end{aligned} \tag{9.1.12}
$$

式(9.1.12)描述了将 $\boldsymbol{e}$ 沿时间往前传递一个时刻的规律。有了这个规律，就可以求得任意时刻 k 的误差项 $\boldsymbol{e}(k)$，即

$$
\begin{aligned}
\boldsymbol{e}^{\mathrm{T}}(k) &= \frac{\partial E}{\partial \mathbf{net}(k)} \\
&= \frac{\partial \mathrm{Loss}}{\partial \mathbf{net}(n)} \frac{\partial \mathbf{net}(n)}{\partial \mathbf{net}(k)} \\
&= \frac{\partial \mathrm{Loss}}{\partial \mathbf{net}(n)} \frac{\partial \mathbf{net}(n)}{\partial \mathbf{net}(n-1)} \frac{\partial \mathbf{net}(n-1)}{\partial \mathbf{net}(n-2)} \cdots \frac{\partial \mathbf{net}(k+1)}{\partial \mathbf{net}(k)} \\
&= \boldsymbol{W}\mathrm{diag}[g'(\mathbf{net}(t-1))]\boldsymbol{W}\mathrm{diag}[g'(\mathbf{net}(t-2))]\cdots \boldsymbol{W}\mathrm{diag}[g'(\mathbf{net}(k))]\boldsymbol{e}^{l}(n) \\
&= \boldsymbol{e}^{\mathrm{T}}(n)\prod_{i=k}^{N-1}\boldsymbol{W}\mathrm{diag}[g'(\mathbf{net}(i))]
\end{aligned} \tag{9.1.13}
$$

式(9.1.13)就是将误差项沿时间反向传播的算法。

循环层将误差项反向传递到上一层网络，与普通的全连接层是完全一样的，在此仅简要描述如下。

循环层的加权输入 $\mathbf{net}^{l}$ 与上一层的加权输入 $\mathbf{net}^{l-1}$ 的关系为

$$\mathbf{net}^{l}(k) = \boldsymbol{U}\boldsymbol{a}^{l-1}(k) + \boldsymbol{W}\boldsymbol{s}(k-1) \tag{9.1.14}$$

$$\boldsymbol{a}^{l-1}(k) = g^{l-1}(\mathbf{net}^{l-1}(k)) \tag{9.1.15}$$

式中，$\mathbf{net}^{l}(k)$是第 l 层神经元的加权输入(假设第 l 层是循环层)；$\mathbf{net}^{l-1}(k)$是第 $l-1$ 层神经元的加权输入；$\boldsymbol{a}^{l-1}(k)$是第 $l-1$ 层神经元的输出；$g^{l-1}(\cdot)$是第 $l-1$ 层的激活函数。

$$
\begin{aligned}
\frac{\partial \mathbf{net}^{l}(k)}{\partial \mathbf{net}^{l-1}(k)} &= \frac{\partial \mathbf{net}^{l}(k)}{\partial \boldsymbol{a}^{l-1}(k)} \frac{\partial \boldsymbol{a}^{l-1}(k)}{\partial \mathbf{net}^{l-1}(k)} \\
&= \boldsymbol{U}\mathrm{diag}[g'^{l-1}(\mathbf{net}^{l}(k))]
\end{aligned} \tag{9.1.16}
$$

所以

$$
\begin{aligned}
(\boldsymbol{e}^{l-1}(k))^{\mathrm{T}} &= \frac{\partial E}{\partial \mathbf{net}^{l-1}(k)} \\
&= \frac{\partial L}{\partial \mathbf{net}^{l}(k)} \frac{\partial \mathbf{net}^{l}(k)}{\partial \mathbf{net}^{l-1}(k)} \\
&= (\boldsymbol{e}^{l}(k))^{\mathrm{T}}\boldsymbol{U}\mathrm{diag}[g'^{l-1}(\mathbf{net}^{l}(k))]
\end{aligned} \tag{9.1.17}
$$

式(9.1.17)就是将误差项传递到上一层的算法。

3. 权重梯度的计算

BPTT 算法的最后一步：计算每个权重的梯度。

首先，计算误差函数 e 对权重矩阵 $\boldsymbol{W}$ 的梯度$\frac{\partial e}{\partial \boldsymbol{W}}$。

图 9.2 展示了到目前为止，在前两步中已经计算得到的量，包括 k 时刻循环层的输出值 $\boldsymbol{s}(k)$，以及误差项 $e(k)$。

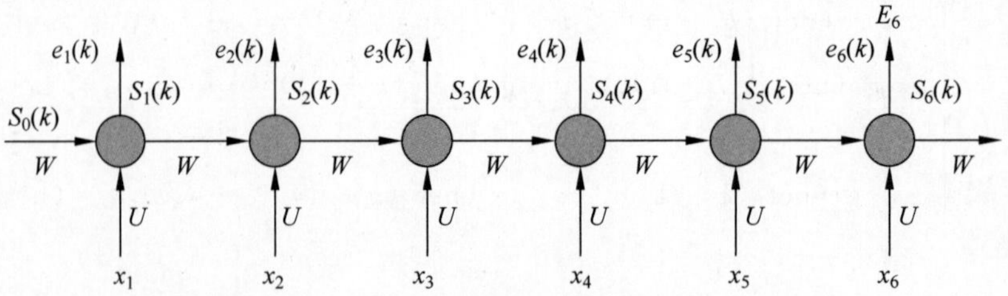

图 9.2　权重矩阵 $\boldsymbol{W}$ 的梯度计算

全连接网络的权重梯度计算：只要知道任意一个时刻的误差项 $e(k)$，以及上一个时刻循环层的输出值 $\boldsymbol{s}(k-1)$，就可以求出梯度$\nabla_{\boldsymbol{W}(k)}E$

$$\nabla_{\boldsymbol{W}(k)}E=\begin{bmatrix} e_1(k)s_1(k-1) & e_1(k)s_2(k-1) & \cdots & e_1(k)s_M(k-1) \\ e_2(k)s_1(k-1) & e_2(k)s_2(k-1) & \cdots & e_2(k)s_M(k-1) \\ \vdots & \vdots & & \vdots \\ e_M(k)s_1(k-1) & e_M(k)s_2(k-1) & \cdots & e_M(k)s_M(k-1) \end{bmatrix} \tag{9.1.18}$$

式中，$e_i(k)$表示 k 时刻误差项向量的第 i 个分量；$s_i(k-1)$表示 $k-1$ 时刻循环层第 i 个神经元的输出值。

因为

$$\mathbf{net}(k)=\boldsymbol{Ux}(k)+\boldsymbol{Ws}(k-1) \tag{9.1.19}$$

$$\begin{aligned}\begin{bmatrix} \text{net}_1(k) \\ \text{net}_2(k) \\ \vdots \\ \text{net}_M(k) \end{bmatrix} &= \boldsymbol{Ux}(k)+\begin{bmatrix} w_{11} & w_{12} & \cdots & w_{1M} \\ w_{21} & w_{22} & \cdots & w_{2M} \\ \vdots & \vdots & & \vdots \\ w_{M1} & w_{M2} & \cdots & w_{MM} \end{bmatrix}\begin{bmatrix} s_1(k-1) \\ s_2(k-1) \\ \vdots \\ s_M(k-1) \end{bmatrix} \\ &= \boldsymbol{Ux}(k)+\begin{bmatrix} w_{11}s_1(k-1) & w_{12}s_2(k-1) & \cdots & w_{1M}s_M(k-1) \\ w_{21}s_1(k-1) & w_{22}s_2(k-1) & \cdots & w_{2M}s_M(k-1) \\ \vdots & \vdots & & \vdots \\ w_{M1}s_1(k-1) & w_{M2}s_2(k-1) & \cdots & w_{MM}s_M(k-1) \end{bmatrix}\end{aligned} \tag{9.1.20}$$

因为对 $\boldsymbol{W}$ 求导与 $\boldsymbol{Ux}(k)$无关，故不再考虑。现在，考虑对权重项 w_{ji} 求导。式(9.1.20)表明，w_{ji} 只与 $\text{net}_j(k)$有关，故

$$\frac{\partial E}{\partial w_{ji}}=\frac{\partial E}{\partial \text{net}_j(k)}\frac{\partial \text{net}_j(k)}{\partial w_{ji}}=e_j(k)s_i(k-1) \tag{9.1.21}$$

按照上面的规律就可以生成式(9.1.16)中的矩阵。

已经求出了权重矩阵 $\boldsymbol{W}$ 在 k 时刻的梯度$\nabla_{\boldsymbol{W}(k)}E$，最终的梯度$\nabla_{\boldsymbol{W}}E$ 是各个时刻的梯度之和：

$$\nabla_{\boldsymbol{W}(k)}E=\sum_{i=1}^{k}\nabla_{\boldsymbol{W}(k)}\text{Loss}(k)$$

$$
=\begin{bmatrix} e_1(k)s_1(k-1) & e_1(k)s_2(k-1) & \cdots & e_1(k)s_M(k-1) \\ e_2(k)s_1(k-1) & e_2(k)s_2(k-1) & \cdots & e_2(k)s_M(k-1) \\ \vdots & \vdots & & \vdots \\ e_M(k)s_1(k-1) & e_M(k)s_2(k-1) & \cdots & e_M(k)s_M(k-1) \end{bmatrix}+\cdots+
$$

$$
\begin{bmatrix} e_1(k)s_1(0) & e_1(k)s_2(0) & \cdots & e_1(k)s_M(0) \\ e_2(k)s_1(0) & e_2(k)s_2(0) & \cdots & e_2(k)s_M(0) \\ \vdots & \vdots & & \vdots \\ e_M(k)s_1(0) & e_M(k)s_2(0) & \cdots & e_M(k)s_M(0) \end{bmatrix} \tag{9.1.22}
$$

式(9.1.22)就是计算循环层权重矩阵 $\boldsymbol{W}$ 的梯度的公式。现解释为什么最终的梯度是各个时刻的梯度之和？因为

$$
\mathbf{net}(k)=\boldsymbol{Ux}(k)+\boldsymbol{W}g(\mathbf{net}(k-1)) \tag{9.1.23}
$$

式中，$\boldsymbol{Ux}(k)$与 $\boldsymbol{W}$ 完全无关，将它看作常量。现在，考虑加号右边的部分，因为 $\boldsymbol{W}$ 和 $g(\text{net}(k-1))$都是 $\boldsymbol{W}$ 的函数，所以

$$
\frac{\partial \mathbf{net}(k)}{\partial \boldsymbol{W}}=\frac{\partial \boldsymbol{W}}{\partial \boldsymbol{W}}g(\mathbf{net}(k-1))+\boldsymbol{W}\frac{\partial g(\mathbf{net}(k-1))}{\partial \boldsymbol{W}}
$$

最终需要计算的$\nabla_{\boldsymbol{W}}E$ 为

$$
\nabla_{\boldsymbol{W}}E=\frac{\partial E}{\partial \boldsymbol{W}}=\frac{\partial E}{\partial \mathbf{net}}\frac{\partial \mathbf{net}}{\partial \boldsymbol{W}}=\boldsymbol{e}^{\mathrm{T}}(k)\frac{\partial \boldsymbol{W}}{\partial \boldsymbol{W}}g(\mathbf{net}(k-1))+\boldsymbol{e}^{\mathrm{T}}(k)\boldsymbol{W}\frac{\partial g(\mathbf{net}(k-1))}{\partial \boldsymbol{W}} \tag{9.1.24}
$$

先计算式(9.1.24)加号左边的部分。$\frac{\partial \boldsymbol{W}}{\partial \boldsymbol{W}}$是矩阵对矩阵求导，其结果是一个四维张量，即

$$
\frac{\partial \boldsymbol{W}}{\partial \boldsymbol{W}}=\begin{bmatrix} \frac{\partial w_{11}}{\partial \boldsymbol{W}} & \frac{\partial w_{12}}{\partial \boldsymbol{W}} & \cdots & \frac{\partial w_{1M}}{\partial \boldsymbol{W}} \\ \frac{\partial w_{21}}{\partial \boldsymbol{W}} & \frac{\partial w_{22}}{\partial \boldsymbol{W}} & \cdots & \frac{\partial w_{2M}}{\partial \boldsymbol{W}} \\ \vdots & \vdots & & \vdots \\ \frac{\partial w_{M1}}{\partial \boldsymbol{W}} & \frac{\partial w_{M2}}{\partial \boldsymbol{W}} & \cdots & \frac{\partial w_{MM}}{\partial \boldsymbol{W}} \end{bmatrix}
$$

$$
=\left[\begin{bmatrix} \frac{\partial w_{11}}{\partial w_{11}} & \frac{\partial w_{11}}{\partial w_{12}} & \cdots & \frac{\partial w_{11}}{\partial w_{1M}} \\ \frac{\partial w_{11}}{\partial w_{21}} & \frac{\partial w_{11}}{\partial w_{22}} & \cdots & \frac{\partial w_{11}}{\partial w_{2M}} \\ \vdots & \vdots & & \vdots \\ \frac{\partial w_{11}}{\partial w_{M1}} & \frac{\partial w_{11}}{\partial w_{M2}} & \cdots & \frac{\partial w_{11}}{\partial w_{MM}} \end{bmatrix} \begin{bmatrix} \frac{\partial w_{12}}{\partial w_{11}} & \frac{\partial w_{12}}{\partial w_{12}} & \cdots & \frac{\partial w_{12}}{\partial w_{1M}} \\ \frac{\partial w_{12}}{\partial w_{21}} & \frac{\partial w_{12}}{\partial w_{22}} & \cdots & \frac{\partial w_{12}}{\partial w_{2M}} \\ \vdots & \vdots & & \vdots \\ \frac{\partial w_{12}}{\partial w_{M1}} & \frac{\partial w_{12}}{\partial w_{M2}} & \cdots & \frac{\partial w_{12}}{\partial w_{MM}} \end{bmatrix} \cdots\right] \tag{9.1.25}
$$

$$
=\left[\begin{bmatrix} 1 & 0 & \cdots & 0 \\ 0 & 0 & \cdots & 0 \\ \vdots & \vdots & & \vdots \\ 0 & 0 & \cdots & 0 \end{bmatrix} \begin{bmatrix} 0 & 1 & \cdots & 0 \\ 0 & 0 & \cdots & 0 \\ \vdots & \vdots & & \vdots \\ 0 & 0 & \cdots & 0 \end{bmatrix} \cdots\right]
$$

由于 $\boldsymbol{s}(\boldsymbol{k}-1)=g(\mathbf{net}(\boldsymbol{k}-1))$是一个列向量。将式(9.1.25)所示的四维张量与这个向量

相乘，得到一个三维张量，再左乘行向量 $\boldsymbol{e}^{\mathrm{T}}(k)$，最终得到的矩阵为

$$\begin{aligned}
\boldsymbol{e}^{\mathrm{T}}(k)\frac{\partial \boldsymbol{W}}{\partial \boldsymbol{W}}g(\mathbf{net}(k-1)) &= \boldsymbol{e}^{\mathrm{T}}(k)\frac{\partial \boldsymbol{W}}{\partial \boldsymbol{W}}\boldsymbol{s}(k-1)\\
&= \boldsymbol{e}^{\mathrm{T}}(k)\left[\begin{bmatrix}1 & 0 & \cdots & 0\\ 0 & 0 & \cdots & 0\\ \vdots & \vdots & & \vdots\\ 0 & 0 & \cdots & 0\end{bmatrix}\begin{bmatrix}0 & 1 & \cdots & 0\\ 0 & 0 & \cdots & 0\\ \vdots & \vdots & & \vdots\\ 0 & 0 & \cdots & 0\end{bmatrix}\cdots\right]\begin{bmatrix}s_1(k-1)\\ s_2(k-1)\\ \vdots\\ s_M(k-1)\end{bmatrix}\\
&= \boldsymbol{e}^{\mathrm{T}}(k)\left[\begin{bmatrix}s_1(k-1)\\ 0\\ \vdots\\ 0\end{bmatrix}\begin{bmatrix}s_2(k-1)\\ 0\\ \vdots\\ 0\end{bmatrix}\cdots\right]\\
&= \begin{bmatrix}e_1(k)s_1(k-1) & e_1(k)s_2(k-1) & \cdots & e_1(k)s_M(k-1)\\ e_2(k)s_1(k-1) & e_2(k)s_2(k-1) & \cdots & e_2(k)s_M(k-1)\\ \vdots & \vdots & & \vdots\\ e_M(k)s_1(k-1) & e_M(k)s_2(k-1) & \cdots & e_M(k)s_M(k-1)\end{bmatrix}\\
&= \nabla_{\boldsymbol{W}(k)}E
\end{aligned} \tag{9.1.26}$$

再计算式(9.1.24)加号右边的部分，即

$$\begin{aligned}
\boldsymbol{e}^{\mathrm{T}}(k)\boldsymbol{W}\frac{\partial g(\mathbf{net}(k-1))}{\partial \boldsymbol{W}} &= \boldsymbol{e}^{\mathrm{T}}(k)\boldsymbol{W}\frac{\partial g(\mathbf{net}(k-1))}{\partial \mathbf{net}(k-1)}\frac{\partial \mathbf{net}(k-1)}{\partial \boldsymbol{W}}\\
&= \boldsymbol{e}^{\mathrm{T}}(k)\boldsymbol{W}g'(\mathbf{net}(k-1))\frac{\partial \mathbf{net}(k-1)}{\partial \boldsymbol{W}}\\
&= \boldsymbol{e}^{\mathrm{T}}(k)\frac{\partial \mathbf{net}(k)}{\partial \mathbf{net}(k-1)}\frac{\partial \mathbf{net}(k-1)}{\partial \boldsymbol{W}}\\
&= \boldsymbol{e}^{\mathrm{T}}(k-1)\frac{\partial \mathbf{net}(k-1)}{\partial \boldsymbol{W}}
\end{aligned} \tag{9.1.27}$$

于是，递推公式为

$$\begin{aligned}
\nabla_{\boldsymbol{W}}E = \frac{\partial E}{\partial \boldsymbol{W}} = \frac{\partial E}{\partial \mathbf{net}(k)}\frac{\partial \mathbf{net}(k)}{\partial \boldsymbol{W}} &= \nabla_{\boldsymbol{W}(k)}E + \boldsymbol{e}^{\mathrm{T}}(k-1)\frac{\partial \mathbf{net}(k-1)}{\partial \boldsymbol{W}}\\
&= \nabla_{\boldsymbol{W}(k)}E + \nabla_{\boldsymbol{W}(k-1)}E + \boldsymbol{e}^{\mathrm{T}}(k-2)\frac{\partial \mathbf{net}(k-2)}{\partial \boldsymbol{W}}\\
&= \nabla_{\boldsymbol{W}(k)}E + \nabla_{\boldsymbol{W}(k-1)}E + \cdots + \nabla_{\boldsymbol{W}(1)}E\\
&= \sum_{n=1}^{k}\nabla_{\boldsymbol{W}(k)}E
\end{aligned} \tag{9.1.28}$$

这样就证明了：最终的梯度 $\nabla_{\boldsymbol{W}}E$ 是各个时刻的梯度之和。

与权重矩阵 $\boldsymbol{W}$ 类似，可以得到权重矩阵 $\boldsymbol{U}$ 的计算方法，其中

$$\nabla_{U(k)}E = \begin{bmatrix}e_1(k)x_1(k) & e_1(k)x_2(k) & \cdots & e_1(k)x_N(k)\\ e_2(k)x_1(k) & e_2(k)x_2(k) & \cdots & e_2(k)x_N(k)\\ \vdots & \vdots & & \vdots\\ e_M(k)x_1(k) & e_M(k)x_2(k) & \cdots & e_M(k)x_N(k)\end{bmatrix} \tag{9.1.29}$$

式(9.1.29)是误差函数在 k 时刻对权重矩阵 $\boldsymbol{U}$ 的梯度。与权重矩阵 $\boldsymbol{W}$ 一样，最终的梯度也是各个时刻的梯度之和，即

$$\nabla_{\boldsymbol{U}} E=\sum_{i=1}^{k} \nabla_{\boldsymbol{U}(k)} E \tag{9.1.30}$$

4. 梯度爆炸和消失问题

RNN 并不能很好地处理较长的序列。一个主要原因是，RNN 在训练中很容易发生梯度爆炸和梯度消失问题，导致训练时梯度不能在较长序列中一直传递下去，从而使 RNN 无法捕捉到长距离的影响。

为什么 RNN 会产生梯度爆炸和梯度消失问题呢？现进行详细分析。根据式(9.1.11)，得

$$\boldsymbol{e}^{\mathrm{T}}(k)=\boldsymbol{e}^{\mathrm{T}}(n) \prod_{i=k}^{n-1} \boldsymbol{W} \operatorname{diag}[g'(\mathbf{net}(i))] \tag{9.1.31}$$

$$\|\boldsymbol{e}^{\mathrm{T}}(k)\| \leqslant \|\boldsymbol{e}^{\mathrm{T}}(n)\| \prod_{i=k}^{n-1}\|\boldsymbol{W}\|\|\operatorname{diag}[g'(\mathbf{net}(i))]\| \leqslant \|\boldsymbol{e}^{\mathrm{T}}(n)\|(\beta_{\mathrm{W}} \beta_{\mathrm{f}})^{n-k} \tag{9.1.32}$$

式中，β 为矩阵的模的上界。因为式(9.1.32)是一个指数函数，如果 $n-k$ 很大(也就是向前看很远时)，会导致对应的误差项的值增长或缩小得非常快，这样就会导致相应的梯度爆炸和梯度消失问题(取决于 β 大于 1 还是小于 1)。

通常，梯度爆炸更容易处理一些。因为梯度爆炸时，程序会收敛到 NaN 错误。也可以设置一个梯度阈值，当梯度超过这个阈值可以直接截取。

梯度消失更难检测，而且也更难处理一些。总的来说，有三种方法应对梯度消失问题：

(1) 合理的初始化权重值。初始化权重使每个神经元尽可能不要取极大值或极小值，以躲开梯度消失的区域。

(2) 使用 ReLU 代替 Sigmoid 和 Tanh 作为激活函数。

(3) 使用其他结构的 RNNs，如长短时记忆网络(long short term memory network，LTSM)和门控循环单元(gated recurrent unit，GRU)，这是最流行的做法。

9.2 基于 SGD 优化的 RNN 算法

RNNs 处理时序数据的模型结构如图 9.3 所示，一个基本的 RNN 通常由一个输入层、一个隐含层(也称为循环层)和一个输出层组成。

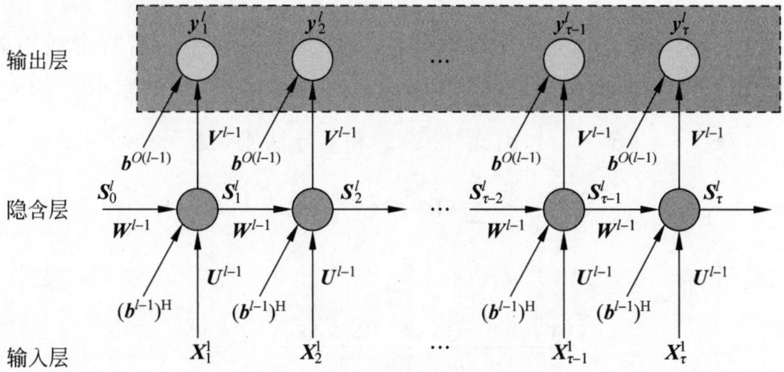

图 9.3 RNNs 处理时序数据的模型结构

图 9.3 中，$\boldsymbol{X}^l(k)\in\mathbb{R}^{m\times a}$、$\boldsymbol{S}^l(k)\in\mathbb{R}^{m\times h}$ 和 $\boldsymbol{y}^l(k)\in\mathbb{R}^{m\times d}$ 分别为第 s 批训练样本数据在 k 时刻的输入值、隐含层和输出层的输出值，其中，m 为小批量大小，a 为一个训练样本数据的维度，h 为隐含层神经元数，d 为输出层神经元数；$\boldsymbol{U}^{l-1}\in\mathbb{R}^{a\times h}$、$\boldsymbol{W}^{l-1}\in\mathbb{R}^{h\times h}$ 和 $\boldsymbol{V}^{l-1}\in\mathbb{R}^{h\times d}$ 分别为第 s 批数据训练时输入层到隐含层、相邻时刻隐含层、隐含层到输出层的参数矩阵；$(\boldsymbol{b}^{l-1})^{\mathrm{H}}\in\mathbb{R}^{l\times h}$ 和 $\boldsymbol{b}^{O(l-1)}\in\mathbb{R}^{l\times d}$ 分别为隐含层和输出层的偏置参数矩阵；τ 表示当前序列数据共有 τ 时间步。RNNs 的核心思想是在不同时间步对模型参数进行共享，其中每个时间步的隐含层值都会加权输入下一个时间步的计算中，从而令权重参数学习到序列数据不同时间步之间的关联特征并进行泛化。输出层根据实际问题选择将哪些时间步输出，比较常见的实际问题是有序列数据的分类和预测问题。对序列数据预测问题，输出层每一时间步均有输出；对序列数据分类问题，仅在输出层的最后一个时间步有输出，即图 9.3 虚线框中的时间步不输出。RNNs 通过前向传播来获得实际输出，其计算过程为

$$\boldsymbol{S}^l(k)=g(\boldsymbol{x}^l(k)\boldsymbol{U}^{l-1}+\boldsymbol{S}^l(k-1)\boldsymbol{W}^{l-1}+\boldsymbol{1}\times(\boldsymbol{b}^{l-1})^{\mathrm{H}}) \tag{9.2.1}$$

$$\boldsymbol{y}^l(k)=\sigma(\boldsymbol{S}^l(k)\boldsymbol{V}^{l-1}+\boldsymbol{1}\times\boldsymbol{b}^{O(l-1)}) \tag{9.2.2}$$

式中，$\boldsymbol{1}$ 为 m 行全 1 列向量；$g(\cdot)$和 $\sigma(\cdot)$分别为隐含层和输出层的激活函数，常用的激活函数有 Sigmoid 函数与 Tanh 函数等。为了便于后续推导和表达的简洁性，将式(9.2.1)和式(9.2.2)用增广矩阵进一步表示为

$$\boldsymbol{S}^l(k)=g((\boldsymbol{R}^l(k))^{\mathrm{H}}(\boldsymbol{\Theta}^{l-1})^{\mathrm{H}}) \tag{9.2.3}$$

$$\boldsymbol{y}^l(k)=\sigma(\boldsymbol{R}^{O(l)}(k)\,\boldsymbol{\Theta}^{O(l-1)}) \tag{9.2.4}$$

式中，$(\boldsymbol{R}^l(k))^{\mathrm{H}}\in\mathbb{R}^{m\times(a+h+1)}$，$\boldsymbol{R}^{O(l)}(k)\in\mathbb{R}^{m\times(h+1)}$ 分别为隐含层与输出层的输入增广矩阵；$(\boldsymbol{\Theta}^{l-1})^{\mathrm{H}}\in\mathbb{R}^{(a+h+1)\times h}$，$\boldsymbol{\Theta}^{O(l-1)}\in\mathbb{R}^{(h+1)\times d}$ 分别为隐含层与输入层的权重增广矩阵，即

$$(\boldsymbol{R}^l(k))^{\mathrm{H}}=[\boldsymbol{x}^l(k)\quad \boldsymbol{S}^l(k-1)\quad \boldsymbol{1}] \tag{9.2.5}$$

$$\boldsymbol{R}^{O(l)}(k)=[\boldsymbol{S}^l(k-1)\quad \boldsymbol{1}] \tag{9.2.6}$$

$$(\boldsymbol{\Theta}^{l-1})^{\mathrm{H}}=[(\boldsymbol{U}^{l-1})^{\mathrm{T}}(\boldsymbol{W}^{l-1})^{\mathrm{T}}\quad (\boldsymbol{b}^{l-1})^{\mathrm{H}}] \tag{9.2.7}$$

$$\boldsymbol{\Theta}^{O(l-1)}=[(\boldsymbol{V}^{l-1})^{\mathrm{H}}\quad \boldsymbol{b}^{O(l-1)}]^{\mathrm{T}} \tag{9.2.8}$$

RNNs 的参数更新方式和所采用的优化算法密切相关，基于 SGD 算法的 RNNs 优化通常借助于最小化目标函数反向传播完成。常用的目标函数有交叉熵函数、均方误差函数、logistic 函数等。现采用均方误差函数，即

$$\hat{J}(\boldsymbol{\Theta}^{l-1})=\frac{\sum\limits_{t=t_0}^{\tau}\|\hat{\boldsymbol{y}}^l(k)-\boldsymbol{y}^l(k)\|_{\mathrm{F}}^2}{2m(\tau-t_0+1)} \tag{9.2.9}$$

式中，$\hat{\boldsymbol{y}}^l(k)\in\mathbb{R}^{m\times d}$ 为与 $\boldsymbol{x}^l(k)$对应的期望输出；$\boldsymbol{\Theta}^{l-1}$ 为网络中的所有参数矩阵；t_0 表示输出层的起始输出时间步。如果是分类问题，则 $t_0=\tau$；如果是序列预测问题，则 $t_0=1$。

令 $\hat{\nabla}^{O(l)}=\partial\hat{J}(\boldsymbol{\Theta}^{l-1})/\partial\boldsymbol{\Theta}^{O(l-1)}$，由式(9.2.9)和链导法则，得

$$\hat{\nabla}^{O(l)}=\sum_{k=t_0}^{\tau}(\boldsymbol{R}^{O(l)}(k))^{\mathrm{T}}\,\hat{\boldsymbol{\Delta}}^{O(l)}(k) \tag{9.2.10}$$

式中，$\hat{\Delta}^{O(l)}(k)=\partial\hat{J}(\boldsymbol{\Theta}^{l-1})/\partial\boldsymbol{Z}^{O(l)}(k)$，即

$$\hat{\Delta}^{O(l)}(k)=\begin{cases}\dfrac{(\boldsymbol{y}^l(k)-\hat{\boldsymbol{y}}^l(k))\odot\sigma'(Z^{O(l)}(k))}{m(\tau-t_0+1)}, & k\geqslant t_0\\ 0, & k<t_0\end{cases} \tag{9.2.11}$$

式中，⊙为 Hadamard 积；$Z^{O(l)}(k)$为输出层非线性激活输出，即

$$\boldsymbol{Z}^{O(l)}(k)=\boldsymbol{R}^{O(l)}\boldsymbol{\Theta}^{O(l-1)} \tag{9.2.12}$$

该层参数的更新公式为

$$\boldsymbol{\Theta}^{O(l)}=\boldsymbol{\Theta}^{O(l-1)}-\alpha\hat{\nabla}^{O(l)} \tag{9.2.13}$$

式中，α 为学习步长。

令$\hat{\nabla}^{(l)\mathrm{H}}=\partial J(\boldsymbol{\Theta}^{l-1})/\partial(\boldsymbol{\Theta}^{l-1})^{\mathrm{H}}$，根据 BPTT 算法，由式(9.2.13)和链式法则，得

$$\hat{\nabla}^{(l)\mathrm{H}}=\sum_{t=1}^{\tau}((\boldsymbol{R}^{l}(k))^{\mathrm{H}})^{\mathrm{T}}(\hat{\boldsymbol{\Delta}}^{l}(k))^{\mathrm{H}} \tag{9.2.14}$$

式中，$(\hat{\boldsymbol{\Delta}}^{l}(k))^{\mathrm{H}}=\partial\hat{J}(\boldsymbol{\Theta})/\partial(\boldsymbol{Z}^{l}(k))^{\mathrm{H}}$ 为目标函数对于隐含层非线性激活输出的梯度，即

$$(\hat{\boldsymbol{\Delta}}^{l}(k))^{\mathrm{H}}=\begin{cases}((\widetilde{\boldsymbol{\Delta}}^{l}(k))^{\mathrm{H}}((\widetilde{\boldsymbol{\Theta}}^{l-1})^{\mathrm{H}})^{\mathrm{T}})\odot g'((\boldsymbol{Z}^{l}(k))^{\mathrm{H}}), & k<\tau\\ (\hat{\boldsymbol{\Delta}}^{O(l)}(k)(\boldsymbol{V}^{l-1})^{\mathrm{T}})\odot g'(\boldsymbol{Z}^{l}(k))^{\mathrm{H}}), & k=\tau\end{cases} \tag{9.2.15}$$

式中，$(\widetilde{\boldsymbol{\Delta}}^{l}(k))^{\mathrm{H}}=[\hat{\boldsymbol{\Delta}}^{O(l)}(k),(\hat{\boldsymbol{\Delta}}^{l}(k+1))^{\mathrm{H}}]$，$(\widetilde{\boldsymbol{\Theta}}^{l-1})^{\mathrm{H}}=[\boldsymbol{V}^{l-1},\boldsymbol{W}^{l-1}]$；$(\boldsymbol{Z}^{l}(k))^{\mathbf{H}}$ 为隐含层非线性激活输出，即

$$(\boldsymbol{Z}^{l}(k))^{\mathrm{H}}=(\boldsymbol{R}^{l}(k))^{\mathrm{H}}(\boldsymbol{\Theta}^{l-1})^{\mathrm{H}} \tag{9.2.16}$$

该层参数的更新公式为

$$(\boldsymbol{\Theta}^{l})^{\mathrm{H}}=(\boldsymbol{\Theta}^{l-1})^{\mathrm{H}}-\boldsymbol{\alpha}(\hat{\nabla}^{l})^{\mathrm{H}} \tag{9.2.17}$$

9.3 基于 RLS 优化的 RNN 算法

9.3.1 RLS 算法

RLS 算法不但收敛速度很快，而且适用于在线学习。设当前训练样本输入集 $\boldsymbol{x}=\{x_1,x_2,\cdots,x_N\}$，对应的期望输出集为 $\boldsymbol{y}=\{y_1,y_2,\cdots,y_N\}$，其目标函数通常定义为

$$J(\boldsymbol{w})=\frac{1}{2}\sum_{n=1}^{N}\lambda^{N-n}(y_n-\boldsymbol{w}^{\mathrm{T}}\boldsymbol{x}_n)^2 \tag{9.3.1}$$

式中，$\boldsymbol{w}$ 为权重向量；$\lambda\in(0,1]$为遗忘因子。

令$\nabla_{\boldsymbol{w}}J(\boldsymbol{w})=0$，得

$$\boldsymbol{w}_{\mathrm{opt}}=\sum_{n=1}^{N}\lambda^{N-n}(\boldsymbol{x}_n\boldsymbol{x}_n^{\mathrm{T}})^{-1}\boldsymbol{x}_n y_n \tag{9.3.2}$$

整理后，得

$$\boldsymbol{w}=\boldsymbol{w}_{\mathrm{opt}}=\boldsymbol{A}^{-1}\boldsymbol{b} \tag{9.3.3}$$

式中，

$$\boldsymbol{A}=\sum_{n=1}^{N}\lambda^{N-n}\boldsymbol{x}_n\boldsymbol{x}_n^{\mathrm{T}} \tag{9.3.4}$$

$$\boldsymbol{b}=\sum_{n=1}^{N}\lambda^{N-n}\boldsymbol{x}_n y_n \tag{9.3.5}$$

为了避免矩阵求逆且适用于在线学习，令

$$\boldsymbol{P}(k)=\boldsymbol{A}^{-1}(k) \tag{9.3.6}$$

式(9.3.4)和式(9.3.5)的递推公式为

$$\boldsymbol{A}(k)=\lambda\boldsymbol{A}(k-1)+\boldsymbol{x}(k)\boldsymbol{x}^{\mathrm{T}}(k) \tag{9.3.7}$$

$$\boldsymbol{b}(k)=\lambda\boldsymbol{b}(k-1)+\boldsymbol{x}(k)y(k) \tag{9.3.8}$$

由 Sherman-Morrison-Woodbury 公式，得

$$\boldsymbol{P}(k)=\frac{1}{\lambda}\boldsymbol{P}(k-1)-\frac{1}{\lambda}\boldsymbol{G}(k)\boldsymbol{u}^{\mathrm{T}}(k) \tag{9.3.9}$$

式中，

$$\boldsymbol{u}(k)=\boldsymbol{P}(k-1)\boldsymbol{x}(k) \tag{9.3.10}$$

$$\boldsymbol{G}(k)=\frac{\boldsymbol{u}(k)}{\lambda+\boldsymbol{u}^{\mathrm{T}}(k)\boldsymbol{x}(k)} \tag{9.3.11}$$

式中，$\boldsymbol{G}(k)$为增益向量。进一步将式(9.3.7)、式(9.3.9)和式(9.3.10)代入式(9.3.11)，得

$$\boldsymbol{w}(k)=\boldsymbol{w}(k-1)-\boldsymbol{G}(k)e(k) \tag{9.3.12}$$

式中，

$$e(k)=(\boldsymbol{w}^{\mathrm{T}}(k-1)\boldsymbol{x}(k)-y(k)) \tag{9.3.13}$$

9.3.2 RLS 算法优化 RNN

RLS 算法虽然具有很快的学习速度，但是只适用于线性系统。在 RNNs 中，如果不考虑激活函数，其隐含层和输出层的输出计算仍然是线性的。基于这一特性，来构建新的小批量 RLS 优化算法。假定输出层激活函数 $\sigma(\cdot)$存在反函数 $\sigma^{-1}(\cdot)$，按照 RLS 算法，将输出层的目标函数定义为

$$J(\boldsymbol{\Theta})=\sum_{n=1}^{l}\sum_{k=t_0}^{\tau}\frac{\lambda^{l-n}\left\|\hat{\boldsymbol{Z}}^{O(n)}(k)-\boldsymbol{Z}^{O(n)}(k)\right\|_{\mathrm{F}}^{2}}{2m(\tau-t_0+1)} \tag{9.3.14}$$

式中，l 代表共有 l 批训练样本；$\hat{\boldsymbol{Z}}^{O(n)}(k)$为输出层的非线性激活期望值，即

$$\hat{\boldsymbol{Z}}^{O(n)}(k)=\sigma^{-1}(\hat{\boldsymbol{y}}^{(n)}(k)) \tag{9.3.15}$$

因此，RNNs 参数优化问题可以被定义为

$$\boldsymbol{\Theta}^{l}=\arg\min_{\Theta}J(\boldsymbol{\Theta}) \tag{9.3.16}$$

由于 RNNs 前向传播并不涉及权重参数更新，因此在进行 RNNs 训练时，其前向传播计算与 SGD-RNN 算法基本相同，$\boldsymbol{S}^{l}(k)$同样采用式(9.2.3)计算，唯一区别是此处并不需要计算 $\boldsymbol{y}^{l}(k)$，而是采用式(9.2.12)计算 $\boldsymbol{Z}^{O(l)}(k)$。本节将只讨论 RLS-RNN 的输出层和隐含层参数的更新推导。

1. RLS-RNN 输出层的参数更新

令$\nabla_{\boldsymbol{\Theta}^{O}}=\partial J(\boldsymbol{\Theta})/\partial\boldsymbol{\Theta}^{O}$，由式(9.3.14)和链式法则，得

$$\nabla_{\boldsymbol{\Theta}^{O}}=\sum_{n=1}^{l}\sum_{k=t_0}^{\tau}(\boldsymbol{R}^{O(l)}(k))^{\mathrm{T}}\boldsymbol{\Delta}^{O(n)}(k) \tag{9.3.17}$$

式中，$\boldsymbol{\Delta}^{O(n)}(k)=\partial J(\boldsymbol{\Theta})/\partial\boldsymbol{Z}^{O(n)}(k)$，即

$$\boldsymbol{\Delta}^{O(n)}(k)=\begin{cases}\dfrac{\lambda^{s-n}(\boldsymbol{Z}^{O(n)}(k)-\hat{\boldsymbol{Z}}^{O(n)}(k))}{m(\tau-t_0+1)}, & k\geqslant t_0\\ 0, & k<t_0\end{cases} \tag{9.3.18}$$

为了求取最佳参数$\hat{\boldsymbol{\Theta}}^{O}$，进一步令$\nabla_{\boldsymbol{\Theta}^{O}}=0$，即

$$\sum_{n=1}^{l}\sum_{k=t_0}^{\tau}(\boldsymbol{R}^{O(n)}(k))^{\mathrm{T}}\boldsymbol{\Delta}^{O(n)}(k)=0 \tag{9.3.19}$$

将式(9.3.18)代入式(9.3.19),得

$$\sum_{n=1}^{l}\sum_{k=t_0}^{\tau}\frac{\lambda^{l-n}(\boldsymbol{R}^{O(n)}(k))^{\mathrm{T}}(\boldsymbol{R}^{O(n)}(k)\boldsymbol{\Theta}^{O}-\hat{\boldsymbol{Z}}^{O(n)}(k))}{m(\tau-t_0+1)}=0 \tag{9.3.20}$$

整理得$\boldsymbol{\Theta}^{O(l)}$的最小二乘解为

$$\boldsymbol{\Theta}^{O(l)}=\hat{\boldsymbol{\Theta}}^{O}=(\boldsymbol{A}^{O(l)})^{-1}\boldsymbol{B}^{O(l)} \tag{9.3.21}$$

式中,

$$\boldsymbol{A}^{O(l)}=\sum_{n=1}^{l}\sum_{k=t_0}^{\tau}\frac{\lambda^{l-n}(\boldsymbol{R}^{O(n)}(k))^{\mathrm{T}}\boldsymbol{R}^{O(n)}(k)}{m(\tau-t_0+1)} \tag{9.3.22}$$

$$\boldsymbol{B}^{O(l)}=\sum_{n=1}^{l}\sum_{k=t_0}^{\tau}\frac{\lambda^{l-n}(\boldsymbol{R}^{O(n)}(k))^{\mathrm{T}}\boldsymbol{Z}^{O^*(n)}(k)}{m(\tau-t_0+1)} \tag{9.3.23}$$

类似于RLS算法推导,式(9.3.22)与式(9.3.23)的递推形式为

$$\boldsymbol{A}^{O(l)}=\lambda\boldsymbol{A}^{O(l-1)}+\sum_{k=t_0}^{\tau}\sum_{n=1}^{m}\frac{\boldsymbol{R}^{O(l)}(k,n)(\boldsymbol{R}^{O(l)}(k,n))^{\mathrm{T}}}{m(\tau-t_0+1)} \tag{9.3.24}$$

$$\boldsymbol{B}^{O(l)}=\lambda\boldsymbol{B}^{O(l-1)}+\sum_{k=t_0}^{\tau}\sum_{n=1}^{m}\frac{\boldsymbol{R}^{O(l)}(k,n)((\boldsymbol{Z}^{O(l)}(k,n))^{*})^{\mathrm{T}}}{m(\tau-t_0+1)} \tag{9.3.25}$$

式中,$\boldsymbol{R}^{O(l)}(k,n)\in\mathbb{R}^{h+1}$为$(\boldsymbol{R}^{O(l)}(k))^{\mathrm{T}}$的第$n$列向量;$(\boldsymbol{Z}^{O(l)}(k,n))^{*}\in\mathbb{R}^{d}$为$((\boldsymbol{Z}^{l}(k))^{*})^{\mathrm{T}}$的第$n$列向量。但由于此处是基于小批量训练的RNNs,式(9.3.24)并不能直接利用Sherman-Morrison-Woodbury公式求解$\boldsymbol{A}^{O(l)}$的逆。考虑到同一批次中各样本$\boldsymbol{\Theta}^{O(l-1)}$、$\boldsymbol{A}^{O(l-1)}$和$\boldsymbol{B}^{O(l-1)}$是相同的,借鉴SGD算法计算小批量平均梯度思想,采用平均近似方法来处理这一问题。式(9.3.24)和式(9.3.25)可以重写为

$$\boldsymbol{A}^{O(l)}=\sum_{k=t_0}^{\tau}\sum_{n=1}^{m}\frac{\boldsymbol{A}^{O(l)}(k,n)}{m(\tau-t_0+1)} \tag{9.3.26}$$

$$\boldsymbol{B}^{O(l)}=\sum_{k=t_0}^{\tau}\sum_{n=1}^{m}\frac{\boldsymbol{B}^{O(l)}(k,n)}{m(\tau-t_0+1)} \tag{9.3.27}$$

式中,

$$\boldsymbol{A}^{O(l)}(k,n)=\lambda\boldsymbol{A}^{O(l-1)}+\boldsymbol{R}^{O(l)}(k,n)(\boldsymbol{R}^{O(l)}(k,n))^{\mathrm{T}} \tag{9.3.28}$$

$$\boldsymbol{B}^{O(l)}(k,n)=\lambda\boldsymbol{B}^{O(l-1)}+\boldsymbol{R}^{O(l)}(k,n)((\boldsymbol{Z}^{O(l)}(k,n))^{*})^{\mathrm{T}} \tag{9.3.29}$$

接着,$(\boldsymbol{A}^{O(l)})^{-1}$和$\boldsymbol{\Theta}^{O(l)}$的近似公式为

$$(\boldsymbol{A}^{O(l)})^{-1}\approx\sum_{k=t_0}^{\tau}\sum_{n=1}^{m}\frac{(\boldsymbol{A}^{O(l)}(k,n))^{-1}}{m(\tau-t_0+1)} \tag{9.3.30}$$

$$\boldsymbol{\Theta}^{O(l)}\approx\sum_{k=t_0}^{\tau}\sum_{n=1}^{m}\frac{(\boldsymbol{A}^{O(l)}(k,n))^{-1}\boldsymbol{B}^{O(l)}(k,n)}{m(\tau-t_0+1)} \tag{9.3.31}$$

令$\boldsymbol{P}^{O(l)}=(\boldsymbol{A}^{O(l)})^{-1}$,根据式(9.3.30)、式(9.3.31)以及Sherman-Morrison-Woodbury公式,整理后的公式为

$$\boldsymbol{P}^{O(l)}\approx\frac{1}{\lambda}\boldsymbol{P}^{O(l-1)}-\sum_{k=t_0}^{\tau}\sum_{n=1}^{m}\frac{\boldsymbol{G}^{O(l)}(k,n)(\boldsymbol{\Delta}^{O(l)}(k,n))^{\mathrm{T}}}{\lambda m(\tau-t_0+1)} \tag{9.3.32}$$

$$\boldsymbol{\Theta}^{O(l)}\approx\boldsymbol{\Theta}^{O(l-1)}-\sum_{t=t_0}^{\tau}\sum_{n=1}^{m}\boldsymbol{G}^{O(l)}(k,n)(\boldsymbol{\Delta}^{O(l)}(k,n))^{\mathrm{T}} \tag{9.3.33}$$

式中,$\boldsymbol{\Delta}^{O(l)}(k,n)\in\mathbb{R}^{d}$为$(\boldsymbol{\Delta}^{O(l)}(k))^{\mathrm{T}}$的第$n$列向量,且

$$\boldsymbol{\Lambda}^{O(l)}(k,n)=\boldsymbol{P}^{O(l-1)}\boldsymbol{R}^{O(l)}(k,n) \tag{9.3.34}$$

$$\boldsymbol{G}^{O(l)}(k,n)=\frac{\boldsymbol{\Lambda}^{O(l)}(k,n)}{\lambda+(\boldsymbol{\Lambda}^{O(l)}(k,n))^{\mathrm{T}}\boldsymbol{R}^{O(l)}(k,n)} \tag{9.3.35}$$

2. RLS-RNN 隐含层参数更新

令$\nabla_{\boldsymbol{\Theta}^{\mathrm{H}}}=\partial J(\boldsymbol{\Theta})/\partial\boldsymbol{\Theta}^{\mathrm{H}}$，由式(9.3.14)和链式法则，得

$$\nabla_{\boldsymbol{\Theta}^{\mathrm{H}}}=\sum_{n=1}^{l}\sum_{k=1}^{\tau}(\boldsymbol{R}^{\mathrm{H}}(k))^{\mathrm{T}}(\boldsymbol{\Delta}^{(n)}(k))^{\mathrm{H}} \tag{9.3.36}$$

式中，$(\boldsymbol{\Delta}^{(n)}(k))^{\mathrm{H}}=\partial J(\boldsymbol{\Theta})/\partial(\boldsymbol{Z}^{(n)}(k))^{\mathrm{H}}$，采用 BPTT 算法的计算公式为

$$(\boldsymbol{\Delta}^{(n)}(k))^{\mathrm{H}}=\begin{cases}((\hat{\boldsymbol{\Delta}}^{(n)}(k))^{\mathrm{H}}((\widetilde{\boldsymbol{\Theta}}^{(n-1)})^{\mathrm{H}})^{\mathrm{T}})\odot g'((\boldsymbol{Z}^{(n)}(k))^{\mathrm{H}}), & k<\tau\\(\boldsymbol{\Delta}^{O(n)}(k)(\boldsymbol{V}^{(n-1)})^{\mathrm{T}}\odot g'(\boldsymbol{Z}^{\mathrm{H}}(k)), & k=\tau\end{cases} \tag{9.3.37}$$

式中，$(\hat{\boldsymbol{\Delta}}^{(n)}(k))^{\mathrm{H}}=[\boldsymbol{\Delta}^{O(n)}(k),(\boldsymbol{\Delta}^{(n)}(k+1))^{\mathrm{H}}]$，进一步令$\nabla_{\boldsymbol{\Theta}^{\mathrm{H}}}=0$，得

$$\sum_{n=1}^{l}\sum_{k=1}^{\tau}((\boldsymbol{R}^{(n)}(k))^{\mathrm{H}})^{\mathrm{T}}(\boldsymbol{\Delta}^{(n)}(k))^{\mathrm{H}}=0 \tag{9.3.38}$$

然而，式(9.3.37)非常复杂，且$g'(\boldsymbol{Z}^{(l)\mathrm{H}})$一般为非线性，并不能将式(9.3.37)代入式(9.3.38)求得隐含层参数$\boldsymbol{\Theta}^{\mathrm{H}}$的最小二乘解。接下来提出用一种新的方法来导出$\boldsymbol{\Delta}^{(n)\mathrm{H}}(k)$的等价形式，借此来获得$\boldsymbol{\Theta}^{\mathrm{H}}$的最小二乘解。现定义一个新的隐含层目标函数为$J^{\mathrm{H}}(\boldsymbol{\Theta}^{\mathrm{H}})$，即

$$J^{\mathrm{H}}(\boldsymbol{\Theta}^{\mathrm{H}})=\sum_{n=1}^{l}\sum_{k=1}^{\tau}\frac{\lambda^{l-n}}{2m\tau}\|\hat{\boldsymbol{Z}}^{(n)\mathrm{H}}(k)-\boldsymbol{Z}^{(n)\mathrm{H}}(k)\|_{\mathrm{F}}^{2} \tag{9.3.39}$$

式中，$\hat{\boldsymbol{Z}}^{(n)\mathrm{H}}(k)$为该层非线性激活输出期望值。显然，如果$J(\boldsymbol{\Theta})\to 0$，那么$J^{\mathrm{H}}(\boldsymbol{\Theta}^{\mathrm{H}})\to 0$，即

$$\boldsymbol{\Theta}_{\mathrm{opt}}^{(l)\mathrm{H}}=\arg\min_{\mathrm{H}} J^{\mathrm{H}}(\boldsymbol{\Theta}^{\mathrm{H}}) \tag{9.3.40}$$

令$\partial J^{\mathrm{H}}(\boldsymbol{\Theta}^{\mathrm{H}})/\partial\boldsymbol{\Theta}^{\mathrm{H}}=0$，得

$$\sum_{n=1}^{l}\sum_{k=1}^{\tau}\frac{\lambda^{l-n}}{m\tau}(\boldsymbol{R}^{(n)\mathrm{H}}(k))^{\mathrm{T}}(\boldsymbol{Z}^{(n)\mathrm{H}}(k)-\hat{\boldsymbol{Z}}^{(n)\mathrm{H}}(k))=0 \tag{9.3.41}$$

比较式(9.3.38)和式(9.3.41)得，$\boldsymbol{\Delta}^{(n)\mathrm{H}}(k)$的另一种等价定义形式为

$$\boldsymbol{\Delta}^{(n)\mathrm{H}}(k)=\frac{\eta\lambda^{l-n}}{m\tau}(\boldsymbol{Z}^{(n)\mathrm{H}}(k)-\hat{\boldsymbol{Z}}^{(n)\mathrm{H}}(k)) \tag{9.3.42}$$

式中，η为比例因子。理论上讲，不同小批量数据对应的η应该有一定的差别。但考虑到各批小批量数据均是从整个训练集中随机选取的，故可忽略这一差别，由式(9.2.12)知$\boldsymbol{Z}^{(n)\mathrm{H}}(k)=\boldsymbol{R}^{(n)\mathrm{H}}(k)\boldsymbol{\Theta}^{\mathrm{H}}$，且将式(9.3.42)代入式(9.3.38)中，得

$$\sum_{n=1}^{l}\sum_{l=1}^{\tau}\frac{\eta\lambda^{l-n}}{m\tau}(\boldsymbol{R}^{(n)\mathrm{H}}(k))^{\mathrm{T}}(\boldsymbol{R}^{(n)\mathrm{H}}(k)\boldsymbol{\Theta}^{\mathrm{H}}-\hat{\boldsymbol{Z}}^{(n)\mathrm{H}}(k))=0 \tag{9.3.43}$$

进一步整理，得$\boldsymbol{\Theta}^{(l)\mathrm{H}}$的最小二乘解为

$$\boldsymbol{\Theta}^{(l)\mathrm{H}}=(\boldsymbol{A}^{(l)\mathrm{H}})^{-1}\boldsymbol{B}^{(l)\mathrm{H}} \tag{9.3.44}$$

式中，

$$\boldsymbol{A}^{(l)\mathrm{H}}=\sum_{n=1}^{l}\sum_{k=1}^{\tau}\frac{\eta\lambda^{L-n}}{m\tau}(\boldsymbol{R}^{(n)\mathrm{H}}(k))^{\mathrm{T}}\boldsymbol{R}^{(n)\mathrm{H}}(k) \tag{9.3.45}$$

$$\boldsymbol{B}^{(l)\mathrm{H}}=\sum_{n=1}^{l}\sum_{k=1}^{\tau}\frac{\eta\lambda^{l-n}}{m\tau}(\boldsymbol{R}^{(n)\mathrm{H}}(k))^{\mathrm{T}}\boldsymbol{Z}^{(n)\mathrm{H}}(k) \tag{9.3.46}$$

式(9.3.44)所示的递归最小二乘解推导过程，类似于输出层参数更新推导。令$\boldsymbol{P}^{(l)\mathrm{H}}=$

$(\boldsymbol{A}^{(l)\mathrm{H}})^{-1}$，同样采用上文的近似平均求解方法，得

$$\boldsymbol{P}^{(l)\mathrm{H}} \approx \frac{1}{\lambda}(\boldsymbol{P}^{l-1})^{\mathrm{H}} - \frac{1}{\lambda m\tau}\sum_{k=1}^{\tau}\sum_{n=1}^{m}\boldsymbol{G}^{(l)\mathrm{H}}(k,n)(\boldsymbol{\Lambda}^{(l)\mathrm{H}}(k,n))^{\mathrm{T}} \tag{9.3.47}$$

$$\boldsymbol{\Theta}^{(l)\mathrm{H}} \approx (\boldsymbol{\Theta}^{(l-1)})^{\mathrm{H}} - \frac{1}{\eta}\sum_{k=1}^{\tau}\sum_{n=1}^{m}\boldsymbol{G}^{(l)\mathrm{H}}(k,n)(\boldsymbol{\Delta}^{(l)\mathrm{H}}(k,n))^{\mathrm{T}} \tag{9.3.48}$$

式中，$\boldsymbol{\Delta}^{(l)\mathrm{H}}(k,n)\in\mathbb{R}^{h}$ 为 $(\boldsymbol{\Delta}^{(l)\mathrm{H}}(k))^{\mathrm{T}}$ 的第 n 列向量，且

$$\boldsymbol{\Lambda}^{(l)\mathrm{H}}(k,n) = (\boldsymbol{P}^{(l-1)})^{\mathrm{H}}\boldsymbol{R}^{(l)\mathrm{H}}(k,n) \tag{9.3.49}$$

$$\boldsymbol{G}^{(l)\mathrm{H}}(k,n) = \frac{\boldsymbol{\Lambda}^{(l)\mathrm{H}}(k,n)}{\dfrac{\lambda}{\eta} + (\boldsymbol{\Lambda}^{(l)\mathrm{H}}(k,n))^{\mathrm{T}}\boldsymbol{R}^{(l)\mathrm{H}}(k,n)} \tag{9.3.50}$$

注意：由于并不知道隐含层期望输出 $\hat{\boldsymbol{Z}}^{(l)\mathrm{H}}(k)$，所以实际上不能通过式(9.3.42)来求取 $\boldsymbol{\Delta}^{(l)\mathrm{H}}(k)$。幸运的是，式(9.2.14)与式(9.3.41)等价，因此在算法具体实现中，将采用式(9.3.37)来替换式(9.3.42)。

综上，RLS-RNN 算法流程如图 9.4 所示。

9.3.3 RLS-RNN 的改进

1. λ 自适应调整

研究表明，遗忘因子 λ 的取值对 RLS 算法性能影响较大，特别是在 RLS 处理时变任务时影响更大。由于 RLS-RNN 是建立在传统 RLS 基础之上，因而其收敛质量也易受 λ 的影响。这里，直接给出一种 λ 自适应调整方法。对第 l 个小批量样本，RLS-RNN 所用的遗忘因子为

$$\lambda^{(l)} = \begin{cases} \lambda_{\max}, & \sigma^{e(l)} \leqslant \kappa\sigma^{v(l)} \\ \min\left(\dfrac{q^{(l)}\sigma^{v(l)}}{\xi + |\sigma^{e(l)} - \sigma^{v(l)}|}, \lambda_{\max}\right), & \text{其他} \end{cases} \tag{9.3.51}$$

式中，$\lambda_{\max}$ 接近于 1；$\kappa>1$ 用于控制 $\lambda^{(l)}$ 更新，一般建议取 2。通常 κ 越小，$\lambda^{(l)}$ 更新越频繁；ξ 是一个极小的常数，防止在计算 $\lambda^{(l)}$ 时分母为 0；$q^{(l)}$、$\sigma^{e(l)}$，$\sigma^{v(l)}$ 分别定义为

$$q^{(l)} = \mu_0 q^{(l-1)} + \frac{(1-\mu_0)\sum_{k=t_0}^{\tau}\sum_{n=1}^{m}(\boldsymbol{\Lambda}^{O(l)}(k,n))^{\mathrm{T}}\boldsymbol{R}^{O(l)}(k,n)}{m(\tau - t_0 + 1)}$$

$$\sigma^{e(l)} = \mu_1\sigma^{e(l-1)} + \frac{(1-\mu_1)\sum_{k=t_0}^{\tau}\sum_{n=1}^{m}\|\boldsymbol{\Delta}^{O(l)}(k,n)\|_2^2}{m(\tau - t_0 + 1)}$$

$$\sigma^{v(l)} = \mu_2\sigma^{v(l-1)} + \frac{(1-\mu_2)\sum_{k=t_0}^{\tau}\sum_{n=1}^{m}\|\boldsymbol{\Delta}^{O(l)}(k,n)\|_2^2}{m(\tau - t_0 + 1)}$$

式中，μ_0 建议取 7/8；$\mu_1=1-1/(\zeta_1 m)$，通常 $\zeta_1\geqslant 2$；$\mu_2=1-1/(\zeta_2 m)$，且 $\zeta_2>\zeta_1$。

当然，采用上述方法更新 $\lambda^{(l)}$ 会引入新的超参数，给 RLS-RNN 的调试带来一定困难。采用固定的 λ 进行训练也是可以尝试的办法。

2. 过拟合预防

传统 RLS 算法虽然收敛很快，但是也经常面临过拟合风险，RLS-RNN 也会面临这一风

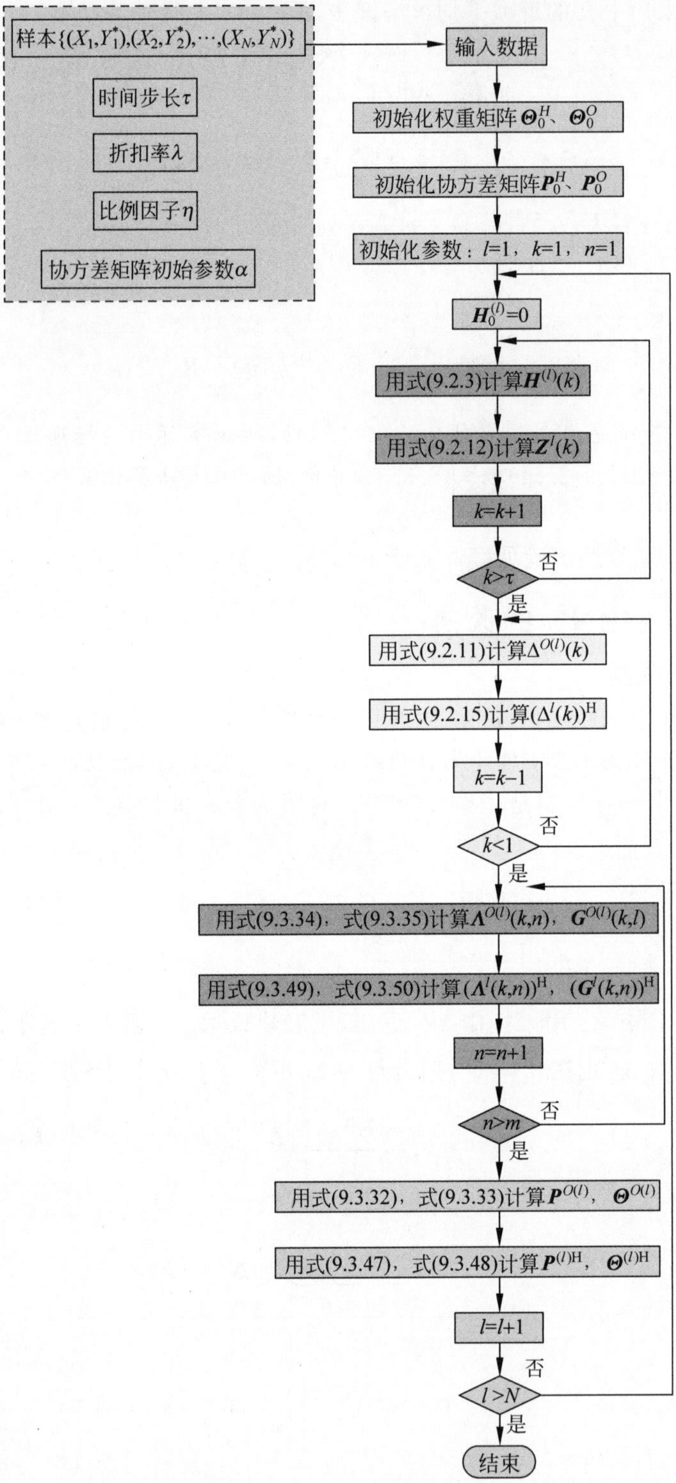

图 9.4 RLS-RNN 算法流程

险。为了降低该风险，现改进 RLS-RNN。改进的方法是在参数更新时附加一个正则化项。按此思想，将式(9.3.33)和式(9.3.48)改为

$$\boldsymbol{\Theta}^{O(l)} \approx \boldsymbol{\Theta}^{O(l-1)} - \sum_{k=1}^{\tau} \boldsymbol{G}^{O(l)}(k)\,\boldsymbol{\Delta}^{O(l)}(k) - \gamma \boldsymbol{P}^{O(l-1)} \operatorname{sgn}(\boldsymbol{\Theta}^{O(l-1)})$$

$$\boldsymbol{\Theta}^{(l)\mathrm{H}} \approx (\boldsymbol{\Theta}^{l-1})^{\mathrm{H}} - \frac{1}{\eta}\sum_{k=t_0}^{\tau}\boldsymbol{G}^{(l)\mathrm{H}}(k)\boldsymbol{\Delta}^{(l)\mathrm{H}}(k) - \gamma(\boldsymbol{P}^{(l-1)})^{\mathrm{H}}\mathrm{sgn}((\boldsymbol{\Theta}^{(l-1)})^{\mathrm{H}})$$

式中，γ 为正则化因子；$\boldsymbol{G}^{O(l)}(k)=[\boldsymbol{G}^{O(l)}(k,1),\boldsymbol{G}^{O(l)}(k,2),\cdots,\boldsymbol{G}^{O(l)}(k,m)]$，$\boldsymbol{G}^{(l)\mathrm{H}}(k)=[\boldsymbol{G}^{(l)\mathrm{H}}(k,1),\boldsymbol{G}^{(l)\mathrm{H}}(k,2),\cdots,\boldsymbol{G}^{(l)\mathrm{H}}(k,m)]$。

9.4 案例9：一种关联RNN的非侵入式负荷辨识算法

传统的负荷监测通常是在每种负荷成分或者电器接入处安装一个智能传感器来监测其工作状态，它对用户友好性差、成本较高。然而，非侵入式电力负荷监测（non-intrusive electric load monitoring，NILM）是以软件程序代替传感器网络、以负荷关口的"软计算"代替近设备"硬测量"，仅需在配电进线处安装监测设备来监测负荷类型、用电明细等信息。不仅能为用户提供用电细节，也可为电力公司精准预测负荷构成比例提供数据支持，对推动电力公司与用户交互具有重要意义。

近年来，针对NILM技术的研究涌现出了多种负荷辨识算法。例如，采用Karhunen Loéve变换算法、群体搜索机器学习算法、倒谱平滑负荷分解算法、启发式NILM算法和贝叶斯NILM算法、基于改进隐马尔科夫模型（hidden markov model，HMM）的负荷辨识算法、基于改进时频分析NILM系统的蚁群优化算法，等等。在这些算法中，监督学习算法的研究仍然是目前负荷辨识算法设计的重点。本节介绍将RNN应用于解决非侵入式电力负荷辨识问题，通过它具有记忆历史输入特征量的特性，建立输入映射到输出的内在关联，实现对时间序列输入的负荷辨识。

9.4.1 关联RNN的负荷辨识算法

1. 负荷辨识模型

在NILM中，因配电总进线处监测到的电力数据也是一种时间序列数据，因此关联RNN模型能够有效地针对电力负荷数据的特征建立内在关联，实现对电力负荷的准确辨识与分解。图9.5为整个负荷辨识流程，其中负荷事件检测是RNN辨识前期处理较为重要的一个环节。

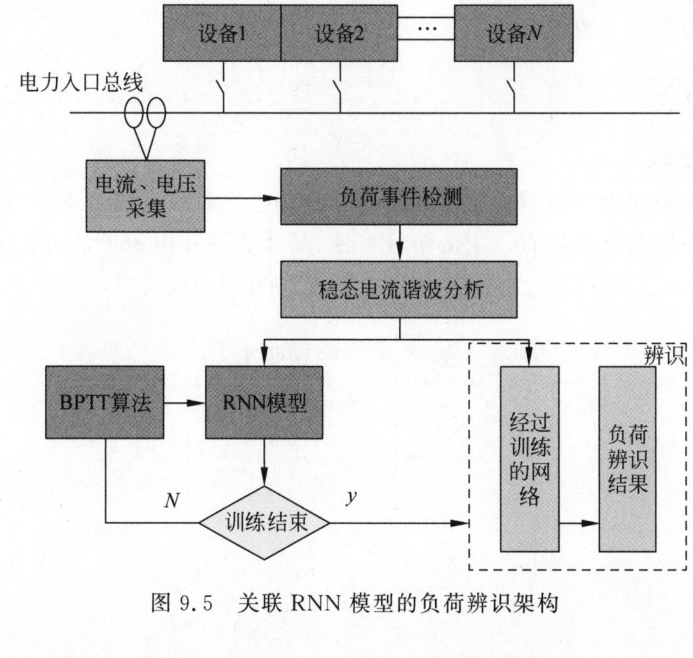

图9.5 关联RNN模型的负荷辨识架构

图 9.5 中,RNN 采用 9.1 节所描述的模型,在每个层级采用梯度下降算法训练网络的学习能力。

2. 负荷事件检测

负荷事件检测是负荷辨识较为关键的一步。采用一种自适应变点寻优算法进行负荷事件检测,其基本思想是在一定长度的时间窗内以某个时刻点为界划分为两类,该时刻点之前归为一类,之后归为一类,使同类类内方差和最小、类间方差和最大。此时,如果两类均值距离超过一定阈值,就认为该时刻是变点,存在负荷事件。

为了方便描述,假定在某个时刻点 k,将时间窗内 L 个数据样本$\{x_i\}$分为两类,则 C_0 类$\{x_1,x_2,\cdots,x_k\}$和 C_1 类$\{x_{k+1},x_{k+2},\cdots,x_L\}$的概率分别为

$$p_r(C_0)=\sum_{i=1}^{k}p_i=p_{rk} \tag{9.4.1}$$

$$p_r(C_1)=\sum_{i=k+1}^{L}p_i=1-p_{rk} \tag{9.4.2}$$

均值分别为

$$m_0=\sum_{i=1}^{k}x_i p_r(x_i\mid C_0) \tag{9.4.3}$$

$$m_1=\sum_{i=k+1}^{L}x_i p_r(x_i\mid C_1) \tag{9.4.4}$$

式中,p_i 为 x_i 在数据集$\{x_i\}$中出现的概率,满足 $\sum_{i=1}^{L}p_i=1$。根据分类规则,可计算某一样本属于 C_0 类和 C_1 类的概率分别为

$$p_r(x_i\mid C_0)=p_i\Big/\sum_{i=1}^{k}p_i=p_i/p_{rk} \tag{9.4.5}$$

$$p_r(x_i\mid C_1)=p_i\Big/\sum_{i=k+1}^{L}p_i=p_i/(1-p_{rk}) \tag{9.4.6}$$

因此,当满足目标函数达到最小,如式(9.4.7)所示,便可获得潜在的变点。再结合两类均值的差值,当差值超过某个门限阈值时,就认为存在负荷事件,该点也被称为变点。一般而言,这个门限阈值由功率最小的负荷决定。

$$\min\sum_{i=1}^{k}(x_i-m_0)^2 p_r(x_i\mid C_0)+\sum_{i=k+1}^{L}(x_i-m_1)^2 p_r(x_i\mid C_1) \tag{9.4.7}$$

3. 特征量提取

准确可靠的非侵入式负荷辨识算法通常建立在用电设备负荷特征选择的基础上,通常,电气设备正常运行的稳态电流具有一定的统计特性,具体表现在电流谐波分量上。

为了方便描述,假定用户家庭中有 N 个用电设备,则在用电设备投切过程中,建立的方程组为

$$\begin{cases}I_1=\sum_{i=1}^{K}\sum_{n=1}^{M}I_{1n}\cos(i\omega t+\theta_{1i})\\ I_2=\sum_{i=1}^{K}\sum_{n=1}^{M}I_{2n}\cos(i\omega t+\theta_{2i})\\ \quad\vdots\\ I_N=\sum_{i=1}^{K}\sum_{n=1}^{M}I_{Nn}\cos(i\omega t+\theta_{Ni})\end{cases} \tag{9.4.8}$$

式中，I_{in} 为支路 i 的电流 I_i 分解到 n 次谐波上的幅值。另外，对于每个 $\cos(k\omega t+\theta_k)$ 可写为 $\{\cos(k\omega t),\sin(k\omega t)\}$，$k=1,2,\cdots,K$ 的组合，即

$$\cos(k\omega t+\theta_k)=s_{ik}\cos(k\omega t)+t_{ik}\sin(k\omega t) \tag{9.4.9}$$

式中，ω 为基波角频率；k 表示谐波次数；s_{ik} 和 t_{ik} 分别表示系数。在实际工程项目中，由于采样频率约束，通常只取前 K 个谐波分量。

由基尔霍夫定律知，一个入口节点的电流由流经各个支路上的电流线性叠加得到。因此，在负荷辨识过程中，变电前后谐波分量的变化信息是负荷投切的重要特征。

4. RNN 负荷辨识架构

负荷事件检测以及特征提取之后，根据负荷数据的时间序列特性，设计面向非侵入式负荷分解模型的 RNN，其主要架构如下：

步骤 1：准备训练和测试样本数据。在准备训练样本时，采样装置以 2s 为间隔获取谐波数据，设备的开关按表 9.1 所对应的状态，其中 N 表示负荷设备种类。在不同组合情况下，原则上不考虑设备的顺序；两个设备不存在同时开的情况，即一个设备开了之后，如果需要开下一个设备，则需要间隔 1min 或等待另一个设备运行到稳态，数据均保存在 MySQL 数据库中。

步骤 2：确定各层神经元个数。将 RNN 应用于负荷辨识，其神经元节点和网络层数决定了辨识结果的好坏。由输入负荷特征向量的维数决定输入层节点的个数，而相应的期望负荷标签向量的维数决定输出节点的个数。隐含层神经元个数的选择通常与工程实际有关，一般神经元个数越少，对混叠特征下的辨识效果越差；随着神经元个数增多，辨识效果会逐步提升，当神经元个数达到一定程度后辨识效果会趋于稳定。根据实际经验，一般选择 2 倍的输入神经元个数或更多。

根据电器工作状态的组合，选取输入层神经元个数为 16，输入的时序变量为 $\{x_1,x_2,\cdots,x_T\}$，其中，在采样时刻 k，神经元的输入时间序列为 $x(k)=[I_{L1}(k),I_{L2}(k),\cdots,I_{L16}(k)]$。

步骤 3：定义输出层变量。对具有代表性的 7 类电器进行实验，选取输出层神经元的个数为 7，输出变量按照表 9.1 进行定义。其中，0 表示电器处于停止状态，1 表示电器处于运行状态。

表 9.1 输出层变量意义

工作态组合	输出变量的意义						
	电暖气	电冰箱	电视机	空调	电饭煲	消毒柜	热水壶
S_1	0	0	0	0	0	0	1
S_2	0	0	0	0	0	1	0
S_3	0	0	0	0	0	1	1
⋮	⋮	⋮	⋮	⋮	⋮	⋮	⋮
S_{2^N-1}	1	1	1	1	1	1	1

步骤 4：确定网络层数。对于每个负荷标签对应的负荷特征输入信号，每个采样时间点的输入数据对应一层网络。隐含层在神经网络学习过程中具有对细节认知的功能，能够更好地区分类别。因此，相对来说，层数越多其辨识准确度越高，但训练过程也越复杂。通常，隐含层的层数与输入的特征类别有关，单一特征情况下一般设置一层隐含层。

步骤 5：确定各层激活函数。在神经网络中，激活函数表示网络中节点针对给定输入产生相应输出的映射关系。由于二进制函数和线性函数构建的网络模型具有非常不稳定的收敛特性，因此，通常使用规范的 S 型激活函数来解决，如 Softsign 函数，即

$$f(x)=\frac{1}{1+\exp\{-\lambda(x-b)\}} \tag{9.4.10}$$

式中，参数通常设置为 $\lambda=1, b=0$。

步骤 6：确定损失函数。损失函数直接关系到网络对权重的修正作用，从而决定 RNN 的学习能力。为了避免 $g'(\cdot)$ 和 $f'(\cdot)$ 出现梯度消失等问题，选择交叉熵损失函数以使训练样本集的输出与期望值偏差最小化，即

$$\mathrm{Loss}(y(k),\hat{y}(k))=\frac{1}{N}\sum_{k}^{T}\sum_{j}^{N}[y_j(k)\ln(y_j(k))+(1-\hat{y}_j(k))\ln(1-y_j(k))] \tag{9.4.11}$$

9.4.2 仿真实验与结果分析

1. 负荷事件检测

以在某能源研究中心采集到的输配电总进线处的电压信号和电流信号作为实验数据，图 9.6 为某段时间内电流有效值的变化，其中包括了用电设备投切。该图表明，实际负荷事件发生时刻点为 20,38,48,78,100,140,170,210,232,260,290,310,350,380 共 14 个变点。表 9.2 给出了在不同时间窗下得到的检测结果。表 9.2 表明，本节算法在较短长度时间窗下能够较好地获取负荷事件发生点。通常，窗口大小设置为 10。

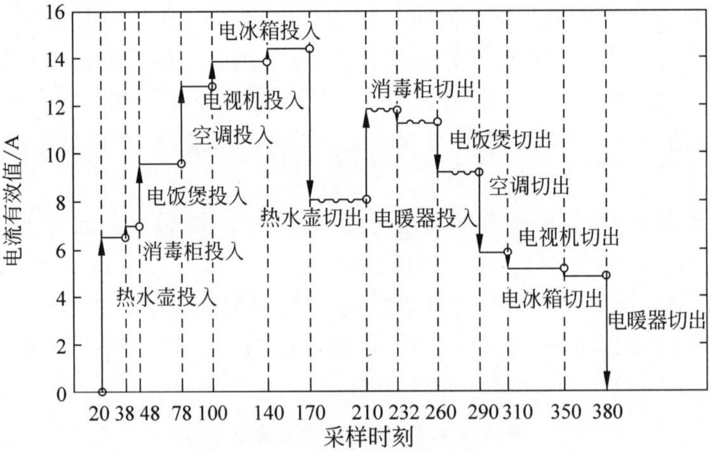

图 9.6 电流有效值时间序列

表 9.2 变点检测结果

窗口大小	检测结果	漏检或误检
4～28	20,38,48,78,100,140,170,210,232,260,290,310,350,380	0
29～50	20,48,78,100,140,170,210,232,260,290,310,350,380	1
51～52	20,48,78,100,140,170,210,260,290,310,350,380	2
53～70	20,48,78,100,140,170,210,260,290,310,380	3

当检测到突变点时，表明电气设备发生投入或切除操作。此时，提取稳态区段的负荷特征，利用训练好的 RNN 对负荷进行辨识。整个过程包含训练和测试两个环节。

2. 离线训练

针对 7 个用电设备，共采集了 27 组数据，采样时刻点以 2s 为一个间隔，并记录到 MySQL 数据库中，其中每一组分别与表 9.1 的工作态组合相对应，选取每一组中的 40 个时刻点作为训练样本，训练模型如图 9.7 所示。

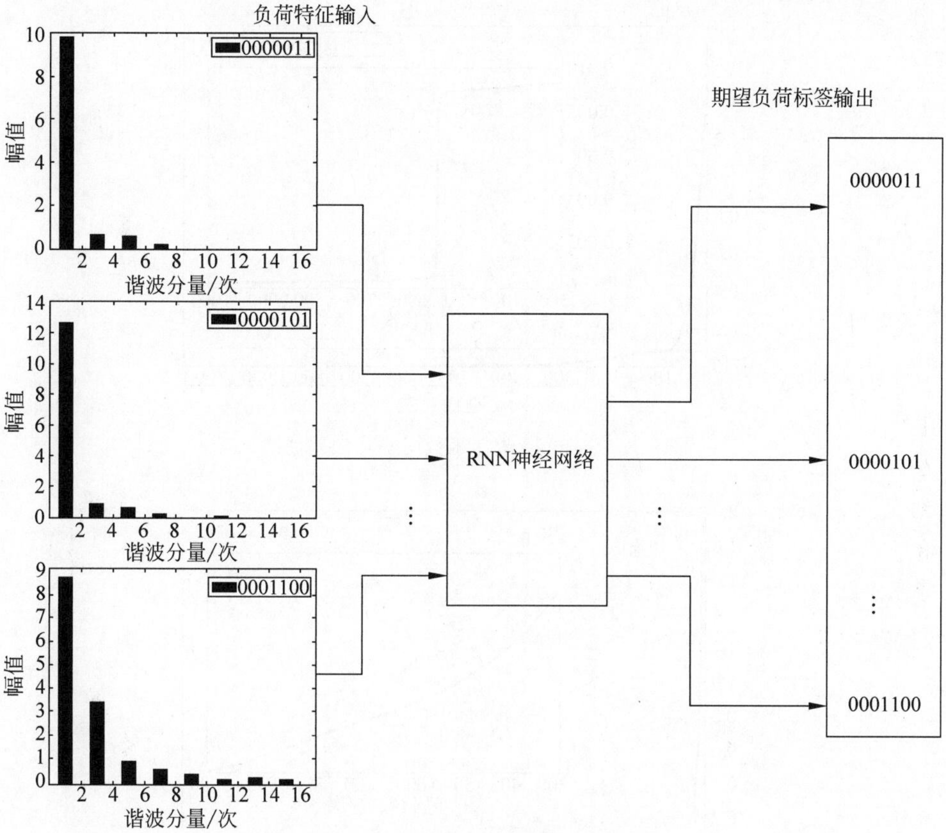

图 9.7 以谐波分量为特征的训练框架

这种以谐波分量为特征的训练模型使每组训练样本相对独立，因此在训练时只需考虑本类别的样本，从而提高学习速度。

整个 RNN 的具体训练步骤如下：

步骤 1：初始化参数。学习步长初始化为 0.01，输入维度为 16，隐含层节点个数为 32，输出层节点个数为 7，权重参数矩阵所有元素初始化为(－1,1)的数值，误差限值 error_gate 设置为 1×10^{-4}。

步骤 2：训练。RNN 训练过程是以网络输出的实际值与期望值之间的方差作为评判依据。

$$\text{error}=\sum_{t}^{T}\sum_{j}^{N}(\hat{y}_j(k)-y_j(k))^2 \tag{9.4.12}$$

迭代次数最大设置为 1000 次时，误差平均值最终达到 2.3308×10^{-4}，训练过程结束。

图 9.8 给出了损失函数随训练过程迭代次数的变化曲线。该图表明，使用 Sigmoid 函数作为激活函数时，输出很快就饱和，使 RNN 梯度消失，且收敛速度较慢。

图 9.9 给出了当采用 Softsign 函数作为激活函数时 RNN 的收敛过程，收敛速度较快，且没有梯度消失。特别地，采用交叉熵误差(cross entropy error，CEE)作为损失函数时的平均误差曲线如图 9.10 所示。该图表明，CEE 函数可以有效解决 RNN 在训练过程中出现的“梯度消失”问题，并能快速收敛。

3. 在线辨识

为了能够较好地统计辨识准确率，在实际负荷辨识测试过程中，先将负荷数据记录到

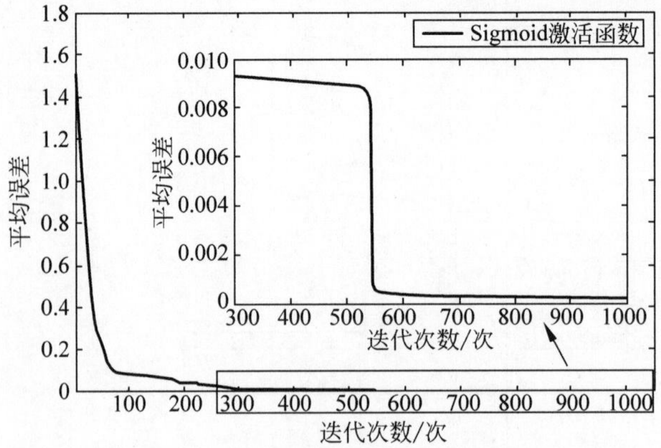

图 9.8　Sigmoid 激活函数时平均误差曲线

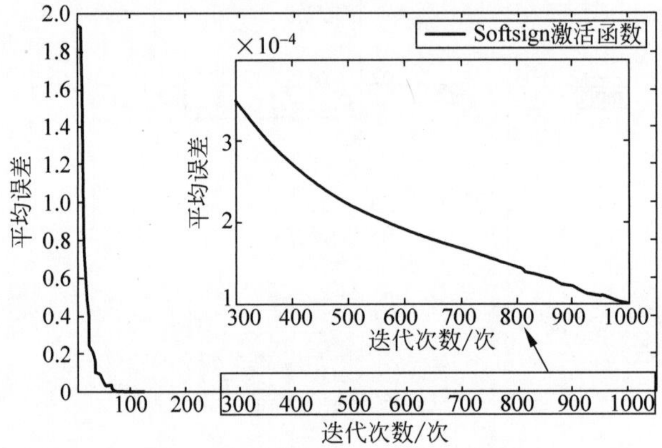

图 9.9　Softsign 激活函数时平均误差曲线

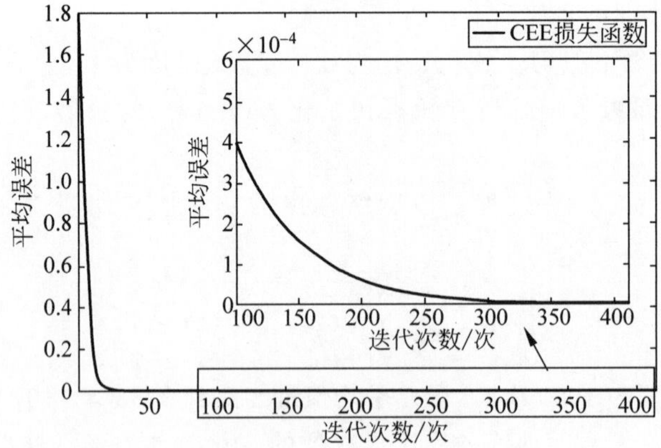

图 9.10　CEE 作为损失函数时平均误差曲线

MySQL 数据库中，其中采样时刻点以 2s 为一个间隔，每个设备状态组合中为 1 的用电设备依次以 1min 间隔开启，确保能够检测到负荷事件。当设备状态组合中为 1 的用电设备全开启超过 20s 时，依次关闭用电设备，从中获取用电设备全开情况下 10 个时刻点的数据并对其进行辨识，最终得到测试样本集的辨识准确率，如表 9.3 所示。表 9.3 表明，当用电设备较少时准确率较高；当用电设备较多时，就出现了一些辨识错误的结果。其主要原因是用电设备谐波特征叠加后的相似性，使特征产生了混叠，造成 RNN 辨识错误。

表 9.3　测试样本集的辨识准确率($H=32$)

设备状态组合	样本容量	测试样本	正确辨识样本	辨识准确率/%
1 个设备	$C_7^1=7$	70	70	100
2 个设备	$C_7^2=21$	210	210	100
3 个设备	$C_7^3=35$	350	328	93.14
4 个设备	$C_7^4=35$	350	251	71.71
5 个设备	$C_7^5=21$	210	149	70.95
6 个设备	$C_7^6=7$	70	53	75.71
7 个设备	$C_7^7=1$	10	10	100
总计		1270	1071	84.33

为此,通过增加不同隐含层节点数进行负荷辨识。图 9.11 给出了节点数分别为 32、80、100 时的辨识结果。该图表明,当隐含层节点数增加时,负荷辨识准确率会有一定程度的提升；当节点数增大到一定程度,便出现了饱和,即准确率不再有大的增加。因此,在实际情况下,需根据实验进一步调整隐含层节点数。

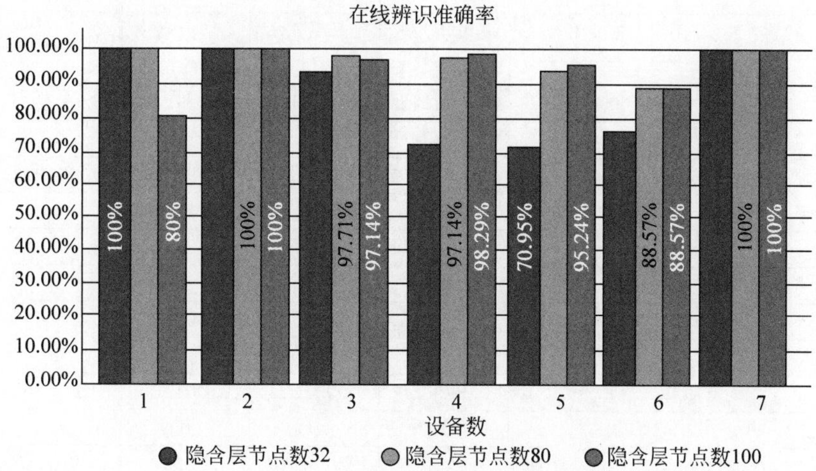

图 9.11　不同隐含层节点数的比较

另外,隐含层的增加在一定程度上可以提升 RNN 的负荷辨识能力。表 9.4 给出了 2 个隐含层、32 个节点下不同样本容量的负荷辨识准确率。与单层隐含层相比,在多个设备混合的情况下,能够得到有效的区分,使负荷辨识准确性提升了 10%。从理论上讲,多个隐含层能够学习样本的细节信息,能够获得较高的负荷辨识能力。

表 9.4　2 个隐含层的辨识准确率($H_1=32,H_2=32$)

设备状态组合	样本容量	测试样本	正确辨识样本	辨识准确率/%
1 个设备	$C_7^1=7$	70	70	100
2 个设备	$C_7^2=21$	210	210	100
3 个设备	$C_7^3=35$	350	336	96
4 个设备	$C_7^4=35$	350	304	86.86
5 个设备	$C_7^5=21$	210	194	92.38
6 个设备	$C_7^6=7$	70	62	88.57
7 个设备	$C_7^7=1$	10	10	100
总计		1270	1186	93.93

表 9.5 给出了图 9.7 所对应的 RNN 的实际输出。表 9.5 表明,在变点时刻本节算法能

够有效辨识电气设备的工作状态组合，因此在后续的稳态运行阶段，辨识得到的负荷类别与真实的负荷投切类别保持一致，从而可以潜在提升负荷辨识的准确率。

表 9.5　实例辨识结果

采样时刻		电暖气	电冰箱	电视机	空调	电饭煲	消毒柜	热水壶
20	$\hat{y}$	0	0	0	0	0	0	1
	y	0.001205	0.000307	0.005265	0.001126	0.004223	0.001209	0.994531
38	$\hat{y}$	0	0	0	0	0	1	1
	y	0.001416	0.000253	0.001616	0.001297	0.003271	0.99445	0.991556
48	$\hat{y}$	0	0	0	0	1	1	1
	y	0.001932	0.000477	0.005411	0.001589	0.996882	0.994933	0.970042
78	$\hat{y}$	0	0	0	1	1	1	1
	y	7×10^{-5}	0.00031	0.00388	0.996877	0.997934	0.996294	0.958413
100	$\hat{y}$	0	0	1	1	1	1	1
	y	0.000194	8.15×10^{-5}	0.999652	0.97776	0.994974	0.991156	0.941979
140	$\hat{y}$	0	1	1	1	1	1	1
	y	7.69×10^{-6}	0.999668	0.999027	0.997537	0.998723	0.995403	0.003218
170	$\hat{y}$	0	1	1	1	1	1	1
	y	1.08×10^{-5}	0.999201	0.999158	0.998681	0.994986	0.992415	0.002015
210	$\hat{y}$	1	1	1	1	1	1	1
	y	0.998472	0.997506	0.998669	0.983888	0.992722	0.994078	0.000243
232	$\hat{y}$	1	1	1	1	1	1	1
	y	0.998298	0.997474	0.99863	0.982728	0.991827	0.007128	0.000276
260	$\hat{y}$	1	1	1	1	1	1	1
	y	0.999035	0.999102	0.997474	0.969623	0.007883	0.009447	0.000718
290	$\hat{y}$	1	1	1	1	1	1	1
	y	0.99969	0.99944	0.993365	0.001224	0.001135	0.006765	1.01×10^{-5}
310	$\hat{y}$	1	1	1	0	0	0	0
	y	0.999883	0.991761	0.001574	0.006279	0.002373	0.004967	0.000137
350	$\hat{y}$	1	0	0	0	0	0	0
	y	0.997849	0.0063	0.001874	0.008075	0.000951	0.006455	0.002796

为了进一步验证本节算法的有效性，与粒子群算法进行比较，如表 9.6 所示。表 9.6 表明，多个设备开启状态的辨识容易出现辨识设备数与实际的辨识设备数不一致，导致辨识效果低下。而本节采用 RNN 能够在一定程度上避免因目标函数的最佳解约束而产生偏离实际负荷投切情况。而且，负荷事件检测算法的引入也可以降低负荷辨识类别与真实情况负荷数类别投切的不一致性。

表 9.6　粒子群算法辨识准确率

设备状态组合	样本容量	测试样本	正确辨识样本	辨识准确率/%
1 个设备	$C_7^1=7$	70	70	100
2 个设备	$C_7^2=21$	210	203	96.67
3 个设备	$C_7^3=35$	350	298	85.14
4 个设备	$C_7^4=35$	350	268	76.57
5 个设备	$C_7^5=21$	210	129	61.42
6 个设备	$C_7^6=7$	70	58	72.5
7 个设备	$C_7^7=1$	10	10	100
总计		1270	—	93.39

本节将 RNN 应用于对非侵入式电力负荷的辨识，对历史输入特征量进行记忆，通过建立输入映射到输出的内在联系，实现对负荷特征标签量的可靠辨识。针对 RNN 在大样本数据训练过程出现“梯度消失”的问题，通过合理选取 Softsign 函数作为激活函数，利用交叉熵误差作为损失函数，有效解决了梯度消失问题，并且隐含层数的增加和隐含层节点数的增加都有助于提升 RNN 的负荷辨识能力。

9.5 案例10：基于 DTCWT 和 RNN 编码器的图像压缩算法

通信带宽和存储空间等的限制，导致图像压缩研究不断发展。图像压缩的基本要求是对图像进行无损压缩。离散余弦变换(discrete cosine transform，DCT)通过降低低频成分中图像能量来压缩图像，基于小波变换的遗传算法也可用于图像压缩，但存在混叠、相位和移位方差等问题。基于深度神经网络(deep neural networks，DNN)的有损图像压缩算法优于传统的图像编码标准，如 JPEG 和 JPEG2000 标准。以迭代方式对图像进行编码和解码会消耗更多的时间。自动编码器通过图像降维获得用于恢复图像的压缩二进制码以及从图像中提取密集视觉表示，采用变分自编码器进行压缩，采用非变分递归神经网络实现变率编码。

本节利用二元树复小波变换(dual-tree complex wavelet transform，DTCWT)将图像分解为 8 个子频带，采用 RNN 编码器对低频子带进行编码，以在图像压缩和传输过程中获得更好的精度，并用压缩比和每像素比特数(bpp)两个指标验证算法的性能。

9.5.1 数学模型

1. DTCWT

用复小波变换(complex wavelet transforms，CWT)近似幅度系数或相位系数，具有平移不变性和无混叠特点。CWT 利用解析小波或正交小波的相位表示、不变性和无混叠来保持幅度稳定。而 DTCWT 中的实值小波滤波器将变换的实部和虚部生成并行分解树，从而有利于使用成熟的小波变换方法，其主要优点是将信号沿着能量更大的方向分解，而传统离散小波变换是做不到的。

解析小波 $\varphi_c(t)$ 由两个实小波 $r(t)$ 和 $i(t)$ 组成，可表示为

$$\varphi_c(t)=\varphi_r(t)+\mathrm{j}\varphi_i(t) \tag{9.5.1}$$

式中，

$$\varphi_i(t)=\mathrm{Hilbert}[\varphi_r(t)]=\frac{1}{\pi}\int_{-\infty}^{+\infty}\frac{\varphi_r(t)}{t-\tau}\mathrm{d}\tau=\varphi_i(t)\otimes\frac{1}{\pi t} \tag{9.5.2}$$

式中，$\otimes$表示卷积。

$\varphi_i(t)$，$\varphi_r(t)$的傅里叶变换间的关系为

$$H_i(\omega)=\mathrm{FT}\{\mathrm{Hilbert}[\varphi_r(t)]\}=-\mathrm{j}\cdot\mathrm{sgn}(\omega)\cdot H_r(\omega) \tag{9.5.3}$$

2. 循环神经网络

1) 编码器

条件概率使用每个输出 y_1 的上下文向量 $\boldsymbol{c}_0$ 计算。从编码器获得的背景向量扫描输入序列并生成连续的图像。所有隐含 RNN 表示的加权平均值由上下文向量推导而来。上下文向量 $\boldsymbol{c}_0$ 定义为

$$\boldsymbol{c}_{\mathrm{o}}=\sum_{t}\alpha_{\mathrm{o}t}\boldsymbol{h}_{t} \tag{9.5.4}$$

式中，$\alpha_{\mathrm{o}t}\in[0,1]$，$\sum\limits_{t}\alpha_{\mathrm{o}t}=1$；$\boldsymbol{h}_{t}=[\overrightarrow{\boldsymbol{h}}_{t}^{\mathrm{T}};\overleftarrow{\boldsymbol{h}}_{t}^{\mathrm{T}}]^{\mathrm{T}}$，$(\overrightarrow{\boldsymbol{h}}_{t},\overleftarrow{\boldsymbol{h}}_{t})$ 分别对正向和反向 RNN 的输入进行隐含表示。上下文向量是全局的，如 $\boldsymbol{c}_{\mathrm{o}}=\boldsymbol{h}_{t}$。背景矩阵不依赖 0 前缀，将所有部分编码到一个组矩阵图中。当向量的维数相当大时，这种策略使机器翻译达到了最高水平。然而，对于长输入序列，当模型规模相对较小时，使用式(9.5.4)所示的动态上下文向量是最好的。权重是通过一个学习对齐模型来计算的，即

$$\alpha_{\mathrm{o}t}=\frac{\exp(e_{\mathrm{o}t})}{\sum\limits_{t'}(\exp(e_{\mathrm{o}t}))} \tag{9.5.5}$$

$$e_{\mathrm{o}t}=a(\boldsymbol{S}_{o-1},\boldsymbol{h}_{t}) \tag{9.5.6}$$

如果 $a(\cdot)$ 是前馈神经网络，表示为每个隐含表示计算 RNN 解码器 S_{o-1} 的先验隐含状态的重要程度，那么对齐模式 h_t 为具有一个隐含层的神经网络。

$$a(S_{o-1},\boldsymbol{h}_{t})=\boldsymbol{v}\mathrm{T}^{\tau}\,\mathrm{Tanh}(\boldsymbol{W}\boldsymbol{S}_{o-1}+\boldsymbol{U}\boldsymbol{h}_{t}) \tag{9.5.7}$$

式中，$\boldsymbol{W}$ 和 $\boldsymbol{U}$ 为权重矩阵，$\boldsymbol{v}$ 是一个使 $a(\cdot)$ 的输出为一个标量的向量。

2）模型训练

对于一组输入输出向量，通过最大化平均条件对数相似度，可以在所有训练集上训练模型

$$\widehat{\mathrm{M}}=\arg\max_{M}\frac{1}{N}\sum_{n=1}^{N}\log P(y_{1}^{n},y_{2}^{n},\cdots,y_{0}^{n}\mid x_{1}^{n},x_{2}^{n},\cdots,x_{T}^{n},M) \tag{9.5.8}$$

式中，$\widehat{\mathrm{M}}$ 表示模型集；N 表示训练表达式的数量。由于编码器和解码器的所有特征不同，因此可以用 SGD 算法对模型进行训练。这里使用 Adadelta 算法来自动估计学习率，而不是经验调整。在实验中，指数调度方法是分析 Adadelta 算法性能较好的方法，然而这种方法对 Adadelta 算法中超参数调整更加困难。

3. 体系结构

压缩框架如图 9.12 所示。不同像素值的输入图像按 RGB 标准，必须给出每个红、绿、蓝元素的强度，因此它包含了更多信息。为了便于分析，将图像转换为灰度图，其中灰度是唯一的颜色，所有的 R,G,B 分量都具有相同的强度，但给出了不同的强度值。图像矩阵变成串行信号形式后提供给 DTCWT。DTCWT 使用两个实 DWT：一个 DWT 给出了一个实数变换部分，另一个 DWT 给出了虚数部分；这两个实变换采用两种不同的滤波器。在 DTCWT 的实现中，采用分析滤波器和合成滤波器两个滤波器组。用 LaHa 和 LaLa 表示上滤波器高通/低通滤波器对，LbLb 和 LbHb 表示下滤波器低通/高通滤波器对。为了进一步加工，考虑采用 LaLa 分量，与其他分量相比，它具有更高的质量和精度。

图 9.12　压缩框架

神经网络提供实时的自适应学习和实现，是最新的一种调度算法。在由神经网络进行编码之前，首先统一选择原始权值开始训练学习，这里采用一种包含系统的受控训练操作，通过对系统阶数的单独分级或提供所需产品的输入向网络提供所需的输入。系统使用隐含层权重和进程逐个处理数据集中的数据，并将输出结果与预期输出进行比较。然后，故障会通过系统回传，触发系统将输入的权重调整到下一个要处理的数据，进行 1000 次重复的神经网络训练。

训练后的神经网络用于对 DTCWT 中的 LaLa 分量进行编码，以获得最终编码。LaLa 分量的矩阵结构与经过训练的自动编码器输出结合在一起进行编码，编码输出和自动编码器训练输出一起用于接收器处的解码过程。

4. 实施模型

高斯处理后的图片由 DTCWT 的第 11、17 抽头对称滤波器分解。图像分为三个级别，每个级别的分解均包含实部和虚部。虚部有 6 个方向带宽，分别为(±150，±450 和±750)。

如图 9.13 所示，输入图像 X 被分解为 8 个子带，分为若干级。首先，使用行处理和列处理滤波器处理图像，设计蝴蝶结构，利用符号反转运算和 2 阶补码运算来降低计算复杂度，除法运算被阈值运算代替。

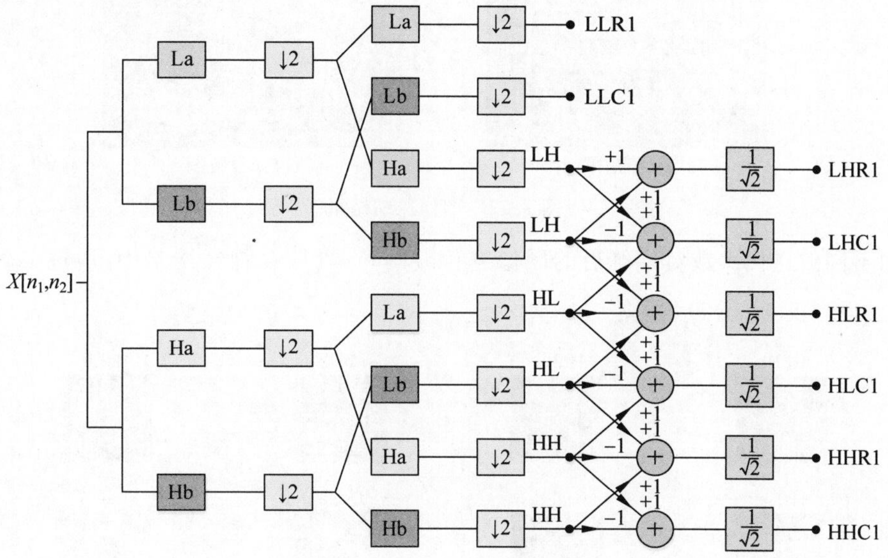

图 9.13 DTCWT 计算

利用小波变换的三个阶段进行分解，得到 8 个子带。输入图像的 6 个边界方向分别在 6 个复 LH、HL 和 HH 子带中捕捉，将两个复 LL 子带作为低频分量。

RNN 编码器接收 DTCWT 结构的 LaLa 分量输出。单时间步 RNN 模型如图 9.14 所示。X_1，Y_1 是输入和输出序列。前馈函数 $a(\cdot)$、对准向量发生器和接触向量发生器的定义如式(9.5.4)、式(9.5.5)及式(9.5.7)所示，按照式(9.5.8)训练 RNN 编码器。

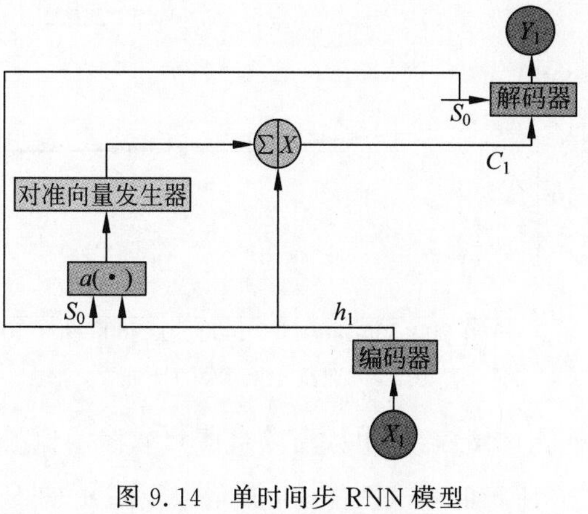

图 9.14 单时间步 RNN 模型

9.5.2 仿真实验与结果分析

现给出了一幅图像的 Matlab 仿真结果及各种图像及其对应图形的压缩比(Compression Ratio,CR(%))和 CR(bpp)值,采用 DTCWT 和神经编码对输入图像进行压缩。

图 9.15(a)显示了 RGB 输入图像,因此需要为每个像素指定三个强度。图 9.15(b)显示了以 8 位整数存储的灰度图像,给出了从黑到白的 256 种可能的不同灰度。

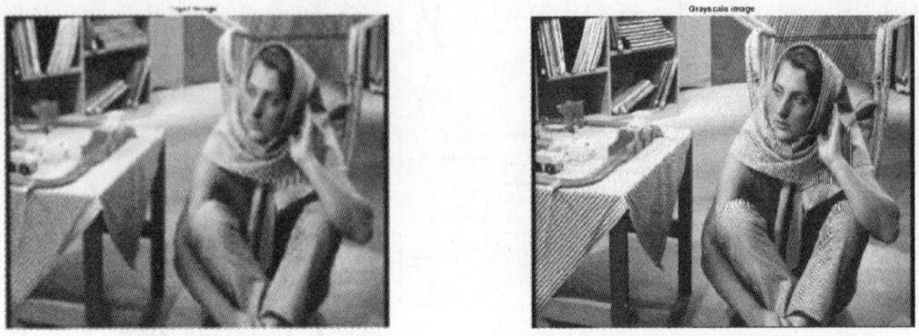

(a) 输入图像Barbara　　(b) 灰度图像

图 9.15　图像压缩结果

采用不同的迭代次数对训练后的图像进行编码和解码,在神经网络中,通过 DTCWT 迭代 1000 次得到 LaLa 分量,如图 9.16 所示。

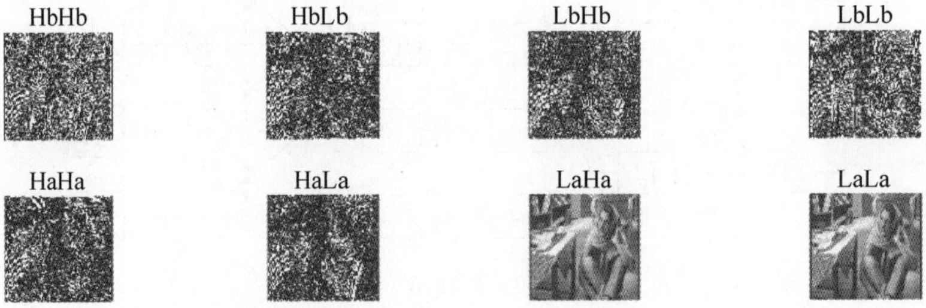

图 9.16　采用一维 DTCWT 进行一级分解

图 9.17 显示了使用深度神经网络训练图像的最佳训练效果,分析了 1000 次。图 9.18 为图 9.15 所示的测试图像的 CR(%)和 CR(bpp)结果。

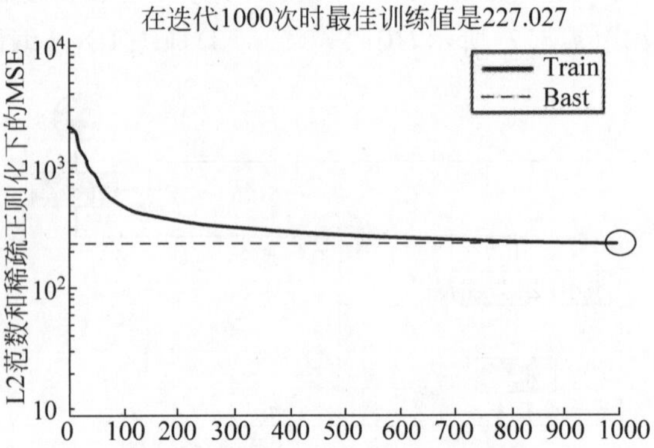

图 9.17　训练 1000 次的性能

用图 9.19 所示的标准测试图像,采用从高像素值到低像素值的压缩比线性变化,对本节算法进行仿真,得到图 9.20 所示的测试图像的 CR 值以及图 9.21 所示的 CR 比率(%)。

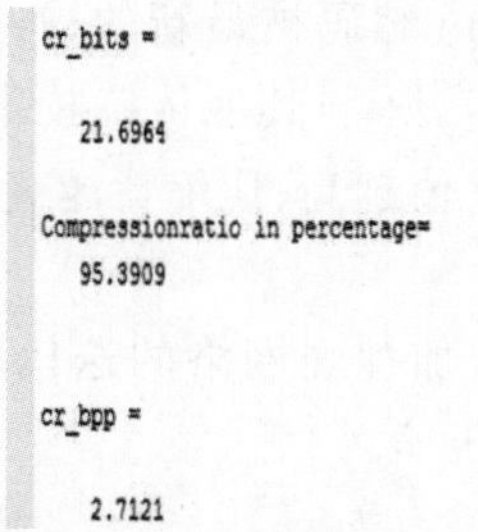

图 9.18 Matlab 中的性能参数

图 9.19 标准测试图像

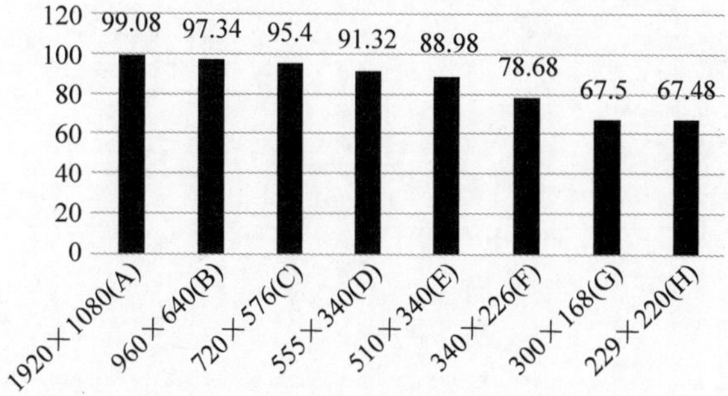

图 9.20 测试图像的 CR(bpp)

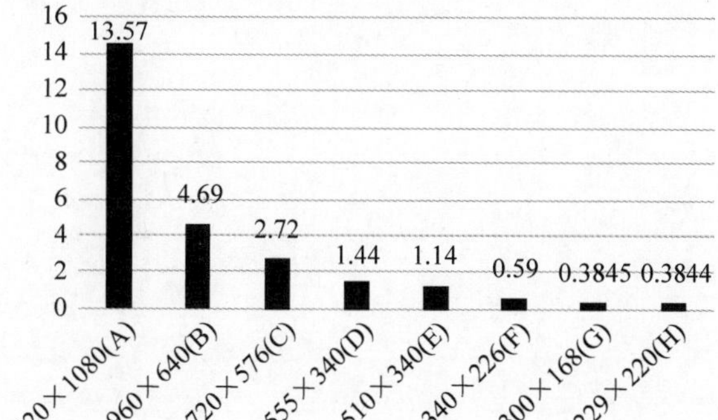

图 9.21 各种测试图像的 CR 比率(bpp)

本节传统的编码技术如 Huffman 编码被最新的神经网络编码方法所取代。神经网络易于使用，因为它不需要任何复杂的算法，与其他传统技术相比，它提供了更高的速度和精度。采用 DTCWT 对图像进行压缩，像素值越高、压缩比越高。Matlab 仿真结果表明，当图像像素值较高时，压缩比可达 99.08%。

对于较低的像素值，可以通过增加神经网络的迭代次数和修改小波分量来提高压缩比。这种新的神经网络也可以用于视频压缩。

第 10 章 深度递归级联卷积神经网络

CHAPTER 10

【导读】 从递归卷积神经网络(RCNN)出发,分析了深度递归神经网络的结构单元和损失函数、双线性递归神经网络(BRNN)及其优化算法;将二维卷积神经网络(2D-CNN)扩展为三维卷积神经网络(3D-CNN)后,分析了3D-CNN提取空间特征和双向递归神经网络(BiRNN),研究了三维循环递归卷积神经网络(3D-CRNN)。将注意力机制与门控循环单元引入递归卷积神经网络中,给出了不同场景下单幅图像去雨研究实例;在单幅图像超分辨率实例中,采用级联递归残差卷积神经网络,进一步拓展了递归卷积神经网络功能,可以重构更多的图像细节。

卷积神经网络因具有权值共享、局部连接等特性,除前向传播之外,反向传播也用于计算反向梯度,从而更新网络参数。网络参数的更新是卷积神经网络训练阶段的重要过程。给定训练集$\{x,y\}$,反向传播就是更新参数$\{(\boldsymbol{w}_1,\boldsymbol{b}_1),\cdots,(\boldsymbol{w}_l,\boldsymbol{b}_l),\cdots,(\boldsymbol{w}_L,\boldsymbol{b}_L)\}$,进而最小化损失函数

$$\hat{\boldsymbol{\theta}} = \arg\min_{\theta} \mathrm{Loss}(x,y)$$

式中,$\mathrm{Loss}(x,y)$是由特定任务决定的损失函数;x为线上测试的输入,一旦经过训练后获得$\hat{\boldsymbol{\theta}}$,它便可以用于线上测试任务,即用于预测目标输出$y$。

10.1 深度递归卷积神经网络

10.1.1 递归卷积神经网络结构

神经网络参数量和网络表达能力之间的平衡是一个难题,而递归结构可以较好地解决该问题。图10.1所示结构中包含一个递归结构模块,该模块包含多个卷积层和激活层,且在网络结构中重复使用T次,若将一个递归结构表示为映射函数$f(\cdot)$,则第k次到第$k+1$次的递归公式可表示为

$$s(k+1) = f(s(k)) \tag{10.1.1}$$

式中,$s(k)$表示第k次输入递归结构时的特征图。将重复T次的递归结构展开,其本质是多个网络层共享权值,因此在保持网络较好表达能力的同时,能够减少网络参数量。递归结构的重复使用次数T和每个递归结构包含的层数R可以根据具体任务进行调节,并根据实验确定T和R。

图10.1中,相同颜色的卷积层共享权重。

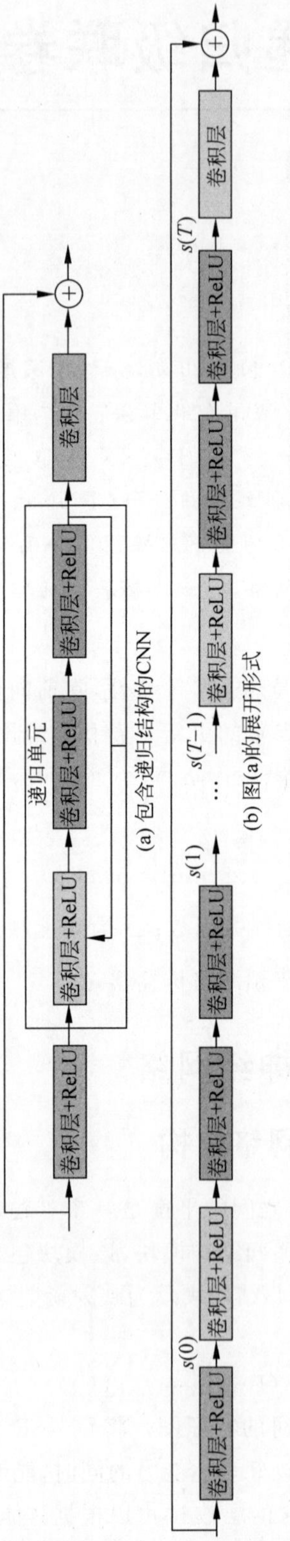

(a) 包含递归结构的CNN

(b) 图(a)的展开形式

图 10.1　包含递归结构的卷积神经网络

10.1.2 深度递归级联卷积神经网络框架

深度递归级联卷积神经网络(deep recursive cascaded convolutional network,DRCCN)结构如图 10.2 所示,用于学习从欠采样图像到全采样图像之间的映射关系。网络的输入为零填充欠采样 K 空间数据经傅里叶逆变换得到的 12 个通道欠采样图像,输出为由全采样 K 空间数据重建得到的 C(如 $C=12$)个通道图像。将复数图像数据的实部和虚部在通道维度上拼接在一起,输入网络中,整个网络由多个模块级联而成,每个模块包含一个递归卷积神经网络单元和一个数据一致性(data consistency,DC)单元。每个递归的 CNN 单元是一个如图 10.1 所示的残差结构,在级联的 CNN 单元之间,采集到的欠采样 K 空间数据用于更新每个 CNN 单元的输出,从而能够保证每个单元输出的数据一致性。每个卷积层的卷积核大小为 3×3,每个 CNN 单元中,除最后一层的特征图数量为 $2C$(即 24)外(其中前 C(即 12)个特征图为输出复数图像的实部,后 C(即 12)个特征图为其虚部),其余各层的输出均为 $\frac{16C}{3}$(即 64)个特征图。除最后一层外,线性整流函数(ReLU)用在其余各层之后,进行非线性激活。

注意:整个网络中模块数量 N_b 和每个 CNN 单元中实际卷积层个数 N_c 可以依据实际任务进行调整。

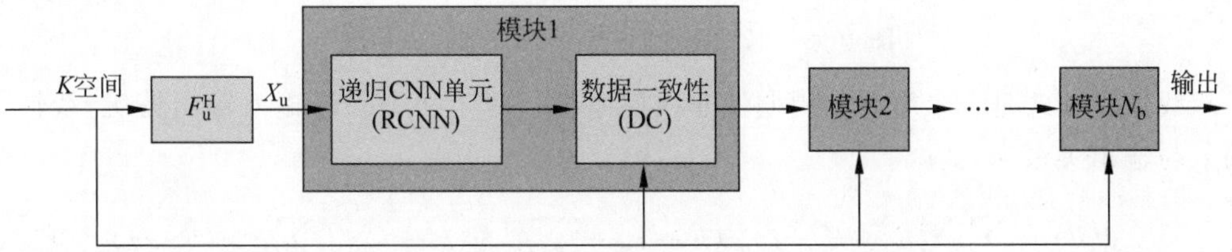

图 10.2 DRCCN 结构

训练过程中,网络参数由最小化损失函数的梯度计算和更新。采用真实数据和网络输出之间的绝对值误差作为损失函数,即

$$\text{Loss}(x,y)=\frac{1}{M}\sum_{m=1}^{M}\|y(x_m;\theta)-y_m\| \tag{10.1.2}$$

式中,y 表示神经网络的输出;x_m 表示训练集中第 m 个输入(由零填充 K 空间数据变换得到的 C 个通道欠采样图像);y_m 是对应的全采样图像真实数据;M 表示训练集中训练图像的数量;θ 表示卷积神经网络中待学习的网络参数。

各个级联的 CNN 单元的输出可以逐步地接近于真实图像,但对于 K 空间已采集的位置来说,CNN 单元的输出往往会失真。为了保证 K 空间已采集位置的数据一致性,在每个 CNN 单元后加入了数据一致层。具体地,令 f_l 表示网络输出图像的 K 空间,即 $f_{l,j}=\mathbb{F}y_{l,j}=\mathbb{F}y_{l,j}(x;\theta)$,$f_l(k)$表示 K 空间在位置 k 处的值,j 代表图像平面坐标。为了确保数据一致性,CNN 输出图像的 K 空间需要用已采集到的 K 空间数据进行更新,即

$$f_l^{\text{rec}}(k)=\begin{cases}f_l(k), & k\notin S\\ \dfrac{f_l(k)+\lambda f_0(k)}{1+\lambda}, & k\in S\end{cases} \tag{10.1.3}$$

式中,f_0 表示已采集到的 K 空间数据;S 表示所有已采集的位置集合;λ 为权重参数。将 λ 设为无穷大,即如果 K 空间相应位置的数据已采集,那么最终更新后的 K 空间将采用此采集到的 K 空间值,最后对更新得到的 K 空间作傅里叶反变换,便可以得到该模块输出的重建图像,进而可以输入下一个模块进一步优化。

10.2 双线性递归神经网络

10.2.1 BRNN 结构

双线性递归神经网络(bilinear recurrent neural networks,BRNN)是双线性多项式和递归神经网络相融合的一种结构,如图10.3所示。BRNN能够根据训练数据特点逼近多种非线性函数,同时不会快速增加网络复杂性,具有动态递归校准等优点,与高阶神经网络相比,BRNN在应用过程中更容易快速实现。

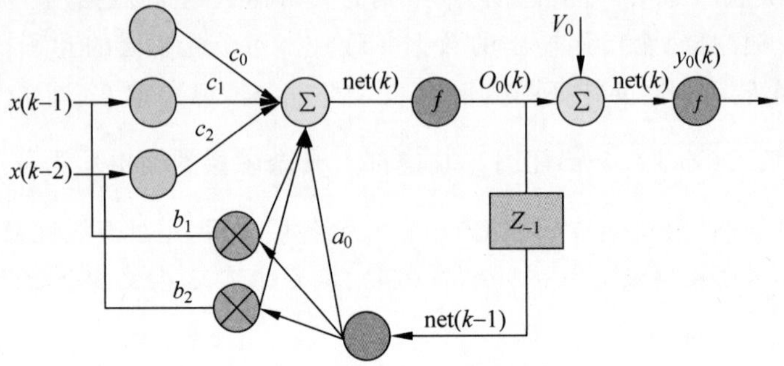

图10.3 双线性递归神经网络2-1-1(1)结构

双线性多项式是一个简单的周期性非线性系统。对于一个一维输入输出情况,线性多项式输入与输出关系为

$$y(k)=\sum_{i=1}^{N-1}\sum_{j=1}^{N-1}b_i y(k-j)x(k-i)+\sum_{i=1}^{N-1}a_i y(k-i)+\sum_{i=1}^{N-1}c_i x(k-i) \quad (10.2.1)$$

式中,$x(i)$为输入变量;$y(i)$为输出变量;N为递归数。当BRNN模型存在N个输入神经元,M个隐含神经元和K次多项式时,输入向量为

$$\boldsymbol{X}(k)=\{x_1(k),x_2(k),\cdots,x_N(k)\}^{\mathrm{T}}$$

输入层到隐含层的连接权重向量为

$$\mathbf{net}(k)=\{\mathrm{net}_1(k),\mathrm{net}_2(k),\cdots,\mathrm{net}_N(k)\}^{\mathrm{T}}$$

$M\times K$ 维周期性向量为

$$\boldsymbol{Z}(k)=\{\mathrm{net}_1(k-1),\cdots,\mathrm{net}_M(k-1),\cdots,\mathrm{net}_1(k-K),\cdots,\mathrm{net}_M(k-K)\}^{\mathrm{T}}$$

第p个隐含层节点的周期向量为

$$\mathbf{net}_p(k)=\boldsymbol{d}_p+\boldsymbol{A}_p^{\mathrm{T}}\boldsymbol{Z}(k)+\boldsymbol{Z}(k)\boldsymbol{B}_p\boldsymbol{X}(k)+\boldsymbol{C}_p^{\mathrm{T}}\boldsymbol{X}(k) \quad (10.2.2)$$

式中,$\boldsymbol{d}_p$为神经元偏置值;$\boldsymbol{A}_p$为周期性权重向量;$\boldsymbol{B}_p$为双线性多项式权重矩阵;$\boldsymbol{C}_p$为前馈权重向量;T表示转置矩阵。当隐含层神经元激活函数为$g(\cdot)$时,隐含层神经元输出向量为

$$\boldsymbol{O}_p(k)=g(\mathbf{net}_p(k)) \quad (10.2.3)$$

经典BRNN隐含层到输出层为简单的前反馈神经网络。如果$O_{lp}(k)$为第l个神经元第p个隐含层在时刻k时的输出变量,则第p个隐含层节点的周期向量和隐含层输出向量为

$$\mathbf{net}_l(k)=\sum_{p=0}^{N_k}w_{lp}O_{lp}(k) \quad (10.2.4)$$

$$\boldsymbol{O}_l(k)=g(\mathbf{net}_l(k)) \quad (10.2.5)$$

式中,w_{lp}为隐含层到输出层的权重系数。

综上,输出层的输出为

$$y_l(k)=\sigma\left(vl+\sum_{p=0}^{N_k-1} w_{lp}O_{lp}(k)\right) \tag{10.2.6}$$

10.2.2 粒子群算法优化 BRNN

1. BRNN 优化模型

经典的 BRNN 中存在大量神经元和权重参数,使网络结构复杂、收敛速度变慢。因此,为了提升 BRNN 收敛速度,将粒子群算法与 BRNN 相融合,实现对经典 BRNN 中所存在的冗余神经元和权重进行剪枝,以降低网络的复杂性,防止它陷入局部最优,提升运算速度。

BRNN 结构为输入层-隐含层-输出层,当输出层数 N_0 为 1 时,式(10.2.1)中乘法项总数为

$$N_c=(N_i+N_f+N_i\cdot N_f)\cdot N_h+N_h \tag{10.2.7}$$

式中,N_i 为输入层神经元数量;N_f 为反馈节点数量;N_h 为隐含层神经元数量。为了进一步提升 BRNN 的预测精度,需提取一部分前反馈输入变量增加至线性反馈层,则优化 BRNN 输出变量由式(10.2.1)转换为

$$y_p(k)=d_p+\sum_{i=0}^{N_i-1}\sum_{j=S}^{E} b_{pi}y_p(k-j)x(k-i)+\sum_{i=0}^{N_f-1} a_{pi}y_p(k-i)+\sum_{i=0}^{N_i-1} c_{pi}x(k-i) \tag{10.2.8}$$

式中,$E=p+(N_i-1)/2$;$S=(N_i-1)/2-p$;d_p 为偏置量。

故 BRNN 模型输出层输出变量计算量由 N_c 变为 N_s,且

$$N_s=N_i\cdot N_f+(2N_i+N_f)\cdot N_h+N_h \tag{10.2.9}$$

优化后的 BRNN 输出层输出变量计算量减少量 ΔN 为

$$\Delta N=N_c-N_s=N_h\cdot N_f\cdot N_i-N_h\cdot N_i-N_f\cdot N_i \tag{10.2.10}$$

为了进一步减少 BRNN 计算负荷,实现对网络动态地删减权重和神经元,同时确保输出预测结果的可靠性,采用粒子群算法对 BRNN 实现动态剪枝。

2. BRNN 优化流程

粒子群算法(particle swarm optimization,PSO)从随机解角度出发,通过迭代寻求全局最优解,具有鲁棒性高、收敛快及实现简单等优点。将粒子群算法融入 BRNN 优化流程,能够有效提升 BRNN 的收敛速度和学习能力。

根据 BRNN 中权重值和偏置值的个数,确定粒子群算法搜索空间维度为

$$N_v=N_i\cdot N_h+N_h\cdot N_f+N_i+N_h \tag{10.2.11}$$

在 N_y 维搜索空间中,由 m 个粒子组成的种群 $\boldsymbol{X}=(x_1,x_2,\cdots,x_m)$ 中,第 q 个粒子表示一个 N_y 维向量,即表示第 q 个粒子在 N_v 维空间的空间位置。第 q 个粒子速度 $\boldsymbol{v}_q=(v_{q1},v_{q2},\cdots,v_{qN_v})^{\mathrm{T}}$,个体极值和全局极值分别为 $\boldsymbol{p}_q=(p_{q1},p_{q2},\cdots,p_{qN_v})^{\mathrm{T}}$ 和 $\boldsymbol{p}_g=(p_{q1},p_{q2},\cdots,p_{qN_v})^{\mathrm{T}}$。在粒子群算法的每一次迭代中,粒子将根据个体和全局极值对个体的迭代速度和位置进行更新。粒子速度和位置的更新公式分别为

$$V_{qN_v}(k+1)=wv_{qN_v}(k)+c_1r_1(p_{qN_v}(k)-S_{qN_v}(k))+c_2r_2(p_{gN_v}(k)-S_{gN_v}(k)) \tag{10.2.12}$$

$$x_{qN_v}(k+1)=x_{qN_v}(k)+v_{qN_v}(k+1) \tag{10.2.13}$$

式中,w 为惯性权重;c_1 和 c_2 为学习因子;r_1 和 r_2 为分布于(0,1)的随机数。

优化 BRNN 架构如下：

步骤 1：网络初始化。对粒子群算法的维度 N_v、学习因子 c_1 和 c_2（一般取值为 0～4），以及最大循环次数进行初始化。其中，粒子初始化主要是对粒子的初始速度和空间位置赋予随机值。

步骤 2：确定优化 BBRN 的拓扑基本结构。

步骤 3：确定适应度函数。生成随机种群粒子训练优化 BRNN，输出满足精度要求的适应度值。

$$fit = \sum_{i=1}^{m} \sum_{j=1}^{N_o - 1} |y_{ij} - \hat{y}_{ij}| \tag{10.2.14}$$

式中，y_{ij} 和 $\hat{y}_{ij}$ 分别为测试集的真实值和预测值；fit 表示适应度函数。

步骤 4：启动粒子群算法。根据式(10.2.12)和式(10.2.13)对粒子个体的速度和位置更新，并以一定的概率初始化粒子种群，更新粒子种群，并重新计算粒子适应度。

步骤 5：剪枝运算。对比更新前后适应度的大小，当更新后的适应度小于原适应度时，就删除原粒子种群，更新种群，并删除 BRNN 中无效的隐含层或输入层神经元及其对应的权重值。

步骤 6：依次循环步骤 4 和步骤 5，在设定的最大循环步数内搜索最小适应度及其对应的粒子种群，并输出计算结果。

步骤 7：根据最优粒子，设定优化的 BRNN 动态连接权值和阈值。优化 BRNN 预测模型经训练后输出预测结果。

10.3 3D 卷积递归神经网络

高光谱图像中含有丰富的光谱信息与空间信息，不同信息具有不同特性。高光谱图像中光谱信息的光谱分辨率较高，每个像元都具有连续的光谱曲线，也就是说，单个波段与相邻几个波段之间的像元亮度值(digital number，DN) 具有一定的相关性。随着波段间距离的增加，这种相关性会逐渐减弱。在高光谱图像分类中，空间信息主要指空间上下文信息，其特性具体表现为空间位置上距离较近的像元属于同一类地物的概率比距离较远的可能性大。在分类过程中，合理利用空间信息能够有效提升分类精度，削弱椒盐现象。在分类时，需要同时考虑到两类信息的特性，采用合适的特征提取策略，提升高光谱图像的分类效果。

10.3.1 3D-CNN 提取空间特征

CNN 最初是应用在二维(2 dimension，2D)结构的图像数据上，在提取图像的空间特征时效果极佳。绝大多数 CNN 采用 2D 卷积核，但高光谱图像具有上百个波段(即上百张 2D 图像)，将 2D 卷积核应用于高光谱图像处理时会产生大量参量，对于标参数据较少的高光谱图像来说，极易造成过拟合现象。

三维(3 dimension，3D)卷积核可以同时在 3 个方向上进行卷积，输出一个 3 阶张量。在 3D-CNN 的第 i 个卷积层、第 j 个特征图中，位置(x,y,z)的输出为

$$v_{ij}(x,y,z) = \sigma\left(b_{ij} + \sum_{k=1}^{m} \sum_{w=0}^{W_i - 1} \sum_{h=0}^{H_i - 1} \sum_{b=0}^{B_i - 1} u_{ijk,hwb} v_{(i-1)k}(x+w, y+h, z+b)\right) \tag{10.3.1}$$

式中，$\sigma(\cdot)$为激活函数；b_{ij} 为偏置；B_i、W_i 和 H_i 是 3D 卷积核的大小，即 B_i 是 3D 卷积核在光谱维的尺寸，W_i 和 H_i 分别是 3D 卷积核的宽和高；$u_{ijk,hwb}$ 是与第 $i-1$ 层第 k 个特征图相连接的卷积核。与 2D 卷积相比，3D 卷积涉及的参量较少，更适合于样本有限的训练任务。除此之外，将 2D 卷积核与 3D 卷积核对高光谱图像的卷积结果进行对比，结果如图 10.4 所示，从图中可知，利用 2D 卷积核提取特征，可能会损失高光谱图像的 3D 结构信息。

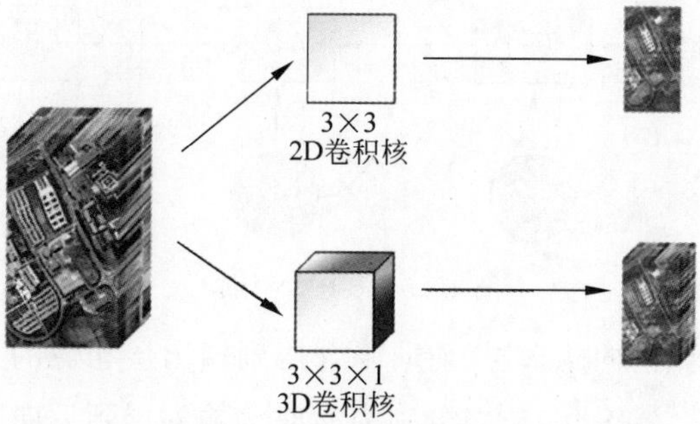

图 10.4　两种卷积核处理结果

3D 卷积核能够充分提取高光谱数据的空间特征，并且保留光谱组上的数据维度大小，采用 3D-CNN 提取空间特征，卷积核的大小对训练效果和速度有重要影响。研究表明，大小为 3×3 的卷积核可以在参量较少的情况下，更好地提取空间特征效果，所以将 3D 卷积核大小定为 3×3×1。3D-CNN 提取空间特征的策略为：从原始高光谱图像中提取大小为 $n\times n\times B$（B 指高光谱图像波段数）的数据块，使用 3D-CNN 对数据块进行卷积处理，卷积核大小为 3×3×1。经过几个卷积层的非线性变换之后，将中心像元周围一定大小邻域的空间信息融入中心像元中，生成一个大小为 $1\times 1\times B$ 大小的向量，完成空间特征的提取。

10.3.2　BiRNN 模型

1. 结构原理

高光谱图像的光谱数据是一种序列数据，波段之间具有序列相关性。随着波段间距离的增加，相关性会逐渐减弱，这说明光谱数据中各个波段之间短期依赖性较强，而且对前后信息都具有依赖性。为了降低训练成本，在训练时不考虑其长期信息记忆的损失，故采用参数较少的标准 RNN。然而，标准 RNN 处理序列数据时，只将之前的信息记忆应用于当前的输出，忽略了之后的信息。在某些任务中，当前时刻的输出不仅与过去的信息有关，还与后续时刻的信息有关，因此可以增加一个按照时间逆序来传递信息的网络层，增强网络功能。于是，就出现了双向循环神经网络（bidirectional recurrent neural network，BiRNN），它是 RNN 的一种变体，其基本思想是对同一组序列数据分别用向前和向后两个 RNN 进行训练，两个 RNN 同时与输出层相连，这种结构为每一个输出提供前后的上下文信息，这两层网络都输入序列 x，但是信息传递方向相反。图 10.5 显示的 BiRNN 结构包含 6 个权重：输入层到前向和后向隐含层（U_1，U_2），隐含层到隐含层（W_1，W_2），前向和后向隐含层到输出层（V_1，V_2）。

假设第 1 层按时间顺序传递信息，第 2 层按时间逆序传递信息，这两层在 k 时刻的隐状态分别为

$$\boldsymbol{h}^{(\mathrm{F})}(k)=g(\boldsymbol{W}^{(\mathrm{F})}\boldsymbol{h}^{(\mathrm{F})}(k-1)+\boldsymbol{U}^{(\mathrm{F})}\boldsymbol{X}(k)+\boldsymbol{b}^{(\mathrm{F})})$$
$$\boldsymbol{h}^{(\mathrm{B})}(k)=g(\boldsymbol{W}^{(\mathrm{B})}\boldsymbol{h}^{(\mathrm{B})}(k+1)+\boldsymbol{U}^{(\mathrm{B})}\boldsymbol{X}(k+1)+\boldsymbol{b}^{(\mathrm{B})})$$
$$y(k)=\boldsymbol{V}^{(\mathrm{F})}\boldsymbol{h}^{(\mathrm{F})}(k)+\boldsymbol{V}^{(\mathrm{B})}\boldsymbol{h}^{(\mathrm{B})}(k)+\boldsymbol{b}_y$$

式中，$\boldsymbol{h}^{(\mathrm{F})}(k)=\boldsymbol{h}_1(k)$，$\boldsymbol{h}^{(\mathrm{B})}(k)=\boldsymbol{h}_2(k)$；$\boldsymbol{U}^{(\mathrm{F})}$，$\boldsymbol{W}^{(\mathrm{F})}$，$\boldsymbol{V}^{(\mathrm{F})}$ 分别为依次对应 k 时刻中输入层到

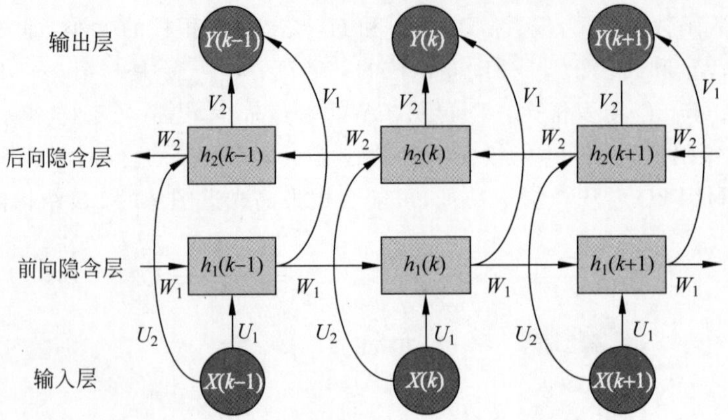

图 10.5 BiRNN 结构

前向隐含层、前向隐含层到前向隐含层、前向隐含层到输出层相应的加权矩阵；$\boldsymbol{b}^{(\mathrm{F})}$、$\boldsymbol{b}^{(\mathrm{B})}$、$\boldsymbol{b}_y$ 依次为各步骤的偏置。$\boldsymbol{U}^{(B)}$,$\boldsymbol{W}^{(B)}$,$\boldsymbol{V}^{(B)}$ 分别为 k 时刻输入层到后向隐含层，后向隐含层到后向隐含层，后向隐含层到输出层的加权矩阵。

2. 训练架构

BiRNN 的训练采用 BPTT 算法，其特点是自顶向下逐步计算梯度，而前向传播与反向传播相反，前向传播算法是自底向上，通过输入计算输出，逐步计算最终的损失。因此，通常采用前向传播和反向传播对 BiRNN 进行训练，实现模型参数的更新与优化。

1）前向传播

步骤 1：沿着时刻 1 至时刻 T 正向计算一遍，获得每个时刻向前隐含层的输出；

步骤 2：沿着时刻 T 至时刻 1 反向计算一遍，获得每个时刻向后隐含层的输出；

步骤 3：正向和反向所有输入时刻计算结束后，根据每个时刻向前向后隐含层的输出得到最终输出。

2）后向传播

步骤 1：计算所有时刻输出层的 $e(k)$项；

步骤 2：对所有输出层的 $e(k)$项，采用 BPTT 算法更新向前层；

步骤 3：对所有输出层的 $e(k)$项，使用 BPTT 算法更新向后层。

10.3.3 3D-CRNN 结构

3D-卷积循环神经网络(convolutional recurrent neural network，CRNN)包括空间维特征提取与光谱维特征提取两部分。空间维特征提取部分主要由 3D-CNN 组成，卷积核大小皆为 $3\times3\times1$，步长为 1。卷积层之间不设池化层，以保留小目标的特征信息。在设置卷积核的数目上，按照 CNN 的普遍设计比率，后一层的卷积核数目是前一层的两倍，初始层卷积核的数目设为 4。每个卷积层的输出经过批归一化(batch normalization，BN)层与 ReLU 激活函数，对最后一个卷积层输出进行丢弃处理，避免因密集采样而导致模型过拟合。在数据集准备过程中，需要先对原图像边缘进行一定的零填充，然后以原图像上的每一个像元为中心点依次选取大小为 $n\times n\times B$ 的像素块作为训练样本与验证样本，其中 $n\times n$ 为高光谱图像空间维上的采样大小，B 为光谱波段数。为了满足光谱维特征提取部分的输入格式，处理后的数据大小必须为 $1\times1\times B$。因此，对于输入到训练网络中不同大小的像素块，可以通过改变卷积层层数改变输出大小，例如，对于大小为 $5\times5\times B$ 的像素块，卷积层层数设为 2；对于大小为 $7\times7\times B$ 的像素块，卷积层层数设为 3，以此类推。光谱维特征提取部分由 BiRNN 构成，递归层层数设为 1,隐含层特征数设为 32。输出经过 BN 层,使用 Tanh 函数作为 BiRNN 的激活函数,最后将 BiRNN 的输出结果输入全连接(fully connected,FC)层中,使用 Softmax 函数作为训练分类器的损失函数。整个网络结构如图 10.6 所示。

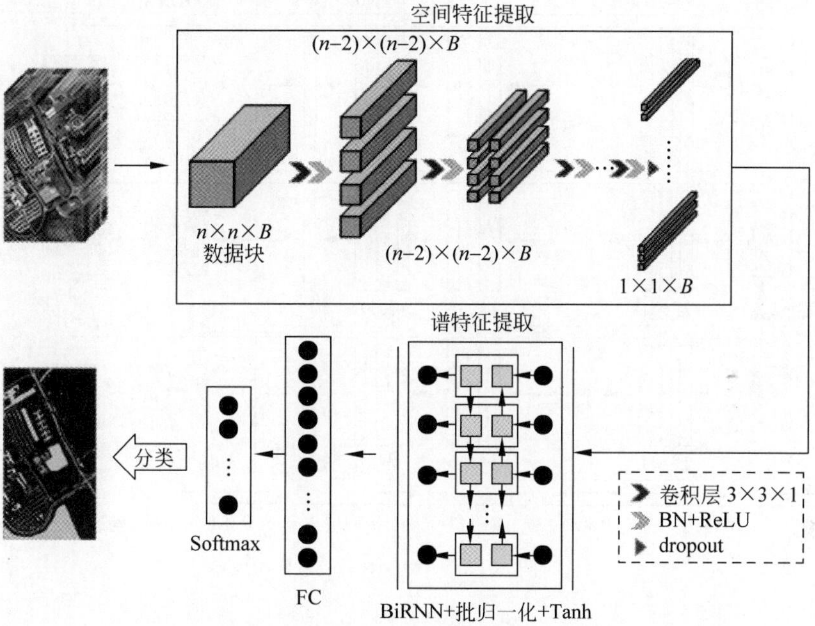

图 10.6　3D-CRNN 结构

10.4　案例 11:基于注意力机制与门控循环单元的图像去雨算法

针对在图像中包含密集条纹时,GAN 处理后的图像存在条纹残留及图像细节模糊的问题,本节提出了一种结合空间注意力机制、通道注意力机制和门控循环单元的神经网络(attention mechanism and gated recurrent network,AMGR-Net),并进行单幅图像去雨仿真验证。结果表明,AMGR-Net 能更好地解决 GAN 处理后的含密集雨条纹的图像中出现的条纹残留和细节模糊的问题。

10.4.1　图像去雨的注意力机制与门控循环网络模型

1. 网络结构

图 10.7 所示 AMGR-Net 是在残差对抗生成网络(ESGAN)基础上构建的,主要包含门控循环单元、空间注意力模块(图 10.8)和通道注意力模块(图 10.9)。

1) 门控循环单元

为了充分利用前一阶段的特征信息,采用递归神经网络(RNN)。针对传统循环神经网络会使节点记忆效果减弱的问题,选择擅长捕捉数据中长期依赖关系的门控循环单元(gated recurrent units,GRU)。GRU 包含更新门和重置门,更新门用于控制当前时刻输出的状态中保留多少历史状态,以及保留当前时刻候选状态的多少。给定第 k 个时间步中第 j 层的特征映射 $x^j(k)$,第 k 个时间步第 $j-1$ 层的映射特征 $x^{j-1}(k)$和上一时间步的隐含状态 $x^j(k-1)$,更新门公式为

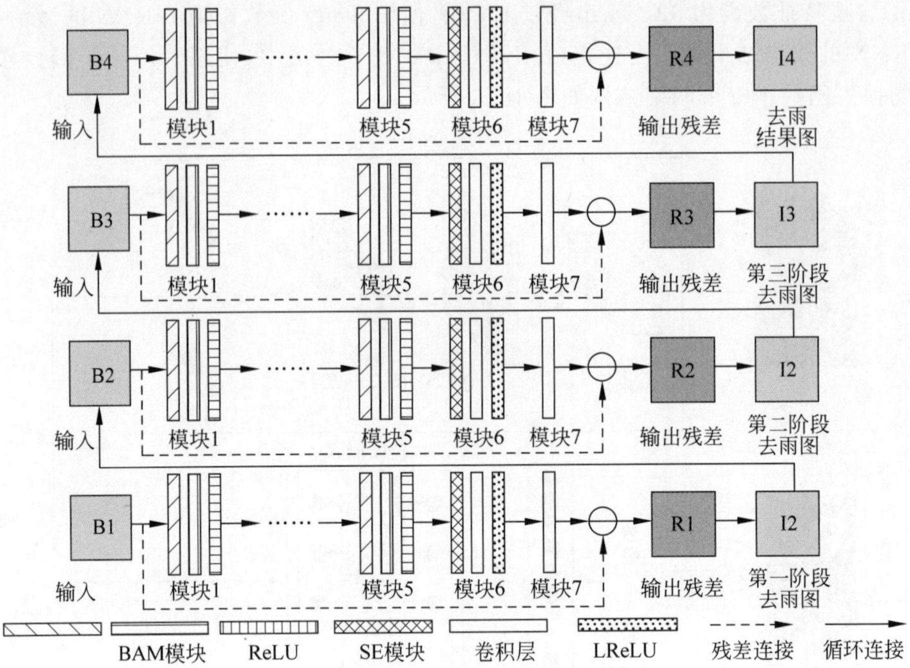

图 10.7 AMGR-Net 结构

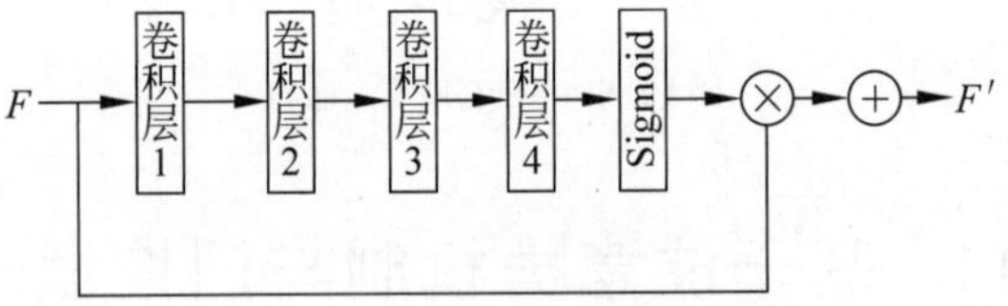

图 10.8 空间注意力模块结构图

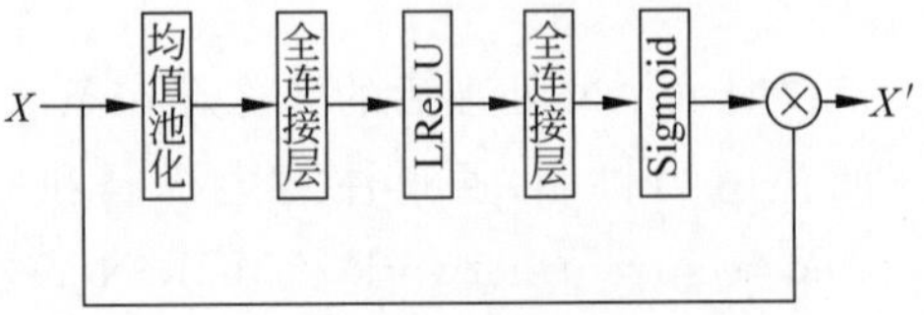

图 10.9 通道注意力模块结构图

$$z^l(k)=\sigma(W_z^l x^{l-1}(k)+U_z^l x^l(k-1)+b_z^l) \tag{10.4.1}$$

式中，W_z^l、U_z^l 表示权重参数；b_z^l 表示偏差参数；$\sigma(\cdot)$表示 Sigmoid 函数，目的在于将更新门 $z^l(k)$中每个元素的值变换到 0 和 1 之间。

重置门用于决定当前时刻的候选状态对上一时刻网络状态的依赖程度。重置门公式为

$$r^l(k)=\sigma(W_r^l x^{l-1}(k)+U_r^l x^l(k-1)+b_r^l) \tag{10.4.2}$$

式中，W_r^l、U_r^l 表示权重参数；b_r^l 表示偏差参数；$\sigma(\cdot)$表示 Sigmoid 函数，用于将重置门中每个元素的值变换到 0 和 1 之间。

GRU 计算候选隐含状态 $n^l(k)$来辅助后续隐含状态 $x^l(k)$的计算。首先，将当前时间步重置门的输出 $r^l(k)$与上一时间步隐含状态 $x^l(k-1)$进行哈达玛积运算，若重置门中的元素值趋近于 0，则意味着重置对应的隐含状态元素为 0，也就是丢掉上一时间步的隐含状态；若重置门中的元素值趋近于 1，则对上一时间步的隐含状态进行保留。然后，将 $r^l(k)\odot x^l(k-1)$、$x^{l-1}(k)$分别与权重矩阵 W_n^l 和 U_n^l 相乘，再将这两部分结果相加后放入 Tanh 激活函数中，将值

域压缩到[−1,1]，得到候选隐含状态 $n^l(k)$。这里，时间步 k 的候选隐含状态 $n^l(k)$ 为

$$n^l(k)=\mathrm{Tanh}(W_n^l x^{l-1}(k)+U_n^l(r^l(k)\odot x^l(k-1)+b_n^l)) \tag{10.4.3}$$

式中，W_n^l 和 U_n^l 表示权重参数；b_n^l 表示偏差参数。

最后计算时间步 k 的隐含状态 $x^l(k)$，此时需使用更新门的输出 $z^l(k)$ 分别和上一时间步的状态 $x^l(k-1)$ 以及候选隐含状态 $n^l(k)$ 进行哈达玛积运算，最终得到当前时刻网络的输出为

$$x^l(k)=z^l(k)\odot x^l(k-1)+(1-z^l(k)\odot n^l(k)) \tag{10.4.4}$$

如果更新门的输出 $z^l(k)$ 趋近于 0，则表示遗忘了上一时刻的信息；反之，如果更新门的输出 $z^l(k)$ 趋近于 1，则表示遗忘了当前的输入信息；若为其他值，则表示不同的重要程度。综上所述，GRU 可有效解决遗忘问题，即反向传播中的梯度消失问题。

2）空间注意力模块

采用空间注意力模块对不同空间位置的特征进行增强或抑制。在单幅图像区域中，上下文信息等高级特征尤为重要。与标准卷积相比，空洞卷积有利于构造更高效的空间映射图。因此，在空间注意力模块中，利用空洞卷积扩大接收域，充分利用上下文信息。对于给定的输入特征图 $F\in\mathbb{R}^{C\times H\times W}$ 及计算空间注意力图 $M(F)\in\mathbb{R}^{C\times H\times W}$，则重新定义的特征映射 F' 为

$$F'=F+F\otimes M(F) \tag{10.4.5}$$

式中，⊗表示卷积运算。

该空间注意力模块包含膨胀系数 *rate* 和缩减率 r 两个超参数。膨胀系数决定了特征接收域的大小，对上下文信息的聚集有促进作用。缩减率主要对空间注意力模块的容量和最小值进行控制。具体地，如图 10.8 所示，首先，使用 1×1 卷积将特征 $F\in\mathbb{R}^{C\times H\times W}$ 的尺寸缩减到 $\mathbb{R}^{C/r\times H\times W}$，以便在通道维度上集成和压缩特征图；特征缩减之后，使用两个 3×3 的空洞卷积来有效地利用上下文信息；再使用一个 1×1 的卷积，将特征简化成 $\mathbb{R}^{1\times H\times W}$，得到空间注意力图 $M(F1)$；随后，取 Sigmoid 函数，得到 0～1 范围内的空间注意力图 $M(F)$；最后，将 $M(F)$ 与输入特征图 F 相乘，并将其与原始输入特征图相加，得到细化后的特征图 F'。空间注意力公式为

$$M(F)=\sigma(BN(f_3^{1\times1}(f_2^{3\times3}(f_1^{3\times3}(f_0^{1\times1}(F)))))) \tag{10.4.6}$$

3）通道注意力模块

AMGR-Net 中模块 6 采用了通道注意力模块，通过对特征映射图各个通道之间的依赖性关系进行建模，以增加去条纹网络的特征表达能力，如图 10.9 所示。首先，进行挤压操作，对输入的特征 X（包含 C 个特征映射图）采用全局均值池化操作，通过对每个特征映射图进行压缩，使其具有全局的感受野，特征 X 的 C 个特征映射图变成 1×1×C 的实数数列。为了采用挤压操作中产生的汇总信息，需进行激励操作，通过使用参数来为每个特征通道生成权重，全面捕获通道之间的依赖性。即引入两个全连接层，这不仅限制了模型的复杂度，也充分考虑到了模型的泛化能力，其中降维比例设置为 6。在两个全连接层后采用简单的门限机制，分别使用 ReLU 和 Sigmoid 激活函数。最后，通过重置权重，将激励操作输出的权重当作每个特征通道的权重信息，再使用乘法运算逐通道加权到原输入特征 X 上，最终得到新的特征 X'，实现在通道维度上对原始特征的重标定处理，增加了对特征的辨别力。

由于输入图像中包含不同的条纹层，仅通过一个阶段很难将图像中的条纹去除干净，因此本节算法采用循环神经网络将去条纹过程分解为 4 个阶段，将不同阶段的输入图像视为包含不同级别的含条纹图像的时间序列。同时，为了更好地利用前一时间步的特征信息，并指导后续时间步的学习，采用 GRU 循环单元，这个过程为

$$O_1 = O(k) \tag{10.4.7}$$

$$R(k) = \sum_{i=1}^{n} \alpha_i \bar{R}^i(k) = f_{\text{CNN+RNN}}(O(k), x(k-1)), \quad 1 \leqslant k \leqslant N_s \tag{10.4.8}$$

$$O(k+1) = O(k) - R(k), \quad 1 \leqslant k \leqslant N_s \tag{10.4.9}$$

$$R = \sum_{k=1}^{N_s} R(k) \tag{10.4.10}$$

式中，O 表示输入的含条纹图像；N_s 表示去条纹阶段的数量；$R(k)$表示第 k 个时间步的输出；$\bar{R}^i(k)$为第 k 个时间步分解的第 i 个条纹层；$O(k)$为第 k 个时间步的输入；$x(k-1)$为第$(k-1)$个时间步的隐含状态；$O(k+1)$为第 k 个时间步输出的去条纹结果。通过将 $\bar{R}^i(k)$与不同的 α 值相加来计算$R(k)$。

AMGR-Net 包含 6 个模块，卷积核的个数为 24，其中前 5 个模块包含门控循环单元、空间注意力模块和激活函数，并使用 3×3 卷积核。第 1 个模块作为编码器，将图像转换为特征图。考虑到大的感受野有助于获取大量的上下文信息，因此在模块 2～模块 5 中分别采用扩张因子为 1、2、4 和 8 的空洞卷积，对应的接收域大小分别为 5×5，9×9，17×17，33×33。第 6 个模块包含卷积层、通道注意力模块和激活函数，采用 3×3 卷积核，接收域大小设置为 35×35。模块 6 后使用一个 1×1 的卷积层，接收域大小设置为 35×35，用于充当解码器来生成残差映射。此外，为了保留具有负特征值的条纹细节信息，采用 LReLU 作为激活函数。

2. 损失函数

均方误差函数(mean square error，MSE)是训练深度神经网络时被广泛使用的损失函数。然而，MSE 损失函数由于受到平方的惩罚，对图像边缘的处理效果不佳，常会导致复原结果过度平滑。为了解决上述问题，选择 MSE 和 SSIM 作为损失函数，以保持提升去雨带条纹效果和更好地保留细节信息之间的平衡。

$$\text{Loss} = \sum_{k=1}^{N_s} \alpha \text{Loss}_{\text{MSE}}(\hat{R}(k), R(k)) + (1-a)\text{Loss}_{\text{SSIM}}(\hat{R}(k), R(k)) \tag{10.4.11}$$

式中，Loss_{MSE} 和 $\text{Loss}_{\text{SSIM}}$ 分别表示 MSE 和 SSIM 损失函数；k 表示去条纹阶段数；$\hat{R}(k)$表示网络预测的条纹信息；R 表示真实条纹信息；α 表示平衡两个损失的参数。

10.4.2 仿真实验与结果分析

1. 实验数据及训练策略

(1) 单幅图像。选择包含五个不同方向和不同强度雨条纹的数据集 RainH1800 来训练和测试 AMGR-Net 模型。该数据集的训练集中包含 1800 对合成雨图和清晰图像。训练网络时，从训练集的每对数据中随机生成 100 个 64×64 图像块。测试数据集包含 100 张密集雨条纹数据(RainH100)。此外，进一步用真实雨图来测试本节提出网络的性能。

(2) 训练策略。采用 Pytorch 框架实现网络的搭建，并在 NVIDIA GTX 1080 GPU 上的工作站上运行，采用 Adam 算法对网络模型进行优化。训练的批量大小和初始学习率分别设置为 32 和 0.005，训练迭代次数为 20 000，当迭代次数为 15 000 和 17 500 时，分别将学习率除以 10。

2. 实验过程及结果分析

1) 与基准模型对比

采用循环神经网络将去雨过程分解为 4 个阶段，在合成数据集 RainH1800 上训练 AMGR-Net，通过对比每个阶段输出的去雨结果来评估 AMGR-Net 性能。表 10.1 显示了

AMGR-Net 在合成测试数据集 RainH100 上不同阶段的 SSIM 与 PSNR 平均指标。表 10.1 表明，第四个阶段的去雨结果(即 AMGR-Net 最终结果图)高于前三个阶段。

表 10.1 AMGR-Net 在 RainH100 上不同阶段结果

阶段数	PSNR	SSIM	阶段数	PSNR	SSIM
1	25.63	0.845	3	28.82	0.890
2	28.05	0.880	4	**29.03**	**0.892**

图 10.10 显示了 AMGR-Net 对不同图片在四个阶段的去雨结果对比。图 10.10 表明，第一个阶段的去雨图视觉效果较差，第二、第三和第四个阶段在去除雨条纹的同时，图像的细节信息和色度信息保留较好。对不同图片四个阶段去雨结果的 PSNR 和 SSIM 指标对比如表 10.2 所示。表 10.2 表明，第四个阶段的 PSNR 与 SSIM 值均高于前三个阶段。通过对比实验发现，AMGRN-Net 选择四个阶段去除图像中的雨条纹是有效的。

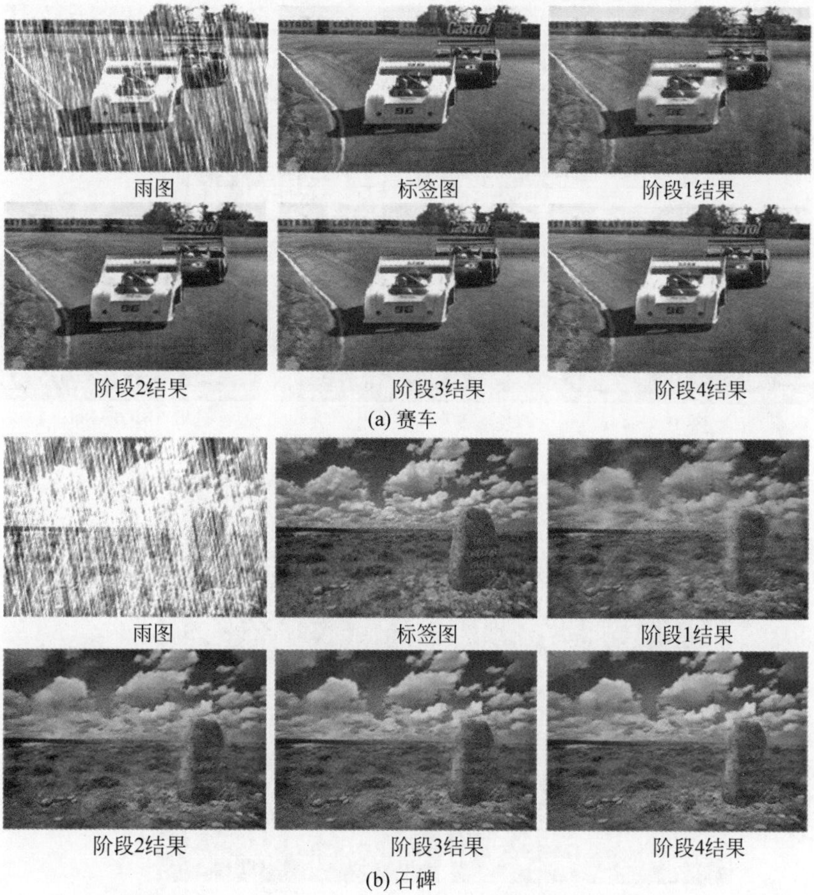

图 10.10 AMGR-Net 对不同图片不同阶段的去雨结果

表 10.2 AMGR-Net 对不同图片不同阶段的指标对比

	指标	阶段 1	阶段 2	阶段 3	阶段 4
图 10.10	PSNR	26.43	28.99	29.64	**29.82**
	SSIM	0.857	0.900	0.903	**0.905**
图 10.11	PSNR	23.64	25.23	25.87	**26.14**
	SSIM	0.758	0.792	0.804	**0.808**

2）与 4 种具有代表性的去雨算法对比

为了验证 AMGR-Net 的有效性，将训练的网络在新合成的雨图和真实雨图上进行实验，并选择四种比较具有代表性的去雨算法进行对比，这四种算法分别为 DSC、GMM-LP、残差指导网络（residual-guide network，RGN）与循环挤压和激励上下文聚合网络（recurrent SE context aggregation net，RESCAN）。

（1）合成雨图及结果分析。将 AMGR-Net 与上述四种具有代表性的去雨算法在合成雨图数据集上进行对比实验，结果如图 10.11 所示。

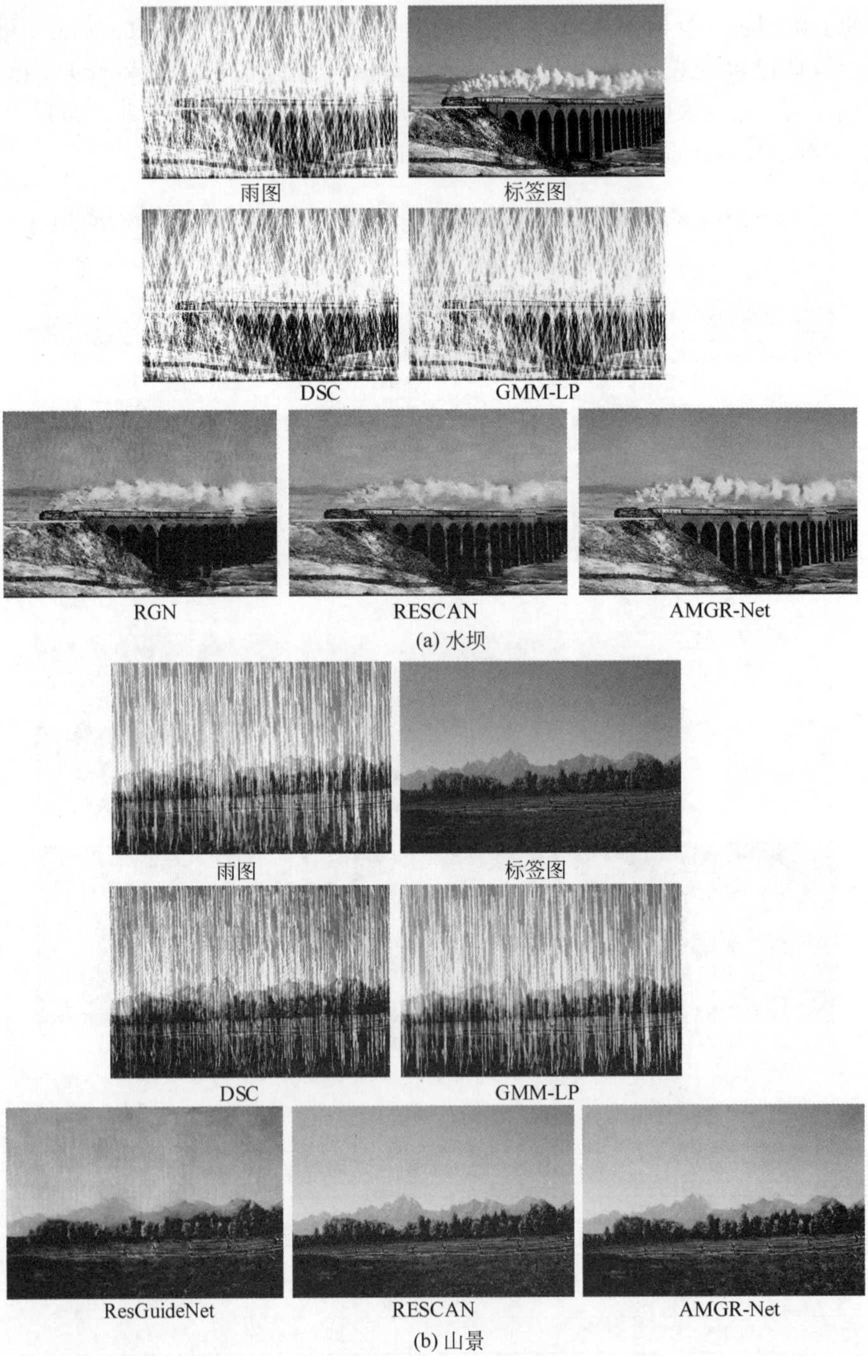

扫描获取
对应彩图

图 10.11 不同算法对合成雨图的实验结果

(c) 象群

图 10.11 (续)

图 10.11 表明,DSC 和 GMM-LP 算法处理后的去雨图像存在严重的雨条纹残留问题,主要原因在于 DSC 和 GMM-LP 算法未利用原始图像中较高水平的特征信息,当图像中的雨条纹严重时,这两种算法的去雨效果甚微。虽然 RGN 和 RESCAN 算法能去除图像中的大部分雨条纹,但是不能较好地保留图像的细节部分。AMGR-Net 采用空间注意力模块对不同空间位置的特征进行增强或抑制,并使用通道注意力模块对特征映射图各个通道之间的依赖性关系进行建模,增加了去雨网络的特征表达能力。AMGR-Net 通过充分利用图像的通道信息和空间信息等深层的特征信息,准确区分了图像中的非雨条纹和雨条纹信息,达到了既可以有效去除雨条纹又可以很好保留原始图像细节信息的效果;另外,采用循环神经网络也可更好地利用前一阶段的特征信息,并指导后续阶段的学习。此外,AMGR-Net 的去雨结果图与原始无雨图像相比,在对比度上效果也好,恢复的图像背景也较为清晰,达到了较优的视觉效果。

现对比图 10.11 中的去雨结果图的 PSNR 和 SSIM 指标,并进一步对比在密集雨条纹数据集 RainH100 上的去雨结果的 PSNR 和 SSIM 指标,结果如表 10.3 所示。表 10.3 表明,AMGR-Net 的 PSNR 与 SSIM 指标都高于其他算法。通过这些对比实验验证了 AMGR-Net 的有效性。

表 10.3 不同方法的图像复原质量评价结果

图像	指标	DSC	GMM-LP	RGN	RESCAN	AMGR-Net
a	PSNR	11.44	11.62	22.91	24.73	**25.71**
	SSIM	0.295	0.312	0.769	0.822	**0.883**
b	PSNR	15.63	14.97	27.71	32.29	**33.88**
	SSIM	0.237	0.249	0.879	0.886	**0.942**
c	PSNR	14.96	15.82	29.08	31.19	**31.83**
	SSIM	0.466	0.527	0.882	0.902	**0.945**
RainH100	PSNR	15.19	14.90	24.88	28.47	**29.03**
	SSIM	0.384	0.411	0.840	0.856	**0.892**

（2）真实雨图及结果分析。为了证明 AMGR-Net 在真实雨图上同样具有较好的去雨效果，将其与上述四种去雨算法在真实雨图上进行实验，结果如图 10.12 所示。

图 10.12　不同算法对真实雨图的实验结果

图 10.12 表明，DSC 和 GMM-LP 算法残留了较多的雨条纹。从视觉角度看，在对真实雨图的恢复过程中，RGN、RESCAN 算法的去雨效果与 AMGR-Net 差距不大，但是 AMGR-Net 算法能够更好地保留图像的细节信息和色度信息。

3）不同优化算法对神经网络收敛速度的影响

现对 SGD、弹性传播（resilient propagation，Rprop）和 Adam 算法的收敛速度进行对比实验，结果如图 10.13 所示，其中分别标注了方块、圆形和三角形的曲线分别代表用 SGD、Rprop 和 Adam 算法时神经网络的收敛趋势。图 10.13 表明，与 Adam 算法相比，SGD 和 Rprop 算法的收敛速度慢、收敛过程不稳定，验证了本节算法在优化器选择上的有效性。

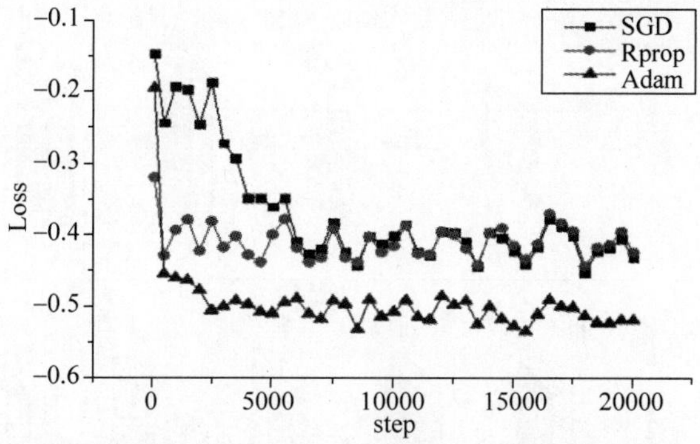

图 10.13　Rprop、SGD 和 Adam 算法的收敛速度

10.5　案例 12：基于级联递归残差卷积神经网络的单幅图像超分辨率算法

图像超分辨率(super-resolution,SR)问题由两部分组成：单图像和多图像。单图像超分辨率(single-image super-resolution,SISR)算法主要包括插值、重建和基于学习的算法。图像超分辨率旨在从低分辨率(low-resolution,LR)图像中获取高分辨率(high-resolution,HR)图像。插值算法和邻域嵌入算法的出现使图像质量略有提高。最早的插值算法包括线性插值、双三次插值、Lanczos 等。另一种算法是邻域嵌入和稀疏编码,通过学习低分辨率图像与高分辨率图像之间的映射函数,实现图像的超分辨率。这些算法虽然速度快,但是恢复图像质量不理想,容易产生平面化纹理,不能很好地恢复高频成分。近年来,基于卷积神经网络的单图像超分辨率算法,使分辨率得到了显著提高。

超分辨率卷积神经网络(SRCNN)是深度学习超分辨率重建领域的一项开创性研究。尽管在网络中只有三层,但是它倾向于 LR 和 HR 图像空间之间的映射,也存在图像细节丢失和训练时间长等问题。所以,加速版的 SRCNN(Fast SRCNN,FSRCNN)做了三方面改进：①利用反卷积放大图像,而不需要通过双三次放大 LR 图像。②使用较小的卷积核对特征值进行填充。③共享映射层。虽然 FSRCNN 性能较好,但是较浅的网络结构限制了它的性能,而重置方法解决了网络结构较深时没有训练的问题。在深度超分辨率网络(super-resolution using very deep convolution network,VDSR)中,考虑到输入的 LR 图像携带的低频信息与 HR 图像携带的低频信息在很大程度上相似,需要花费很多时间进行训练；实际上,只需要学习 HR 图像和 LR 图像之间的高频剩余部分。与 VDSR 几乎同时出现的深度递归卷积神经网络(deeply-recursive convolution neural network,DRCN)、亚像素卷积神经网络(sub-pixel convolutional neural network,SPCNN)、拉普拉斯超分辨率网络(Laplacian SRN,LapSRN)、超分辨率稠密网络(super-resolution dense network,SRDenseNet)等,也是超分辨率重建的有效算法,但也有需要进一步改进的地方。

10.5.1　网络架构

一种 SRCNN 模型如图 10.14 所示。SRCNN 分为三部分：①色斑提取与表示；②非线性映射；③重建。SRCNN 采用双三次插值放大后的 LR 图像作为输入,计算成本高、阻碍了其应用；而 FSRCNN 有特征提取层、收缩层、非线性映射层、扩展层和反卷积层 5 部分。

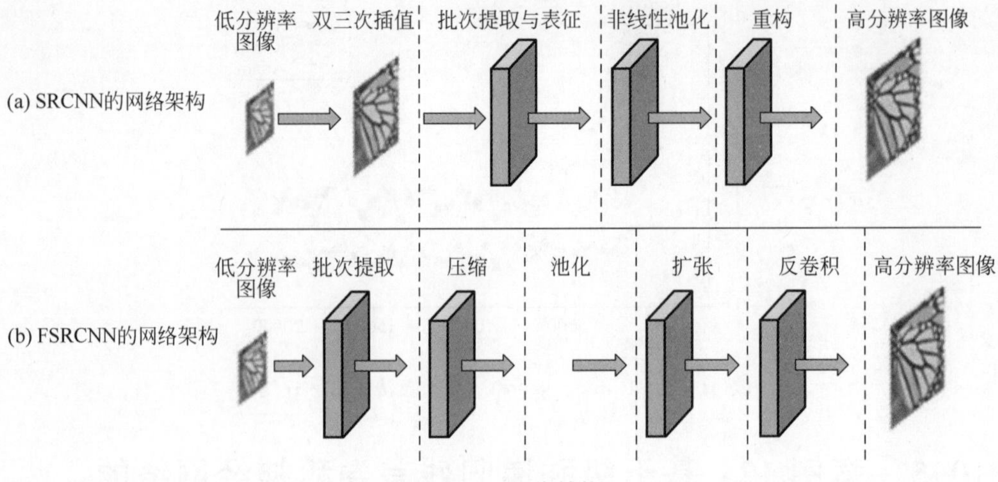

图 10.14　网络结构

采用极深卷积神经网络将不同的多幅图像混合训练，使训练模型能够解决不同的多幅图像的超分辨率问题。VDSR 将插值后得到的如目标尺寸大小的 LR 图像作为网络的输入，再将该图像与网络学习到的残差相加，得到最终网络的输出。DRCN 首次将递归结构应用于 SISR 卷积神经网络；同时，利用残差学习增加网络深度、降低训练难度，取得了较好效果。对于 DRCN，输入是一幅插值图像，每幅图像由三个模块组成。第一个模块利用嵌入网络提取特征映射，第二个模块是与特征非线性映射功能相同的推理网络，最后一个模块是重构组件，从特征图像中恢复出最终的重建结果。在 VDSR 和 DRCN 基础上，深度递归残差网络（deep recursive residual network，DRRN）中每个剩余单元使用递归块中的第一卷积层输出作为输入，输入具有相对较深的结构，以实现性能增益。图 10.15 给出了这些算法的运行框架。受上述算法的启发，研究人员提出了一种级联递归残差卷积神经网络（cascade rotational residual convolution neural network，CRRCNN）。

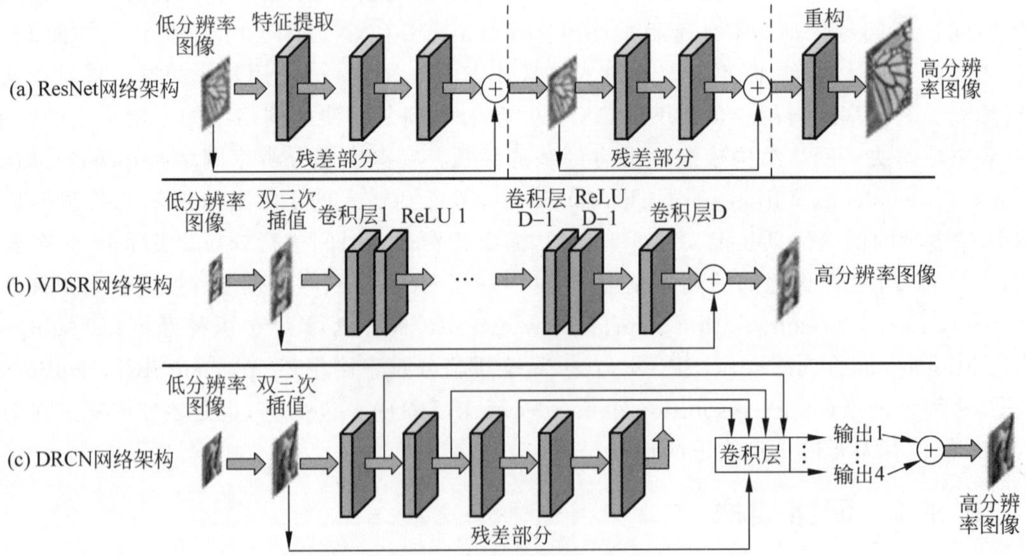

图 10.15　三种网络架构

10.5.2　三层跳接递归残差网络架构

CRRCNN 结构如图 10.16 所示。该结构由三部分组成：色斑提取、残差学习和重构。

CRRCNN 的输入为无放大的低分辨率图像，抵消了对原始低分辨率图像进行插值放大的预处理。由于 CRRCNN 不需要扩大网络外的图片尺寸，网络的最后一层是反卷积层，取代了双三次放大的预处理步骤，大大提高了训练速度。该网络还采用递归结构和残差学习，对处理单幅图像超分辨率问题有明显效果。与其他算法相比，该算法简单，结果较好。

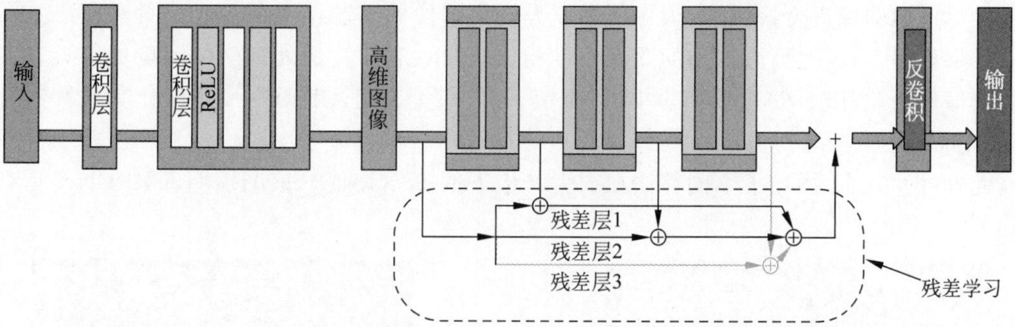

图 10.16 CRRCNN 结构

1. 色斑提取

对于单幅图像超分辨率，一种流行的策略是通过卷积集中提取色斑，然后由一组预先训练好的方法(如 PCA、DCT、Haar 等)来表示。卷积实际上是用一个滤波器来计算图像的像素。现使用 x 表示低分辨率图像，在色斑提取中用 P_1 表示一种运算，即

$$P_1=\max(0,\boldsymbol{W}\otimes\boldsymbol{x}+b_1) \tag{10.5.1}$$

式中，$\boldsymbol{W}$ 表示滤波器；b_1 表示偏移量；$\boldsymbol{W}$ 对应于支持 $C\times f_1\times f_1$ 的 m_1 个滤波器，C 表示输入图像的通道数。从输入图像中提取特征，将 ReLU 函数作为激活函数。

2. 级联递归残差学习

在图像恢复任务中，随着网络层的加深，许多图像细节可能会丢失或损坏。通过递归残差学习得到的特征图可以获得更多的细节。此外，将每个滚动基的输出作为残差分量，有助于更好地恢复图像的高频分量。$\boldsymbol{x}$ 表示高分辨率图像，$\boldsymbol{x}'$为残差层 1 的结果。

$$\boldsymbol{x}'=\max(0,\boldsymbol{W}_1\otimes\boldsymbol{x}+b_2) \tag{10.5.2}$$

$$\boldsymbol{x}^{\mathrm{res1}}=\boldsymbol{x}+\boldsymbol{x}' \tag{10.5.3}$$

$$\boldsymbol{x}^{\mathrm{res2}}=\mathrm{ReLU}(F(\boldsymbol{x}',\boldsymbol{W}_2))+\boldsymbol{x} \tag{10.5.4}$$

$$\boldsymbol{x}^{\mathrm{res3}}=\mathrm{ReLU}(F(F(\boldsymbol{x}',\boldsymbol{W}_2),\boldsymbol{W}_3))+\boldsymbol{x}=\boldsymbol{x}''+\boldsymbol{x} \tag{10.5.5}$$

式中，$\boldsymbol{x}^{\mathrm{res1}},\boldsymbol{x}^{\mathrm{res2}},\boldsymbol{x}^{\mathrm{res3}}$ 分别表示图 10.16 中的残差层 1，残差层 2 和残差层 3。

ReLU(x,w)是 ReLU 的非线性映射。$F(\boldsymbol{x},\boldsymbol{w})$表示一个卷积层。$\boldsymbol{W}_2,\boldsymbol{W}_3$ 对应的滤波器尺寸分别为 $C\times f_3\times f_3$ 和 $C\times f_4\times f_4$。

3. 重构

在以往的算法中，通常在预处理阶段用图像插值进行放大运算；而本节网络的最后一层是反卷积层，减少了计算量、提高了速度。反卷积层可以表示为 Decon(-)，y 表示主要的残差成分。

$$\boldsymbol{y}=\boldsymbol{x}^{\mathrm{res1}}+\boldsymbol{x}^{\mathrm{res2}}+\boldsymbol{x}^{\mathrm{res3}}+\mathrm{Decon}(n,m,\boldsymbol{x}'') \tag{10.5.6}$$

$$\boldsymbol{y}'=\min(\|O-H(\boldsymbol{y},\boldsymbol{w}^{\mathrm{H}})\|^2) \tag{10.5.7}$$

$$\boldsymbol{y}''=H(\boldsymbol{y},\boldsymbol{w}^{\mathrm{R}}) \tag{10.5.8}$$

式中，O 表示原始图像；$\boldsymbol{w}^{\mathrm{H}},\boldsymbol{w}^{\mathrm{R}}$ 为卷积层中滤波器的参数；$H(a,b)$表示转移函数。最终输

出 $\boldsymbol{y}_{\text{out}}$ 为

$$\boldsymbol{y}_{\text{out}} = \boldsymbol{y} + \boldsymbol{y}'' \tag{10.5.9}$$

10.5.3 仿真实验与结果分析

对单通道图像进行检测，放大 4 倍和放大 3 倍图像的实验结果如图 10.17 和图 10.18 所示。结果表明，与其他算法得到的图像质量相比，CRRCNN 算法处理后的图像更接近真实图像。峰值信噪比(PSNR)比较如表 10.4 所示。表 10.4 表明，CRRCNN 算法比其他算法有更高的 PSNR 值。

此外，图 10.18 描述了不同算法在放大 3 倍下的 PSNR 值。该图表明，CRRCNN 是有竞争力的。

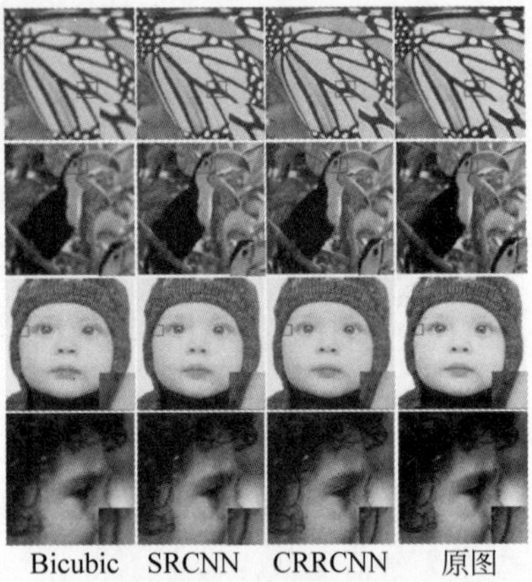

图 10.17 从双三次放大中恢复 4 级(放大 4 倍)的超分辨率图像

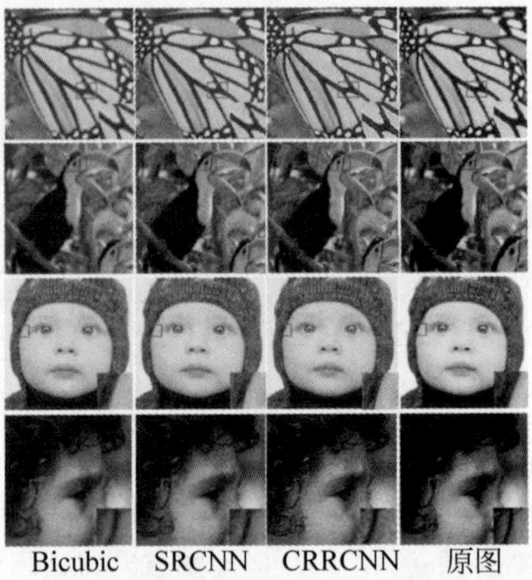

图 10.18 从双三次放大中恢复 3 级(放大 3 倍)的超分辨率图像

表 10.4 恢复比例为 3 和 4 时的不同算法的 PSNR 值

数据集	大小	Bicubic	SRCNN	VDSR	DRCN	CRRCNN
数据集 5	×3	30.39	32.75	33.66	33.82	34.62
	×4	28.42	30.48	31.35	31.53	32.27
	×5	27.16	-/-	-/-	-/-	29.62
数据集 14	×3	27.55	29.28	29.77	29.76	30.22
	×4	26.01	27.49	28.00	28.02	28.41
	×5	24.99	-/-	-/-	-/-	26.13

综上，基于 CRRCNN 的图像超分辨率算法，强调了级联递归残差学习的重要性，在网络层数加深时，解决了细节损失问题。该算法可以重构更多的图像细节，具有更清晰的图像边缘信息，能有效抑制伪影和异常值，具有强大的潜力和通用性，可以实现对单幅低分辨率图像的精确重建。

第 11 章 长短期记忆神经网络

CHAPTER 11

【导读】 根据长短期记忆(LSTM)网络与 RNN 的联系与区别,引入了状态控制门并计算了各门的输出,推导了 LSTM 的 BPTT 算法；在此基础上,分析了双路卷积长短期记忆神经网络的结构与原理。以非合作水声通信调制识别为例,给出了基于通信信号瞬时特征的 LSTM 分类器及性能评估指标,并对比分析了分类效果；以指纹室外定位为例,说明了引入混合网络长短期记忆机制,可以有效提高室外定位准确度。

循环神经网络(recurrent neural network,RNN)的拓扑结构包含自反馈机制,且具有一定的记忆能力。虽然 RNN 可以处理任意长度的时序数据,但是在对长序列数据进行训练时易出现梯度消失或梯度爆炸问题。为解决以上问题,长短期记忆(long short-term memory,LSTM)网络通过引入门控单元来控制记忆的迭代速度,进一步提高了预测模型的效率及稳定性。LSTM 网络成为当前最流行的 RNN,在语音识别、图片描述、自然语言处理等许多领域中成功应用。

11.1 长短期记忆神经网络

原始 RNN 的隐含层只有一个状态 h,它对于短期的输入非常敏感。如果再增加一个状态 c,就可用它来保存长期的状态,如图 11.1 所示。

新增加的状态 c,称为单元状态。把状态按照时间维度展开,如图 11.2 所示。

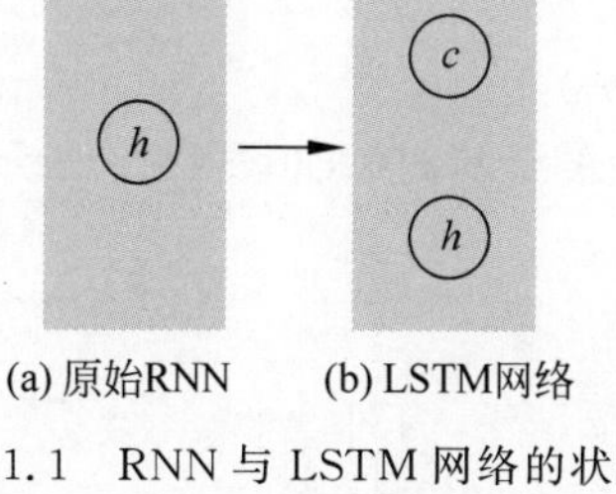

图 11.1 RNN 与 LSTM 网络的状态

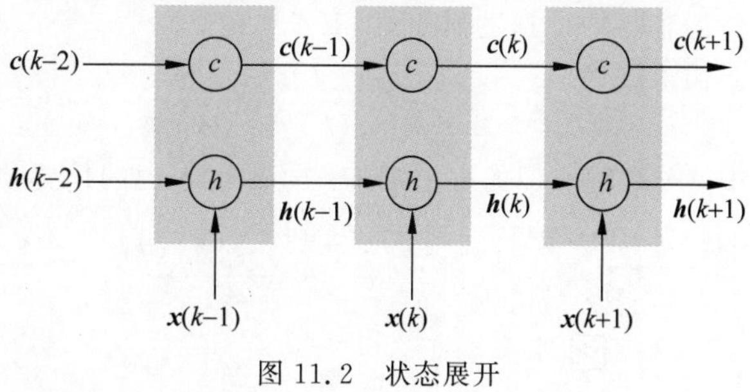

图 11.2 状态展开

图 11.2 表明,在 k 时刻,LSTM 网络的输入有三个：k 时刻的输入值 $\boldsymbol{x}(k)$、上一时刻 LSTM 网络的输出值 $\boldsymbol{h}(k-1)$以及上一时刻的单元状态 $\boldsymbol{c}(k-1)$；LSTM 网络的输出有两个：k 时刻 LSTM 网络输出值 $\boldsymbol{h}(k)$和 k 时刻的单元状态 $\boldsymbol{c}(k)$。

注意：$\boldsymbol{x}$、$\boldsymbol{c}$、$\boldsymbol{h}$ 都是向量。

LSTM 网络的关键,就是怎样控制长期状态 c。在这里,LSTM 网络的思路是使用三个控制开关：第一个开关,负责控制继续保存长期状态 c；第二个开关,负责控制把即时状态输入

到长期状态 c；第三个开关，负责控制是否把长期状态 c 作为当前 LSTM 网络的输出。三个开关的作用如图 11.3 所示。

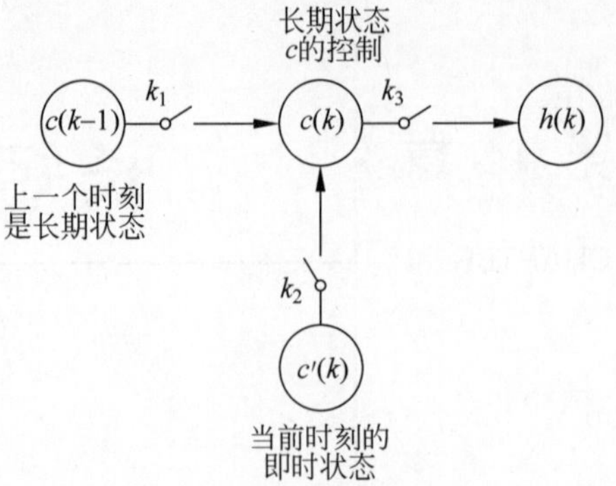

图 11.3 状态控制

11.1.1 前向计算

前面描述的开关是怎样在算法中实现的呢？这就用到了门的概念。门实际上就是一层全连接层，它的输入是一个向量，输出是一个 0～1 的实数向量。假设 $\boldsymbol{W}$ 是门的权重向量，b 是偏置项，则门可以表示为

$$g(x)=\sigma(\boldsymbol{W}\boldsymbol{x}+b) \tag{11.1.1}$$

门的使用，就是用门的输出向量按元素乘以需要控制的向量。因为门的输出是 0～1 的实数向量，那么，当门输出为 0 时，任何向量与之相乘都会得到 $\boldsymbol{0}$ 向量，这就相当于任何信息都不能通过；门输出为 1 时，任何向量与之相乘都不会有任何改变，这就相当于任何信息都可以通过。因为 σ（也就是 Sigmoid 函数）的值域是(0,1)，所以门的状态都是半开半闭的。

LSTM 网络用两个门来控制单元状态 c 的内容，一个是遗忘门，它决定了上一时刻的单元状态 $c(k-1)$有多少保留到当前时刻 $c(k)$；另一个是输入门，它决定了当前时刻网络的输入 $x(k)$有多少保存到单元状态 $c(k)$。LSTM 网络用输出门来控制单元状态 $c(k)$有多少输出到 LSTM 网络的当前输出值 $h(k)$。

对于遗忘门，有

$$f(k)=\sigma(\boldsymbol{W}_{\mathrm{f}}[\boldsymbol{h}(k-1),\boldsymbol{x}(k)]+b_{\mathrm{f}}) \tag{11.1.2}$$

式中，$\boldsymbol{W}_{\mathrm{f}}$ 是遗忘门的权重矩阵；$[\boldsymbol{h}(k-1),\boldsymbol{x}(k)]$表示将两个向量连接成一个更长的向量；$b_{\mathrm{f}}$ 是遗忘门的偏置项；$\sigma(\cdot)$是 Sigmoid 函数。如果输入的维度是 D_x、隐含层的维度为 D_h、单元状态的维度为 D_c（通常 $D_c=D_h$），则遗忘门的权重矩阵 $\boldsymbol{W}_{\mathrm{f}}$ 维度为 $D_c\times(D_h+D_x)$。事实上，权重矩阵 $\boldsymbol{W}_{\mathrm{f}}$ 都是由两个矩阵拼接而成的：一个是 $\boldsymbol{W}_{h\mathrm{f}}$，它对应着输入项 $\boldsymbol{h}(k-1)$，其维度为 $D_c\times D_h$；另一个是 $\boldsymbol{W}_{\mathrm{f}x}$，它对应着输入项 $\boldsymbol{x}(k)$，其维度为 $D_c\times D_x$。$\boldsymbol{W}_{\mathrm{f}}$ 可以写为

$$[\boldsymbol{W}_{\mathrm{f}}]\begin{bmatrix}h(k-1)\\x(k)\end{bmatrix}=[\boldsymbol{W}_{\mathrm{f}h}\quad\boldsymbol{W}_{\mathrm{f}x}]\begin{bmatrix}\boldsymbol{h}(k-1)\\\boldsymbol{x}(k)\end{bmatrix}=\boldsymbol{W}_{\mathrm{f}h}\boldsymbol{h}(k-1)+\boldsymbol{W}_{\mathrm{f}x}x(k) \tag{11.1.3}$$

遗忘门的计算过程如图 11.4 所示。

输入门为

$$i(k)=\sigma(\boldsymbol{W}_{\mathrm{i}}[\boldsymbol{h}(k-1),\boldsymbol{x}(k)]+b_{\mathrm{i}}) \tag{11.1.4}$$

式中，$\boldsymbol{W}_{\mathrm{i}}$ 是输入门的权重矩阵；b_{i} 是输入门的偏置项。输入门的计算过程如图 11.5 所示。

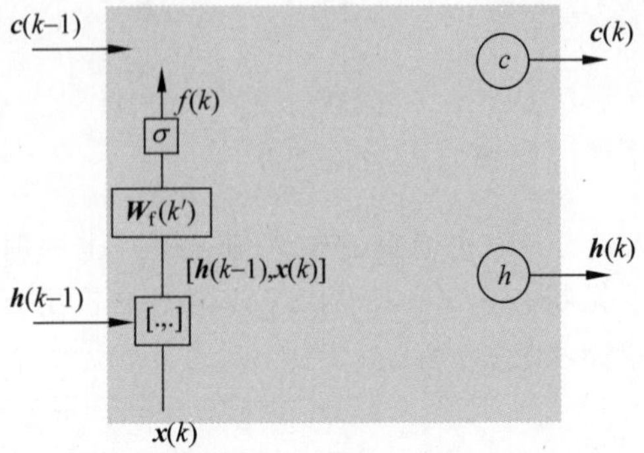

图 11.4 遗忘门计算

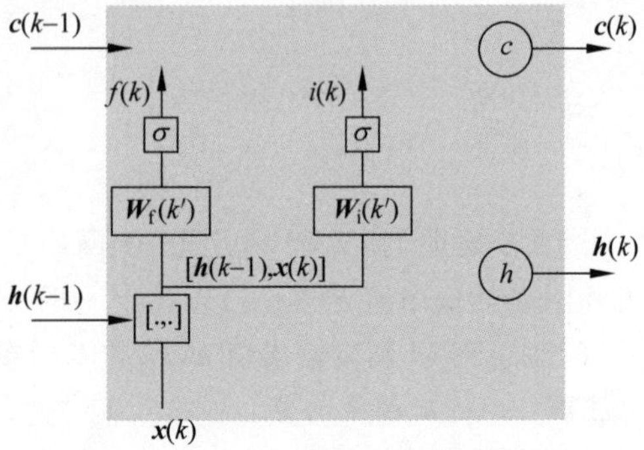

图 11.5 输入门计算

现计算用于描述当前输入的单元状态 $\tilde{c}(k)$，它是根据上一次的输出和本次输入来计算的，即

$$\tilde{c}(k)=\mathrm{Tanh}(\boldsymbol{W}_{\mathrm{c}}[\boldsymbol{h}(k-1),\boldsymbol{x}(k)]+b_{\mathrm{c}}) \tag{11.1.5}$$

$\tilde{c}(k)$的计算过程如图 11.6 所示。

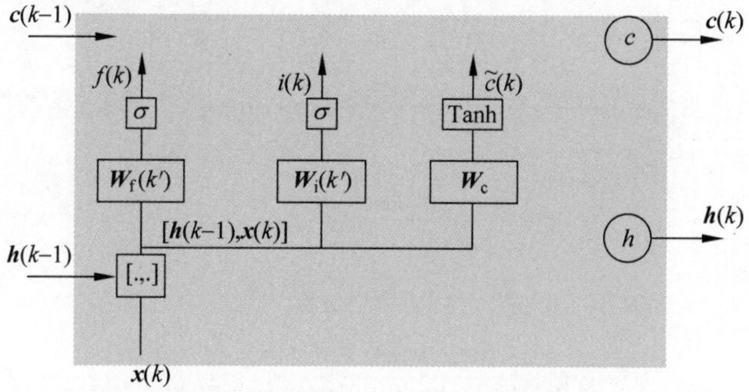

图 11.6　单元状态$\tilde{c}(k)$的计算

现计算当前时刻的单元状态 $\boldsymbol{c}(k)$。它是由上一时刻的单元状态 $\boldsymbol{c}(k-1)$按元素乘以遗忘门 $\boldsymbol{f}(k)$，再用当前输入的单元状态$\tilde{\boldsymbol{c}}(k)$按元素乘以输入门 $\boldsymbol{i}(k)$，再将两个积加和产生的，即

$$\boldsymbol{c}(k)=\boldsymbol{f}(k)\odot\boldsymbol{c}(k-1)+\boldsymbol{i}(k)\odot\tilde{\boldsymbol{c}}(k) \tag{11.1.6}$$

式中，$\odot$表示按元素乘。$\boldsymbol{c}(k)$的计算过程如图 11.7 所示。

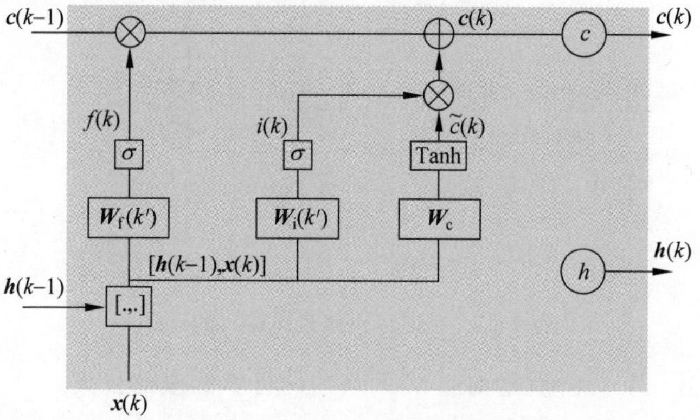

图 11.7　单元状态 $\boldsymbol{c}(k)$的计算

这样，就把 LSTM 网络关于当前的记忆 $\tilde{c}(k)$和长期的记忆 $c(k-1)$组合在一起，形成了新的单元状态 $c(k)$。由于遗忘门的控制，它可以保存很久之前的信息；由于输入门的控制，它又可以避免当前无关紧要的内容进入记忆。而输出门控制了长期记忆对当前输出的影响。输出门的输出为

$$o(k)=\sigma(\boldsymbol{W}_{\mathrm{o}}[\boldsymbol{h}(k-1),\boldsymbol{x}(k)]+b_{\mathrm{o}}) \tag{11.1.7}$$

输出门的计算如图 11.8 所示。

LSTM 网络最终的输出是由输出门和单元状态共同确定的，即

$$\boldsymbol{h}(k)=\boldsymbol{o}(k)\odot\mathrm{Tanh}(\boldsymbol{c}(k)) \tag{11.1.8}$$

当$\odot$作用于两个矩阵时，是两个矩阵对应位置的元素相乘。按元素相乘，可以在某些情况下简化矩阵和向量运算。例如，当一个对角矩阵右乘一个矩阵时，相当于用对角矩阵的对角线组成的向量按元素乘该矩阵，即

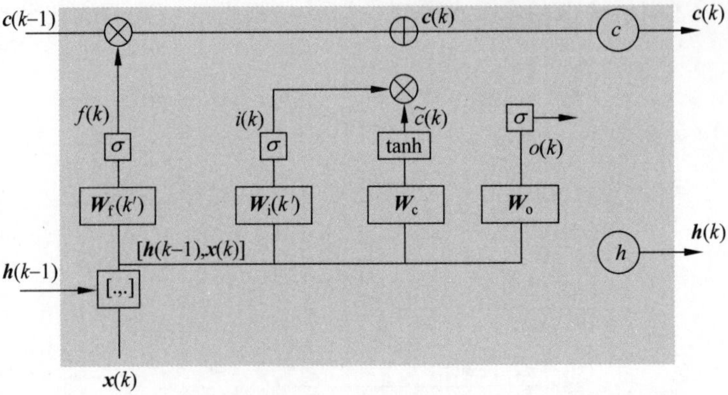

图 11.8 输出门的计算

$$\mathrm{diag}[\boldsymbol{a}]\boldsymbol{X}=\boldsymbol{a}\odot\boldsymbol{X}$$

当一个行向量右乘一个对角矩阵时，相当于这个行向量按元素乘该矩阵对角线组成的向量，即

$$\boldsymbol{a}^{\mathrm{T}}\mathrm{diag}[\boldsymbol{b}]=\boldsymbol{a}\odot\boldsymbol{b}$$

LSTM 网络最终输出的计算如图 11.9 所示。

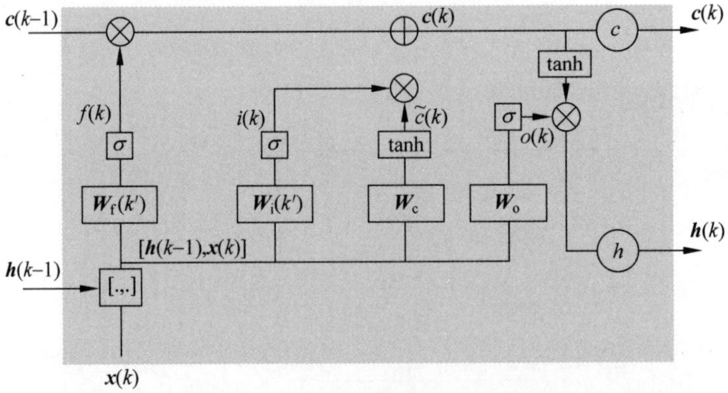

图 11.9 LSTM 网络最终输出的计算

式(11.1.2)～式(11.1.8)就是 LSTM 网络前向计算的全部公式。

11.1.2 LSTM 网络的 BPTT 算法

LSTM 网络的训练算法仍然是反向传播算法。主要架构如下：

步骤 1：前向计算每个神经元的输出值，对于 LSTM 网络来说，即计算 $\boldsymbol{f}(k)$，$\boldsymbol{i}(k)$，$\boldsymbol{c}(k)$，$\boldsymbol{o}(k)$，$\boldsymbol{h}(k)$五个向量。

步骤 2：反向计算每个神经元的误差项值 e。与 RNN 一样，LSTM 网络误差项的反向传播也包括两个方向：一个是沿时间的反向传播，即从当前时刻 k 开始，计算每个时刻的误差项；另一个是将误差项向上一层传播。

步骤 3：根据相应的误差项，计算每个权重的梯度。

设定门的激活函数为 Sigmoid 函数，输出的激活函数为 Tanh 函数。它们与其导数分别为

$$\sigma(x)=\frac{1}{1+e^{-x}} \tag{11.1.9}$$

$$\sigma'(x)=y(1-y) \tag{11.1.10}$$

$$\text{Tanh}(x)=\frac{e^x-e^{-x}}{e^x+e^{-x}} \tag{11.1.11}$$

$$\text{Tanh}'(x)=1-y^2 \tag{11.1.12}$$

从上面可以看出，Sigmoid 函数和 Tanh 函数的导数都是原函数的函数。这样，一旦计算原函数的值，就可以用它来计算导数的值。

LSTM 网络需要学习的参数共有 8 组，分别是：遗忘门的权重矩阵 $\boldsymbol{W}_{\mathrm{f}}$ 和偏置项 $\boldsymbol{b}_{\mathrm{f}}$、输入门的权重矩阵 $\boldsymbol{W}_{\mathrm{i}}$ 和偏置项 $\boldsymbol{b}_{\mathrm{i}}$、输出门的权重矩阵 $\boldsymbol{W}_{\mathrm{o}}$ 和偏置项 $\boldsymbol{b}_{\mathrm{o}}$，以及计算单元状态的权重矩阵 $\boldsymbol{W}_{\mathrm{c}}$ 和偏置项 $\boldsymbol{b}_{\mathrm{c}}$。因为权重矩阵的两部分在反向传播中使用不同的公式，因此在后续的推导中，权重矩阵 $\boldsymbol{W}_{\mathrm{f}}$、$\boldsymbol{W}_{\mathrm{i}}$、$\boldsymbol{W}_{\mathrm{o}}$ 及 $\boldsymbol{W}_{\mathrm{c}}$ 都将被写为对应分开的两个矩阵 $\boldsymbol{W}_{\mathrm{f}h}$ 与 $\boldsymbol{W}_{\mathrm{f}x}$、$\boldsymbol{W}_{\mathrm{i}h}$ 与 $\boldsymbol{W}_{\mathrm{i}x}$、$\boldsymbol{W}_{\mathrm{o}h}$ 与 $\boldsymbol{W}_{\mathrm{o}x}$、$\boldsymbol{W}_{\mathrm{c}h}$ 与 $\boldsymbol{W}_{\mathrm{c}x}$。

在 k 时刻，LSTM 网络的输出值为 $\boldsymbol{h}(k)$。k 时刻的误差项 $e(k)$ 定义为

$$e(k)\triangleq\frac{\partial E}{\partial\boldsymbol{h}(k)} \tag{11.1.13}$$

注意：这里假设误差项是损失函数对输出值的导数，而不是对加权输入 $\mathbf{net}^l(k)$ 的导数。因为 LSTM 网络有四个加权输入，分别对应 $\boldsymbol{f}(k)$、$\boldsymbol{i}(k)$、$\boldsymbol{c}(k)$、$\boldsymbol{o}(k)$。

现希望往上一层传递一个误差项而不是四个。但仍然需要定义这四个加权输入，以及它们对应的误差项。

$$\mathbf{net}_{\mathrm{f}}(k)=\boldsymbol{W}_{\mathrm{f}}[\boldsymbol{h}(k-1),\boldsymbol{x}(k)]+\boldsymbol{b}_{\mathrm{f}}=\boldsymbol{W}_{\mathrm{f}h}\boldsymbol{h}(k-1)+\boldsymbol{W}_{\mathrm{f}x}\boldsymbol{x}(k)+\boldsymbol{b}_{\mathrm{f}} \tag{11.1.14}$$

$$\mathbf{net}_{\mathrm{i}}(k)=\boldsymbol{W}_{\mathrm{i}}[\boldsymbol{h}(k-1),\boldsymbol{x}(k)]+\boldsymbol{b}_{\mathrm{i}}=\boldsymbol{W}_{\mathrm{i}h}\boldsymbol{h}(k-1)+\boldsymbol{W}_{\mathrm{i}x}\boldsymbol{x}(k)+\boldsymbol{b}_{\mathrm{i}} \tag{11.1.15}$$

$$\mathbf{net}_{\tilde{\mathrm{c}}}(k)=\boldsymbol{W}_{\mathrm{c}}[\boldsymbol{h}(k-1),\boldsymbol{x}(k)]+\boldsymbol{b}_{\mathrm{c}}=\boldsymbol{W}_{\mathrm{c}h}\boldsymbol{h}(k-1)+\boldsymbol{W}_{\mathrm{c}x}\boldsymbol{x}(k)+\boldsymbol{b}_{\mathrm{c}} \tag{11.1.16}$$

$$\mathbf{net}_{\mathrm{o}}(k)=\boldsymbol{W}_{\mathrm{o}}[\boldsymbol{h}(k-1),\boldsymbol{x}(k)]+\boldsymbol{b}_{\mathrm{o}}=\boldsymbol{W}_{\mathrm{o}h}\boldsymbol{h}(k-1)+\boldsymbol{W}_{\mathrm{o}x}\boldsymbol{x}(k)+\boldsymbol{b}_{\mathrm{o}} \tag{11.1.17}$$

$$e_{\mathrm{f}}(k)\triangleq\frac{\partial E}{\partial\mathbf{net}_{\mathrm{f}}(k)} \tag{11.1.18}$$

$$e_{\mathrm{i}}(k)\triangleq\frac{\partial E}{\partial\mathbf{net}_{\mathrm{i}}(k)} \tag{11.1.19}$$

$$e_{\tilde{\mathrm{c}}}(k)\triangleq\frac{\partial E}{\partial\mathbf{net}_{\tilde{\mathrm{c}}}(k)} \tag{11.1.20}$$

$$e_{\mathrm{o}}(k)\triangleq\frac{\partial E}{\partial\mathbf{net}_{\mathrm{o}}(k)} \tag{11.1.21}$$

11.1.3 误差项沿时间反向传递

计算沿时间反向传递的误差项，就是要计算 $k-1$ 时刻的误差项 $e(k-1)$。

$$\boldsymbol{e}^{\mathrm{T}}(k-1)=\frac{\partial E}{\partial\boldsymbol{h}(k-1)}=\frac{\partial E}{\partial\boldsymbol{h}(k)}\frac{\partial\boldsymbol{h}(k)}{\partial\boldsymbol{h}(k-1)}=\boldsymbol{e}^{\mathrm{T}}(k)\frac{\partial\boldsymbol{h}(k)}{\partial\boldsymbol{h}(k-1)} \tag{11.1.22}$$

式中，$\frac{\partial\boldsymbol{h}(k)}{\partial\boldsymbol{h}(k-1)}$是一个雅可比矩阵。如果隐含层 h 的维度为 N_h，那么它就是一个 $N_h\times N_h$ 矩阵。由于 $\boldsymbol{o}(k)$、$\boldsymbol{f}(k)$、$\boldsymbol{i}(k)$、$\tilde{\boldsymbol{c}}(k)$ 都是 $\boldsymbol{h}(k-1)$ 的函数，故得

$$\boldsymbol{e}^{\mathrm{T}}(k)\frac{\partial\boldsymbol{h}(k)}{\partial\boldsymbol{h}(k-1)}=\boldsymbol{e}^{\mathrm{T}}(k)\frac{\partial\boldsymbol{h}(k)}{\partial\boldsymbol{o}(k)}\frac{\partial\boldsymbol{o}(k)}{\partial\mathbf{net}_{\mathrm{o}}(k)}\frac{\partial\mathbf{net}_{\mathrm{o}}(k)}{\partial\boldsymbol{h}(k-1)}+\boldsymbol{e}^{\mathrm{T}}(k)\frac{\partial\boldsymbol{h}(k)}{\partial\boldsymbol{c}(k)}\frac{\partial\boldsymbol{c}(k)}{\partial\boldsymbol{f}(k)}\frac{\partial\boldsymbol{f}(k)}{\partial\mathbf{net}_{\mathrm{f}}(k)}\frac{\partial\mathbf{net}_{\mathrm{f}}(k)}{\partial\boldsymbol{h}(k-1)}+$$

$$\boldsymbol{e}^{\mathrm{T}}(k)\frac{\partial \boldsymbol{h}(k)}{\partial \boldsymbol{c}(k)}\frac{\partial \boldsymbol{c}(k)}{\partial \boldsymbol{i}(k)}\frac{\partial \boldsymbol{i}(k)}{\partial \mathbf{net}_{\mathrm{i}}(k)}\frac{\partial \mathbf{net}_{\mathrm{i}}(k)}{\partial \boldsymbol{h}(k-1)}+\boldsymbol{e}^{\mathrm{T}}(k)\frac{\partial \boldsymbol{h}(k)}{\partial \tilde{\boldsymbol{c}}(k)}\frac{\partial \tilde{\boldsymbol{c}}(k)}{\partial \mathbf{net}_{\tilde{\mathrm{c}}}(k)}\frac{\partial \mathbf{net}_{\tilde{\mathrm{c}}}(k)}{\partial \boldsymbol{h}(k-1)}$$

$$=\boldsymbol{e}_{\mathrm{o}}^{\mathrm{T}}(k)\frac{\partial \mathbf{net}_{\mathrm{o}}(k)}{\partial \boldsymbol{h}(k-1)}+\boldsymbol{e}_{\mathrm{f}}^{\mathrm{T}}(k)\frac{\partial \mathbf{net}_{\mathrm{f}}(k)}{\partial \boldsymbol{h}(k-1)}+\boldsymbol{e}_{\mathrm{i}}^{\mathrm{T}}(k)\frac{\partial \mathbf{net}_{\mathrm{i}}(k)}{\partial \boldsymbol{h}(k-1)}+\boldsymbol{e}_{\tilde{\mathrm{c}}}^{\mathrm{T}}(k)\frac{\partial \mathbf{net}_{\tilde{\mathrm{c}}}(k)}{\partial \boldsymbol{h}(k-1)} \tag{11.1.23}$$

求出式(11.1.8)中的每个偏导数后，得

$$\frac{\partial \boldsymbol{h}(k)}{\partial \boldsymbol{o}(k)}=\mathrm{diag}[\mathrm{Tanh}(\boldsymbol{c}(k))] \tag{11.1.24}$$

$$\frac{\partial \boldsymbol{h}(k)}{\partial \boldsymbol{c}(k)}=\mathrm{diag}[\boldsymbol{o}(k)\odot(1-\mathrm{Tanh}(\boldsymbol{c}(k))^2)] \tag{11.1.25}$$

根据式(11.1.24)，得：

$$\frac{\partial \boldsymbol{h}(k)}{\partial \boldsymbol{f}(k)}=\mathrm{diag}[\boldsymbol{c}(k-1)] \tag{11.1.26}$$

$$\frac{\partial \boldsymbol{c}(k)}{\partial \boldsymbol{i}(k)}=\mathrm{diag}[\tilde{\boldsymbol{c}}(k)] \tag{11.1.27}$$

$$\frac{\partial \boldsymbol{c}(k)}{\partial \tilde{\boldsymbol{c}}(k)}=\mathrm{diag}[\boldsymbol{i}(k)] \tag{11.1.28}$$

因为

$$\boldsymbol{o}(k)=\sigma(\mathbf{net}_{\mathrm{o}}(k)) \tag{11.1.29}$$

$$\mathbf{net}_{\mathrm{o}}(k)=\boldsymbol{W}_{\mathrm{o}h}\boldsymbol{h}(k-1)+\boldsymbol{W}_{\mathrm{o}x}\boldsymbol{x}(k)+\boldsymbol{b}_{\mathrm{o}} \tag{11.1.30}$$

$$\boldsymbol{f}(k)=\sigma(\mathbf{net}_{\mathrm{f}}(k)) \tag{11.1.31}$$

$$\mathbf{net}_{\mathrm{f}}(k)=\boldsymbol{W}_{\mathrm{f}h}\boldsymbol{h}(k-1)+\boldsymbol{W}_{\mathrm{f}x}\boldsymbol{x}(k)+\boldsymbol{b}_{\mathrm{f}} \tag{11.1.32}$$

$$\boldsymbol{i}(k)=\sigma(\mathbf{net}_{\mathrm{i}}(k)) \tag{11.1.33}$$

$$\mathbf{net}_{\mathrm{i}}(k)=\boldsymbol{W}_{\mathrm{i}h}\boldsymbol{h}(k-1)+\boldsymbol{W}_{\mathrm{i}x}\boldsymbol{x}(k)+\boldsymbol{b}_{\mathrm{i}} \tag{11.1.34}$$

$$\tilde{\boldsymbol{c}}(k)=\mathrm{Tanh}(\mathbf{net}_{\tilde{\mathrm{c}}}(k)) \tag{11.1.35}$$

$$\mathbf{net}_{\tilde{\mathrm{c}}}(k)=\boldsymbol{W}_{\mathrm{c}h}\boldsymbol{h}(k-1)+\boldsymbol{W}_{\mathrm{c}x}\boldsymbol{x}(k)+\boldsymbol{b}_{\mathrm{c}} \tag{11.1.36}$$

易得

$$\frac{\partial \boldsymbol{o}(k)}{\partial \mathbf{net}_{\mathrm{o}}(k)}=\mathrm{diag}[\boldsymbol{o}(k)\odot(1-\boldsymbol{o}(k))] \tag{11.1.37}$$

$$\frac{\partial \mathbf{net}_{\mathrm{o}}(k)}{\partial \boldsymbol{h}(k-1)}=\boldsymbol{W}_{\mathrm{o}h} \tag{11.1.38}$$

$$\frac{\partial \boldsymbol{f}(k)}{\partial \mathbf{net}_{\mathrm{f}}(k)}=\mathrm{diag}[\boldsymbol{f}(k)\odot(1-\boldsymbol{f}(k))] \tag{11.1.39}$$

$$\frac{\partial \mathbf{net}_{\mathrm{f}}(k)}{\partial \boldsymbol{h}(k-1)}=\boldsymbol{W}_{\mathrm{f}h} \tag{11.1.40}$$

$$\frac{\partial \boldsymbol{i}(k)}{\partial \mathbf{net}_{\mathrm{i}}(k)}=\mathrm{diag}[\boldsymbol{i}(k)\odot(1-\boldsymbol{i}(k))] \tag{11.1.41}$$

$$\frac{\partial \mathbf{net}_{\mathrm{i}}(k)}{\partial \boldsymbol{h}(k-1)}=\boldsymbol{W}_{\mathrm{i}h} \tag{11.1.42}$$

$$\frac{\partial \tilde{\boldsymbol{c}}(k)}{\partial \mathbf{net}_{\tilde{\mathrm{c}}}(k)}=\mathrm{diag}[\tilde{\boldsymbol{c}}(k)\odot(1-\tilde{\boldsymbol{c}}(k))] \tag{11.1.43}$$

$$\frac{\partial \mathbf{net}_{\tilde{c}}(k)}{\partial \boldsymbol{h}(k-1)}=\boldsymbol{W}_{ch} \tag{11.1.44}$$

将上述偏导数代入式(11.1.23)中,得

$$\begin{aligned}\boldsymbol{e}^{\mathrm{T}}(k-1)&=\boldsymbol{e}_{\mathrm{o}}^{\mathrm{T}}(k)\frac{\partial \mathbf{net}_{\mathrm{o}}(k)}{\partial \boldsymbol{h}(k-1)}+\boldsymbol{e}_{\mathrm{f}}^{\mathrm{T}}(k)\frac{\partial \mathbf{net}_{\mathrm{f}}(k)}{\partial \boldsymbol{h}(k-1)}+\boldsymbol{e}_{\mathrm{i}}^{\mathrm{T}}(k)\frac{\partial \mathbf{net}_{\mathrm{i}}(k)}{\partial \boldsymbol{h}(k-1)}+\boldsymbol{e}_{\tilde{c}}^{\mathrm{T}}(k)\frac{\partial \mathbf{net}_{\tilde{c}}(k)}{\partial \boldsymbol{h}(k-1)}\\&=\boldsymbol{e}_{\mathrm{o}}^{\mathrm{T}}(k)\boldsymbol{W}_{oh}+\boldsymbol{e}_{\mathrm{f}}^{\mathrm{T}}(k)\boldsymbol{W}_{fh}+\boldsymbol{e}_{\mathrm{i}}^{\mathrm{T}}(k)\boldsymbol{W}_{ih}+\boldsymbol{e}_{\tilde{c}}^{\mathrm{T}}(k)\boldsymbol{W}_{ch}\end{aligned} \tag{11.1.45}$$

根据 $e_{\mathrm{o}}(k)$、$e_{\mathrm{f}}(k)$、$e_{\mathrm{i}}(k)$、$e_{\tilde{c}}(k)$的定义,得

$$\boldsymbol{e}_{\mathrm{o}}^{\mathrm{T}}(k)=\boldsymbol{e}^{\mathrm{T}}(k)\odot \mathrm{Tanh}(c(k))\odot \boldsymbol{o}(k)\odot(1-\boldsymbol{o}(k)) \tag{11.1.46}$$

$$\boldsymbol{e}_{\mathrm{f}}^{\mathrm{T}}(k)=\boldsymbol{e}^{\mathrm{T}}(k)\odot \boldsymbol{o}(k)\odot(1-\mathrm{Tanh}(c(k))^2)\odot \boldsymbol{c}(k-1)\odot \boldsymbol{f}(k)\odot(1-f(k)) \tag{11.1.47}$$

$$\boldsymbol{e}_{\mathrm{i}}^{\mathrm{T}}(k)=\boldsymbol{e}^{\mathrm{T}}(k)\odot \boldsymbol{o}(k)\odot(1-\mathrm{Tanh}(c(k))^2)\odot \tilde{\boldsymbol{c}}(k)\odot \boldsymbol{i}(k)\odot(1-i(k)) \tag{11.1.48}$$

$$\boldsymbol{e}_{\tilde{c}}^{\mathrm{T}}(k)=\boldsymbol{e}^{\mathrm{T}}(k)\odot \boldsymbol{o}(k)\odot(1-\mathrm{Tanh}(c(k))^2)\odot \boldsymbol{i}(k)\odot(1-\tilde{c}^2) \tag{11.1.49}$$

式(11.1.45)~式(11.1.49)就是将误差沿时间反向传播一个时刻的计算公式。由此可得,误差项向前传递到任意 k 时刻的公式为

$$\boldsymbol{e}^{\mathrm{T}}(n)=\prod_{j=n}^{k-1}\boldsymbol{e}_{\mathrm{o}}^{\mathrm{T}}(j)\boldsymbol{W}_{oh}+\boldsymbol{e}_{\mathrm{f}}^{\mathrm{T}}(j)\boldsymbol{W}_{fh}+\boldsymbol{e}_{\mathrm{i}}^{\mathrm{T}}(j)\boldsymbol{W}_{ih}+\boldsymbol{e}_{\tilde{c}}^{\mathrm{T}}(j)\boldsymbol{W}_{ch} \tag{11.1.50}$$

将误差项传递到上一层。假设当前为第 l 层,定义 $l-1$ 层的误差项是误差函数对 $l-1$ 层加权输入的导数,即

$$\boldsymbol{e}^{l-1}(k)\triangleq\frac{\partial E}{\mathbf{net}^{l-1}(k)}$$

LSTM 网络输入 $\boldsymbol{x}(k)$的计算公式为

$$x^{l}(k)=f^{l-1}(\mathbf{net}^{l-1}(k))$$

11.1.4 权重梯度计算

对于 $\boldsymbol{W}_{fh}$、$\boldsymbol{W}_{ih}$、$\boldsymbol{W}_{ch}$ 及 $\boldsymbol{W}_{oh}$,它们的梯度是各个时刻梯度之和。现在首先求出它们在 k 时刻的梯度,然后再求出它们最终的梯度。

已经求得了误差项 $\boldsymbol{e}_{\mathrm{o}}(k)$、$\boldsymbol{e}_{\mathrm{f}}(k)$、$\boldsymbol{e}_{\mathrm{i}}(k)$、$\boldsymbol{e}_{\tilde{c}}(k)$,很容易求出 k 时刻的 $\boldsymbol{W}_{oh}$、$\boldsymbol{W}_{ih}$、$\boldsymbol{W}_{fh}$ 及 $\boldsymbol{W}_{ch}$,即

$$\frac{\partial E}{\partial \boldsymbol{W}_{oh}(k)}=\frac{\partial E}{\partial \mathbf{net}_{\mathrm{o}}(k)}\frac{\partial \mathbf{net}_{\mathrm{o}}(k)}{\partial \boldsymbol{W}_{oh}(k)}=\boldsymbol{e}_{\mathrm{o}}(k)\boldsymbol{h}^{\mathrm{T}}(k-1) \tag{11.1.51}$$

$$\frac{\partial E}{\partial \boldsymbol{W}_{fh}(k)}=\frac{\partial E}{\partial \mathbf{net}_{\mathrm{f}}(k)}\frac{\partial \mathbf{net}_{\mathrm{f}}(k)}{\partial \boldsymbol{W}_{fh}(k)}=\boldsymbol{e}_{\mathrm{f}}(k)\boldsymbol{h}^{\mathrm{T}}(k) \tag{11.1.52}$$

$$\frac{\partial E}{\partial \boldsymbol{W}_{ih}(k)}=\frac{\partial E}{\partial \mathbf{net}_{\mathrm{i}}(k)}\frac{\partial \mathbf{net}_{\mathrm{i}}(k)}{\partial \boldsymbol{W}_{ih}(k)}=\boldsymbol{e}_{\mathrm{i}}(k)\boldsymbol{h}^{\mathrm{T}}(k-1) \tag{11.1.53}$$

$$\frac{\partial E}{\partial \boldsymbol{W}_{ch}(k)}=\frac{\partial E}{\partial \mathbf{net}_{\tilde{c}}(k)}\frac{\partial \mathbf{net}_{\tilde{c}}(k)}{\partial \boldsymbol{W}_{ch}(k)}=\boldsymbol{e}_{\tilde{c}}(k)\boldsymbol{h}^{\mathrm{T}}(k-1) \tag{11.1.54}$$

将各个时刻的梯度加在一起,得最终梯度为

$$\frac{\partial E}{\partial \boldsymbol{W}_{oh}}=\sum_{j=1}^{k}\boldsymbol{e}_{\mathrm{o}}(j)\boldsymbol{h}^{\mathrm{T}}(j-1) \tag{11.1.55}$$

$$\frac{\partial E}{\partial \boldsymbol{W}_{\mathrm{f}h}}=\sum_{j=1}^{k}\boldsymbol{e}_{\mathrm{f}}(j)\boldsymbol{h}^{\mathrm{T}}(j-1) \tag{11.1.56}$$

$$\frac{\partial E}{\partial \boldsymbol{W}_{\mathrm{i}h}}=\sum_{j=1}^{k}\boldsymbol{e}_{\mathrm{i}}(j)\boldsymbol{h}^{\mathrm{T}}(j-1) \tag{11.1.57}$$

$$\frac{\partial E}{\partial \boldsymbol{W}_{ch}}=\sum_{j=1}^{k}\boldsymbol{e}_{\tilde{\mathrm{c}}}(j)\boldsymbol{h}^{\mathrm{T}}(j-1) \tag{11.1.58}$$

对于偏置项 b_{f}、b_{i}、b_{c}、b_{o} 的梯度，也是将各个时刻的梯度加在一起，各个时刻的偏置项梯度分别为

$$\frac{\partial E}{\partial \boldsymbol{b}_{\mathrm{o}}(k)}=\frac{\partial E}{\partial \mathbf{net}_{\mathrm{o}}(k)}\frac{\partial \mathbf{net}_{\mathrm{o}}(k)}{\partial \boldsymbol{b}_{\mathrm{o}}(k)}=\boldsymbol{e}_{\mathrm{o}}(k) \tag{11.1.59}$$

$$\frac{\partial E}{\partial \boldsymbol{b}_{\mathrm{f}}(k)}=\frac{\partial E}{\partial \mathbf{net}_{\mathrm{f}}(k)}\frac{\partial \mathbf{net}_{\mathrm{f}}(k)}{\partial \boldsymbol{b}_{\mathrm{f}}(k)}=\boldsymbol{e}_{\mathrm{f}}(k) \tag{11.1.60}$$

$$\frac{\partial E}{\partial \boldsymbol{b}_{\mathrm{i}}(k)}=\frac{\partial E}{\partial \mathbf{net}_{\mathrm{i}}(k)}\frac{\partial \mathbf{net}_{\mathrm{i}}(k)}{\partial \boldsymbol{b}_{\mathrm{i}}(k)}=\boldsymbol{e}_{\mathrm{i}}(k) \tag{11.1.61}$$

$$\frac{\partial E}{\partial \boldsymbol{b}_{\mathrm{c}}(k)}=\frac{\partial E}{\partial \mathbf{net}_{\tilde{\mathrm{c}}}(k)}\frac{\partial \mathbf{net}_{\tilde{\mathrm{c}}}(k)}{\partial \boldsymbol{b}_{\mathrm{c}}(k)}=\boldsymbol{e}_{\tilde{\mathrm{c}}}(k) \tag{11.1.62}$$

最终的偏置项梯度，即将各个时刻的偏置梯度加在一起，即

$$\frac{\partial E}{\partial \boldsymbol{b}_{\mathrm{o}}}=\sum_{j=1}^{k}\boldsymbol{e}_{\mathrm{o}}(j) \tag{11.1.63}$$

$$\frac{\partial E}{\partial \boldsymbol{b}_{\mathrm{i}}}=\sum_{j=1}^{k}\boldsymbol{e}_{\mathrm{i}}(j) \tag{11.1.64}$$

$$\frac{\partial E}{\partial \boldsymbol{b}_{\mathrm{f}}}=\sum_{j=1}^{k}\boldsymbol{e}_{\mathrm{f}}(j) \tag{11.1.65}$$

$$\frac{\partial E}{\partial \boldsymbol{b}_{\mathrm{c}}}=\sum_{j=1}^{k}\boldsymbol{e}_{\mathrm{c}}(j) \tag{11.1.66}$$

对于 $\boldsymbol{W}_{\mathrm{f}x}$、$\boldsymbol{W}_{\mathrm{i}x}$、$\boldsymbol{W}_{\mathrm{c}x}$ 及 $\boldsymbol{W}_{\mathrm{o}x}$，只需要根据相应的误差项直接计算，即

$$\frac{\partial E}{\partial \boldsymbol{W}_{\mathrm{o}x}}=\frac{\partial E}{\partial \mathbf{net}_{\mathrm{o}}(k)}\frac{\partial \mathbf{net}_{\mathrm{o}}(k)}{\partial \boldsymbol{W}_{\mathrm{o}x}}=\boldsymbol{e}_{\mathrm{o}}(k)\boldsymbol{x}^{\mathrm{T}}(k) \tag{11.1.67}$$

$$\frac{\partial E}{\partial \boldsymbol{W}_{\mathrm{f}x}}=\frac{\partial E}{\partial \mathbf{net}_{\mathrm{f}}(k)}\frac{\partial \mathbf{net}_{\mathrm{f}}(k)}{\partial \boldsymbol{W}_{\mathrm{f}x}}=\boldsymbol{e}_{\mathrm{f}}(k)\boldsymbol{x}^{\mathrm{T}}(k) \tag{11.1.68}$$

$$\frac{\partial E}{\partial \boldsymbol{W}_{\mathrm{i}x}}=\frac{\partial E}{\partial \mathbf{net}_{\mathrm{i}}(k)}\frac{\partial \mathbf{net}_{\mathrm{i}}(k)}{\partial \boldsymbol{W}_{\mathrm{i}x}}=\boldsymbol{e}_{\mathrm{i}}(k)\boldsymbol{x}^{\mathrm{T}}(k) \tag{11.1.69}$$

$$\frac{\partial E}{\partial \boldsymbol{W}_{\mathrm{c}x}}=\frac{\partial E}{\partial \mathbf{net}_{\tilde{\mathrm{c}}}(k)}\frac{\partial \mathbf{net}_{\tilde{\mathrm{c}}}(k)}{\partial \boldsymbol{W}_{\mathrm{c}x}}=\boldsymbol{e}_{\tilde{\mathrm{c}}}(k)\boldsymbol{x}^{\mathrm{T}}(k) \tag{11.1.70}$$

以上就是 LSTM 网络训练算法的全部公式。

11.2 双路卷积长短期记忆神经网络

双路卷积长短期记忆(two-way convolution LSTM，TCL)神经网络结构，如图 11.10 所示。它由五部分组成，分为输入层、LSTM 层、CNN 层、融合层和输出层，双路神经网络分别

为 LSTM 网络和 CNN,将信号幅度与相位(A/P)分量作为 LSTM 网络的输入,信号的同向与正反(I/Q)分量作为 CNN 的输入。

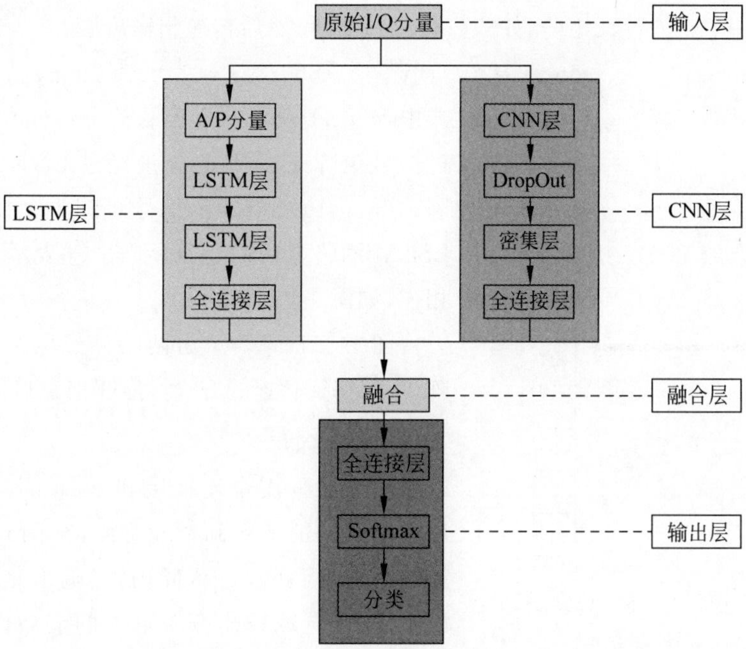

图 11.10 双路卷积长短期记忆神经网络结构

1. 输入层

输入层的输入是复数形式的调制信号,输出为经过预处理后的二维矩阵,在 RadioML2016.10a 数据集中,是 2×128 矩阵,提取复数调制信号的 I/Q 分量组合成二维矩阵输入 CNN,提取 A/P 分量输入 LSTM 网络。

2. CNN 层

传统上,一个完整的 CNN 包括特征提取层和映射层。CNN 有两个典型特征:一是稀疏连接,两层神经元之间的卷积核实现了稀疏连接,提高了计算效率、降低了内存需求。另一个是权重参数共享,这种共享是指卷积核在输入的不同点共享参数,因此模型的存储需求显著降低。在 TCL 模型中,CNN 的输入是 I/Q 分量,主要提取信号的空间特征。它由一层 CNN 层构成,CNN 层由卷积滤波和非线性激活函数 ReLU 构成,CNN 层的滤波器大小为 1×3、个数为 256,采用小卷积核提高了计算速度、减少了神经网络中的参数。此外,为了防止模型过度拟合,在卷积层后面使用了 dropout 方法,其中丢弃率为 0.5。

$$\text{ReLU}(x)=\max(0,x) \tag{11.2.1}$$

3. LSTM 网络层

LSTM 网络是递归神经网络的延伸,其结构如图 11.9 所示。在一个训练好的网络中,当输入序列中没有重要信息时,LSTM 网络的遗忘门值接近于 1,输入门值接近于 0,此时过去的记忆会被保存,从而实现了长期记忆功能;当重要信息出现在输入序列中时,LSTM 网络应该将其存储在内存中,然后输入门值将接近 1,而遗忘门值接近 0,从而忘记旧的内存信息,记住新的重要信息。通过这种设计,整个网络更容易学习序列之间的长期依赖性。在 TCL 模型中,LSTM 网络的输入是 A/P 分量,层数设为两层,并且每层具有 256 个单元来逐层从调制信号中提取有用信息。同时,为了防止过拟合,L2 正则化用于 LSTM 网络中的每一层。

4. 融合层

将 LSTM 网络提取的时间特征与 CNN 提取的空间特征融合，将两个特征通过特征相连的方式连接成一个新的特征矩阵，如式(11.2.2)所示，然后传递到输出层。

$$\text{concat} = f_{\text{CNN}}(\boldsymbol{x}^{\text{I/Q}}) \oplus f_{\text{LSTM}}(\boldsymbol{x}^{\text{A/P}}) \tag{11.2.2}$$

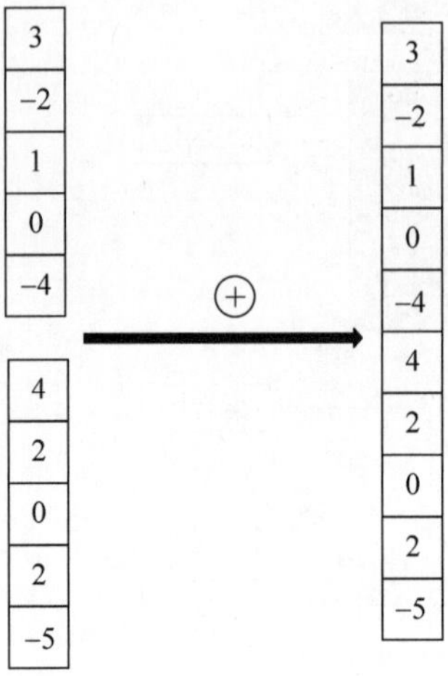

(a) 多元特征 (b) 操作与流程 (c) 融合特征

图 11.11 特征矩阵相连

式中，concat 表示融合后的信息；$f_{\text{CNN}}(\boldsymbol{x}^{\text{I/Q}})$表示经过信号矩阵 $\boldsymbol{x}$ 的 I/Q 分量经过 CNN 之后的特征矩阵；$f_{\text{LSTM}}(\boldsymbol{x}^{\text{A/P}})$表示信号矩阵 $\boldsymbol{x}$ 的 A/P 分量经过 LSTM 网络之后的特征矩阵；$\oplus$表示两个特征矩阵相连，如图 11.11 所示。

图 11.11(a)表示由两路神经网络得到的特征矩阵，采用特征相连的方式，得到图 11.11(c)的融合特征。

5. 输出层

输出层采用全连接层和 Softmax 函数。全连接层将融合特征映射到稀疏空间，Softmax 函数将全连接输出映射到(0,1)区间内，其输出是各个调制方式的概率，并选取输出概率最大的节点作为预测目标，最后判定为何种调制信号。该功能定义为

$$\hat{y}_i = \text{Softmax}(z) = \frac{e^z}{\sum_{k=1}^{k} e^{z(k)}} \tag{11.2.3}$$

式中，$\hat{y}_i$ 表示预测对象输出第 i 种调制信号的预测概率；Softmax 函数表示激活函数；z 表示输入数据；k 表示调制类别数。在 TCL 模型中，损失函数使用交叉熵损失函数。另外，由于交叉熵涉及每个类别概率的计算，所以交叉熵几乎总是和 Softmax 函数一起出现。其中，交叉熵损失函数定义为

$$\text{Loss} = -\frac{1}{N}\sum_i [y_i \log(\hat{y}_i) + (1 - y_i)\log(1 - \hat{y}_i)] \tag{11.2.4}$$

式中，Loss 表示交叉熵损失函数；N 表示样本数；y_i 和 $\hat{y}_i$ 分别是预测对象输出第 i 种调制信号的真实概率和预测概率。采用反向传播算法来对损失函数求导，可使网络学习更好的性能，提高分类的性能。

11.3 案例 13：基于 LSTM 网络的非合作水声信号调制识别算法

近年来，很多水声信号调制识别算法涌现，如支持向量机分类算法，基于水声信号周期特性的最大似然分析法、信号的盲识别算法，水下多载波调制信号的双谱矩阵特征识别算法，基于支持向量机技术的水声信号模式识别算法，等等。这些算法虽然在提高识别率方面性能得到一定提升，但是仍有改善的空间。

本节介绍基于水声通信信号瞬时特征的 LSTM 网络分类器。该分类器用于识别和分类五种常用水声信号的调制方式，并用松花江等四个海域的实测数据进行验证。

11.3.1 基于通信信号瞬时特征的 LSTM 分类器

1. 通信信号的瞬时特征提取

真实信号 $x(t)$可以表示为解析信号 $z(t)$：

$$z(t)=x(t)+\mathrm{j}\hat{y}(t) \tag{11.3.1}$$

式中，$\hat{y}(t)$是 $x(t)$的希尔伯特变换。

解析信号的瞬时振幅 $a(t)$、瞬时相位 $\varphi(t)$、瞬时频率 $f(t)$分别为

$$\begin{gathered}a(t)=\sqrt{x^2(t)+\hat{y}^2(t)}\\ \varphi(t)=\arctan\left[\frac{\hat{y}(t)}{x(t)}\right]\\ f(t)=\frac{1}{2\pi}\frac{\mathrm{d}\phi(t)}{\mathrm{d}t}\end{gathered} \tag{11.3.2}$$

非平稳信号的瞬时特性是一个时变参数，它与信号演化过程中出现的平均值有关。瞬时频率也可以描述为输入信号时频分布的一阶条件矩。$f(t)$也可以表示为

$$f(t)=\frac{\int_0^\infty fF(t,f)\mathrm{d}f}{\int_0^\infty F(t,f)\mathrm{d}f} \tag{11.3.3}$$

式中，$F(t,f)$是时间～频率分布。

信号的谱熵是其谱功率分布的量度。这个概念基于信息论中的香农熵或信息熵。信号在频域中作为概率分布的归一化功率分布，谱熵方程由信号功率谱方程和概率分布方程导出，瞬时谱熵能很好地反映信号在各个频率下的稳定性。

对于信号 $x(k)$，其功率谱为 $G_x(m)=|X(m)|^2$。$X(m)$表示 $x(k)$的离散傅里叶变换。功率的概率分布为

$$p(m)=\frac{G_x(m)}{\sum_i G_x(i)} \tag{11.3.4}$$

谱熵为

$$H=-\sum_{m=1}^{N}p(m)\log_2 p(m) \tag{11.3.5}$$

2. LSTM 网络分类器

对于与时间序列高度相关的问题，LSTM 网络是一个很好的解决方案。水声通信信号是一维时间信号，相邻信号帧或长距离帧之间存在时间相关性。因此，水声通信信号的时间特性可以作为 LSTM 网络的输入。在 LSTM 网络单元中，存储单元是专门为保存其历史信息而设计的。控制输入门、遗忘门和输出门用来更新网络的历史信息。h 代表输出，c 代表存储单元状态，x 代表输入。LSTM 网络单元如图 11.12 所示。

LSTM 网络单元的更新步骤如下：

步骤 1：候选存储单元在当前时间的状态值为

$$c(k)=\mathrm{Tanh}(W_{cx}x(k)+W_{ch}h(k-1)+b_c) \tag{11.3.6}$$

式中，W_{cx} 是输入数据的权重；W_{ch} 是前一时刻隐含层单元输出的连接权重。

步骤 2：输入门的值为

$$i(k)=\sigma(W_{ix}x(k)+W_{ih}h(k-1)+W_{ic}c(k-1)+b_i) \tag{11.3.7}$$

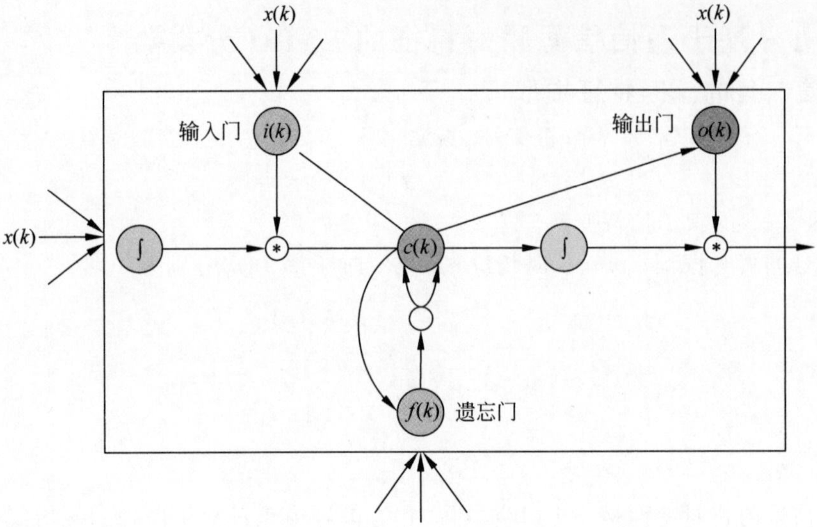

图 11.12 LSTM 网络单元示意图

式中，$\sigma(\cdot)$是激活函数。当前输入数据对存储单元状态值的影响由输入门决定。所有门的计算不仅受当前输入数据的影响，还受前一时刻隐含层输出值的影响。

步骤 3：遗忘门值

$$f(k)=\sigma(W_{fx}x(k)+W_{fh}h(k-1)+W_{fc}c(k-1)+b_f) \tag{11.3.8}$$

步骤 4：当前时间的存储单元状态值为

$$c(k)=f(k)\odot c(k-1)+i(k)\odot\tilde{c}(k) \tag{11.3.9}$$

式中，$\odot$表示点乘。

步骤 5：输出门值为

$$o(k)=\sigma(W_{ox}x(k)+W_{oh}h(k-1)+W_{oc}c(k-1)+b_o) \tag{11.3.10}$$

步骤 6：隐含层输出

$$h(k)=o(k)\odot \mathrm{Tanh}(c(k)) \tag{11.3.11}$$

11.3.2 评估标准

假设预测过程中只有两个分类目标：正和负。被分类器分类为正的正确样本的数量被定义为 TP，被分类器分类为正的负样本数为 TN；被分类器分类为负的正确样本的数量被定义为 FP；被分类器分类为负的负样本的数量被定义为 FN。混淆矩阵的四个术语，如表 11.1 所示，样本总数为

$$N_{tot}=TP+FP+TN+FN \tag{11.3.12}$$

表 11.1 混淆矩阵的四个术语

真实情况	预测结果	
	正	负
正	TP	TN
负	FP	FN

精确度和召回率分别定义为

$$P=\frac{TP}{TP+FP}$$
$$R=\frac{TP}{TP+FN} \tag{11.3.13}$$

精确率和召回率的调和平均值为

$$F1=\frac{2\times P\times R}{P+R}=\frac{2\times \mathrm{TP}}{N_{\mathrm{tot}}+\mathrm{TP}-\mathrm{TN}} \tag{11.3.14}$$

当比较多个混淆矩阵并综合考虑分类效果时，每个混淆矩阵均需分别计算精确度和召回率：$(P_1,R_1),(P_2,R_2),\cdots,(P_N,R_N)$。宏精度($P_{\mathrm{m}}$)、宏召回($R_{\mathrm{m}}$)、宏调和平均($F1_{\mathrm{m}}$)分别为

$$\begin{cases}P_{\mathrm{m}}=\dfrac{1}{N}\sum\limits_{i=1}^{N}P_i\\ R_{\mathrm{m}}=\dfrac{1}{N}\sum\limits_{i=1}^{N}R_i\\ F1_{\mathrm{m}}=\dfrac{2\times P_{\mathrm{m}}\times R_{\mathrm{m}}}{P_{\mathrm{m}}+R_{\mathrm{m}}}\end{cases} \tag{11.3.15}$$

11.3.3 抗噪声性能

基于信号的瞬时特性，对 LSTM 网络抗噪声性能进行实验。选择浅海负声速梯度，水深为 500m。发射换能器和接收换能器的布放深度分别为 50m 和 100m，两者距离为 5km。

测试数据集在不同信噪比下的识别结果如表 11.2 所示。表 11.2 表明，LSTM 网络的可靠性随着信噪比的降低而降低，主要是由于输入特性的影响。在高信噪比条件下，LSTM 网络的信号特征更易学习和分类。然而，在低信噪比下，信号特性受噪声的影响，这直接影响 LSTM 网络的学习和分类。

表 11.2 仿真实验结果

SNR	P_{m}	R_{m}	$F1_{\mathrm{m}}$
−10dB	91.76%	91.46%	91.49%
−5dB	93.61%	93.26%	93.22%
0dB	95.16%	95.02%	95.01%
5dB	95.07%	95.02%	95.02%
10dB	95.71%	95.28%	95.48%

图 11.13、图 11.14、图 11.15 分别给出了信噪比为 10dB、−5dB 和 −10dB 时，测试数据的混淆矩阵。通过混淆矩阵分析，LSTM 网络学习分类对正交频分复用(orthogonal frequency division multiplexing，OFDM)信号和直接序列扩频(direct sequence spread spectrum，DSSS)信号效果较好；对多进制相移键控(multiple phase shift keying，MPSK)信号，即使在 10dB 的较高信噪比下识别效果也一般，在低信噪比条件下识别效果较差。这表明，瞬时频率特征和谱熵特征在 MPSK 信号之间没有显著差异，对于 MPSK 信号的识别需要提取更多的时间序列特征。在 −10dB 和 −5dB 的信噪比条件下，LSTM 网络对 MPSK 信号误判的概率很大，甚至对 DSSS 信号也有误判的可能。

11.3.4 仿真实验与结果分析

1. 实验数据集

实验数据来源于 2016—2018 年松花江、鲅鱼圈、俄罗斯岛、南海和北极的定点水声通信。识别了 BPSK、QPSK、8PSK、DSSS 和 OFDM 五种通信信号。表 11.3 显示了不同调制信号数据的位置。

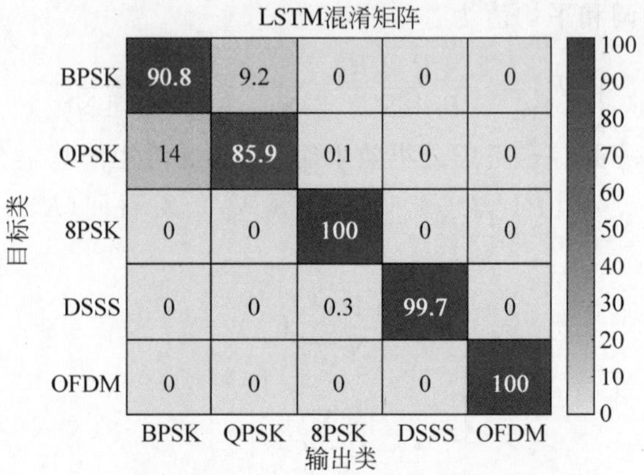

图 11.13 仿真实验结果的混淆矩阵(SNR=10dB)

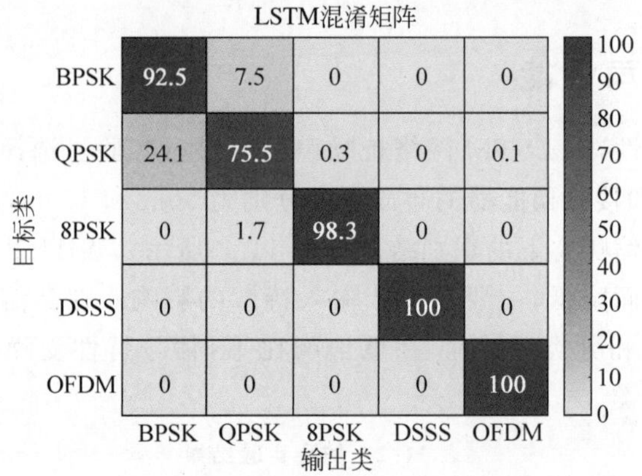

图 11.14 仿真实验结果的混淆矩阵(SNR=－5dB)

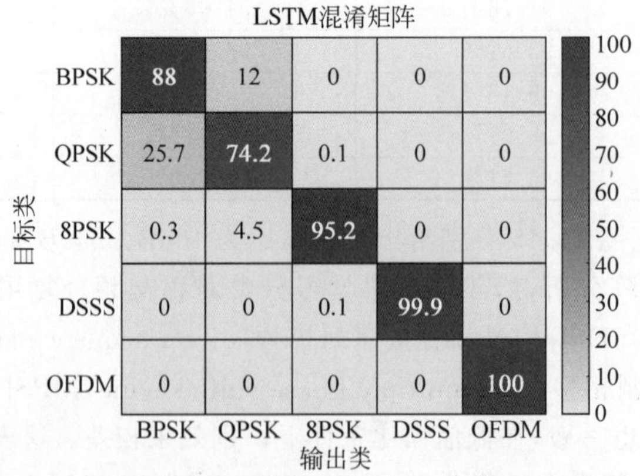

图 11.15 仿真实验结果的混淆矩阵(SNR=－10dB)

表 11.3 不同调制信号数据的位置

位 置	松花江	鲅鱼圈	俄罗斯岛	南 海	北 极
BPSK	√	√	√	√	√
QPSK	√	√	√	√	√
8PSK	√	√	√	√	√
DSSS	√	√		√	√
OFDM	√		√	√	√

数据集分为训练集和测试集。训练集中的样本和测试集中的样本互不包含、完全不重叠。数据集中的信号是从多个实验中获得的，并从700多个不同的环境接收信号中截取。在数据集中，信号复杂度高，有2～35kHz的多频信号。数据集样本的信噪比在0～15dB。

2. 实验结果

实验结果见表11.4。表11.4表明，基于瞬时特征的LSTM网络分类器对DSSS信号和OFDM信号的分类效果优于对MPSK信号。从$F1_m$值看，对OFDM和DSSS信号的识别效果较好，对MPSK信号的识别效果一般。从查全率和查准率来看，对BPSK和QPSK信号的查准率都很高，达到90%，但两种信号的查全率都很低。8PSK信号的召回率达98.5%，但准确率较低。

表11.4 模拟实验结果

类　别	P_m	R_m	$F1_m$
BPSK	92.5%	75.3%	83.0%
QPSK	92.3%	76.4%	83.6%
8PSK	72.6%	98.5%	83.6%
DSSS	99.9%	80.2%	89.0%
OFDM	83.5%	100%	91.0%

图11.16显示了实验测试结果的混淆矩阵。该图表明，MPSK信号容易被误分类，而DSSS信号可能被误分类为OFDM信号。

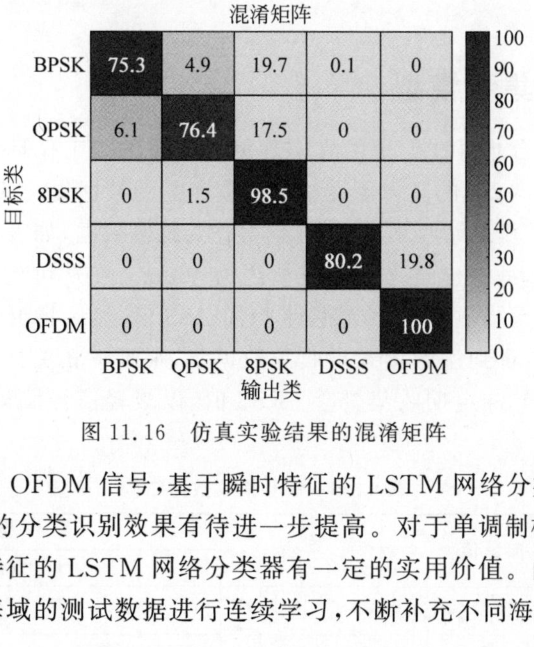

图11.16 仿真实验结果的混淆矩阵

综上，对于DSSS和OFDM信号，基于瞬时特征的LSTM网络分类器具有良好的分类识别效果，对MPSK信号的分类识别效果有待进一步提高。对于单调制模式下的水声非合作通信信号识别，基于瞬时特征的LSTM网络分类器有一定的实用价值。由于水声通信领域的数据量较小，需要对不同海域的测试数据进行连续学习，不断补充不同海域的数据来继续训练该分类器。

11.4 案例14：混合长短期记忆网络的指纹室外定位算法

物联网技术集成了无线保真、长期进化、射频识别、调频、惯性传感器等技术，可以应用于无线技术中的用户定位跟踪、流量预测、信道估计、流量管理和调度等。

目前，室外定位有到达时间、到达时间差、到达角度和接收信号强度(received signal strength，RSS)等多种无线测量算法。到达时间和到达时间差需要卫星时钟来同步，也需要到达角度、基站和/或接入点的定向天线阵列。另外，基于 RSS 的定位技术不需要额外的硬件，且成本小、功耗低、部署简单、获取用户位置不太复杂。

然而，由于环境因素，如温度、压力、声音和湿度，以及可用的相邻基站、接入点数量，特别是信号随时间的波动等因素，导致基于 RSS 算法的定位不准确。

为了提高定位精度，出现了支持向量机和集成的 KNN 与遗传算法等定位技术。由于行人的行走方式和设备依赖的定位精度受信号波动的影响，需要从每个区域点的波动 RSS 值中提取关键特征。然而，深度学习(deep learning，DL)网络能够在动态和复杂的环境中自动学习更复杂的特征。由于 DNN 结构包括多个隐含层，可通过分层学习波动信息提取更多的相关特征，但有梯度消失和梯度爆炸问题。而加速鲁棒特征算法能进行图像特征检测和图像相似性匹配，能在室内和室外环境中定位移动用户；随机样本一致性算法能用于去除噪声特征点，但它是基于类而不是特定位置进行定位的，也没有考虑系统的可伸缩性。

本节介绍了一种鲁棒、精确的指纹室外用户定位方案(fingerprinting outdoor user positioning scheme，FOPS)，包括可检测无线接入点和三个无人飞行器的 RSS 值，作为估计物联网设备在动态环境中位置的数据源。集成无线网络和 OFDM 数据可用于最小化动态无线环境中的信号波动和异常值检测。此外，应用线性判别分析(linear discriminant analysis，LDA)法来选择最佳接入点子集，可以减少计算时间、节省存储空间、避免过拟合，提高系统性能。为此，在无线网络和蜂窝工作环境中，为物联网设备引入了 LDA 和基于 LSTM 网络的定位服务技术。

11.4.1 数据集和模型

实验数据是从台湾台北科技大学的真实环境中收集的。工作环境包含 LoS 和 NLoS 位置，其中环境被分成 2m×2m 的正方形网格以收集所需的数据集。从可到达的无线接入点收集无线信号，从三个无人机基站收集 OFDM 信号作为蜂窝数据，如表 11.5 所示。无人机基站放置在每栋建筑的顶部，每栋建筑之间的距离约为 400m。在从可到达的接入点和三个无人机基站的每个远程定位系统中，采用传感技术扫描 RSS 值，然后将 RSS 值存储在中央服务器(即 PC)中。由于从所有可到达的接入点收集数据集，很难将相关接入点与开放环境区分开来。在每个网格点，每隔 3s 定期收集 35 个 RSS 值，以减轻信号波动。如果有零读数，则设置 100dBm。

表 11.5 信号指纹数据结构

RSS 向量值	目标	
	X～Y 坐标	
$(RSS_1^{AP_1},\cdots,RSS_1^{AP_N},RSS_1^{BS_1},\cdots,RSS_1^{BS_3})$	x_i^1	y_j^1
$(RSS_2^{AP_1},\cdots,RSS_2^{AP_N},RSS_2^{BS_1},\cdots,RSS_2^{BS_3})$	x_i^2	y_j^2
…	…	…
$(RSS_{N-1}^{AP_1},\cdots,RSS_{N-1}^{AP_N},RSS_{N-1}^{BS_1},\cdots,RSS_{N-1}^{BS_3})$	x_i^{m-1}	y_j^{m-1}
$(RSS_N^{AP_1},\cdots,RSS_N^{AP_N},RSS_N^{BS_1},\cdots,RSS_N^{BS_3})$	x_i^m	y_j^m

表中，AP_N 是可到达接入点 AP_S 的数量；$BS_1,\cdots,BS_3$ 是基站的数量；N 是记录的数量；RSS_n 是接收信号值的记录；(x_i^m,y_j^m)是特定参考点的 x 坐标和 y 坐标。

FOPS 的总体架构如图 11.17 所示。将无线信号和 OFDM 信号值相结合时，在动态和恶劣的室外空间中构建鲁棒和精确的指纹定位方案。

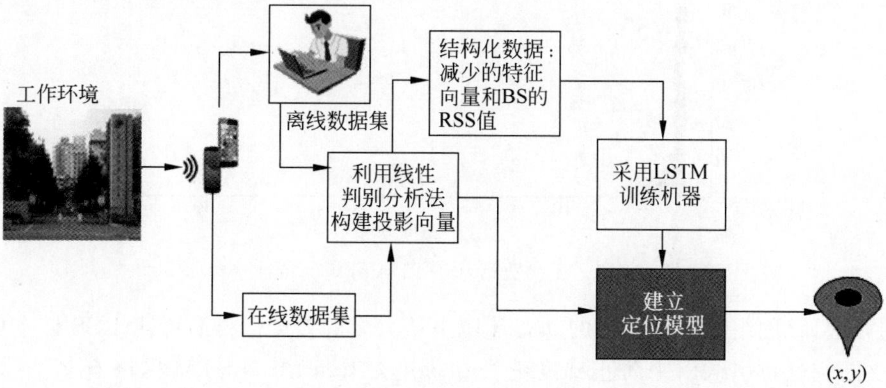

图 11.17　FOPS 的总体架构

由于使用了所有可到达的接入点，所以使用降维机制来降低计算复杂度、最小化内存需求、简化高度过拟合问题，并产生更好的系统精度。使用 LDA 进行降维并提取更多有区别的特征。根据地形沉降和 LoS，考虑将收集的接收信号值分为 4 类。因此，LDA 分别采用式(11.4.1)和式(11.4.2)最小化类内方差和最大化类间方差，将原始高维数据矩阵进行变换来构建低维空间。

$$\sigma_{\mathrm{w}}^2=\sum_{c=1}^{4}\sum_{i=1}^{N_c}(D_{i,c}-m_c)(D_{i,c}-m_c)^{\mathrm{T}} \tag{11.4.1}$$

$$\sigma_{\mathrm{b}}^2=\sum_{c=1}^{4}N_c(m_c-m)(m_c-m)^{\mathrm{T}} \tag{11.4.2}$$

式中，σ_{b}^2 和 σ_{w}^2 分别表示类间和类内方差；m_c 是每个类的均值；m 是所有数据的全局均值；$D_{i,c}$ 是在第 c 类中的第 i 个样本；N_c 表示第 c 类样本的总数。由式(11.4.2)构造转换矩阵 $\boldsymbol{W}$，即

$$\boldsymbol{W}=(\boldsymbol{\sigma}_{\mathrm{b}}^2)^{-1}\boldsymbol{\sigma}_{\mathrm{b}}^2 \tag{11.4.3}$$

然后，按特征值降序对特征向量进行排序，以便于选择转换矩阵($\boldsymbol{W}$)的特征值和特征向量中 k 个特征向量，其中 k 是新特征空间的维数($k\leqslant K$，K 是原始特征的个数)，所选择的特征应该包含超过 90% 的原始数据内容，这意味着所选择的极低 k 维空间保留了对定位有价值的大部分信息，即

$$\frac{\lambda_1+\lambda_2+\cdots+\lambda_k}{\lambda_1+\lambda_2+\cdots+\lambda_k+\cdots+\lambda_K}=\frac{\sum_{i=1}^{k}\lambda_i}{\sum_{j=1}^{K}\lambda_j} \tag{11.4.4}$$

因此，基于式(11.4.4)，从无线接入点中选择 3 个特征，如图 11.18 所示。图中前 3 个主成分(特征)可以保留大部分信号信息，而不会丢失原始数据内容。最后，使用式(11.4.5)将原始数据($\boldsymbol{D}$)投影到新的较低 k 维空间，即

$$\mathrm{FinalData}(\boldsymbol{y})=\boldsymbol{DXW} \tag{11.4.5}$$

式中，$\boldsymbol{D}$ 表示 N 个样本的 $N\times K$ 维矩阵；$\boldsymbol{y}$ 在新空间中是 $N\times k$ 维样本。

所用数据集在特定参考点(reference point，RP)中随时间变化收集，以适应接收信号值的波动。为了从序列数据中学习更多的抽象特征并建立精确的定位模型，采用 LSTM 网络是一

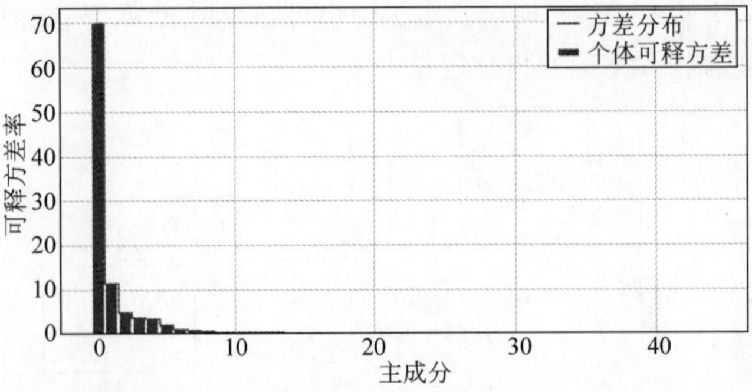

图 11.18　无线数据基于 LDA 分析的特征选择

种有效的办法，该网络具有在恶劣的动态环境中从大量的波动信号和噪声 RSS 样本中学习的能力。此外，它通过引入门来防止梯度消失和梯度爆炸问题。LSTM 网络有多个门，每个门用来控制对存储单元的访问。此外，这种方法可以记忆几个时间步的长期值以及短期值。为此，通过用 LDA 法将简化的特征与作为输入的 OFDM 信号相结合，建立基于 LSTM 网络的 FOPS 模型。因此，本节将总共 6 个特征作为网络架构的输入。所用数据源中每个特征的规模是不同的，在输入 LSTM 网络之前，对训练数据进行标准化，以从根本上加速训练过程、提高网络的性能。因此，使用式(11.4.6)来最小-最大归一化缩放数据源，改变 0 和 1 之间的所有特征值。

$$N_i = \frac{\boldsymbol{D}_i - \min(\boldsymbol{D})}{\max(\boldsymbol{D}) - \min(\boldsymbol{D})} \tag{11.4.6}$$

式中，N_i 是特征数据 $\boldsymbol{D}$ 的第 i 个归一化数据值；$\min(\boldsymbol{D})$和 $\max(\boldsymbol{D})$是 $\boldsymbol{D}$ 中的最小值和最大值，且 $\boldsymbol{D}=(\boldsymbol{D}_1,\cdots,\boldsymbol{D}_i,\cdots,\boldsymbol{D}_N)$。

这里，LSTM 网络为 1_3_1 结构，分别表示输入层的数目、LSTM 网络层的数目和输出层的数目。为了避免 FOPS 模型训练过拟合，使用试差法选择 LSTM 网络层数和每个 LSTM 网络层中神经元数的最佳超参数。通过在每一层选择不同数量的神经元，来学习网络并测量系统性能。反复选择不同数量的神经元，直到在训练和测试阶段都获得最佳的精度结果。设 512_256_256 分别代表 LSTM 网络的第一层、第二层和第三层的神经元数量。此外，20%的丢失率用于减少每个 LSTM 网络层中的过拟合，而 Adam 优化器在训练中用于找到最佳参数(网络权重)并使网络收敛。为了加速训练过程并进一步减少过拟合，使用批量归一化和均方误差(MSE)损失函数来获得最佳权重，以最小化期望输出和 LSTM 网络输出之间的损失。最后，利用 LSTM 网络各层的 ReLU 激活函数和输出层的 Softmax 函数来估计物联网设备的位置，所选的训练超参数如表 11.6 所示。

表 11.6　训练超参数

类　别	值	类　别	值
算法	LSTM	迭代次数	30
LSTM 网络层数	3	优化器	Adam
LSTM 网络节点数	512,256,256	损失函数	MSE
Dropout	0.2	激励函数	ReLU
批量大小	300		

为了评估系统的性能，进行了一系列实验，并用不同的指标对系统的准确性进行了评估。首先，均方根误差(RMSE)用于评估系统精度误差，定义为

$$\text{RMSE}=\sqrt{\sum_{i=1}^{N}\frac{(\text{act}_i-\text{pre}_i)^2}{N}} \tag{11.4.7}$$

式中，N 是测试点的数量；act_i 和 pre_i 分别是在第 i 个测试点的地面实况和预测距离。

其次，根据系统预测误差评估每个测试点中的误差分布，定义

$$\text{PE}_i=\sqrt{(X_{\text{act}_i}-X_{\text{pre}_i})^2+(Y_{\text{act}_j}-Y_{\text{pre}_j})^2} \tag{11.4.8}$$

式中，PE_i 是每个测试点的预测误差；X_{act_i} 和 X_{pre_i} 是第 i 个地面真实和预测用户定位的 X 坐标；Y_{act_j} 和 Y_{pre_j} 分别是第 j 个地面真实和预测用户定位的 Y 坐标。

为了实现所提出的系统，使用 Python 3.6 和以 TensorFlow 为后端的 keras 库。

11.4.2　仿真实验与结果分析

利用可探测无线接入点和三个无人机基站的接收信号数据，在实验数据集上对无线接入点进行了评估。无线信号值是从建筑物内用于通信目的的无线接入点收集的，而 OFDM 信号是从固定位置的三个无人机基站收集的，无人机基站放置在每个建筑的顶部，离地面使用者 40m 的高度。因为大多数固定基站部署在 30～50m 的高度，因此，取平均高度。在在线阶段，确定在线 RSS 测量的物联网设备的当前位置，并将它们与无线电地图进行比较。为了评估所提出的系统性能，随机选择 53 个 RPs 作为测试点，使用两种不同的场景评估 FOPS。其中，包括使用原始数据集的定位系统（场景Ⅰ）和使用 LDA 法从原始数据集中提取最具代表性特征的定位系统（场景Ⅱ），以降低时间和资源消耗。图 11.19 给出了场景Ⅰ和场景Ⅱ的训练和验证精度性能评估结果。该图显示，训练和验证精度之间没有差异，这表明对于所用训练数据，LSTM 网络的过拟合不是问题，因为训练和验证损失遵循相同的递减规律。此外，在这两种情况下，训练损失随着训练迭代次数增加而减少。然而，与场景Ⅰ相比，场景Ⅱ定位误差小、迭代次数少。因此，场景Ⅱ明显优于场景Ⅰ，场景Ⅰ通过 LDA 法提取更重要的特征来分离每个用户的位置。此外，在场景Ⅱ中，由于减少了特征，训练时间和定位时间也减少。

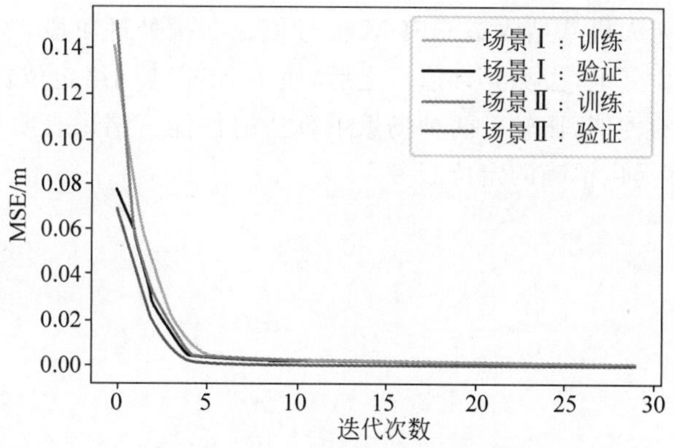

图 11.19　LSTM 网络损失函数

表 11.7 显示了 FOPS 性能评估指标。表 11.7 表明，在场景Ⅰ和场景Ⅱ，对于小于 0.75m 的估计误差分别为 76.19%和 81.83%。对于小于 1.5m 的定位误差，场景Ⅰ和场景Ⅱ分别为 95.98%和 99.04%。场景Ⅰ和场景Ⅱ的 RMSE 和平均误差分别为 0.036m、0.53m 和 0.031m、0.46m。此外，场景Ⅰ和场景Ⅱ的最大误差分别为 1.82m 和 1.70m。这些结果表明，当场景Ⅱ中不必要的特征被移除时，FOPS 性能显著提高。由于接收到的信号值随着时间的变化，即使在相同的位置，信号也有波动，因此在输入 LSTM 网络之前使用 LDA 方法去除异常值和冗

余特征来提取最相关的特征，以便在动态环境中容易识别每个用户的位置。因此，场景Ⅱ比场景Ⅰ提高了定位估计的精度和效率。

表 11.7　不同场景下估计误差

场　景	估计误差范围			平均误差/m	RMSE	最小误差/m	最大误差/m
	≤0.75m	≤1m	≤1.5m				
场景Ⅰ	76.19%	88.31%	95.98%	0.53	0.036	0.016	1.82
场景Ⅱ	81.83%	91.90%	99.04%	0.46	0.031	0.0055	1.70

图 11.20 显示了每个测试点坐标的定位性能。标有方框的线表示实际用户坐标(RPs)，标有圆形和三角形的曲线表示场景Ⅰ和场景Ⅱ分别所对应的实际值。该图表明，场景Ⅰ在各测试点的表现结果并不一致，例如，在 x 轴上 5～7m 和 9～16m，预测不合适。然而，在场景Ⅱ中，对用户定位的估计是一致的，并且比场景Ⅰ更合适，因为 LDA 提取了更重要的特征来区分每个位置。因此，FOPS 在动态无线环境中提供了精确的定位方案。

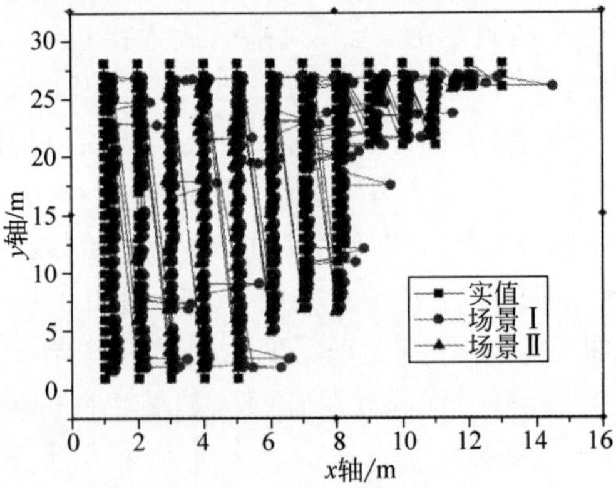

图 11.20　每个测试点的误差分布

综上，以 LDA 法进行预处理，以 LSTM 网络为主要定位算法，从可到达的接入点收集信号强度值并临时部署无人机基站收集 OFDM 信号值。在预处理阶段，采用 LDA 法对无线传感器网络数据进行特征降维，去除异常值。之后，使用 LSTM 网络定位目标移动用户的位置。为了评估所提出系统的性能，比较了两种场景下算法的性能。结果表明，LDA 和 LSTM 网络融合的效果更好，能够提供精确的定位服务。

附　　录

本附录简要介绍了人工智能发展的表现,请读者扫描获取详情。

人工智能发展简介

参考文献

请读者扫描获取参考文献。

参考文献